教育部高等学校建筑类专业教学指导委员会建筑学专业教学指导分委员会规划推荐教材

高等学校建筑类专业城市设计系列教材

丛书主编　王建国

Ecological Urban Design

生态城市设计

陈天　著

中国建筑工业出版社

审图号 GS（2021）729号
图书在版编目（CIP）数据

生态城市设计 = Ecological Urban Design / 陈天著．—北京：中国建筑工业出版社，2021.1
教育部高等学校建筑类专业教学指导委员会建筑学专业教学指导分委员会规划推荐教材 高等学校建筑类专业城市设计系列教材 / 王建国主编
ISBN 978-7-112-25500-9

Ⅰ．①生… Ⅱ．①陈… Ⅲ．①生态城市－城市规划－建筑设计－高等学校－教材 Ⅳ．①TU984

中国版本图书馆CIP数据核字（2020）第184686号

责任编辑：高延伟　陈　桦　王　惠
文字编辑：柏铭泽
责任校对：王　烨

教育部高等学校建筑类专业教学指导委员会建筑学专业教学指导分委员会规划推荐教材
高等学校建筑类专业城市设计系列教材
丛书主编　王建国
生态城市设计
Ecological Urban Design
陈天　著
*
中国建筑工业出版社出版、发行（北京海淀三里河路9号）
各地新华书店、建筑书店经销
北京锋尚制版有限公司制版
临西县阅读时光印刷有限公司印刷
*
开本：880毫米×1230毫米　1/16　印张：19　字数：356千字
2021年4月第一版　2021年4月第一次印刷
定价：99.00元
ISBN 978-7-112-25500-9
（36487）

《高等学校建筑类专业城市设计系列教材》编审委员会

总序

在2015年12月20日至21日的中央城市工作会议上，习近平总书记发表重要讲话，多次强调城市设计工作的意义和重要性。会议分析了城市发展面临的形势，明确了城市工作的指导思想、总体思路、重点任务。会议指出，要加强城市设计，提倡城市修补，加强控制性详细规划的公开性和强制性。要加强对城市的空间立体性、平面协调性、风貌整体性、文脉延续性等方面的规划和管控，留住城市特有的地域环境、文化特色、建筑风格等"基因"。2016年2月6日，中共中央、国务院印发了《关于进一步加强城市规划建设管理工作的若干意见》，提出要"提高城市设计水平。城市设计是落实城市规划、指导建筑设计、塑造城市特色风貌的有效手段。鼓励开展城市设计工作，通过城市设计，从整体平面和立体空间上统筹城市建筑布局，协调城市景观风貌，体现城市地域特征、民族特色和时代风貌。单体建筑设计方案必须在形体、色彩、体量、高度等方面符合城市设计要求。抓紧制定城市设计管理法规，完善相关技术导则。支持高等学校开设城市设计相关专业，建立和培育城市设计队伍"。

为落实中央城市工作会议精神，提高城市设计水平和队伍建设，2015年7月，由全国高等学校建筑学、城乡规划学、风景园林学三个学科专业指导委员会在天津共同组织召开了"高等学校城市设计教学研讨会"，并决定在建筑类专业硕士研究生培养中增加"城市设计专业方向教学要求"，12月制定了《高等学校建筑类硕士研究生（城市设计方向）教学要求》以及《关于加强建筑学（本科）专业城市设计教学的意见》《关于加强城乡规划（本科）专业城市设计教学的意见》《关于加强风景园林（本科）专业城市设计教学的意见》等指导文件。

本套《高等学校建筑类专业城市设计系列教材》是为落实城市设计的教学要求，专门为"城市设计专业方向"而编写，分为12个分册，分别是《城市设计基础》《城市设计理论与方法》《城市设计实践教程》《城市美学》《城市设计技术方法》《城市设计语汇解析》《动态城市设计》《生态城市设计》《精细化城市设计》《交通枢纽地区城市设计》《历史地区城市设计》《中外城市设计史纲》等。在2016年12月、2018年9月和2019年6月，教材编委会召开了三次编写工作会议，对本套教材的定位、对象、内容架构和编写进度进行了讨论、完善和确定。

本套教材得到教育部高等学校建筑类专业教学指导委员会及其下设的建筑学专业教学指导分委员会以及多位委员的指导和大力支持，并已列入教育部高等学校建筑类专业教学指导委员会建筑学专业教学指导分委员会的规划推荐教材。

城市设计是一门正在不断完善和发展中的学科。基于可持续发展人类共识所提倡的精明增长、城市更新、生态城市、社区营造和历史遗产保护等学术思想和理念，以及大数据、虚拟现实、人工智能、机器学习、云计算、社交网络平台和可视化分析等数字技术的应用，显著拓展了城市设计的学科视野和专业范围，并对城市设计专业教育和工程实践产生了重要影响。希望《高等学校建筑类专业城市设计系列教材》的出版，能够培养学生具有扎实的城市设计专业知识和素养、具备城市设计实践能力、创造性思维和开放视野，使他们将来能够从事与城市设计相关的研究、设计、教学和管理等工作，为我国城市设计学科专业的发展贡献力量。城市设计教育任重而道远，本套教材的编写老师虽都工作在城市设计教学和实践的第一线，但教材也难免有不当之处，欢迎读者在阅读和使用中及时指出，以便日后有机会再版时修改完善。

主任：王建国

教育部高等学校建筑类专业教学指导委员会

建筑学专业教学指导分委员会

2020 年 9 月 4 日

前言

随着公众对可持续发展、绿色空间、健康、节能、自然系统的保护和环境意识的增强，培育一种地球上自然和城市化地区共存的有益环境的愿望是二十一世纪以来人类面临的最重要的挑战（Michael Hough，1999），生态城市设计则是实现这一愿景的重要技术工具及政策桥梁，生态城市设计致力于使城市形态演化和自然过程更为有机统一的关系。这是一本关于全方位介绍生态城市设计的概念、理论、方法及实践案例的教材，面向从事城乡规划、城市设计、建筑学及风景园林等领域的青年学生及相关行业的学子与同仁的教学参考书。

本书的编写基于以下几点思考：

1. 人类命运共同体的生态哲学价值体系的构建

在地球生命发展史的长河里，人类文明的出现只是短短一瞬间。这一瞬间却造就了星球史上最具统治力与破坏力的物种之一——人类，城市聚落作为这种人与自然进程互动的副产品，以对自然环境的持续破坏，对地球资源的快速消耗，对其他物种生存空间的强力剥夺和征服为代价，人类获得了生存与发展的广大空间。但是最近一百年以来，这个过程正在变得不可持续。今天，人类不得不需要反思，通过自身的努力改变不可持续的文明载体——以对地球环境无限索取方式而达成的——传统的城市聚落的规划、设计、建设方式。这一方式的弊端在20世纪下半叶开始已经被很多的学者、工程师、社会学家以及政府人士发现，并被逐步证实这种传统模式影响到了地球和人类未来的命运。

2. 人类文明进程需要绿色式的变革来挽留

人类文明的产物是工业化、全球化及城镇化三个进程及其载体城市，这三个进程助推了人类主宰地球，提高了人类对资源环境占有并破坏的强度与速率，表现的恶果之一就是全球气候变化。过去的监测与研究证实了全球温度上升的事实，以及一系列的连带的风险与危机：两极及青藏高原的冰川融化，海平面上升岛屿国家消失，森林大火频发，突发性气候灾害，全球性流行瘟疫，稀有物种大灭绝等一系列可能改变世界与人类命运的风险不断加剧。在全球的城与乡，在上述这三个进程中创造了容纳七十亿人口的家园，也给地球环境及人类生存带来全面的危机和风险，气候灾害频发，化石能源枯竭，大量物种灭绝等末日诅咒在警示着人类。因此，全球城市迫切需要通力合作，通过采取生态城市规划设计的技术与方法，利用合理的技术与政策，全面促进城镇与乡村普及生态型的生产、生活、消费与交往模式，大幅度地减少化石矿物性能耗与温室气体排放，保护地球环境，维护物种总量与多样性，积极构建低影响、低干预型的城乡建设模式，这是我们全人类面临刻不容缓的一项任务。

3. 生态价值观建立需要重塑“以小为美”原则

当今生态的价值与伦理不再是简单的以人为本的口号，而是以地球生命为本，未来城市乡村的规划与建设价值取向更是与全人类的命运休戚相关。“以小为美”，降低基础能耗与废物排放，恢复自然，修复脆弱的自然生态链，保护基础农业，构建循环型经济模式，制定正确的国家地区发展策略，减少助推碳排放增量的大型基础设施建设规模与速度，实施全体公民生态教育，抵制资本对资源的巧取豪夺，反对过度消费主义。生态价值观的建立是我们重塑地球环境未来的伦理基础。

4. 城市设计价值理念的迭代必然赋予“生态、绿色及智慧”以新使命

生态城市设计的价值体系与技术体系应该以上述的观点为新导向，在经历了传统的物质决定论，场所与人文社会价值优先的两代城市价值体系更迭之后，城市设计进入以绿色生态价值为导向生态文明决定论，以及与“人机互动”数字技术发展所引领的智能化决定论——第三、四代城市设计价值观并起的新时期。“生态 +”“数字技术 +”将继续引领城市设计科学改善人类生产生活环境，绿色生态理念将成为实现城市形态与自然过程融合统一的必然桥梁。

5. 21 世纪的中国有机会成为绿色城市发展模式的成功实践者

中国在近 30 年的时间里快速发展，一跃成为世界第二大经济体，改变了中国过去数百年落后于世界的形象，带给了国民幸福感与福祉。同时，快速城镇化的过程、世界工厂的别称，既带来了建设用地无序扩张、城镇蔓延加剧状况，又带来了发展中的负效应：能源成为世界第一消费与进口大国，碳排放也是世界第一大国，空气质量排名世界 160 名以后，环境污染严重，生态危机四伏，最近 18 年间发生了 2 次影响全国重大瘟疫爆发事件，国家总体耕地保有规模降低，土壤与地下水退化，海岸线与生态保护区破坏加剧，自然物产严重退化等事实触目惊心。面对紧迫的资源环境形

势，国家主管部门推进了经济社会转型发展强力举措，2017 年以来我国大幅度实施了与城乡建设国土空间规划管理相关的部委机构调整举措。在城镇建设与经济发展层面，构建由国土规划管理机构统领，整合林业、农业、水利、环境及海洋等部门的新部门。全面推进以生态文明建设为引领，实施国土空间规划编制的新的技术体系与实施监督体系，为在城乡规划各个层次同步推动生态型规划与城市设计的技术标准与指导编制创造了条件。

6. 往者不可谏，来者犹可追

面对快速变化的世界，城市设计工作者需要知难而上，顺势而为。全球国家地区要在新的“生态优先”“同在一个地球”的命运共同体的价值引领下，去面对全球化、城镇化及工业化的物质进步给全人类带来的气候、环境及生态危机的挑战。应当认识到：无论是国家，地区间的城镇绿色发展模式的互助与合作，还是区域层次上的各个城镇产业、经济及生态领域的转型协调协同，还是每一个城市、乡镇乃至社区环境在空间发展的生态绿色规划领域的共识与行动，都是在不同层次为实现人类可持续发展，为“同一个地球”的核心价值目标做出的一份贡献，都会成为“蝴蝶效应”中重要的一环。

当代人类的技术进步日新月异，我们应重视当代新技术革命对城市，对人类生产、生活模式改变与践行生态绿色价值的重要的意义。特别是数字技术、人工智能技术的演化，可以重构现有的城市空间结构体系、交通体系及产业链系统，将给人类消费及娱乐生活方式，交往方式，以及物质与服务的供给方式等带来革命性改变，城市形态之物理空间与虚拟空间成为人类生活的“双维度系统”，也必然为深化实现人居环境系统绿色导向，重构人与自然的生态平衡，修复地球物种生态链，促进资源能源利用可持续带来不可估量的改变。

本书限于编写团队的学识与能力，写作中难免有不当之处，请同行予以见谅并批评指正。同时，对参与各个章节撰写工作的专家同行及博士生等深表谢意。

陈天

2020 年 3 月于天津大学

目录

第 1 章　生态城市设计思想的形成与发展

“每个城市都有一些使人感觉得到的、显示出智慧和艺术的地方，像沙漠中的绿洲一样，使人牵挂、向往和富有创造力。”

——英国学者麦克哈格

“既然城市是如此之大，既充满危机也有潜在的优势，看来我们早就该建立一门有关生态健康的城市建设的科学、研究、学科和艺术。”

——美国学者瑞吉斯特

学习目标：

- 了解生态城市设计思想的起源及发展的历程；
- 了解早期生态城市设计以及当代生态城市设计的理论发展及技术策略，并思考二者间的关系。
- 了解国内生态城市设计的探索与发展历程，理解国内生态城市的理论体系，了解实践案例的发展情况。
- 理解生态城市的概念，并思考生态城市设计与一般意义上的城市设计的区别与联系。

内容概述：

- 本章主要介绍了生态城市设计思想的缘起与发展，系统回顾了城市生态学、生态城市以及生态城市设计理论的渊源、发展历程，介绍了国内生态城市的发展实践成果，并对相关概念进行了辨析。根据目前的研究成果，可以将生态城市设计概括为以生态学、建筑学和城乡规划为基础，以可持续发展为原则，融合城市形态学、城市文化学、城市地理学等诸多学科的研究，是一种涵盖了自然、社会、经济、文化等诸多方面的综合性设计方法。

本章术语：

- 生态学、城市生态学、生态城市、城市设计、生态城市设计。

学习建议：

- 学习者可以根据生态城市设计思想的发展脉络理解生态城市设计的理论内涵。
- 根据各个概念的不同阐述和发展背景，理解各相关概念间的区别与联系。

1.1　生态城市思想的缘起与发展

1.1.1　生态学思想的形成

1. 生态学的发展背景

19 世纪是生态学发展的初期，其研究内容侧重于生物有机体与其周围环境之间的相互关系。到了 20 世纪中期，由于人口急剧增长所带来的压力，以及经济发展和技术进步这把双刃剑所产生的负面效应，社会发展中出现了“PRED”（人口—资源—环境—发展）之间不能相互协调的综合问题。在这样的背景下，生态学在社会上被重新定位。它摆脱了长期困扰其发展的自然主义倾向的束缚，把研究系统之外的人变成生物圈之内的人，把人类及其生产活动列入生态学研究的复合系统之中，在解决当前的社会问题中充分发挥其原有的科学积累，并广泛吸收、融汇自然科学、经济科学、社会科学和技术科学的精华，这使生态学得以迅速发展并以崭新的面貌登上了当代科学的舞台。

2. 生态学的发展趋势

生态学在投身解决社会问题的过程中，逐渐摆脱了其产生时的狭隘的学科局限和传统的研究范围，不仅在理论和方法方面，而且在研究对象的范畴、规模和尺度方面都有了新的发展。主要表现在以下五个方面：

1）研究问题的重新定位。当代生态学研究的一个突出的特点就是更加紧密地结合社会和生产中的实际问题，不断突破其初始时期以动植物为中心的学科界限，把人类社会包括在内，向解决当前面临的社会问题发展，并在实现社会的可持续发展中起着越来越重要的作用。

2）生态学研究的对象不断拓宽。生态学研究的对象一方面向宏观和微观两个方面不断拓宽，另一方面表现在从以自然生态系统为主，向人工生态系统发展，从单一生态系统向复合生态系统拓展。

3）生态学从研究结构到研究功能和过程。为了解决当前生产和社会面临的问题，生态学加强针对系统功能和过程的研究力度，特别是针对生态系统的环境服务功能和社会公益功能的研究引起了生态学家的密切关注。

4）生态学从局部的孤立的研究向整体的网络化研究发展。由于研究的对象和任务的变化，生态学的研究是在相对孤立的局部地区研究的基础上，逐步向着区域化和全球化发展，并形成网络来进行综合与对比。

5）学科之间相互交融与新分支学科的不断产生。当现存的学科不能很好地用来阐明一个或一系列科学问题时，就会导致科学理论的变革。例如生态学与社会科学交叉，并发展了人类生态学、生态伦理学、生态

图 1-1　人与生物圈计划标志

经济学、城市生态学。许多生态学家认为，生态学与其他学科的交叉领域，正在成为当代生态学的学科前沿，并给人类的未来带来巨大的影响。城市生态学正是这方面突出的代表。

3. 城市生态学的内涵

城市的发展对生态学提出了新的要求，而生态学也正是在这样的条件下取得了新的发展，以至于形成了一门新的分支学科——城市生态学。城市生态学真正作为一门科学形成于 20 世纪 70 年代，一批生物学家开始从生物学的角度研究城市。他们的研究重点在于城市环境影响下动植物区系的变化历史。20 世纪 70 年代初，罗马俱乐部发表了第一篇研究报告——《增长的极限》（*The Limits to Growth*）。其对世界工业化、城市化发展前景所做的预测，进一步激起了人们从生态学角度研究城市问题的兴趣。1971 年在联合国教科文组织的领导下开展了一项国际性的研究计划——人与生物圈计划（MAB，图 1-1），其目的在于研究日益增长的人类活动对整个生物圈的影响，以及世界各地可能产生的环境过程和环境压力，找出人类合理管理生物圈的途径和方法。此外，国际生态学会（INTECOL）于 1974 年在海牙召开的第一届国际生态学大会成立了"城市生态学"专业委员会，并组织出版了季刊《城市生态学》杂志。世界气象组织（WMO）、世界卫生组织（WHO）、国际城市环境研究所（IIUE）、国际景观生态学协会（IALE）、欧洲联盟（EU）、经济合作与发展组织（OECD）都开展了相关研究。

目前，对城市生态学的含义虽然有不同的理解，但其基本概念却是大同小异的。概而言之，城市生态学是以生态学理论为基础，应用生态学和工程学的方法，研究以人为核心的城市生态系统的结构、功能、动态，以及系统组成成分间和系统与周围生态系统间相互作用的规律，并利用这些规律优化系统结构，调节系统关系，提高物质转化和能量利用效率以及改善环境质量，实现结构合理、功能高效和关系协调的一门综合性学科①。

1.1.2　生态城市思想的形成

人类对聚居环境的关注催生了城市生态的诞生与演变。早在公元前 6 世纪，古巴比伦王国修建的空中花园，通过立体造园的手法与先进的灌溉系统将花园建筑在四层平台之上，体现了古巴比伦人对优美的自然环境的向往（图 1-2）。而在公元前 400 年的古希腊时期，古希腊人在奥林萨斯太阳城的建造过程中，根据地形与采光要求规整地布局街坊和住

① 李文华. 生态学与城市建设 [J]. 林业科技管理，2002（4）：12-15.

图 1-2　古巴比伦空中花园

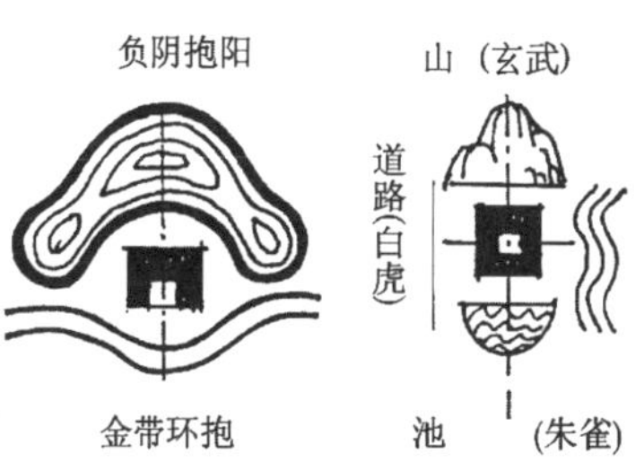

最佳宅址选择

最佳村址选择

图 1-3 “风水”学说中宅、村选址

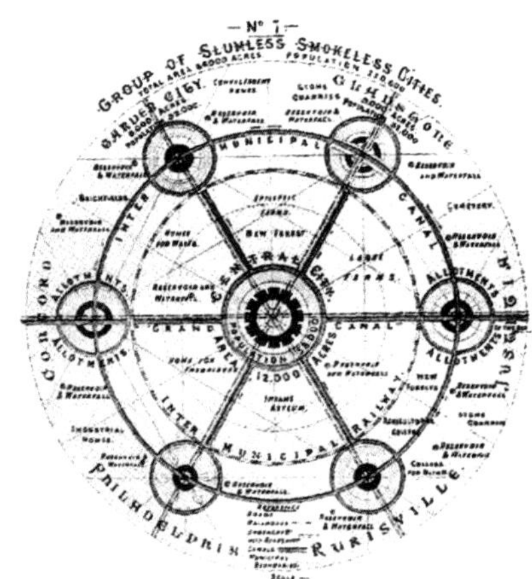

图 1-4　霍华德提出的城市群模型

宅，其已经开始有意识地根据自然资源条件设计居住空间形态。无独有偶，管子提出“凡立国都，非于大山之下，必于广川之上。高毋近旱而水用足，下毋近水而沟防省。因天材，就地利，故城郭不必中规矩，道路不必中准绳”，体现出因地制宜、贴近自然的营城理念，“风水”学说（图 1-3）、“天人合一”的思想也支配着中国建成环境的范式。可以说生态思想根植在人类对聚居环境的思考中①。

现代生态城市概念的正式诞生，得益于 1866 年德国生物学家恩斯特·赫克尔（E.Haeckel）首次提出的“生态学”（Ecology）概念，他将生态学定义为研究生物体与其周围环境之间相互关系的科学。在此之前，1859 年达尔文在《物种起源》中建立了自然选择学说，提出生物进化是生物与有机环境和无机环境交互作用的结果，将人们的关注点吸引至生物与环境的相互关系上来，促进了生态学的发展。生态学建立在种群思想的基础之上，将个体、种群、种族及环境等作为生态学的基本研究单元，将其相互关系作为主要研究内容。随着生态学的发展成熟与城市生态问题的凸显，生态学的研究视角逐渐拓展至人类生活、社会经济等方面，并由此产生个体生态学、群体生态学、人类生态学等分支学科②。

现代生态城市的实践可以追溯到霍华德（Edward Howard）的田园城市模型，他在《明日的田园城市》③（*Garden Cities of To-morrow*）一书中（图 1-4），针对工业革命以来大城市产生的种种弊端，构想出兼具城市

① 董卫. 可持续发展的城市与建筑设计 [M]. 南京：东南大学出版社，1999.
② 薛滨夏，李同予. 生态城市设计思想及其当代转变 [J]. 城市建筑，2011（1）：111-113.
③ 埃比尼泽·霍华德. 明日的田园城市 [M]. 金经元，译. 北京：商务印书馆，2009.

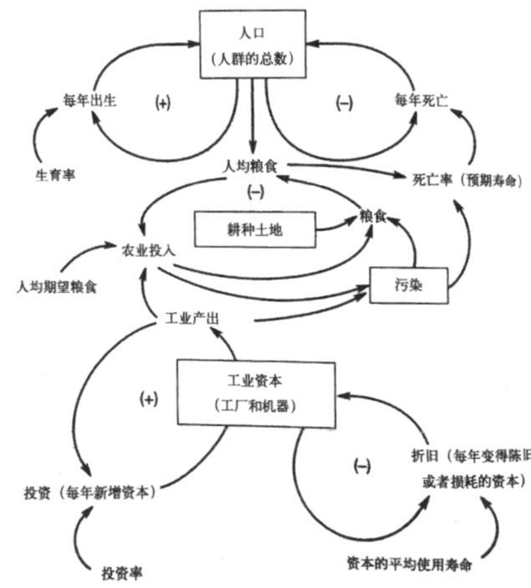

图 1-5 《增长的极限》人口、资本、农业和污染反馈圈

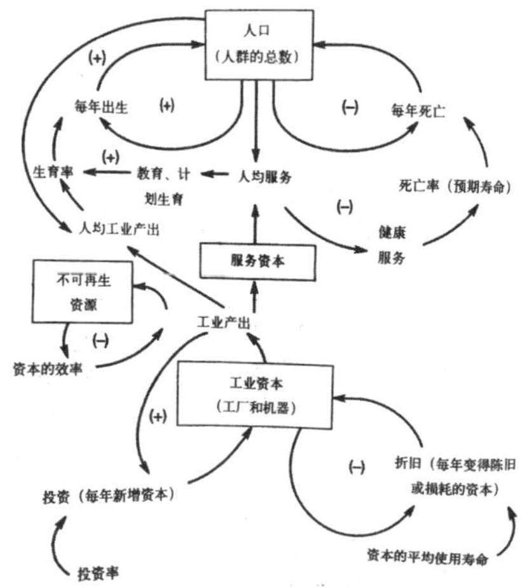

图 1-6 《增长的极限》人口、资本、服务和资源反馈圈

与乡村优点的田园城市来取代大城市，建立人居环境与自然平衡的理想居住模型。霍华德将其思想应用于英格兰莱奇沃思（Letchworth）与韦林（Welwyn）的建设，使这两个小镇在公共健康指标、平均寿命等宜居性评价指标远远优于一般的英格兰城镇①。

随着自然资源危机和城市环境问题日益严重，城市发展的可持续问题、人与自然关系问题得到重视。赛特（Sert）在 1942 年出版的《*CAN OUR CITIES SURVIVE? An ABC of Urban Problems*，*Their Analusis Their Solution*》一书中，将国际现代建筑协会（CIAM）的提案集结成册，用于指导城市规划中住宅区、娱乐、工作、交通、街道系统等方面的建设，并在此书中表述了作者对资源危机的担忧和对城市生态视角的思考②。类似地，刘易斯・芒福德（Lewis Mumford）面对机动化发展和城市无序蔓延的危机，敲响了人与自然关系失衡的警钟③。随后，美国作家蕾切尔・卡森（Rachel Carson）在其著作《寂静的春天》（*Silent Spring*）中描写了用于农业生产的化学药剂对生态环境造成的污染，作者通过生态学视角揭示了人类所依赖的农药正在毁坏人类生存的家园，将近代污染对生态环境的影响尖锐地展示在世人面前，体现出她对环保议题前瞻性、科学性的思考④。在卡森的影响下，美国微生物学家 R. 杜博斯（R.Dubos）与英国经济学家 B. 沃德（B.Ward）在他们的著作《只有一个地球——对一个小小行星的关怀和维护》（*ONLY ONE EARTH*：*The Care and Maintenance of a Small Planet*）中阐述了经济发展与生态环境的关系，罗马俱乐部的《增长的极限》（*The Limits to Growth*）（图 1-5、图 1-6）、世界环境与发展委员会的《我们共同的未来》（*Our Common Future*）都进一步发展了卡森的思想、反思了已有的经济增长模式对生态环境提出的挑战。由此可见，城市发展中的环境观逐渐在近现代城市建设思想中占有一席之地。

1970 年，联合国教科文组织决议设立国际政府间合作的研究生态学、保护生态环境的综合计划——人与生物圈计划；随后 1972 年在斯德哥尔摩召开了联合国人类环境会议，会议发布宣言称“人类的定居和城市化工作必须加以规划，以避免对环境的不良影响，并为大家取得社会、经济和环境三方面的最大利益”。这两项决议反映出“聚居环境应与生态环境协调发展”这一理念已成为全人类的共识，被视为生态城市理论的真正起始。同时，英国大气学家詹姆斯・洛夫洛克（James E.lovelock）在 20 世

① Richard Register. ECOCITY BERKELEY：Building Cities for a Healthier Future[M]. Berkeley：North Atlantic Books，1987：13 –43.

② Sert Jose Lvis. Can our Cities Survive?：An ABC of Urban Problems，Their Analysis，Their Solutions[M]. Cambridge：Harvard University Press，1942.

③ 黄肇义，杨东援. 国内外生态城市理论研究综述 [J]. 城市规划，2001（1）：59–66.

④ （美）蕾切尔・卡森. 寂静的春天 [M]. 张白桦，译. 北京：北京大学出版社，2015.

纪 60 年代末提出了“盖亚假说”，认为生命与环境的相互作用使得地球适合生命持续的生存与发展，进而成为西方国家环保运动和绿党行动的重要理论基础。这些理论在建筑设计、城市规划、城市设计、社区建设等方面灌注了环境观与可持续发展的价值观，从而激发了大量的理论发展与实践探索，人们在不断摸索中追寻着宜居环境的最高理想。

1.1.3　国外生态城市研究的理论与实践

1．西方国家的基本理论研究

自 20 世纪 80 年代生态城市的概念正式形成以来，生态城市理论经历了初始、发展和相对成熟三个阶段，在各个时期均涌现出众多的代表人物及其理论研究成果。

20 世纪 80 年代至 90 年代是生态城市理论的初始期，这一时期的研究主要是生态城市概念的提出和完善。美国生态学家理查德·瑞吉斯特（Richard Register）、苏联生态学家杨尼斯基（O.Yanitsky）分别概括并阐述了生态城市的概念和建设原则。1990 年，第一届生态城市国际会议在伯克利召开，确定了以生态原则重构城市的目标。

20 世纪 90 年代至 21 世纪初是生态城市理论的发展期，生态城市理论开始在世界范围内得以应用与普及。澳大利亚社区活动家戴维·恩格维特（David Engwicht），指出生态城市研究应关注人类活动与自然环境的关系，尤其是交通方式引发的城市安全和污染问题，提倡步行和公共交通等策略的应用；罗斯兰（Roseland）系统总结了生态城市的理念，包括可持续发展、可持续的社区、生物区域主义、绿色运动、社会生态等内容①；澳大利亚建筑师、生态学家保罗·道顿（Paul F. Downton）认为，生态城市是拯救人类的“良药”，应系统研究人类、城市与自然系统之间的相互关系，实现三者之间的生态平衡。同时，重视生态社区的核心作用，强调生态城市的内涵要超出可持续发展的范畴。在此期间，第二届、第三届国际生态城市会议分别在澳大利亚的阿德莱德和塞内加尔的约夫召开，会议通过了国际生态重建计划，提出各国生态城市建设的方法和行动策略，在自然环境修复、维护生态系统平衡，交通、能源、管理等诸多方面提出了较为具体的措施。

21 世纪初至今是生态城市理论的相对成熟期，世界各国城市以生态城市为城市发展目标，进行了与生态学相关的各类规划理论和实践探索，基本涵盖了生态经济产业、生态发展战略、生态规划的内容策略和具体

---

① M. Roseland. Dimensions of the Future：An Eco-city Overview. Eco-city Dimensions[M]. Ojai：New Society Publishers, 1997：1-12.

措施、生态指标系统的构建等方面。英国学者芒福汀（Moughtin J. C.）把街区形态与绿色生态思维进行联系，探讨了可持续的城市设计方法①②；美国学者威廉·M. 马什（William M. Marsh）系统阐述了景观规划与土地利用、河流、水质、暴雨水排放和管理的关系，有效地阐述了设计如何结合自然③。2000年，第四届国际生态城市会议在巴西库里蒂巴召开，生态城市的建设实践开始引发各国关注。2002年，第五届国际生态城市会议在中国深圳召开，进行了生态城市设计和实践方面的深入探讨，会议提出了生态城市建设的5方面内容和9项行动措施。

进入21世纪以后，世界范围内的生态城市建设发展迅速，以英国、美国、瑞典、丹麦等欧美国家的城市为代表，在生态城市、绿色城市的实践中取得了显著成绩，在生态城市的建设目标、标准制定、规划策略和指标系统等方面取得了丰富的建设经验。这些国家和地区的生态城市实践基本涵盖了城市建设的宏观、中观、微观层面，包括城市发展战略规划、总体规划、景观规划、社区规划等方面，并以生态城市发展目标为指引，制定实施行动计划，提出具体的生态策略和指标系统。随着近30年的城市建设实践，生态城市理论在世界范围内得到了应用和推广，积累了大量的实践经验（表1-1）。生态城市的研究开始从宏观的城市层面逐步深入到中微观的街区、建筑层面，建设实践的重点也开始向实效性转移。

表1-1 国外典型生态城市建设策略总结

	代表规划及措施	生态规划策略	实施年代
英国	萨顿市贝丁顿零耗能（BedZed）太阳村	混合型生态社区、绿色交通、节能、绿色低碳与经济效益结合	21世纪初至今
美国	克利夫兰市的生态城市议程	以绿色城市为目标，提出应对气候、能源、交通、社区、绿色空间、基础设施、水质量等方面的具体目标和原则	20世纪80年代至今
丹麦	哥本哈根“生态城市1997~1999”	通过建立综合性的城市示范项目，制定目标引导下的实施办法、环境策略等	1997~1999年

① （英）克利夫·芒福汀．街道与广场[M]．张永刚，陆卫东，译．北京：中国建筑工业出版社，2004.

② （英）克利夫·芒福汀．绿色尺度[M]．陈贞，高文艳，译．北京：中国建筑工业出版社，2004.

③ 威廉·M. 马什．景观规划的环境学途径[M]．朱强，黄丽玲，俞孔坚，译．北京：中国建筑工业出版社，2006.

续表

	代表规划及措施	生态规划策略	实施年代
瑞典	马尔默生态城	倡导生态低碳策略，包括可再生能源利用、低碳社区、可持续的规划管理方式	20 世纪 90 年代至今
芬兰	维累斯地区绿色规划	维护地区的生态环境，城市空间结构、城市功能与自然环境和谐共生	21 世纪初至今
澳大利亚	阿德莱德的“影子计划”	用 6 幅规划图描述了从 1836~2036 年的生态城市建设发展规划，明确了极端性目标和具体的建设措施	21 世纪初至今
德国	埃朗根城的综合性整体生态规划	以景观规划为基础，实行绿道、公共交通、河流治理等经济、社会、环境措施	20 世纪 70 年代至今
新西兰	Waitakere 生态城市建设	制定可持续的环境、经济、社会发展目标	1993 年
日本	千叶新城的生态规划	以生态型城市为主要目标，采取结合地形地貌、河流水系的景观生态规划策略	20 世纪 80 年代至今

2. 瑞吉斯特的理论进化

理查德·瑞吉斯特（Richard Register）是生态城市规划和设计领域伟大的理论家和实践者之一，他在最早提出并定义了“生态城市”的概念，并出版了《生态城市伯克利：为一个健康的未来建设城市》（1987）（*Ecocity Berkeley*：*Building Cities for a Healthy Future*）、《生态城市：重建与自然平衡的城市》（2002）（*ECOCITIES*：*Rebuilding Cities in Balance with Nature*）等专著，将生态城市从城市规划理念深化为对未来城市发展的指引。1975 年，瑞吉斯特与志同道合的友人共同成立了非营利机构“城市生态组织”（Urban Ecology），这一组织以“重建城市与自然的平衡”为宗旨，为加州的政府、大学、社区、开发机构提供生态城市建设咨询服务。城市生态组织于 1990 年在伯克利组织了第一届生态城市国际会议，会议成果包括 700 名学者共同商议的基于生态原则重构城市的目标。为了进一步发展此次会议的成果，瑞吉斯特于 1992 年在城市生态组织的基础上建立了“生态城市建设者”组织（Ecocity Builders），并先后在阿德莱德、塞内加尔、库里蒂巴、深圳、班加罗尔、旧金山等地召开了多次国际生态城市会议，全球专家学者的共同参与商讨使生态城市的理论与实践不断进化。同时，瑞吉斯特在伯克利进行了四十余年生态城市建设的实践，与环保主义者、政府开发建设者一起将伯克利建设并运营成为生态城市

图 1–7　伯克利规划方案

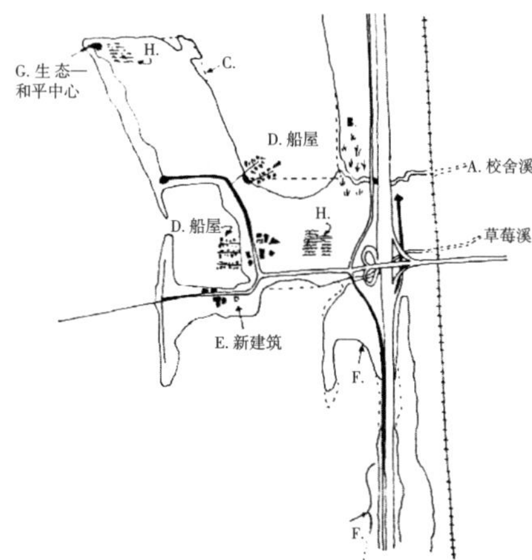

图 1-8　伯克利滨水区设计

图 1-9　瑞吉斯特绘制的生态城市图景

的标杆（图 1-7）。

1984 年，瑞吉斯特提出了建立生态城市的四原则[①]，包括：①以相对较小的城市规模建立高质量的城市；②就近出行，通过高度混合的土地利用类型，在就近出行的范围内满足基本生活需求；③小规模集中化，城市、小城镇、村庄在物质环境上集中，根据社区生活和整治需要适当分散；④物种多样性有益于健康。

1987 年，瑞吉斯特在论著《生态城市伯克利：为一个健康的未来建设城市》中进一步提出建立生态城市的原理[②]：①生命、美丽、公平是生态城市的准则；②在城市建设中充分运用生物学原则，在城市周围提供绿带、在城市内部为生物提供自然生境；③生态城市应是三维的而非平面的，城市高密度、土地混合利用；④一系列邻里建设措施；⑤建设生态上良好协调的高楼区和相对较高密度的地区；⑥就近出行；⑦以生态城市理念指导新建市镇的建设；⑧修改法律法规体系以适应生态城市建设。

1996 年，由瑞吉斯特参与成立的城市生态组织在已有理论和多年来实践的基础上，总结出了更加完善的生态城市十项原则[③]：①修改土地开发优先权，在交通设施附近优先开发紧凑、多样、绿色、安全的且有活力的混合土地利用社区；②修改交通建设的优先权，步行、自行车、公共交通优先于小汽车出行，强调“就近出行”；③修复被破坏的河流、海洋、湿地等城市自然环境（图 1-8）；④建设体面的、低价的、安全的、方便的、经济的多民族混合居住区；⑤注重社会公正性，改善妇女、有色民族和残疾人的社会生活状况；⑥支持地方化农业、城市绿化项目和社区花园化；⑦提倡回收，采用前沿的资源再利用技术和资源保护技术，减少污染排放；⑧号召商业界支持具有良好生态效益的经济活动，抑制污染、废物排放和危险有毒材料的生产使用；⑨推动简单、生态友好的生活方式，反对过度消费；⑩以宣传活动和教育项目培育公众的生态意识，提高公众局部环境和生物区域意识。

2002 年，瑞吉斯特在其著作《生态城市：重建与自然平衡的城市》进一步提升了其理论体系（图 1-9），提出现代城市建设向生态城市转型的策略[④]：强化自然基础设施建设，以有机疏散模式建设城市，通过土地、经济、

---

① Richard Register. EcoCities，IN CONTEXT（aquarterly of humane sustainable culture）# 8 [Z]. 1984：31.

② Richard Register. Ecocity Berkeley：Building Cities for A Healthier Future[M]. Oakland：North Atlantic Books，1987：13–43.

③ Richard Register. The Ecocity Movement–Deep History，Movement of Opportunity[M]// R. Register, B. Peeks. Village Wisdom/ Future Cities：The Third International Ecocity and Ecovillage Conference. Oakland：North Atlantic Books，1987：26–29.

④ （美）理查德·瑞吉斯特．生态城市：建设与自然平衡的人居环境 [M]．王如松，于占杰，译．北京：社会科学文献出版社，2010.

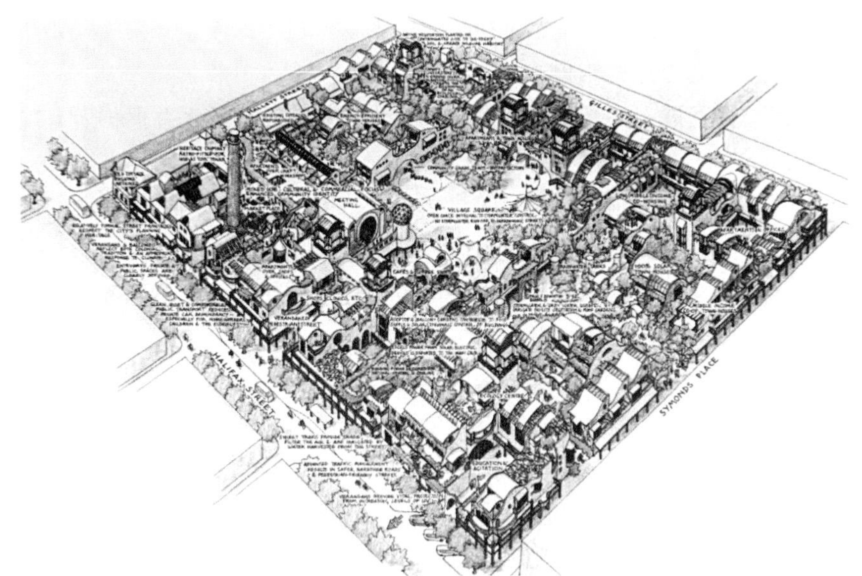

图 1-10 道顿的哈利法克斯新城规划

图 1-11 哈利法克斯新城模型细部

生态、交通、功能等多方面协调，以文化策略和艺术带动建设出书中所描绘的“永恒的生态城市”。瑞吉斯特将视野进一步扩展至城市、城镇、乡村等，提出了相应的生态城市建设理念、模式与设计方法。

可以看出，瑞吉斯特关于生态城市的理论建设处于不断提升与完善的状态之中，从最初始的土地开发、交通规划与物种多样性等生态学原理，发展到将生态学理论与城市规划原理进一步融合，提出了涉及社会公平、制度设计、经济、生活方式、公众参与等多方面的生态城市建设体系。同时，瑞吉斯特在伯克利的长期实践强化了他的理论体系，使其达到理论高度与可实施性的平衡①。

3. 保罗 · 道顿的生态规划理论

建筑师保罗 · F. 道顿（Paul F. Downton）及政治与生态活动家查利霍伊尔（Cherie Hoyle）在规划澳大利亚哈利法克斯（Halifax）生态城的过程中提出了“社区驱动”的生态开发模式，包含以下生态开发原则②③（图 1-10、图 1-11）：

①恢复退化的土地：在人类住区发展过程中恢复和充分重视土地的生态健康性和潜力；

① 黄肇义，杨东援．国内外生态城市理论研究综述 [J]．城市规划，2001（1）：59-66.

② 陈勇．哈利法克斯生态城开发模式及规划 [J]．国外城市规划，2001（3）：39-42+1.

③ Paul F. Downton. Ecopolis：Architecture and Cities for a Changing Climate[M]. Berlin：Springer，2009.

②适应生物区：尊重、重视并适应生物区量生态因素开发模式要与地固有形式及其极限相适应；

③平衡发展：平衡开发强度与土地生态承载力的关系并保护所有现存的生态特征；

④阻止城市蔓延：划定永久自然绿带范围，相对提高人类住区的开发密度或在生态极限允许的开发密度下进行开发；

⑤优化能源效用：实现低水平能量消耗，并使用可更新能源、地方能源产品和资源再利用技术；

⑥利于经济：支持并促进适当的经济活动；

⑦提供健康和安全：在生态环境可承受的条件下使用适当的材料和空间形式，为人们创造安全健康的居住工作和游憩空间；

⑧鼓励社区建设：创造广泛多样的社会及社区活动；

⑨促进社会平等：经济和管理结构体现社会平等原则；

⑩尊重历史：最大限度保留有意义的历史遗产和人工设施；

⑪丰富文化景观：保持并促进文化多样性并将生态意识贯穿到人类住区发展建设维护各方面；

⑫治理生物圈：通过对大气、水、土壤、能源、生物量、食物、生物多样性、生境、生态廊道及废物等方面的修复、补充、提高，来改善生物圈，减小城市化的生态影响。

道顿在《生态城市：应对气候变化的建筑与城市》(*Ecopolis: Architecture and Cities for a Changing Climate*)一书中构建了人类生态可持续发展的SHED (Sustainable Human Ecological Development) 理论框架，提供了把生态城市理论付诸实践的方法，并开展因地制宜的设计、开发与社区决策。道顿指出SHED的总体目标是能够自发地把城市系统的设计、开发和维护融入流程，以保持生物圈最佳功能，使生物圈为人类所用，从而最终实现“治愈生物圈”的目标。SHED的七个操作步骤包括(图1-12)[①]：

①源流——确定区域生态系统的参数；

②位置——位置的选择要以非物理结构为基础原则，特别是将通过访问原住民获取的认知，作为一种找回原始生态状况的渠道；

③生物带——城市是整个生物带的核心区域，要建立在最小化能源规划的基础上；

④生命线——关联生活景观元素，对于严重退化或人造迹象过于明显的景观系统，可以通过创建或调整河道的方式引入生命线；

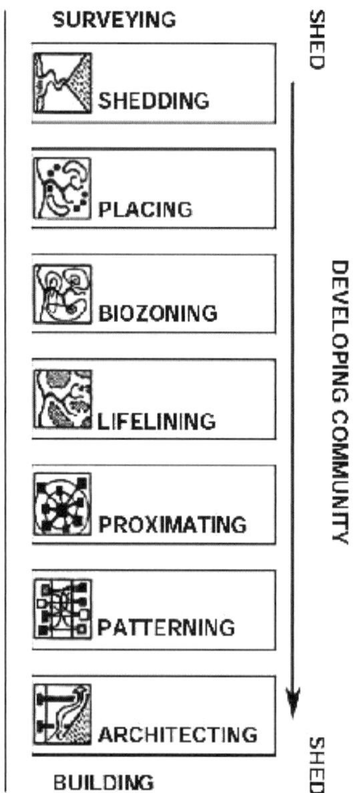

图1-12 SHED操作步骤

① Paul F. Downton. Ecopolis: Architecture and Cities for a Changing Climate[M]. Berlin: Springer, 2009.

⑤临近关系——要求提供会议场所、商场和休闲娱乐的空间，以及最小化的交通量，尽可能短的基础距离；

⑥模式——创造恰当的城市文化模式的第一步，需预测因城市形态生长而引起潜在模式；

⑦架构设计——由因地制宜的建筑方案和永恒不变的建筑方法共同支持，包括生态恢复、缩化社区、区域响应和“自给自足”的生产方式。

1.1.4　国内生态城市理论建设与实践

1．国内生态城市理论发展

世界范围内的生态城市理论研究也带动了我国生态城市理论的研究，我国学术界对生态城市的研究基本上可以划分为三个时期（表 1-2）。

20 世纪 80 年代至 90 年代前期，马世骏、王如松、黄光宇等学者开始探索以生态学原理为核心，提出生态城市的基本含义以及城市建设中的生态策略。其中马世骏院士和王如松院士指出生态城市是“社会—经济—自然复合生态系统”[①]，同时，王如松阐释并发展了俄罗斯生态学家杨尼斯基的生态城市设计思想，将其概括为“按生态学原理建立起来的经济、社会、自然协调发展，物质、能量、信息高效利用，生态良性循环的人类聚居地”。王如松借助杨尼斯基的理论，将生态城市设计分为自然—地理层次、社会—功能层次、文化—意识层次，并认为生态城市设计思想根源于文化—意识层次，其目的是研究人与环境的历史渊源、社会渊源和文化意识渊源。王如松认为城市问题的生态学实质是资源低效利用、系统关系不合理、自我调节能力低下[②]，并提出了建设天城合一的中国生态城思想，使生态城市同时满足人类生态学、经济生态学、自然生态学的的基本原理，具体表现为：①满足人的生理与心理需求、现实与未来需求、人类进化需求；②资源有效利用、外部投入能量最小、社会—经济—环境效益最优化；③符合“风水”学说、人与自然、人与其他生物和谐共生、生态系统持续运转（图 1-13）。此外，王如松还提出了生态城市建设所应遵循的胜汰原理、反馈原理、乘补自生原理、循环再生原理、多样性及主导原理、生态设计原理等生态控制论原理，他认为城市生态调控的具体内容是调节城市生态关系的时间、空间、数量、顺序这四种表现形式，并进一步提出了生态城市的规划与管理方法[③]。同一时

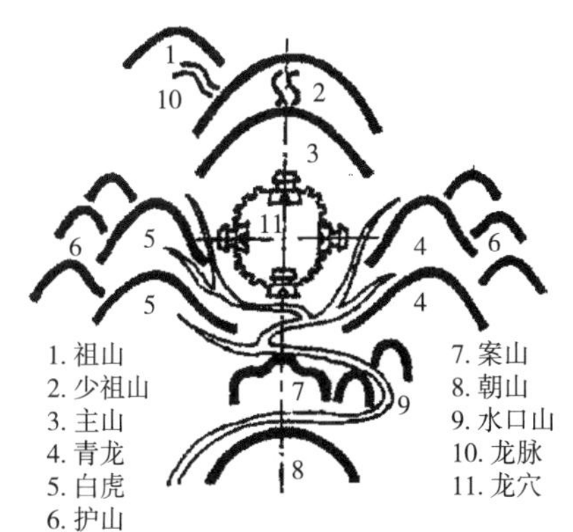

图 1-13　“风水”理论对城市选址的影响

① 马世骏，王如松．社会—经济—自然复合生态系统 [J]．生态学报，1984，4(1)．

② 王如松，欧阳志云．天城合一：山水城建设的人类生态学原理 [M]// 鲍世行，顾孟潮．城市学与山水城市．北京：中国建筑工业出版社，1994：285-295．

③ 王如松．高效和谐——城市生态调控原则与方法 [M]．长沙：湖南教育出版社，1988．

图1–14 1993年2月27日山水城市讨论会于北京召开

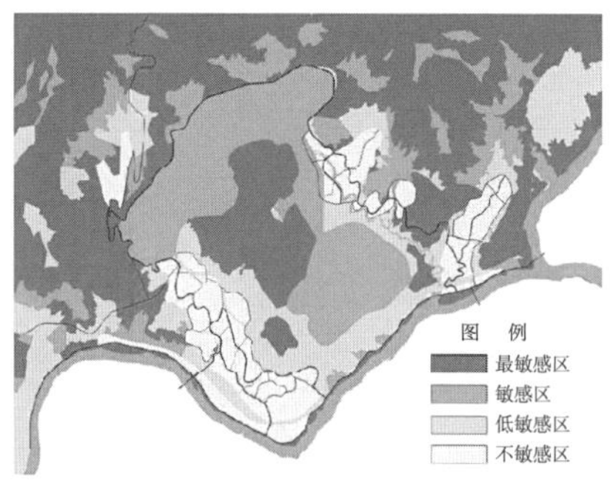

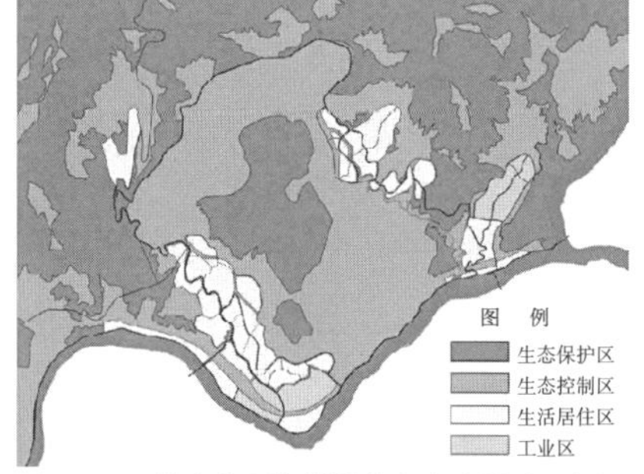

图1–15 黄光宇所作攀枝花市生态敏感区划分（上）与生态分区图（下）

期，钱学森院士提出将中国山水诗词、古典园林建筑与中国山水画融合的“山水城市”概念，以天人合一的哲学思想、“风水”理论、环境美学、生态学等思想指导城市人居环境的建设[①]（图1–14）。在钱学森、吴良镛、鲍世行、顾孟潮等专家学者的推动下，蕴含中国古典哲学与生态城市思想的“山水城市”理论逐渐走向成熟。

20世纪90年代后期至20世纪末，黄光宇、王建国、梁鹤年、宋永昌等学者从不同角度深入探讨了生态城市的概念、规划方法和指标系统，生态城市概念正式确立[②]。黄光宇教授将生态城市定义为“根据生态学原理，综合研究社会—经济—自然符合生态系统，并应用生态工程、社会工程、系统工程等现代科学与技术手段而建设的社会、经济、自然可持续发展，居民满意、经济高效、生态良性循环的人类住区”[③]。黄光宇从多学科的角度阐释了生态城市的概念，例如他认为生态哲学视角下的生态城市实质是实现人与自然的统一，这是生态城市的价值取向，从生态社会学角度看，生态城市的教育、科技、文化、道德、法律、制度都将“生态化”，生态成为社会运转的基本价值观与伦理。类似地，他从生态经济学、城市生态学、地理空间等视角认识生态城市，并将这些理论整合成为相互交叉、相互联系的生态城市内涵[④]。梁鹤年教授主张生态城市理想原则是生态完整性和人与自然的生态连接，中心思想是可持续发展[⑤]。

21世纪初以后，生态城市理论已经普遍应用于我国城市发展建设的实践中，生态城市及其相关理论研究逐步深入，学者们针对研究对象和方法的研究出现了系统化、分类别的现象。黄光宇从物质环境和社会文明两方面提出了系统的生态城市规划设计方法，探讨了生态城市建设管理对策，并根据山地城市的规划实践，提出了山地城市的生态设计方法，奠定了其在山地城市规划中的核心学术地位[⑥]（图1–15）；王祥荣、沈清基等学者开始探讨建立生态环境建设指标体系、生态型城市规划标准等内容[⑦⑧]。

① 钱学森. 社会主义中国应该建山水城市 [J]. 建筑学报，1993（6）：2–3.
② 黄光宇，陈勇. 生态城市理论与规划设计方法 [M]. 北京：科学出版社，2002.
③ 黄光宇，陈勇. 生态城市概念及其规划设计方法研究 [J]. 城市规划，1997（6）：17–20.
④ 黄光宇，陈勇. 论城市生态化与生态城市 [J]. 城市环境与生态城市，1999，12（6）.
⑤ 梁鹤年. 城市理想与理想城市 [J]. 城市规划，1999（7）：18–21.
⑥ 黄光宇. 山地城市学 [M]. 北京：中国建筑工业出版社，2002.
⑦ 王祥荣. 论生态城市建设的理论、途径与措施——以上海为例 [J]. 复旦学报自然科学版，2001，40（4）：349–354.
⑧ 沈清基，吴斐琼. 生态型城市规划标准研究 [J]. 城市规划，2008（32）：60–70.

表 1-2　国内生态城市研究的历史时期和部分代表人物

<table>
<tr><th>时间阶段</th><th>年代</th><th>代表人物</th><th>主要内容</th></tr>
<tr><td rowspan="3">20 世纪 80 年代至 90 年代前期</td><td>1984</td><td>马世俊
王如松</td><td>城市是典型的社会—经济—自然复合生态系统</td></tr>
<tr><td>1989～1992</td><td>黄光宇</td><td>由田园城市、有机疏散、系统协调思想，提出绿心城市概念，并探讨了生态城市的基本含义</td></tr>
<tr><td>1994</td><td>王如松</td><td>生态城市建设的人类生态学、经济生态学、自然生态学标准和生态控制原理</td></tr>
<tr><td rowspan="5">20 世纪 90 年代后期至 20 世纪末</td><td>1997
1999</td><td>黄光宇</td><td>从符合生态系统理论角度界定了生态城市的概念和创建标准，探讨了生态城市的规划设计方法</td></tr>
<tr><td>1997</td><td>江小军</td><td>分析了生态城市的系统结构、运行机制、产业发展和空间形态</td></tr>
<tr><td>1997</td><td>王建国</td><td>提出了基于整体优先和生态优先准则的绿色城市设计的概念、对象、内容和方法</td></tr>
<tr><td>1999</td><td>梁鹤年</td><td>以可持续发展为核心思想，提出基于生态主义的城市理想原则是生态完整性和人与自然的生态连接</td></tr>
<tr><td>1999</td><td>宋永昌</td><td>从城市生态系统结构、功能和协调度三方面构建了生态城市指标系统，提出了生态城市的评价方法</td></tr>
<tr><td rowspan="3">21 世纪初至今</td><td>2002
2003
2006</td><td>黄光宇</td><td>进一步完善了生态城市理论与规划设计方法，提出生态城市指标系统；以山地城市为研究对象，系统研究了山地城市的生态化规划建设理论与实践</td></tr>
<tr><td>2001</td><td>王祥荣</td><td>以上海为例，探讨了生态城市建设的理论、途径与措施，并提出上海市生态环境建设指标系统</td></tr>
<tr><td>2008</td><td>沈清基</td><td>提出建立生态型城市规划标准的三个途径和建立生态型城市规划标准矩阵的设想</td></tr>
</table>

2. 国内生态城市实践探索

借助生态城市理论研究的探索，我国对生态城市实践的探索也自 20 世纪 80 年代末拉开帷幕。1986 年江西省宜春市提出建设生态城市，并于 1988 年开展试点工作，标志着我国生态城市建设的正式开展[①]。1991 年，《城市生态规划研究——承德市城市生态规划》与《承德市城市综合治理及生态规划的研究》先后发行，是北方中小城市在生态城市建设方面的一次探索。1997 年，国家环境保护局先后将 30 多个城市命名为国家环境保护模范城市，为生态城市在我国的全面推进，打下了良好基础。

① 沈清基，彭姗妮，慈海．现代中国城市生态规划演进及展望 [J]．国际城市规划，2019，34（4）：37-48.

图 1–16　中新天津生态城土地利用规划

图 1–17　深圳光明新区土地利用规划

随着绿色、低碳等概念在城市建设中的应用，生态城市的研究更加复杂化、专业化，出现了绿色城市、低碳生态城等新概念，生态城市的实践也随之蓬勃发展。1990～2006 年，我国的规划研究、总体规划、城市设计、详细规划等规划实践类型中，共计有 472 项涉及生态城市。根据统计，截至 2011 年初，我国共有 259 个地级及以上城市提出建设“生态城市”与“低碳城市”，占全部地级及以上城市的 90%。2007 年，中新天津生态城（图 1–16）的诞生引发了全国建设生态城的热潮，中国正式进入“生态城”时代，各城市纷纷仿效，从不同角度提出建设“生态城”的目标（图 1–17）。从广义的内涵上看，“生态城”与生态城市并无差异，二者具有相同的内涵、目标和规划原则；从自身的性质和特点来看，“生态城”更像是生态城市概念的中国化，并成为一种特殊的现象被赋予特定的概念、性质和内容。我国生态城一般具有如下特点（表 1–3）：

1）建设要求：在我国大部分城市，“生态城”的建设需要国家、地方政府的政策支持，对城市自身的规模、经济发展水平也有严格的要求。

2）地域特点：“生态城”在实际操作中往往成为城市的新区。因此，我国的生态城也被称之为“城中之城”，即在城市市域范围内划定特定区域作为生态城建设的基地。“生态城”的选址往往具有一定的空间独立性，且历史遗留的限制条件和建成现状影响因素一般比较少。

3）规模特点：其规模一般在几平方千米到几十平方千米左右，大多具备小城镇的规模，便于规划独立的公共设施配套，从而形成较为独立的生活圈层。

4）政策特点：相对于城市其他地区，政府对生态城的财政、税收、招商引资等方面均有较大的优惠政策。

综上所述，生态城的独特属性使其易于接受新的城市规划理念，能够解决城市旧城区经常面临的复杂现状问题，从而采取较为理想的生态规划策略和具体措施，最终形成适合市民心理需求和城市健康发展要求的空间环境①。

表 1–3　我国典型生态城特点分析

	区位条件	城市属性与用地规模	现状自然条件	政策法律列举
中新天津生态城	西邻天津滨海国际机场，距离滨海新区核心区 15km、天津中心城区 45km、北京中心城区 150km	新城，约 30km^2	土地条件贫瘠，盐碱地，荒地，水域各占三分之一	《中新天津生态城管理规定》

① 臧鑫宇. 绿色街区城市设计策略与方法研究 [D]. 天津：天津大学，2014.

续表

	区位条件	城市属性与用地规模	现状自然条件	政策法律列举
唐山曹妃甸国际生态城	西距曹妃甸工业区 5km，东距海港开发区 25km，毗邻京津冀城市群，距离北京 220km、天津 120km、唐山 80km、秦皇岛 170km	新城，约 150km²	土地条件贫瘠，基地主要为荒地、滩涂、鱼塘	《曹妃甸生态城总体规划》
重庆悦来生态城	位于两江新区渝北区，距江北国际机场 15km，距离重庆中心城区 10km	新城，约 3.46km²	依山面江，自然植被良好，地形东高西低，高差较大	《重庆悦来生态城总体规划》
无锡中瑞低碳生态城	位于太湖新城中区，距苏南硕放国际机场 11km，距离无锡中心城区 10km	新城，约 2.4km²	南邻环太湖湿地保护区，西邻湿地公园，地形平坦	《无锡市太湖新城生态城条例》
长沙梅溪湖新城	位于长沙大河西先导区，距离市中心约 10km，距离长沙黄花国际机场约 30km	新城，约 7.6km²	紧邻梅溪湖与岳麓山，地形平坦	《长沙大河西先导区梅溪湖规划》
深圳光明新区	位于深圳市西北部，距离市中心 35km，距深圳宝安国际机场 18km	新城，约 156.1km²	低平丘陵地形中的平缓地带，南北东侧皆有丘陵绿地	《深圳光明新区规划（2007—2020 年）》

1.1.5　生态城市的概念总结

上述关于生态城市的阐述各不相同，按照定义的内涵进行总结，可以将国内外现有的生态城市的概念分为三类：第一类是以环境保护为核心，将生态城市进行简单化和现实化理解，强调城市生态保护、居民生活、历史文化、交通、物种多样性等单项要素的良性发展，此类概念以人与生物圈计划组织（MAB）提出的生态城市规划的五项原则为代表；第二类是以未来目标为核心，将“生态城市”完美化和理想化理解，认为生态城市是技术与自然充分融合、人的创造力和生产力得到最大限度发挥、居民的身心健康和环境质量得到最大限度保护的一种人类理想栖境，此类概念以苏联生态学家杨尼斯基（O. Yanitsky）的概念为代表；第三类是以生态系统保护为核心，认为生态城市是自然和谐、社会公平和经济高效的复合生态系统，强调三者的互惠共生和相互协调，此类概念以理查德·瑞吉斯特（Richard Register）提出的概念为代表，我国近年来有关生态城市的概念也多基于此[①]。虽然上述三类概念内容各有不同，但都强调了城市发展过程中社会、经济、自然复合系统的协调发展以及城市发展与生态平衡相得益彰的问题，从不同角度诠释了生态城市的内涵，随着经济社会的不断发展，生态城市的概念也会随之发展，并将更加趋于全面和综合。

1.1.6　生态城市与相关城市理论的概念辨析

近年来，在生态城市提出之后，在学界与生态城市相关的其他概念也层出不穷，其中较为典型的有绿色城市、山水城市、健康城市、可持续城市、海绵城市、森林城市等，为了进一步明确生态城市的概念及内涵，有必要在生态城市和上述的其他城市概念之间进行梳理和辨析。

1. 生态城市与绿色城市

在有关绿色城市的概念中，比较有代表性的有自然保护主义提出的绿色城市（Green City），是指通过简单地增加绿色空间，单纯追求优美的自然环境；相较而言，在生态城市的概念下绿地系统只是生态城市自然子系统中的组成部分之一，生态城市还强调社会人文和经济生态的和谐与健康。生态城市与绿色城市之间的联系是：健全的绿地系统是生态城市存在的基本条件和客观保证[②]。

2. 生态城市与低碳城市

《我们未来的能源——创建低碳经济》（*Our Energy Future Creating a Low Carbon Economy*）（Department for Trade and Industry，UK，2003）白皮书首次提出“低碳经济”概念，低碳经济的核心思想是以更少的能源消耗而获得更多的经济产出。一般认为，低碳城市是以城市空间为载体发展低碳经济，实施绿色交通和建筑，转变居民消费观念，创新低碳技术，从而达到最大限度地减少温室气体的排放（图 1-18）[③]。低碳城市主要关注全球气候变化、降低碳汇、减少碳排放，而生态城市则关注自然环境、人居环境等多个角度，从某种程度上可以说低碳城市是生态城市的子集。

3. 生态城市与山水城市

山水城市是钱学森院士倡导的，他在 1990 年提出，把中国的山水诗

图 1-18　我国首批低碳城市——保定

---

① 赵清，张珞平，陈宗团. 生态城市理论研究述评 [J]. 生态经济（中文版），2007（5）：155-159.

② 张梦，李志红，黄宝荣，李颖明，陈勋锋. 绿色城市发展理念的产生、演变及其内涵特征辨析 [J]. 生态经济，2016，32（5）：205-210.

③ 中国科学院可持续发展战略研究组. 2009 年中国可持续发展战略报告——探索中国特色低碳道路 [M]. 北京：科学出版社，2009.

词、中国古典园林建筑和中国的山水画融合在一起，创立“山水城市”的概念[①]；山水城市更注重强调城市建设的“形”，对城市的社会和经济属性论述较少，内涵相对狭窄；而生态城市强调城市建设的“神”，包括自然生态化、经济生态化和社会生态化，内涵相对宽泛。但二者之间依然存在联系，山水城市也是一种具有中国特色的生态城市，注重强调人与自然之间的协调发展。

4. 生态城市与健康城市

健康城市的概念是从现代医学角度提出的，“健康城市”是从生命个体与环境的关系来看待城市，强调保障城市居民生理上的健康[②]；与生态城市的概念相比，二者的区别是生态城市从生态系统的角度来考察城市，强调的是人—自然系统整体的健康，在概念上比单纯考虑城市居民生理上的健康更具有系统性。二者之间所存在的联系是都把城市视为一个有机生命体，健康是生态城市的特征之一。

5. 生态城市与可持续城市

可持续城市的概念在 1996 年第二届联合国人类住区会议（Habitat II）上首次提出官方的定义：在这个城市里，社会、经济和物质都以可持续的方式发展，根据其发展需求有可持续的自然资源供给（仅在可持续产出的水平上使用资源），对于可能威胁到发展的环境危害有可持续的安全保障（仅考虑到可接受的风险）。与生态城市的概念相比，二者的区别是可持续城市的概念强调自然环境外化于城市，作为城市的支持服务系统存在，面向人类自身的发展，缺乏对城市系统内部有机联系的关注，而在生态城市的概念中自然环境（包括生物）内化于城市。两个概念之间的联系是，面向人—自然的二元整合与均衡发展，二者均强调城市系统内部的有机联系。

6. 生态城市与海绵城市

海绵城市的概念在2012年的“低碳城市与区域发展科技论坛”上提出，海绵城市是新一代城市雨洪管理概念，是指城市能够像海绵一样，在适应环境变化和应对雨水带来的自然灾害等方面具有良好的弹性。与生态城市的概念相比，二者的区别是，海绵城市的概念侧重于雨洪管理，作为城市建设的一个分支系统，而生态城市则关注整个城市的均衡发展。两者之间的联系则是，海绵城市是生态城市建设必不可少的环节，在人—自然的二元整合过程中，健康的雨洪管理体系是生态城市的有机组成部分。

7. 生态城市与森林城市

我国政府在 21 世纪初提出了国家森林城市的概念，该概念指出，城

① 钱学森. 社会主义中国应该建山水城市 [J]. 城市规划，1993（3）：19-18.

② 马向明. 健康城市与城市规划 [J]. 城市规划，2014，38（3）：53-55+59.

市生态系统以森林植被为主体，城市生态建设实现城乡一体化发展，各项建设指标达到国家森林城市标准并经国家林业主管部门批准授牌的城市[①]。与生态城市的概念相比，二者的区别是森林城市较为强调城市中森林植被的覆盖率，联系是在城市发展过程中，健康的森林植被系统建设是生态城市建设的必要条件。

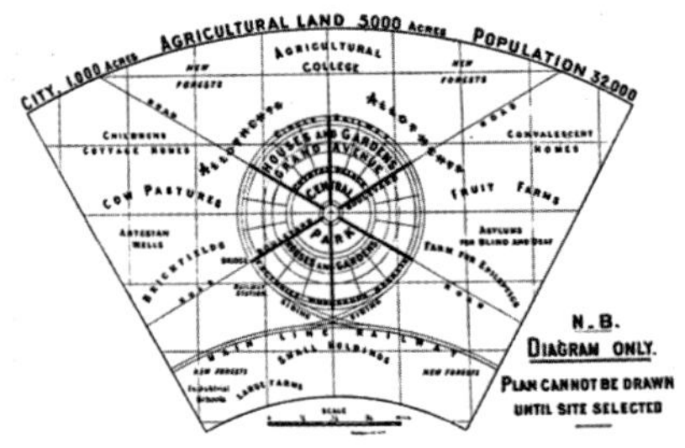

图 1–19　霍华德田园城市理想模型

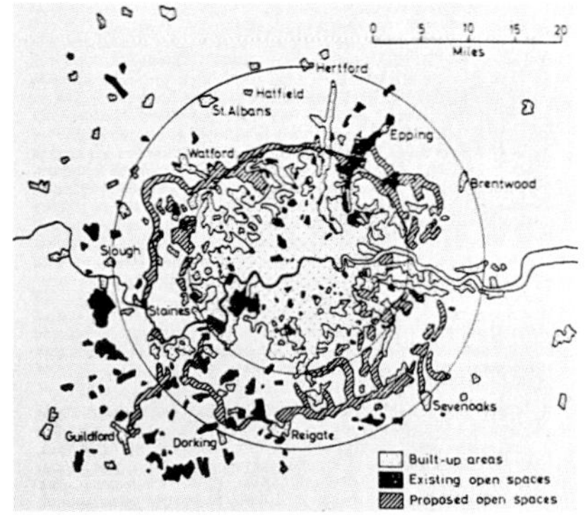

图 1–20　恩温的伦敦环城绿带方案

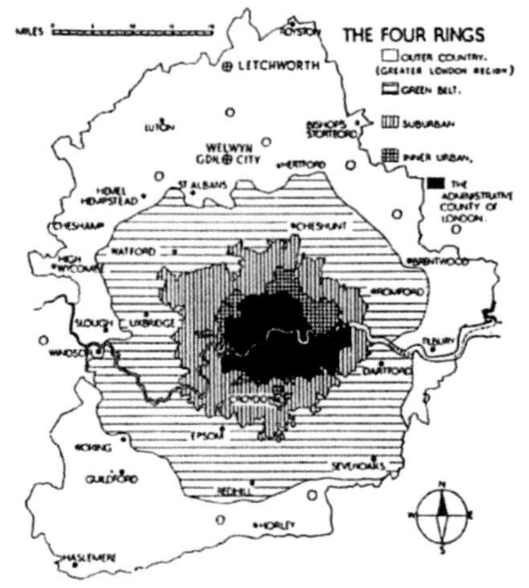

图 1–21　1944 年大伦敦规划方案

1.2　早期生态城市设计理论

1.2.1　生态城市设计理论渊源

1．理想城市模型

随着生态城市理论的广泛传播，生态城市设计思维应运而生。20 世纪初霍华德的田园城市思想可以看作是生态城市设计思想的雏形。此后，20 世纪 30 年代至 60 年代之间，赖特的广亩城市、勒・柯布西耶的明日城市、丹下健三的海上城市、矶崎新的空中城市畅想、黑川纪章的螺旋体城市设想、赫隆的行走城市、库克的插入城市等思想，都体现了城市规划学者对理想城市的不懈追求。

1）田园城市与大伦敦规划（Garden City & Greater London Plan）

田园城市被看作是现代城市规划的基础理论，它将城市分为由城市中心区、居住区、工业带、铁路运输带、农业绿化用地构成的同心圆结构，以放射形大道组织交通。霍华德提出这一模型的主要目的是减小城市规模、降低人口密度，通过绿带限制城市的规模并提供良好的自然风光，将过剩的人口安排在中心城市以外的小型新城内，通过高效的公共交通连接这些地区。霍华德田园城市理论对生态城市设计产生的影响包括：首先，通过绿带限制城市规模的无限增长，永久保留农业用地，外围农田和绿化带作为城市绿地系统重要组成部分引导人们步行游憩活动（图 1–19）。

田园城市模型直接地影响了伦敦的城市规划，1993 年恩温（Raymond Unwin）提出了绿色环带（Green Girdle）（图 1–20）的规划方案，在 3 ~ 4km 宽的绿带内布置公园、自然保护区、滨水区、运动场、苗圃、墓地、果园等[②]。随后，1935 年大伦敦区域规划委员会通过了修建绿带的政府建议，从而确定了绿带基本思想，并于 1938 年通过了《绿带法案》（*Green Belt: London and Home Coutries Act*）。1944 年阿布克隆比（Abercrombie）主持编制的大伦敦规划（Great London Plan）（图 1–21）在距离伦敦市中心 48km

---

① 国家林业局．国家森林城市评价指标 [J]．中国城市林业，2007，5（3）：57–59.

② Plan Policy Guidance Note 2：Green Belt. Office of Deputy Prime Minister[EB/OL]. Http：// www.odpm.gov.uk.2003.

范围内规划了内城环、近郊环、绿带环、农业环 4 个圈层，其中绿带环宽 11 ~ 16km，实行严格的开发控制以防止城市过度蔓延。

图 1–22　广亩城市布局模式

2）广亩城市（Broadacre City）

赖特（Frank Lloyd Wright）1935 年发表《广亩城市：一个新的社区规划》（*Broadacre City: A New Community Plan*）中呼唤人们远离钢筋森林，借助小汽车、电话等新技术回归农业时代，每个居民至少提供一英亩土地，所有工厂、摩天楼、学校都被绿化带包裹，高速路、地下管网维持城市生命系统，大片绿化构成的场地内布置有公共中心[①②]（图 1–22）。

赖特与霍华德的思想一致性体现在反对大城市过度集中与专制，站在平民立场上呼吁社会变革；不同之处在于广亩城市对大城市的反叛更加“大胆”，它寄希望于通过现代交通与通讯方式使得城市全面消亡，而田园城市保留了现代城市中经济活动与社会秩序的部分，在城市与乡村中选择了折中的发展路线。

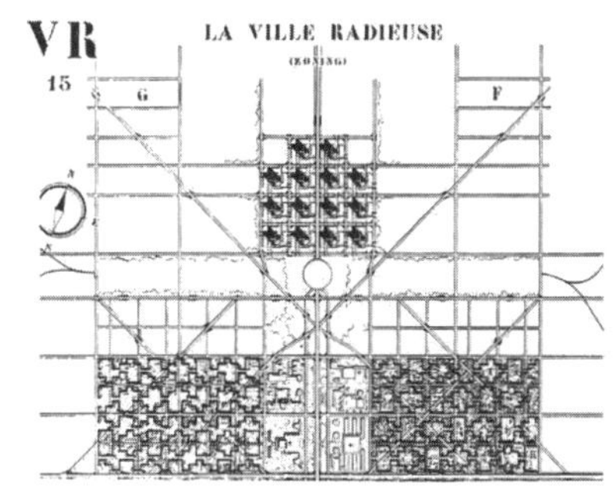

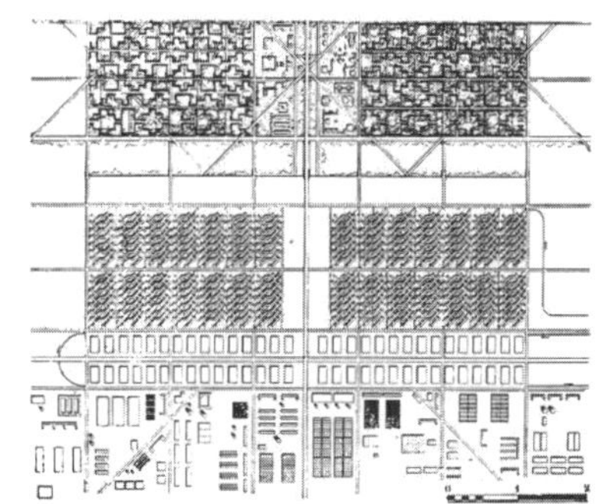
图 1–23　光辉城市方案

3）明日城市（The City of Tomorrow）

与赖特分散城市的倾向相反，勒・柯布西耶（Le Corbusier）极力赞美了工业化带来的现代文明，并提出了城市集中发展的设想。他的代表著作——《明日之城市》（*The City of Tomorrow and Its Planning*）在 1922 年出版，其中体现了他关于现代城市的构想：一座由高层建筑组成的中心城市，在城市的中心尽量向高空发展，通过建造高密度的高层建筑来降低城市的建筑密度。另外，柯布还提出了一个建筑密度的量化指标，即建筑密度要只占到 5%，另外 95% 要全部作为城市的开敞空间，进而在 1939 年提出“光辉城市”（La Ville Radieuse）的概念，即城市人口的集中主要通过现代的技术手段来引导，整个城市形成高层建筑为主，有大片绿地等开敞空间的空间形态（图 1–23）。

图 1–24　沙里宁的赫尔辛基方案

4）有机疏散理论（Theory of Organic Decentralization）

1943 年芬兰的建筑师埃罗・沙里宁（E. Saarinen）曾提出有机疏散的城市结构改良主张（图 1–24），主要是针对当时西方城市呈现出贫民窟蔓延、环境拥挤、社会混乱的衰败状况。他为了降低城市的密度，为人们提供一个兼顾城乡优点的城市环境，提出将城市一部分产业功能，以及相应的就业岗位和人口外迁，疏散到与市中心合适离的地区。这样城市中心内腾出的空地就可以用来增加绿化、城市开敞空间以及其他一些公共的功能，并且交通设计为此也能进行有效的组织和运作。

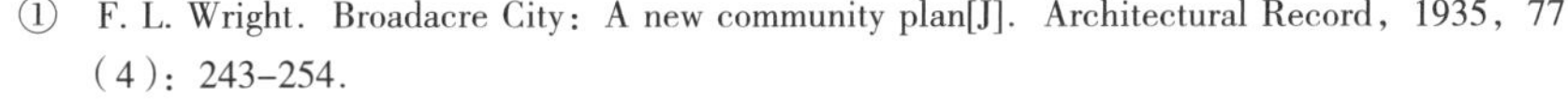

① F. L. Wright. Broadacre City: A new community plan[J]. Architectural Record, 1935, 77（4）: 243–254.

② F. L. Wright, et al. When democracy builds[M]. Chicago: University of Chicago Press, 1945.

5）城市公园运动与城市美化运动（City Park Movement & City Beautiful Mivement）

美国早期的城市格局基本上都是棋盘状，这是由于美国早期的城市都是伴随着欧洲的殖民者对北美洲大陆的扩张而建立并发展起来的，自然对地形变化非常无视。1831 年芝加哥首先掀起了“公园墓地”运动，拉开了美国城市公园建设的序幕。在 19 世纪初期以前，美国的城市并没有公园的概念，但是美国人的墓地却都建造在环境优美的地方，充分表达出美国城市中的人们喜爱大自然的情怀和追求，并且具有明显的设计手法，因此有些学者也称此为公园墓地。

19 世纪下半叶，人们已经有了要保护大自然，充分利用土地资源的意识，开始建设城市绿地。美国近代第一个造园家唐宁（Andrew Jackson Downing），在 1841—1850 年，就极力呼吁建立城市绿地等开场空间，提出接近自然和保护自然的园林设计理论。1851 年，唐宁在纽约市开始规划第一个公园——纽约中央公园，并在 1858 年由美国风景园林建筑师奥姆斯特德（Frederick Law Olmsted）主持设计，该方案以充分的尊重和保护大自然为出发点，注意保留原有优美的自然景观，打破美国传统城市方格网的道路结构，并运用人车分流、立体组织等道路组织的手段，成功避免城市道路穿过公园给人们游憩带来的不便。可以说，布鲁克林的布罗斯派克公园和纽约中央公园都是想通过对公园及绿地的保护和开发，在提高人们工作、居住的舒适性的同时，能有效地保护城市生态环境，引导城市向良性发展，由此在美国掀起了一股城市公园建设的热潮，被称为城市公园运动。 1893 年的芝加哥博览会由奥姆斯特德负责选址和规划设计（图 1-25），在学术界普遍认为这是美国城市美化运动的起点，奥姆斯特德本人自然就成为城市美化运动的一位重要人物。

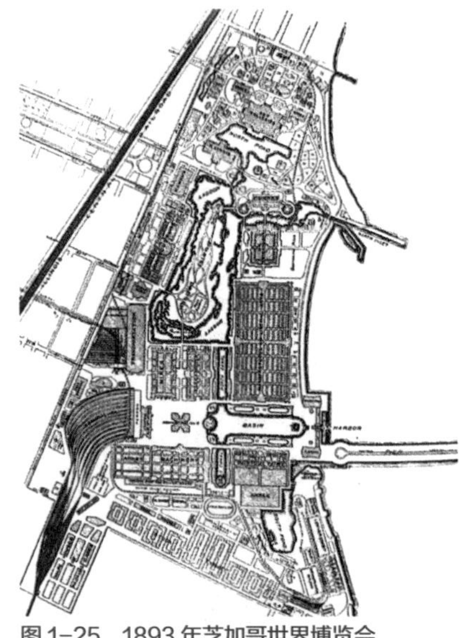
图 1-25 1893 年芝加哥世界博览会

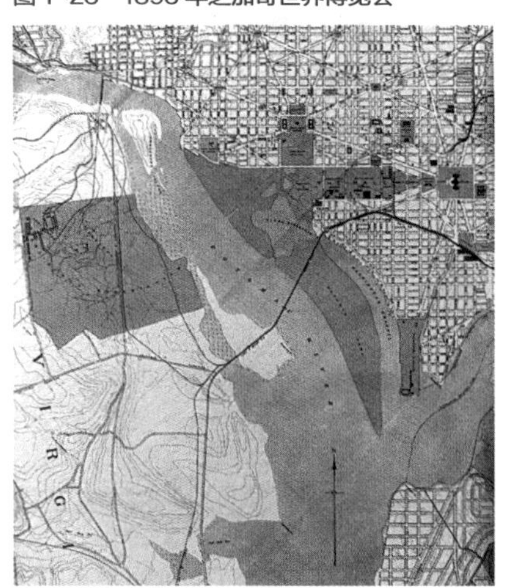
图 1-26 华盛顿麦克米伦规划

1901 年美国政府成立了一个参议院公园委员会（Senate Park Commission），由参议员麦克米伦（James McMillan）倡导成立并担任主席。该委员会成立的目的就是研究华盛顿特区的城市发展，特别是国会和总统府区域的景观营造。1902 年该委员会提出报告，并展出了规划的模型，史称麦克米伦规划（McMillan Plan）（图 1-26）。麦克米伦规划还建议将国会及总统府区域现有的维多利亚式的景观修改为简单开阔的草地，紧凑的林荫路，形成一种类似勒・诺特为凡尔赛和维康府邸（Vaux le Vicomte）设计的开阔的线性景观（Wide，Open Vista），并将一些新古典主义风格的博物馆和文化中心安排在林荫大道的东西向轴线上。规划还建议在国会及总统府 2 个垂直交叉轴线的西部和南部建造重要的纪念性景观和映射水池，建议修建低平的古典主义桥梁，将西波托马克公园与阿灵顿公墓连接起来。麦克米伦规划公布之后的 100 多年里，华盛顿特区又陆续完成了一系列城市规划，包括一些城市公园系统规划、“遗产规划”（Extending the Legacy by NCPC，1997 年，简称 Legacy Plan）、“纪念性景观和博物馆总体规划”（Memorials and Museums Master Plan，2001 年）等，经过不断修改、完善，推动华盛顿特区逐渐发展成为一个绿色的现代都市[①]。

丹尼·伯纳姆（1846—1912）（Daniel Burnham）于 1905 年提出芝加哥规划（Chicago Plan）（图 1-27），重点对以下六个元素进行分析和界定：①提高湖滨地带设施质量；②发展高速交通系统；③建立货运和客运分离的运输系统；④创造大区域的公园系统；⑤规划有系统的街道网络；⑥建立公共活动文化设施和政府办公楼。虽然他的规划虽未被政府正式采纳，但其影响传遍世界各地，标志着美国城市美化运动走向成熟[②]。

图 1-27　伯纳姆的芝加哥规划

在持续近百年的发展历程中，城市美化运动在不同国家政体的社会、经济和文化条件下都有些许不同的体现。在学术领域一直对城市美化运动褒贬不一，这场运动虽然具有它的局限性，但却也有积极性的一面。城市美化运动主要采用古典主义加巴洛克的城市设计手法，来恢复城市中失去的视觉秩序与和谐之美，试图通过对城市物质环境建立和创造一种形象和秩序，来改善和恢复工业革命带来城市环境的恶化和社会问题的矛盾，进而改善社会的秩序。

6）城市社会学与芝加哥社会学派（City Sociology & Chicago Sociology School）

城市社会学能够为城市规划和设计提供理性的分析依据，它主要是综合运用社会学的理论和方法，分析和研究城市的空间分布和发展规律的学科，它属于社会学的分支。其中邻里单位和芝加哥人类生态学派是广为流传的两种理论。

邻里单位（Neighborhood Unit）是美国人佩里（Clarence Perry）于 1929 年提出的，它是社会学和建筑学结合的产物。其基本原则是：①以小学的适当规模作为控制邻里规模和人口的主要依据；②邻里内的功能配置要满足居民日常生活的需要，主要商业中心要安排在邻里外围，并且要求交通方便；③邻里内部严格限制外部车辆的穿行，同时要保障一定的便捷和顺畅；④通过创造方便、舒适的邻里环境，使居民在心理上形成归属感和乡土观念。邻里单位曾在第二次世界大战后作为西方国家住宅建设和城市改建的一项准则。

芝加哥学派核心思想是：城市作为人类的生息之地，是经济、文化、生态三者有机综合的产物。这成为城市生态学和城市社会学发展过程中

① 张红卫. 美国首都华盛顿城市规划的景观格局 [J]. 中国园林，2016，32（11）：62-65.

② （美）丹尼尔·H. 伯纳姆，爱德华·H. 本内特. 芝加哥规划 [M]. 王红扬，译. 南京：译林出版社，2017.

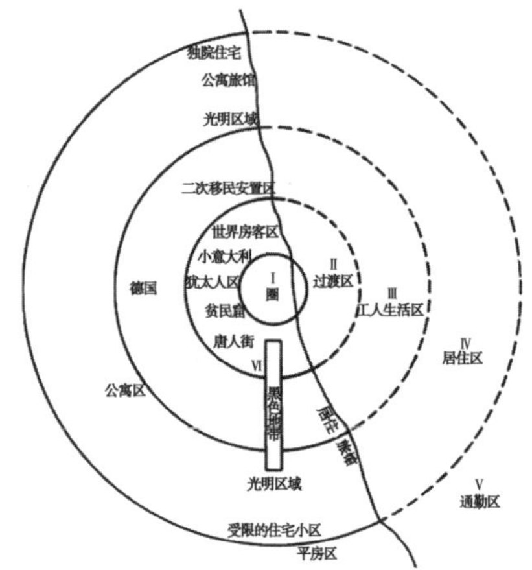

图 1–28 “城市生态位”理论模型

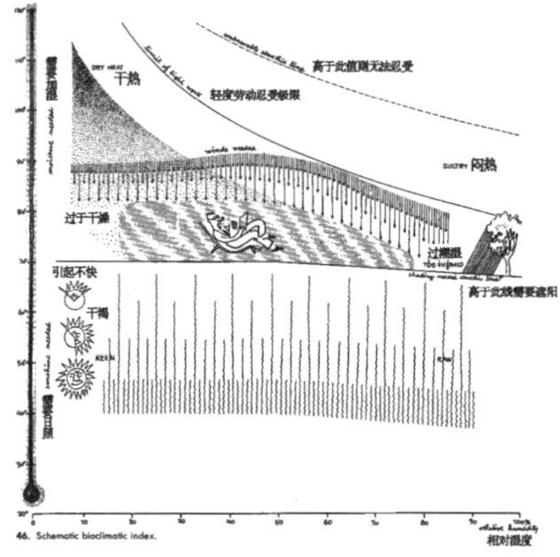

图 1–29 奥戈亚生物气候图

的一种主要思想。芝加哥学派的创始人帕克在 1921 年在与学生伯吉斯合著的《社会学这门科学的导论》中第一次阐述了关于人类生态学的概念。芝加哥社会学派为了形容城市为人类生存而提供的种种条件的完整度，提出“城市生态位”这个概念（图 1–28）。一般而言，城市中心区域在空间上是最佳位置，因为中心到其他点的生态学距离较近，这与运输成本和交通时间密切相关，占据了中心位置便可以获取最佳的效益，有助于在竞争当中获胜。从人们的心理和生理本能出发都是要寻找比较好的生态位，因此人们都会向往生态位较高的城市地区，这也是符合城市发展客观生态规律的。

2．生态城市设计思维诞生

1962 年，美国海洋生物学家蕾切尔·卡森（Rachel Carson）发表的科普著作——《寂静的春天》，对世界范围内的生态环境保护产生了深远影响。以维克多·奥戈雅（Victor Olgyay）、麦克哈格（Ian Lennox McHarg）、保罗·索拉里（Paolo Soleri）、查尔斯·柯里亚（Charles Correa）为代表的各个领域的学者都表现出一定的生态设计思维。尤其是英国学者麦克哈格于 1969 年出版的《设计结合自然》（*Design With Nature*）一书，以生态学原理系统研究了城市、乡村、海洋和自然环境等工业城市扩张引发的问题，成为当代的生态主义宣言，标志着生态城市设计思维的确立[①]。

1972 年，罗马俱乐部发表了著名的研究报告——《增长的极限》（*The Limits to Growth*），深刻反思了西方的高增长理论，从全球视野指出了地球资源与环境的有限性，提出了“人口膨胀—自然资源耗竭—环境污染”的数字模型，由此引发了 20 世纪 70 年代以来的西方反城市潮流，城市建设开始向健康、宜居的生活环境转变，生态城市设计思想成为城市设计的主流。建筑师奥戈雅兄弟（Victor Olgyay，Aladar Olgyay）在 1963 年出版著作《设计结合气候：建筑地方主义的生物气候研究》（*Design with Climate：Bioclimatic Approach to Architectural Regionalism*），提出结合气候的生物地方主义的设计理论，倡导以人体的舒适性作为设计的基本出发点，注重研究气候、地域和人类生物感觉之间的关系，并提出生物气候图和相应的符合生物气候设计原则的设计方法[②]（图 1–29）。马来西亚的建筑师杨经文（Ken Yeang）借鉴生物气候学的思想，提出生物气候感应理论，提倡在建筑设计和场地设计中采用生物气候优先和低能耗原则，积极利用城市自然能量的有利因素，通过被动调节来适应气候变

① 伊恩·论诺克斯·麦克哈格. 设计结合自然[M]. 芮经纬，译. 天津：天津大学出版社，2006.

② 伯纳德·卢本，克里斯多夫·葛拉富，马克·蓝普，妮叫拉·柯尼格，等. 设计与分析[M]. 林尹星，薛皓东，译. 台北：惠彰企业有限公司，2001：83–92.

化，尽量减少建成环境对周边生态要素的副作用[①]。生物学家约翰·托德（J·Todd）在 1969 年，关于探讨生态设计基本原则、研究生物多样性方面的著作——《从生态城市到活的机器：生态设计诸原则》（*From Eco-cities to Living Machines*：*Principles of Ecological Design.*），德国著名的生态控制专家韦斯特（Vester）和赫斯勒（Hesler）一同撰写《城市生态、规划的灵敏度模型》（*Sensitivitatsmodell*：*Okologie und Planung in Verdichtungsgebieten*），为城市生态系统的综合分析提供了有效的量化途径。从 20 世纪 90 年代至今，国外学者在生物气候适应性、资源和能源集约利用、环境保护等方面进行了系统的理论研究和实践探索，为生态城市设计的持续研究奠定了坚实基础[②③]。

1.2.2　早期生态城市设计技术策略

生态城市的早期设计，多体现为自发或刻意地应用具体技术达到利用自然资源、降低能耗、提高效率的目的，这是一种通过技术生态化来追求生态城市效益的做法，包括舒马赫的“中等技术”理论、太阳能技术应用、气候适应性设计以及富勒的“少废多用”（Ephemeralization）思想等。20 世纪 70 年代，舒马赫在他的《小的是美好的：一项关于大众所关心的经济学研究》（*Small is Beautiful*：*Economics as if People Mattered*）一书提出“中等技术”（Appropriate Technology）概念，受到广泛欢迎。“中等技术”或称“适用技术”，指一种大众化的生产技术，依赖最好的现代知识与经验，在生态原则基础上致力于权力分散，谨慎使用稀有资源，以使其更有效地服务于人类。“中等技术”应用于城市社区发展具有节约资源、协调环境、增强社会凝聚力等优点。

1982 年，苏联学者奥莱格·亚尼茨基（Oleg Yanitsky）提出了城市设计应放在广泛的科学和社会范围内加以研究，即城市设计包含基础研究、应用研究和发展、具体的城市设计、建设过程、城市有机组织结构的形成这五个阶段（图 1-30），在现有的知识以外，要强调后两个阶段的重要性。除了上述五个阶段的思维方式以外，还要从时—空层次、社会—功能层次和文化—历史层次三个方面考虑知识的综合应用。亚尼茨基将时—空层次描述为建成环境与社会系统和生物系统相互作用过程中最初

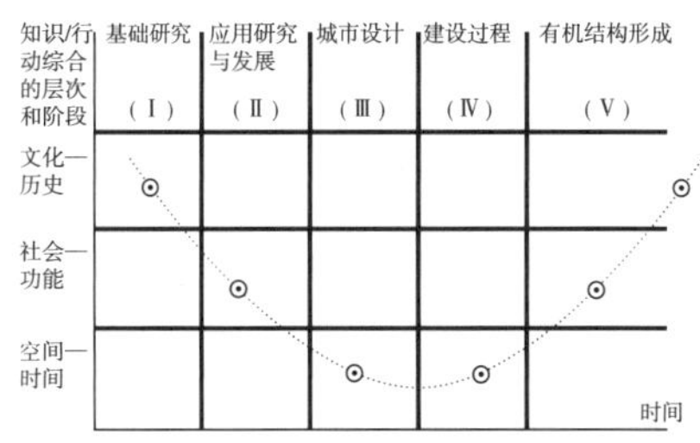

图 1-30　奥莱格·亚尼茨基对城市设计阶段的阐述

① 李琳. 杨经文“城市类型”生态可持续建筑的设计思想述略 [J]. 中外建筑，2003（6）：38-41.

② G. Z. Brown，Mark De Kay. Sun，Wind & Light：Architectural Design Strategies[M]. 2nd Edition [M]. Washigton：Wiley，2000.

③ Peter F. Smith. Building for a Changing Climate：The challenge for construction，planning and energy [M]. London：Earthscan，2010.

等的层次，而社会—功能层次在前一层次的基础上产生的由社会系统、生物系统构成的复杂的组织系统，他认为，“人与生物圈计划”对这一层次分析得最为透彻。文化—历史层次是跨学科分析的最高层次，它分析了造成社会与自然矛盾的本质的社会—经济原因，社会和个人应克服这一矛盾以追求生态城市设计的高层级表现形式①。

太阳能技术和气候适应性设计是近20年发展较快的技术，广泛应用于建筑节能与城市规划领域。与传统能耗相比，太阳能清洁、无污染且利用率极低。托马斯·赫尔佐格与福斯特事务所合作设计的奥地利雷根斯堡是多瑙河中小岛上的“阳光住区”（图1–31），利用住宅布局和朝向，实现了太阳能技术与建筑形式巧妙结合，小区设计兼顾了生态、经济、景观、绿化、气候与节能等因素。富勒的“少废多用”旨在通过最有效的材料和能源消耗达到最大的生产效率，其出发点在于人类通过更加精巧地利用有限的资源来获得负熵。这一思想深刻影响了其后的建筑设计思想。气候适应性设计（Climate Adaptation Design）是生态城市建设的重要内容，既有助于创造舒适的人居环境，又有利于节约能源。对于建筑设计来说，合理朝向和间距可以保证建筑组群间最佳的空气流动和采光，以及冬季对寒冷的防御。当代建筑师杨经文、皮亚诺、罗杰斯等人实践的“生物气候学”（Bioclimatology）与生态高科技建筑，以及早期的哈桑·法赛、柯里亚和厄斯金等具有自发生态观的地方主义设计对此都作出了深入的探索。这种生态化设计以在建筑的选址、形式、布局及资源利用等方面最大限度地提高能源和材料利用率为准则，使建筑适应当地气候与环境条件，寻求二者最佳的互动关系。正如杨经文所说，“要在建造中对自然环境施加最小的影响，并使我们的建成环境与生态圈的生态系统融为一体”。

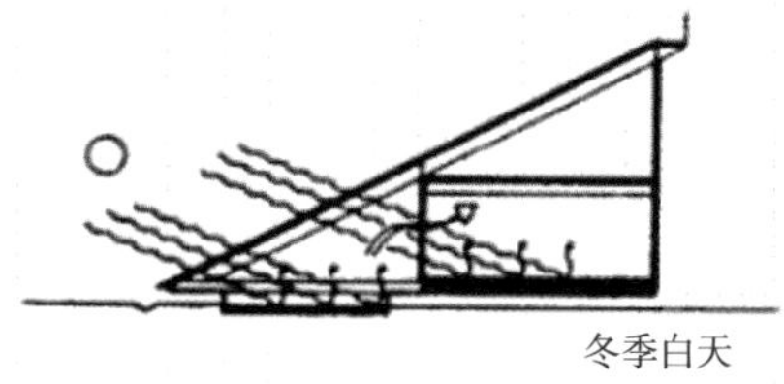
冬季白天

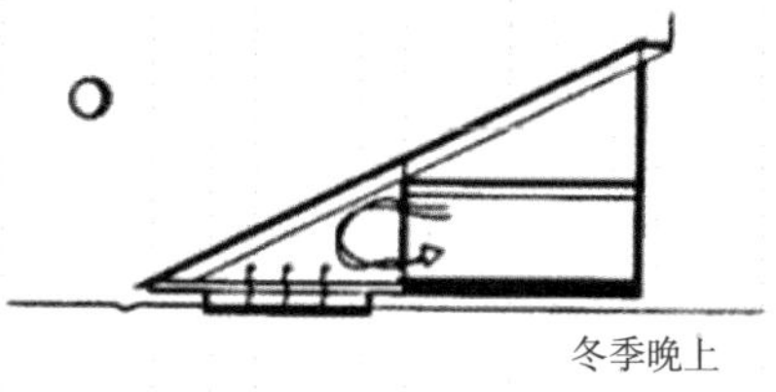
冬季晚上

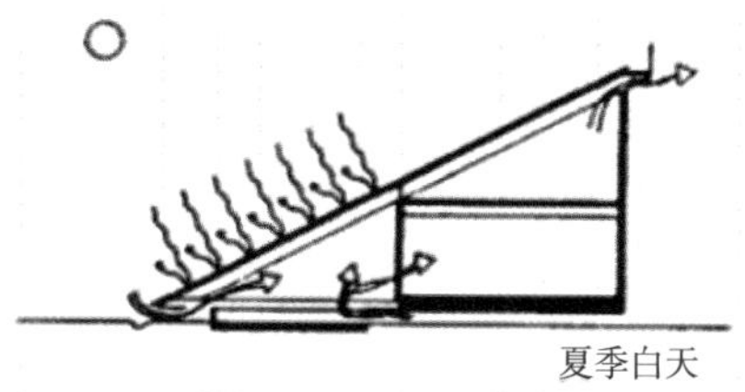
夏季白天

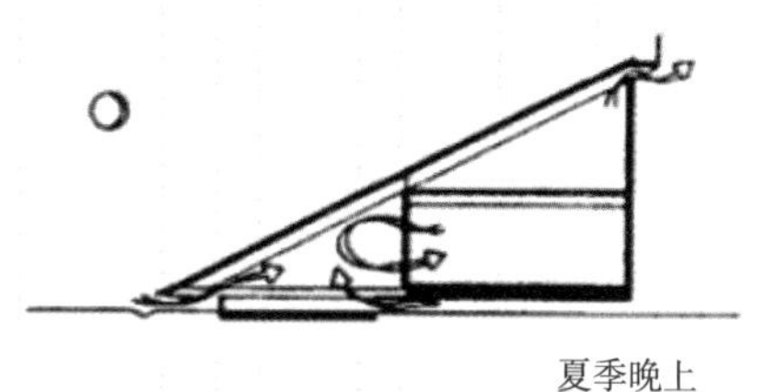
夏季晚上

图1–31 雷根斯堡住宅太阳能利用设计

1.2.3 早期生态城市设计实践探索

城市作为人的聚居环境，包含了物质、政治、经济、文化等多方面因素，因而一个全面发展的生态城市应该采用综合实施方法进行建设。理查德·瑞吉斯特最早完整地提出生态城市概念，他把城市看作有机体，认为城市的进化在很大程度上取决于我们建造和利用城市的方式，其中，“紧凑—便利—多样性”原则是关键，按这种思路，城市中心和各社区的规模不宜过大，城市应以步行为主，步行街区最大半径应控制在0.5km左右，国际大都市应被改造成几个适于步行的生态型城市。生态城市的建设应包括城市物质空间、社会结构与生态技术等层面，如恢复退化的土

① 奥莱格·亚尼茨基，夏凌. 走向生态城：知识与实践相结合的问题[J]. 国际社会科学杂志（中文版），1984（4）：103–114.

地、与当地生态条件相适宜、平衡发展、制止城市蔓延、优化能源、发展经济、提供健康和安全、鼓励共享、促进社会公平、尊重历史、丰富文化景观及修复生物圈等。正如瑞吉斯特重视自然特征和生物多样性一样，他同样积极提倡新型建筑以及新型整合建筑，城市建筑类型的多样性将有助于保持城市的活力。这方面优秀的案例包括倡导公共交通的一体化和土地混合使用的巴西城市库里蒂巴（图 1–32）以及在市域内建立完善步行体系的美国城市波特兰（图 1–33）。这种实践的努力虽不代表生态城市的完美蓝图，但在具体操作上为城市设计提供有益的借鉴与启示。

图 1–32　库里蒂巴交通系统

图 1–33　波特兰步行空间示意

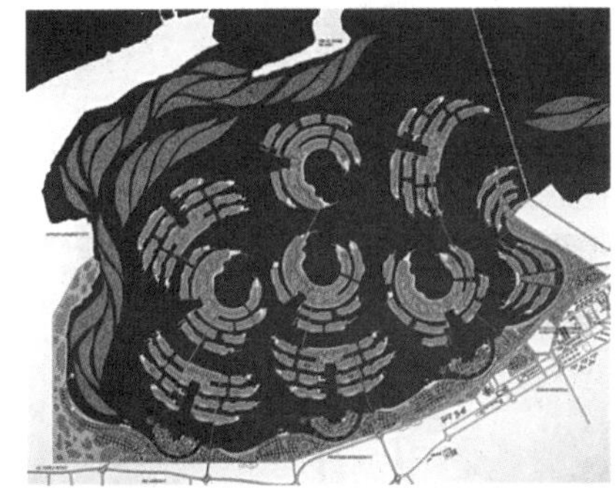
图 1–34　科威特珍珠城方案

在生态城市的发展过程中，城市规划师、建筑师进行了全面的探索。赫尔佐格 1994—1995 年起草了《在建筑与城市规划中应用太阳能的欧洲宪章》①，指出城市作为一个自给自足、具有长期生命力的有机整体，要采取切实措施最大限度地利用可再生资源，并尽可能利用现有的建筑设施，其宗旨是“要在城市和自然之间建立起共生关系”。宪章强调从环境和气候因素等物质层面及社会角度对城市的居住、生产、服务、文化、休闲等功能进行综合考虑的重要性，提出以适宜的技术措施和规划方针来实现城市与环境的共生与协调。菲利普 · 考克斯（Philip Cox）在科威特珍珠城项目中（图 1–34），利用岛屿的天然环境，沿袭了波斯湾古老的生态学原理，设计了能过滤水的自然生态系统。作为一个东方型的居住性城市，其环境包括人为规划的环境和现存的自然环境。

进入 20 世纪，自霍华德以“田园城市”承袭柏拉图理想国及近代乌托邦构想以来，许多建筑师设计了巨型城市方案，以菊竹清训的“海上城市”、崔悦君的“海上浮城”为代表，勾勒了人与自然和谐相生的美丽图景。

1.3　当代生态城市设计理论特征

1.3.1　以改善城市物质空间为目的

1．城市发展模式的革新

1）集约发展的城市

意大利建筑师及生态学家保罗 · 索拉里（Paolo Scleri）认为赖特“广亩城市”所倡导的“美国梦”的出现是城市化速度急剧增加的重要原因，居住区以松散平坦的形式发展导致城市无休止的扩张，催生了一系列违反生态原则的资源浪费现象。他主张将常规的城市空间重新组织，通过复杂化—缩小化—持续化等方法来节约城市用地，减少城市能耗和

① Herzo．在建筑和城市规划中应用太阳能的欧洲宪章（摘要）[J]．建筑学报，1999（1）：12–14．

图 1-35 索拉里的维拉迪加加方案

图 1-36 维拉迪加加方案垂直设计

有害物质的排放，达到与自然和谐共存的目的。1955 ~ 1969 年，经过十多年的观察和摸索，索拉里在他的《生态建筑：人类想象中的城市》（*Arcology*：*The City in the Image of Man*）一书中，首次提出生态建筑（Acrology）的观念。这是一个包括生态城市在内的完整设想，其中，索拉里设计出由传统的水平向二维发展模式压缩为三维的城市结构，并通过大力推广太阳能使用和风能作为城市能源而减少了对环境的影响，他构想了 32 层的巨大建筑，只占城市很少的常规意义的土地（图 1-35、图 1-36）。这种巨型城市设想基于对有机体“紧凑”（Compact）、“三维度”（Three-Dimension）、“自维持”（Self-Contained）和高复杂（Highly Complex Physical Structure）特征的类比。正如他所指出，系统的复杂性和微缩化是系统进化演变的前提。他建议在一个地区创造一种自主的、人工的城市生态系统，城市的密度要非常高，结构和功能是三维的综合体，以步行为导向，充分利用太阳能、城市自然冷却系统、自行生产生活资料、回收能源和材料（比如水），所有这一切都要依赖于高密度、混合的功能布局才成为可能。“建筑生态学的目的就是要创造一个整体的环境，希望它的居民能对整个城市产生认同感”①。

图 1-38 阿科桑蒂实景

图 1-39 阿科桑蒂实景

保罗·索拉里的生态建筑学集中体现在位于亚利桑那州的试验城镇阿科桑蒂（Arcosanti，图 1-37 ~ 图 1-39）的规划和设计上，给当代城

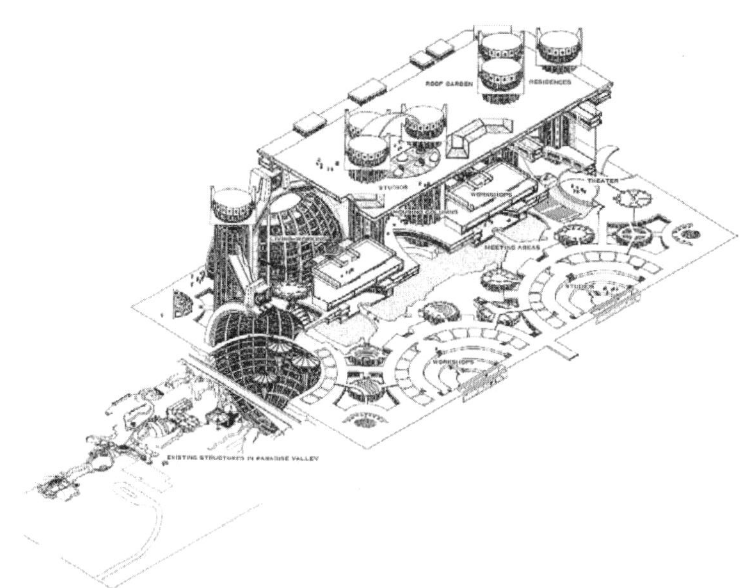

图 1-37 阿科桑蒂设计图

① Mc Laughlin，Corrine，G. Davidson. Builders of the Dawn，Community Lifestyles in a Changing World[M]. Walpole，NH：Stillpoint Pub，1985：109-121.

市规划的生态化、人性化、低水平维养、高密度居住提供了一个很好的范例和课题。该项工程位于美国凤凰城（Phoenix）北部 112km 处一块 344hm^2 的土地上。整个城市是一座巨大的，最高 25 层、高 75m 的综合体建筑物，可以居住 5 000 人。楼内设有学校、商业中心、轻工业、剧院、博物馆和图书馆等。在建筑下面有 1.74hm^2 的大片暖房。城市建筑和暖房用地仅占 5.6hm^2，剩余的 388.4hm^2 土地则用来作为种植农作物和文化娱乐之用，成为环绕城市的绿带。阿科桑蒂是生态城市设计方面的一项实验，城里没有汽车，因为其空间是为步行者而规划的。而在种植粮草、利用太阳能加热的大型温室附近，建有密度极高可供居住的大型建筑，其电力来自风能和太阳能发电厂，以及附近河流的水力使用。阿科桑蒂从 1970 年开始兴建，规划区集中体现了索拉里强调的生态与建筑的融合，体现了规划在最大程度上为居民提供方便。通过盘旋的坡路，可以在 10min 内步行去任何地方——住宅、办公室、作坊、咖啡厅、篮球场、广场、音乐厅等。整个区域的建筑、服务设施、水处理和垃圾污物处理都要做到低成本、低消耗，能耗要达到最低的水准，充分利用太阳能来照明、取暖和制冷。要最大限度地保护自然和土地，区域内要具有最佳的人际互动性，住户业主能够和周边生态发生最密切的关系。

与保罗·索拉里的紧凑城市思想类似，1998 年理查德·罗杰斯（Richard Rogers）出版了第一部关于城市发展的著作《小小地球上的城市》（*Cities For a Small Planet*），提出可持续发展的城市概念，提倡城市紧凑性发展的方向。可持续发展的城市概念被理解为城市在满足我们经济和物质目标的同时，应该满足社会、环境、政治和文化的目标，它具有多方面的特点，如表 1–4 所示①。

表 1–4 《小小地球上的城市》核心议题与主要内容

关注的议题	主要内容
公正的城市	正义、食物、居住、教育、健康和希望等得到公平地分配，所有的人都参与政府的管理
美丽的城市	艺术、建筑和园景激发人们的想象力并振奋人们的精神
创造的城市	开放性思维和实验精神调动着人力资源的潜质，并鼓励其对变化作出快速反应
生态的城市	对生态的破坏程度降至最小，景园和建筑形式相平衡，而且建筑和基础设施安全，资源利用效率高
易于人际交往	公共领域应鼓励社区的发展，并且方便人们的活动，另外信息交流即可通过面对面形式，也可通过电子的形式

① 孙宇．当代西方生态城市设计理论的演变与启示研究 [D]．哈尔滨：哈尔滨工业大学，2012.

续表

关注的议题	主要内容
紧凑型和多中心	保护乡村，在邻里内尽量把社区集中，并使之成为一个整体，另外亲切感应该得以最突出的体现
丰富多彩的城市	相互联系、广泛的活动能够创造灵感和生命力，并且能够培育丰富生动的公共活动

罗杰斯认为现代紧凑城市应该摆脱机动车的统治地位与单一功能的发展方式，应围绕公共交通节点建造社会生活和商业生活的中心，将其打造为邻里中心。同时，罗杰斯认为紧凑的城市发展模式是多样性的组合，而不是单一功能的堆叠，多样性能够带来极高的城市运转效率，如减少对小汽车的依赖从而减少能源消耗并提高环境质量。紧凑布局下的城市由于功能混合，物质的生产端与消费端距离缩减，减少了运输途中的能量消耗。

罗杰斯在 2000 年出版的《小国城市》(*Cities for a Small Country*) 中进一步延伸了这一思想，深入探讨了如何推进城市紧凑型且可持续性地发展。罗杰斯通过分析英国城市在社会变革、城市肌理布局、城市交通、城市环境及市中心的败落及振兴等方面的问题，并与世界成功案例进行比较，由点带面地提出设计与组织城市的五个关键点，即：①土地，如何重新使用空置土地、重新评估公共空间和复苏破败的建筑与街区，更加负责的态度对待土地、更为经常的回收利用土地，是未来紧凑发展之关键；②经济与社会融合，使城市更能吸引那些想住在城市里的人，使城市更具吸引力；③交通，增加公共交通的密度会有助于社会与经济复苏；④城市的管理与领导决定城市的复兴，通过基层努力和战略性眼光相结合实现有效的管理；⑤环境，消费多、浪费多、再利用少的现代城市生活方式比传统方式造成的环境破坏更大。

2）紧缩城市与可持续发展城市

1996 年出版的《紧缩城市——一种可持续发展的城市形态》(*The Compact City*: *A Sustainable Urban Form*)（图 1–40）就是第一部专门关于紧缩城市的论著，它以紧缩城市与城市可持续发展的关系为主线，广泛讨论了西方国家城市面临的城市可持续发展问题以及一些具体措施。该书对相关文章进行统计归纳整理可分为理论、环境、社会经济问题、评价、检测及实施五个方面，对紧缩城市是否作为未来城市发展的唯一方向做了深入的讨论[①]。

图 1–40 紧缩城市的图景

① 凯蒂·威廉姆斯，迈克·詹克斯，伊丽莎白·伯顿. 紧缩城市：一种可持续发展的城市形态 [M]. 周玉鹏，译. 北京：中国建筑工业出版社，2004：96–112.

《迈向可持续的城市形态》是在《紧缩城市》的研究基础上对城市形态向可持续方向发展的更进一步研究，深入讨论了紧缩型城市形态的优劣特征及可行性，主要探讨两大内容，即什么是可持续的城市形态，以及如何才能实现可持续的城市形态[①]。

1995 年，西姆·范·德·莱恩（Sim Vim der Ryn）与考沃（Stuart Cowan）合作完成了著作《生态设计》（*Ecological Design*），在书中提出 5 点关于生态设计的原则方法，主要包括：①设计结构应该从环境中来；②把生态开支作为评价设计的主要标准；③设计要与自然相结合；④要在设计中注重公众的参与；⑤要为自然而“增辉”[②]。

莱恩与彼得·卡尔索普（Peter Calthorpe）合著了《可持续社区》（*Sustainable Communities: A New Design Synthesis for Cities, Suburbs and Towns*）一书，主张社会、建筑和环境相融合的研究：在社会方面，注重不同的经济及社会阶层的融合，为普通民众创造出多样的公共开敞空间；在环境方面，关注降低交通需求，基础设施高效设计，以及在生命周期内社区尺度的能源和维护消耗；在建筑方面，关注为了达到社会和环境方面的目标，应具备的结构形式、建筑类型以及支持体系。在他们的生态策略中这样写道：“每个案例中的生态策略其实都非常简单：尽可能的高密度，并减少小汽车占用土地，为步行系统和休憩空间留有土地；通过土地混合降低出行距离；通过建筑邻近建设降低建筑的热量散失，紧凑的布局降低基础设施的消耗，节省了土地、能源和资源；公共开敞空间要具有可用性、个性和富有成效性；人行步道要具有安全性，人性化尺度并且无污染”[③]。

3）卡尔索普与新城市主义

针对城市郊区无序蔓延带来诸如原有城市空心化、城市文脉与人际关系丧失、都市感淡化、过分依赖汽车、严重能源浪费等城市问题，“新城市主义大会”（Congress of New Urbanism）在 1993 年 10 月宣告成立，它的宗旨是以一种新的组织方式，寻找并执行新的城市设计方法。在区域层面上，新城市主义强调将大都市区作为一个规划的整体来考虑，主张优先开发和填充城市和现存郊区的空地，新的开发应形成一定规模的城镇或社区并提供多元化的交通体系。在市区和住区层面上，新城市主义鼓吹中高密度的开发，主张多功能和不同收入阶层的混合，强调公共空间和设施的作用及其步行可达性。在街区和建筑层面上，新城市主义关

① E. Burton，M. Jenks，K. Williams. Achieving Sustainable Urban Form[M]. London：Routledge，2000：321–324.

② 李辉. 城市公共空间的绿色建筑体系研究 [D]. 长春：东北师范大学，2004：34–39.

③ Richard Register. Ecocities：Building Cities in Balance with Nature[M]. Ojai：New Society Publishers，2006：189–214.

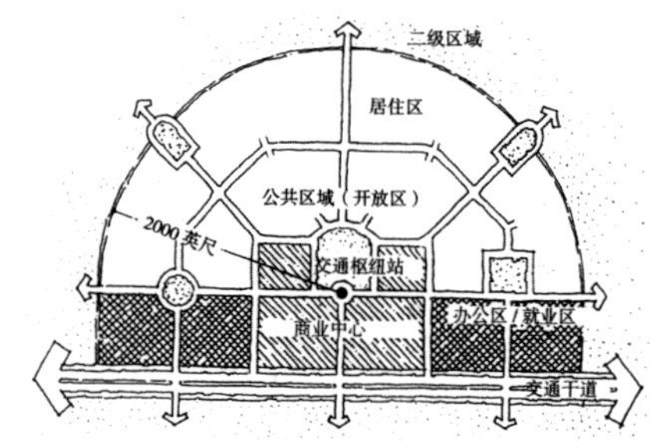

图 1-41　卡尔索普的 TOD 典型模式图

注公共空间的安全和舒适，要求建筑尊重地方性、历史、生态与气候，并有可识别性[①]。

1993 年，针对美国城市发展的现状，卡尔索普提出了 TOD（Transit Oriented Development）理论（图 1-41），是对传统城市设计模式的一次革新。与大型公共交通（以下简称公交）系统的关系是 TOD 的主要方面，即在城市发展策略上应鼓励开发项目尽量利用现有的公交系统发展，并以公交的节点作为重点发展的聚散中心，地块的开发要考虑到其在公交系统中的区位来决定项目的发展策略，在具体的设计上实现与公交系统更好的连接。构成 TOD 的基本结构是“核心”，它通常由商业中心、主要市政设施和公交节点组成，并处于步行的范围内。可步行的（Walkable）环境是 TOD 的另一个关键，它要求创造适宜步行（Pedestrian-friendly）的环境和尺度，而不是依赖汽车交通。但新城市主义并不是简单地排斥汽车和其他现代需求，而是主张有效地安排汽车的使用，使它与步行、自行车，以及公共交通工具和谐共存。

2．以减少资源消耗为目的

美国弗吉尼亚大学教授威廉·麦克唐纳（William McDonough）一直是可持续发展运动的倡导者，多次阐述对全球温室效应的看法，倡导设计要遵照自然的规律和运行模式，要追求具有可持续性的综合效益，摒弃工业革命的那种污染和浪费。2002 年威廉·麦克唐纳和德国化学家迈克尔·布朗嘉特（Michael Braungart）合作出版《从摇篮到摇篮：重塑我们的生产方式》提出从摇篮到摇篮的设计理念，认为城市最终的目标是能够把安全的自然循环与产业物质进行融洽的联系并且不断的循环，主要由太阳以及其他诸如风、水等形式的能源来提供动力，只有依靠这种无限的清洁能源才能大大减少目前能源结构中所产生的环境问题，并且也能满足人类需求。因此从摇篮到摇篮的设计理念追求生态效益，以实现生物循环和工业循环为目标，主要遵循以下几项设计原则：

1）废物即养分。在自然界中，没有废弃物的概念，万物都是养分

自然界的物质（资源）流可分为两种：生态物质流和工艺（工业）物质流，所以要通过对人工“产品”的重新设计，使材料与产品在生产、使用以及循环过程中对人类健康、环境安全有益，所有物质都可以安全进入生物或工业循环系统，并创建产品与材料回收利用体系，以还原和利用高质量的材料和产品。

2）使用可再生能源

可再生能源是永远也消耗不尽的，我们所接受来自太阳及其衍生出来的能源，包括风能、水力能、波浪及生物质能，可以完全供应目前人

① 林中杰，时匡．新城市主义运动的城市设计方法论 [J]．建筑学报，2006（1）：6-9．

类所需，关键在于如何因地制宜地发展新能源利用方案，要在设计理念中，利用再生能源对生产过程中的整条价值链提供能量。

3）尊重和提倡多样性

与目前工业生产的标准化解决方案相反，大自然推崇的是一种近乎于无止境的多元化。人类在进行标准化生产的同时，亦应保持多元化的氛围，因为多样性是人类创新及生态系统蓬勃发展的源泉。提倡多样性，包括自然生态系统、空间、文化、需求以及问题解决方案等的多样性。

比尔·邓斯特（Bill Dunster）是世界上为数不多专注于零能耗建筑和社区规划设计的建筑师，在英国及在其他国家大力推广零能耗理论，设计了"全球生态社区"的典范——贝丁顿零能耗社区（BedZED）（图 1–42、图 1–43），通过对城市社区低能耗、零排放、再生能源、生物多样性以及高生活品质的创造，为人们构筑全新生活方式。零能耗理念关注点不仅仅在建筑本身，而还要保证在这个链条的每个环节都是低能耗的，所以说零能耗的设计应该是策划和考虑全局的设计[①]。

图 1–42　贝丁顿零能耗社区实景

图 1–43　社区能源站

3．与气候条件相协调

加利福尼亚大学洛杉矶分校（UCLA）建筑和城市规划研究生院荣誉教授巴鲁克·吉沃尼（Baruch Givoni），1998 年出版著作《建筑设计和城市设计中的气候因素》（*Climate Considerations in Building and Urban Design*），书中对气候学视角的场地规划设计提出了切实的方法策略，详细研究了城市设计各种不同要素，比如城市密度、建筑高度等对室外气候的影响，同时针对不同的气候地区提出了城市设计导则[②]。城市气候不同于周边农村地区气候条件的特征，它一方面受到各种气象因素的影响，另一方面也受到城市结构的显著作用，受到城市物质形态影响的城市气候特征主要有温度、风场、辐射和日照等，因此城市设计的调整可以影响到城市气候。在上述研究的基础之上，进而提出了四个主要气候类型区域的城市设计导则。

1.3.2　注重自然环境承载力

1．在理解生态格局的基础上进行设计

麦克哈格强调不同生态要素与土地利用之间垂直的联系和过程，其实质是在时间维度上研究不同过程之间的联系，强调发生在某一景观单元内的生态关系，基本上传承了在哈佛早期的园林教育家艾略特（Eliot）

① 邓斯特，西蒙斯，吉尔伯特，等．建筑零能耗技术：针对日益缩小世界的解决方案 [M]．上海现代建筑设计集团有限公司，译．大连：大连理工大学出版社，2009：32–74.

② 吉沃尼·巴鲁克．建筑设计和城市设计中的气候因素 [M]．汪芳，等，译．北京：中国建筑工业出版社，2010：54.

和规划先驱盖迪斯（Pattric Geddes）的调查—规划的模式。这种垂直式的“千层饼”可以反映其地区最古老的和最新的事实性证据，在时空中将其叠加，它从最古老的证据开始——基岩地质，作为其他各叠加层的基底，由下往上依次为表层地质、地下水水文、地貌、地表水水温、土壤、植物、野生动物、微观、中观和宏观环境。由于这种垂直的模型是随着时间而不断变化的，表达了一种历史的因果关系，因此就有了一个科学的准则和对未来的预测（图 1–44）。

作为对麦克哈格生态规划与设计所依赖的垂直生态过程分析方法的补充和发展，景观生态学则着重于包括物质流、物种流和干扰等在内的水平流的关注，如火灾的蔓延、动植物的迁徙等。如果说麦克哈格的设计方法是对原有追求形式秩序和功能组织的传统设计方法的摒弃，强调尊重土地固有属性，以环境的生态适应能力作为设计的依据，那么景观生态学则是从自然水平格局的调整与改善入手，来解决自然景观的安全与健康①。

哈佛大学景观建筑系教授福曼在 1995 年提出了土地嵌合体的概念，他认为地区环境的生态系统必须和各种类型的土地使用分析相整合，而城市和区域可以看作为一个“土地嵌合体”②（Land Mosaics），并且可以用基质、廊道和斑块来表达它们的空间变化。斑块是指在外观上与周围环境明显不同的均质非线性地表区域，可分为不同的尺度。廊道的形成与气候、地形、植被有非常大的关系，呈带状的动植物栖息地，常见类型有植被廊道、河谷廊道、踏脚石系统和交通廊道等。而基质则是区域中的背景区域。运用斑块、廊道和基质可以定性、定量的分析景观空间格局和物质流之间的关系，因此成为生态规划设计的基本原理和有效手段。

2. 技术手段融入设计

1）叠图技术与 GIS 平台

叠加分析方法作为适宜性分析的重要方法并不是麦克哈格独创，这种分析方法是在众多设计师的基础性研究工作之上形成的，具有较长的发展过程，但麦克哈格的贡献尤为重要。从 19 世纪晚期奥姆斯特德事务所的设计师们开始应用，到希尔、路易斯和麦克哈格的完善，再到今天斯坦尼兹 GIS 技术的革命，地图叠加分析技术从产生到发展和完善共经历了 4 个主要发展阶段（表 1–5），已经成为生态城市规划设计不可缺少的基本手段。

---

① R. T. T. Forman, M. Godron. Landscape Ecology[M]. New York：John Wiley，1986：235–239.

② R. T. T. Forman. Land Mosaics：The Ecology of Landscapes and Regions[M]. London：Cambridge University Press，1995：134–142.

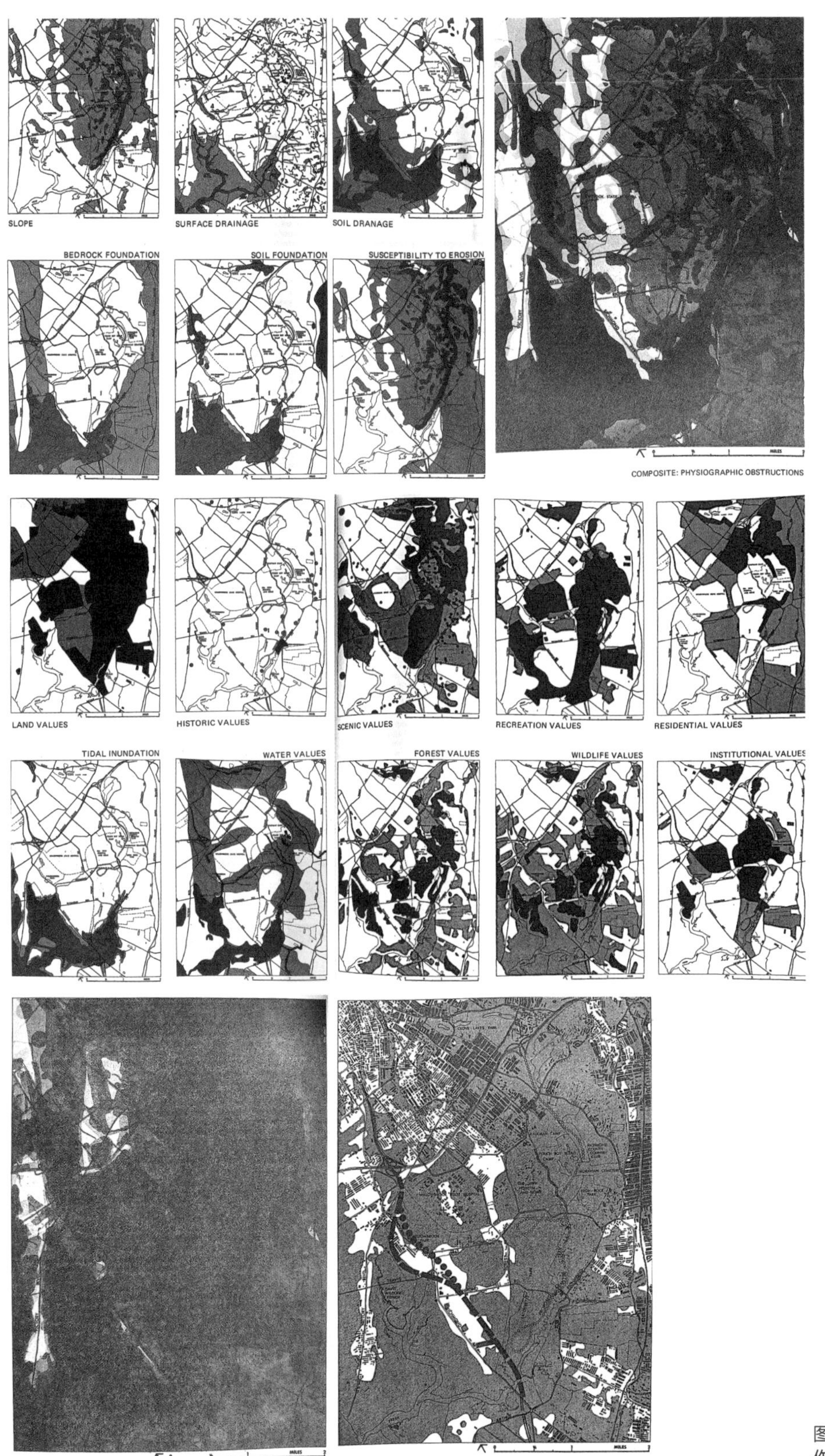

图 1-44　麦克哈格以垂直过程分析方法所作的里士满园林大路选线方案

表 1-5 地图叠加分析技术发展历程

	第一阶段	第二阶段	第三阶段	第四阶段
时间	20 世纪上半叶	20 世纪 50 年代	20 世纪 60—80 年代	20 世纪 90 年代
代表人物	艾略特（Eliot） 曼宁（Manning）	杰奎琳·蒂里特（Jacqueline Tyrwhitt）	麦克哈格（Mc Harg） 希尔（Hills） 路易斯（Lewis）	斯坦尼兹（Steinitz）
特征	设计师的系统思想要求对土地上多种复杂的因素进行分析和综合的需要（手工应用）	在学术上对叠图技术进行探讨和研究	测量和数据收集方法的规范化（理论与实践结合）	通过计算机技术对数据获取、存储和利用的方式改进，大大提高规划效率，同时向多方面分析、多方案模拟和预警方向发展

1969 年麦克哈格所著的《设计结合自然》一书成为从城市到区域上物质规划和设计方法的一次革命。即在前期的评估阶段，要以环境科学的知识为基础，通过叠图技术来分析各个环境的因子，并且划定区域内环境敏感的地区，进而判断出适宜性的高低。这种以环境叠图程序和城市的适宜性分析为主轴（表 1-6），强调垂直轴环境因子综合分析的生态规划和设计方法，后来被称之为垂直地势分析法。

表 1-6 适宜性分析步骤

适宜性分析步骤
· 确定土地利用方式和每一种利用方式的需求 · 找到每一块土地利用需求相对应的自然要素 · 把生物物理环境与土地利用需求相联系，确定与需求相对应的具体自然因子 · 把所需求的自然因子叠加绘图，确定合并规则以能表达适宜性的梯度变化，并完成一系列土地利用机遇分析图 · 确定潜在土地利用与生物物理过程的相互制约 · 将制约和机遇的地图相叠加，在特定的结合规则下制成能描述土地多种利用方式的内在适宜性的地图 · 绘制综合地图，展示对各种土地利用方式与高度适宜性的区域分布

GIS 技术的产生是城市规划和设计在方法和手段上的另一个飞跃，极大改变了数据的获取、存储方式和利用方式，并使规划设计过程效率大大提高。经过长期发展，GIS 已经在区域研究、基础设施和城市交通、社会经济的分析等各方面的决策支持和政策研究中得到广泛的应用。而 GIS 在城市设计内的应用还没有得到充分的发挥。英国的学者 Batty 等人曾经

在 1998 年致力于虚拟城市环境和 GIS 研究，并且在此研究的基础上提出了 GIS 在城市设计过程当中应用的可行性。

2）生态足迹（Ecological Footprint）

社会学家——威廉·卡顿（William Catton）认为：环境资源是有限度的，而对环境的使用以及使用者是无法限制的，而承载力就是指在使用者进行使用的时候，环境空间能够容忍的限度①。承载力在生态学上则被定义为：一块生物栖息地在以其环境资源不被破坏的前提条件下，所能够维持的生物个体的数量。此概念意味着人口和生态系统在一定区域内的增长是有明显限度的，就是"在一定空间和时间上，可支撑数量的多少"②（图 1-45）。

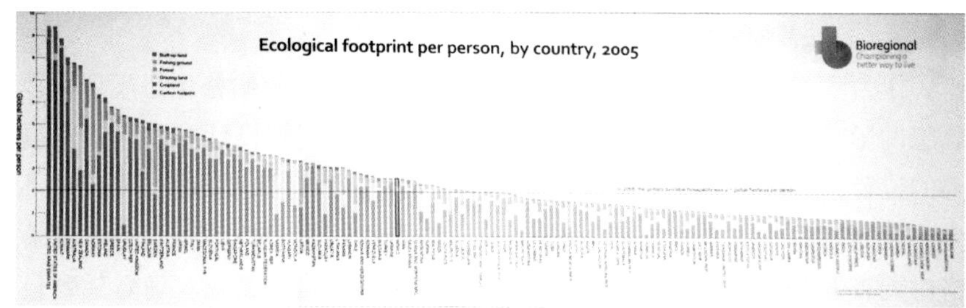

图 1-45　2005 年世界各国生态足迹统计

1992 年加拿大著名生态经济学者瑞斯（RESS）在对区域资源供求和可持续发展状况进行定量分析时首次提出生态足迹理论，并将生态足迹形象化的描述为"人类生产生活所消耗的各类资源在地球上所留下的脚印"。瑞斯和他的博士生瓦克内格尔·马赛斯将生态足迹进一步明确定义为"满足一定经济、人口规模的资源需求和吸纳他们产生的废弃物所必需的生态土地面积"③。

马赛斯在利用生态足迹理论量化分析研究对象资源供求状况时提出了以下 6 个基本假设：

①人类在维持自身生存和发展过程中消耗的各种生物资源、能源资源及产生的废弃物数量可以通过统计资料和相关文件进行准确计量；

②人类生存和发展所消耗的粮食、肉类、油料等生物资源和石油、煤炭等能源资源可以用产生等量资源所必需的生态生产性土地来衡量；

---

① W. Catton. Social and Behavioral Aspects of the Carrying Capacity of Nature Environments[M]. New York：Plenum，1983：173–179.

② E. P. Odum. Ecological Vignettes：Ecological Approaches to Dealing with Human Predicaments[M]. Amsterdam：Harwood Academic Publishers，1998：153–158.

③ W. E. Rees. Ecological Footprints and Appropriated Carrying Capacity：What Urban Economics Leaves Out[J]. Environment and Urbanization，1992，121（4）：30.

③虽然不同类型土地和不同地区土地的生产力并不相同，但可以利用均衡因子及产量因子将它们转化为具有可比性的生态生产土地；

④不同类型土地的功能是单一的、相互排斥的，即假设每一种土地仅具有相应的单一功能，因而在将国家、地区、家庭等所消费的各种资源转化为相应的生态生产性土地面积后加总求和便可求出它们各自的生态足迹；

⑤按照假设④中生态足迹的计算思路，可以将国家、地区或家庭的各类土地面积折算成具有可比性的生态生产性土地面积，将各类土地的生态生产性土地面积汇总可以求出它们各自生态承载力；

⑥一个地区的生态承载力可能存在大于、小于或等于生态足迹三种情况，分别称之为“生态盈余”“生态赤字”和“生态平衡”。

3．方法步骤的完善

作为麦克哈格的学生，斯坦纳（Steiner）深受麦克哈格生态规划设计思想的影响。他也认为适宜性评价分析在生态的规划设计中占有非常重要的位置，进而提出了生态规划设计方法的 11 个步骤，并进一步探讨了生态规划理论中人类生态学、公众参与和设计的重要性。不同于麦克哈格对调查、分析、评价的注重，斯坦纳更加注重确认问题、确立规划目标、物理环境调查分析、概念方案的比较甄选、方案确定、公众参与以及规划的实施与管理[①]。他所提出的包含11个步骤的生态规划设计方法是循环的、动态变化的、可获得信息反馈的非线性模型，并且适用于不同的规划程序与场地现状（图 1–46）[②]。

卡尔·斯坦尼兹（Carl Steinitz）将规划视为解决问题的决策导向过程，关注规划过程的目标和即将解决的问题，并以此为导向寻求多样化的解决方案。他于 20 世纪 90 年代提出了系统模式与规划框架（图 1–47），将编制规划时应考虑的问题与设计过程相结合，通过自上而下与自下而上两种作用模式的三次反复，明确地提出问题与解决问题的方法，在对项目进行充分地顺序梳理和实施之后，得出最终的结论。此外，斯坦尼兹提出基本设计策略分为两种，一种为从设计的未来回溯到现状以寻找实现设计的最佳途径，另一种则基于现状推导出未来的假设，并从多解的决策结果中选择最优的方案[③]。

① 于冰沁．寻踪——生态主义思想在西方近现代风景园林中的产生、发展与实践 [D]．北京：北京林业大学，2012.

② （美）弗兰德克斯纳．生命的景观——景观规的生态学途径 [M]．周年兴，译．北京：中国建筑出版社，2004：10

③ （美）卡尔·斯坦尼兹．迈向 21 世纪的景观设计 [J]．景观设计学，2010，13（5）：24.

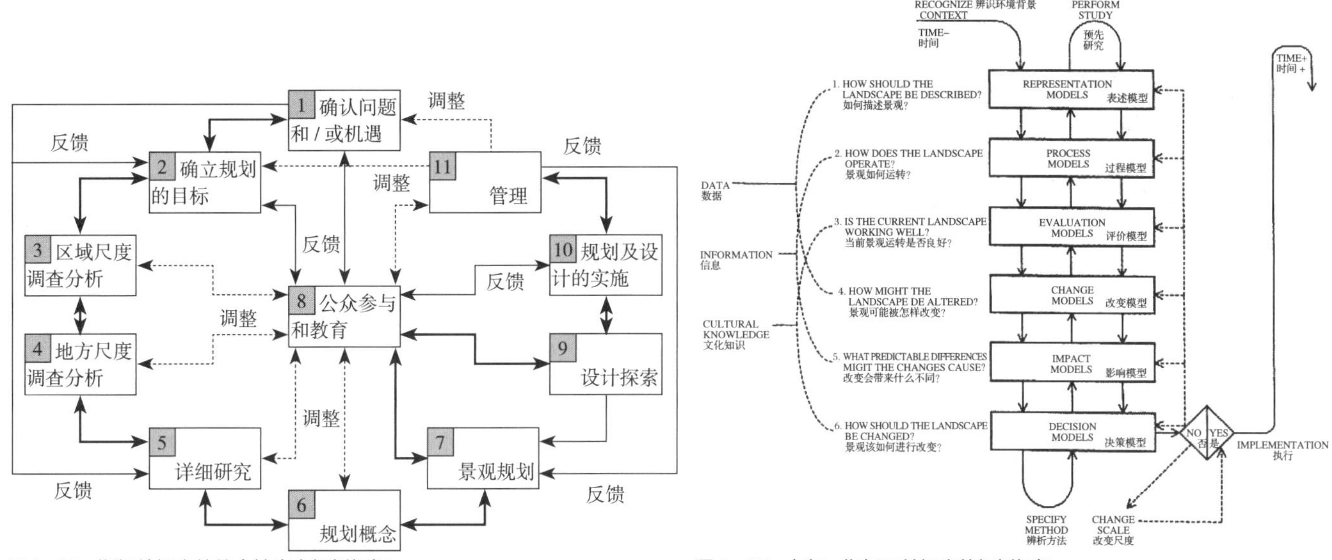

图 1-46　斯坦纳提出的综合性生态规划框架

图 1-47　卡尔 · 斯坦尼兹提出的规划框架

1.3.3　人工—自然环境耦合发展

1．物质环境向自然生态转型

1）西蒙兹与大地景观

1978 年，西蒙兹（Simonds）出版了《大地景观：环境规划指南》（*Earthscape*：*A Manual of Environmental Planning*），在书中他运用多种学科知识的综合，提出人们尊重自然规律，与自然环境协调发展的一系列具体原则和科学方法。该书广泛结合生态学观念，把景观设计的专业范围拓宽至整个城市乃至区域的规划设计。西蒙兹也一直强调设计过程要与自然因素相和谐，这包含两个方面内容：一是从科学的角度发展了麦克哈格从生态环境出发、综合多种自然学科、科学利用和保护土地的理念和方法，二是在艺术上从东方文明对自然的态度中汲取知识，把自然当作风景园林艺术美的源泉。西蒙兹的设计独到的遵循自然的法则，体现在能够把艺术性与科学性完美的结合起来，并且能通过改善环境达到改善人们的生活方式的目的，将建筑设计提高人与自然和谐统一的高度。

2）杨经文与生态规划设计

杨经文是著名的生态建筑理论家和实践者，在推进生态建筑的研究和实践方面有巨大的贡献（图 1-48）。而近年来他的生态视野已经从建筑设计的层面扩大到城市规划设计的范畴，其著作《生态城市规划》（*Eco Master Planning*）就是很好的例证。该书详细阐述了基于生态观点的物质规划设计新概念，认为与传统规划相比较，生态规划是个综合、整体化

图 1-48　杨经文设计马来西亚 Sasana Putrajaya 综合大楼

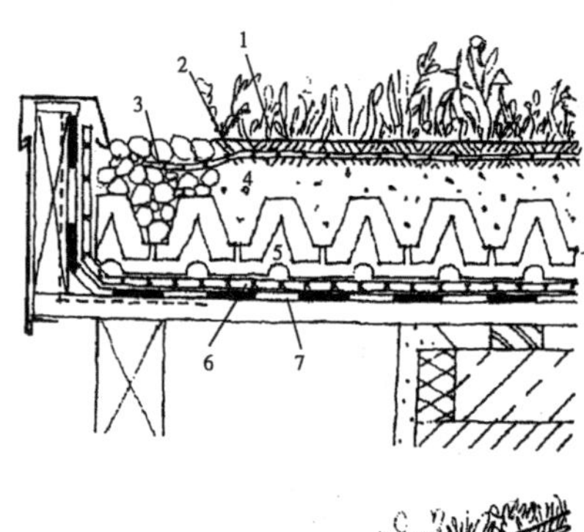

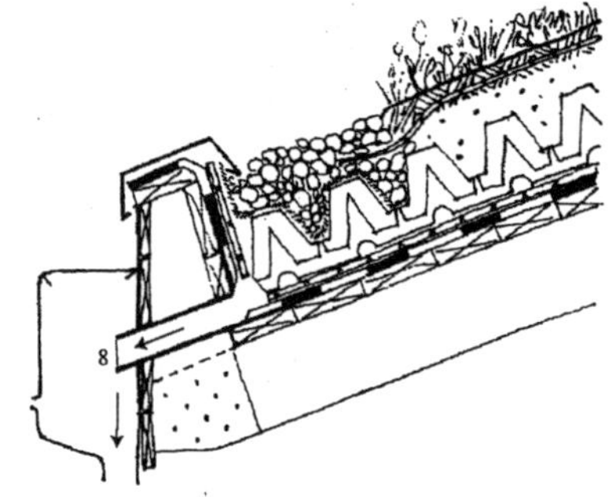

1. 植物
2. 有机材料层
3. 网状黄麻防腐蚀片，用于15° 以上的屋顶坡度或多风场地
4. 锌底板
5. 异型排水元件
6. 保水 / 防潮垫
7. 根部防水
8. 出水口

图1–49 屋顶边缘绿化细部示例

的研究方法，主要通过谨慎周密的设计来建立一个具有可持续的，并与自然环境相兼容的人工自然相协调的环境。它寻求的是恢复和修复承受压力的生态系统，在可接受的生态条件限制内促进人工生态系统的发展。生态规划的第一步是对生态的选址和对其环境进行评价，包括其地理状态和内部生态系统的循环过程及特征，可以用类似千层饼的叠图分析法，最大限度的确定其生态系统的适应力。生态规划需要通过设计 4 个生物整合的基础设施框架，来达到同一个动态整体的系统①。

（1）绿色基础设施：即生态基础设施，它是生态规划的基础，是选址内部自然区域和开阔地相互连接的网络，同时又与外部网络相连接。它能够保留选址内部自然属性和特征，生态关联性和栖息地连通性，生态系统的完整性和功能性，同时还能保持空气清新和水源纯净，为动植物提供大量的发展条件。绿色基础设施会受城市发展及相关灰色基础设施的程度和形式所限，并与其他生态服务，比如蓝色基础设施相结合。与传统的规划设计不同，绿色基础设施的规划设计需要生态连通性并考虑对当地的生态系统和绿化空地的多种功能和利益，并与土地开发、城市发展管理和基础设施工程规划设计步调一致（图 1–49）。

（2）蓝色基础设施：即水文基础设施，它是生态规划的另一个重要特征。它不同于城市发展中的工程水网系统，是通过管理表层水源的流失来保证土地涵养水源，管理人工环境及相关环境中水源保护的可持续排水系统的解决方案。它与绿色基础设施共同构成生态规划的组织框架。生态规划力争创造一个具有湿地栖息地功能的可持续性生态排水系统。这些湿地不仅能减少洪涝灾害，而且能为绿色基础设施中的生物栖息地提供一个缓冲带。因此绿色基础设施系统应主要包括：过滤带和生态洼地，过滤排水系统和透水表层，渗透装置，储水盆地和池塘等。

（3）灰色基础设施：即工程建设基础设施，它包括所有普遍的大型城市工程建设系统，是指人类系统的接入网络和移动网络，比如交通运输系统。生态规划要提出人类为不同的目的而出行的功能性策略。另外能源策略也是灰色基础设施的一部分，人们很容易被科技所误导，认为如果在规划设计中使用各种大量的生态环保设施和硬件，比如太阳能收集、光伏电池和生态回收系统等就是生态的规划设计。然而生态规划远不仅是生态工程那么简单，为了达到效率最大化，这些技术需要完全融入人工环境中去，在选址物理、气候和生态条件作用下，二者在生态基础设施中共同协调。

（4）红色基础设施：即人文基础设施，是要考虑如何把人工环境与生活在其中的居民与自然融合起来。通过平衡人工环境和更多的生物种群，

① K. Yeang. Eco Master Planning[M]. Chichester：John Wiley&Sons LTD，2009：15–37.

在人工系统内增加生物多样性和生态关联性，在无机体内补充合适的有机生物物种来实现生物圈的平衡和有机。

2．生态要素融入物质空间建设

在 20 世纪 80 年代中期，生态思想体现在设计的方方面面，特别是在城市景观建筑学方面也有了继续发展。迈克尔・哈夫（Michael Hough）和约翰・莱利（John Lyle）在这个时期的研究工作都是从城市生态学的角度出发，以景观建筑学的视角来进行的。而不同的是哈夫的关注点在城市层面，把生态学的一些关注点具体落实到城市的物质要素上。而莱利则从一个更广阔的视角来看待人类生态系统设计。

加拿大著名的景观建筑师迈克尔・哈夫提倡把城市生态学作为城市设计的基础，他不太关注城市的进程，而是关注自然的过程，特别是城市的自然生态环境，他把这些基本的自然过程看作是城市形式的决定因素。哈夫认为"城市设计的一个重要部分就是城市环境观，然而它却长期被人忽视，大尺度景观中的问题根源于城市，因此解决方法也必须在城市中寻找"。哈夫形成并发展了一种基于生态原则和保护价值观的城市设计概念（表 1–7）。他在许多实践案例中都表达了其生态价值取向的设计哲学以及一些具体的实施方法。其著作《城市与自然过程——迈向可持续性的基础》（*Cities and Natural Process*：*A Basis for Sustainability*）（图 1–50）先后于 1984 年和 2011 年两次出版。他认为城市生态学是城市塑造的基础，人类与自然长期被认为是相互分离的二分法观念造成了"正统"的设计对塑造人类环境的自然和文化过程不甚理解和不愿深究的事实。他提倡基于生态视角的新价值观，强调应在城市环境中建立一种平衡关系[①]。

（a）有动物栖息地的大型城市公园

（b）蓄水池与河道周边

（c）部分适于动物生存的人类活动场所

（d）城市公园与机构用地

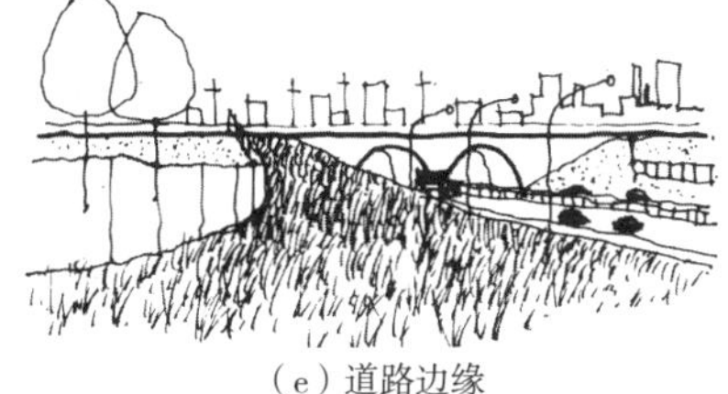

（e）道路边缘

图 1–50 哈夫提出城市中潜在的野生动物栖息地类型

表 1–7 哈夫提出生态适用的设计原则

设计原则	原则内容
过程是动态的	景观格局是各种驱动力的综合结果 人类社区、城市是经济、政治、人口和社会变化持续演替推动的结果；设计是一种激发有目的的和有益的变化的一种手段，生态系统和人类都是不可缺少的基础
方法的经济性	最经济原则：从最少的资源和能源中获得最大的环境、经济和社会效益
多样性	生态多样性意味着生活质量的多种选择和生活方式的多种选择
联系性的思考	要正确理解一个地方，必须要理解这个地方所处的流域环境和生物区域环境

① M. Hough. Tapping City's Agricultural Resources[J]. Landscape Architecture 1983，1（73）：54–58.

续表

设计原则	原则内容
始于家园的环境教育	通过在人们生活的地方进行日常接触和互动，从而获得持续的直接的体验，是不可替代的环境教育方式
为资源利用创造更多的机会	发展应将资源的供给与再利用看作一种收益，而不是高费用的负担，创造最多的机会也是生态恢复的基础
让维持生命的过程呈现	将日常生活人类活动产生的影响可视化是环境意识的一个基本组成因素，也是环境行为的必要基础

3．为人类生态系统而设计

约翰·莱利（John Lyle）是另一位一直在致力于研究自然与人类物质空间设计的学者，他与哈夫有所不同在前文已有所论述。莱利从生态学的领域来寻找人类生态系统产生和组织运行的基本概念，提出了“为人类生态系统而设计”的理念，莱利为方便综合理解生态城市设计提供了一个结构框架（图 1-51）。在这个框架中，他把对规模的考虑、设计的过程以及系统的秩序等相关问题组织结合在一起，这些关注的问题是其他设计者和作者一再强调和关注的，但是却缺少了这种综合的方法①。

1）规模的思考。莱利的关于规模的思考有三个要点：第一，每一个生态系统都隶属于一个更大的系统，是大系统的一个组成部分，它自身也含有更小的系统，并且系统与系统之间是相互联系的；第二，设计规模的层级范围与自然系统中综合等级的生态概念有关；第三，不同规模的设计都有一定的界限和自己明确的关注点。

2）设计的过程。他关于设计过程的一些最重要观点基本上属于管理科学的范畴，是包含调查，反馈和再设计的控制论过程。“管理科学所包含的内容在生态系统设计中是比较重要的，这是因为对于任何一个有机体而言，变幻莫测的未来是无法改变的事实”。

3）对“生态系统秩序”的理解。人类活动和自然系统一直是相互影响的，所以人类系统的设计同样很容易受到自然系统的影响。自然或者天然形成的系统能够实现自我管理，但是人类系统就需要设计和持续的管理。从更深的层次上，人类系统以及当地跟它关联的自然系统能够被看作为一个相互影响的系统来设计。不论在什么情况下，要想采取适当的措施，那么生态系统的规则是一定要考虑的。莱利将生态系统的秩序总结归纳为三个相关的部分，即：结构、功能和场所。结构和功能分别是静态和动态的，属于生态系统的形式和过程。结构涉及景观的生物和非生物元素，以及它们之间的相互关系。结构主要包括数量，类型，分

① J. T. Lyle. Design for Human Ecosystems[M]. New York：Van Nostrand Reinhold，1985：23–43.

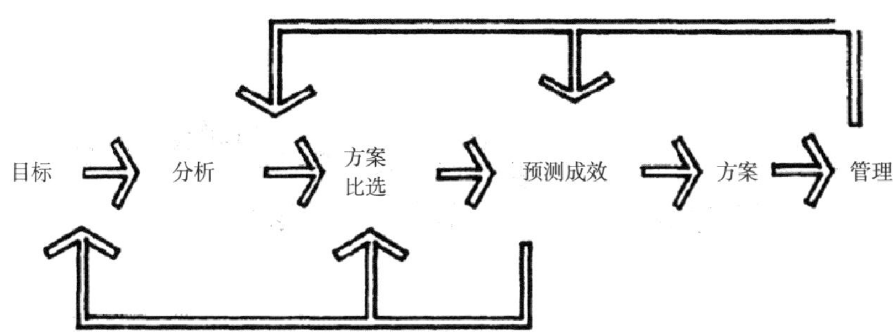

图 1-51　莱利提出生态城市设计的理性过程

布以及系统内植物、动物、微生物、土壤和矿物质等之间的关系。功能则是指系统内部或者与相邻系统之间的物质、能量和信息。每个生态系统都有一套与特征形式相关联的特定功能。

1.4　国内生态城市设计的探索与发展

1.4.1　国内生态城市设计的理论发展

参照规划师李浩将新中国城市规划划分为 6 个阶段的方法[①]，沈清基教授将我国的生态城市规划分为初始萌芽期（1949—1977 年）、缓慢发展期（1978—1989 年）、启动构建期（1990—2000 年）与全面发展期（2001 年至今）[②]。

1．国内生态城市设计初始萌芽期（1949—1977 年）

我国现代城市设计理论的发展，可追溯到 20 世纪 40 年代。1946 年，梁思成先生在建筑教育中强调了“体型环境”的规划设计。认为大到一座城市，小到一个器皿，都是体型环境中的组成部分，都要经过很好的设计，这可以说是我国最早生态城市设计思想的萌芽[③]。

1949 年后，我国城乡规划与城市设计进入恢复与起步阶段，发展生产成为城市建设的主题，因此对生态城市设计的关注主要体现在工程实践上，理论研究并无明显进展。1953—1957 年间，引入苏联模式的城市规划以工业城市的规划活动为主，但此时期“带状组团式”的兰州规划体现了一定的生态属性（图 1-52）。1958—1965 年是我国城市规划的震荡阶段。先后经历了“大跃进”，人民公社化运动带动的“快速规划”和“城市建设大跃进”与自然灾害带来的城市建设低潮。不过，这一阶段合肥

① 李浩．论新中国城市规划发展的历史分期 [J]．城市规划，2016（4）：20-26.

② 沈清基，彭姗妮，慈海．现代中国城市生态规划演进及展望 [J]．国际城市规划，2019，34（4）：37-48.

③ 朱自煊．中外城市设计理论与实践 [C]// 城市设计论文集．城市规划编辑部，1998：365.

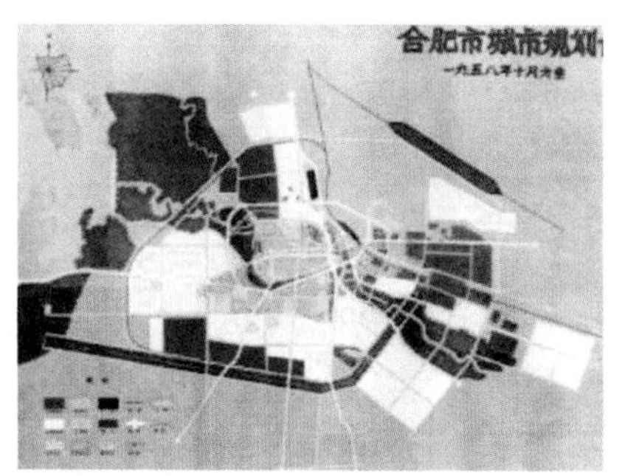

图 1-53　合肥市城市规划图（1958 年）

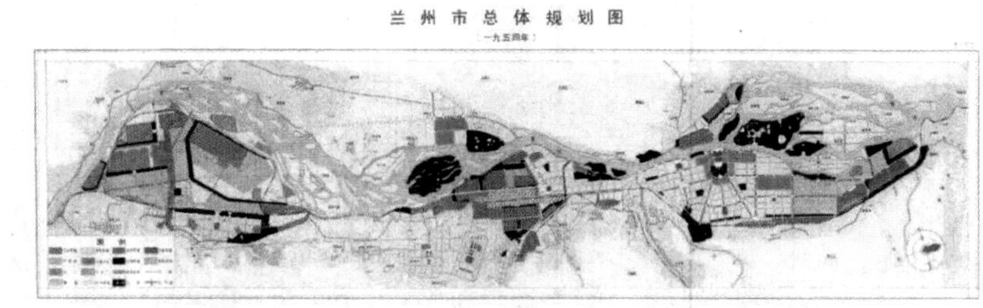

图 1-52　兰州 1954 年总体规划

图 1-54　北京城市建设总体规划初步方案（1958）

“三翼伸展、田园楔入”的风车状布局（图 1-53），北京的“分散组团式”布局（图 1-54），攀枝花城市规划“带状组团”的布局均具有一定的生态规划元素。

1966—1976 年的“文革”是规划的停滞期或倒退期。国民经济面临崩溃的边缘，城市规划和建设工作遭受空前浩劫：规划机构撤销、队伍解散、资料销毁、规划管理废弛。城市的住房、用水、道路、环境、供应都出现难以收拾的困难局面，生产受到严重影响，人民生活问题成堆。该时期我国城市环境污染已经开始显现，但并未引起重视，生态规划在这一时期难见踪影。

2. 国内生态城市设计缓慢发展期（1978—1989 年）

现代城市设计从 20 世纪 80 年代真正在中国产生影响并付诸实施，经过多年的努力，专家学者们从城市设计发展、理念、原则、策略、分类、实施等方面进行了较深入地、全面地研究，中国城市设计的理论研究、编制运作、管理实施等都取得了长足的发展。我国的生态城市设计理论的发展主要是基于对西方生态城市设计思想的大量学习与综述。其中相对比较全面的主要有：黄肇义和杨东援的《国内外生态城市理论研究综述》、马交国和杨永春的《生态城市理论研究综述》、毕涛等的《国内外生态城市发展进程及我国生态城市建设对策》。其他关于西方生态城市理论研究的论著还有：彭晓春等的《生态城市的内涵》从城市生态系统与生态城市的关系、生态哲学的角度和生态城市概念的层次等方面阐述了生态城市的内涵；郝赤彪等的《生态城市的渊源探究》；黄建才的《关于生态城市理论的自然辩证法思考》中从系统论和人与自然和谐统一思想两个角度阐述了生态城市理论的自然辩证法意义[①]。生态城市设计对我国城市空间环境建设的指导发挥着重要的作用，随着全球可持续发展理念的推广和我国快速城市化的发展现实，城市设计学科得到了快速地发展，并且经历了美学形式主义、功能理性主义和地域与人文主义之后，迅速地

① 王鹏. 城市公共空间的系统化建设 [M]. 南京：东南大学出版社，2002.

转向了第四代的城市设计，即对自然生态的关注，现在呈现出迅速发展的势头，主要表现在相关理论的研究、学术会议活动的组织和生态城的建设实践三个方面。然而在大量设计实践的过程中却出现了“困惑”，特别是对“生态”的模糊认识和理解，对究竟什么是“生态”、怎样才“生态”等基本认知产生了疑惑。总体表现为对单一生态技术模式的盲目使用与大量复制，使“生态城市设计”成为城市建设的包装与标签。在理论研究过程中缺少对城市生态系统的整合策略与修复研究，“自然—社会—空间”系统下的生态观构建较为缺失。在实施层面则表现为缺乏统一技术原则和评判标准，生态城市建设实践出现了一定的“混乱”现象。

3．国内生态城市设计启动构建期（1990—2000 年）

20 世纪 90 年代，我国学者以生态城市的理论和实践研究为基础，开始进行生态城市设计的相关研究。著名科学家钱学森先生在与吴良镛先生的通信中首倡的“山水城市”构想，山水城市与生态城市追求的最高境界都是人与自然相和谐，可以说山水城市是有中国特色的生态城市的一种提法①。吴良镛院士在东方对于建筑、规划、地景视为一体的传统思想基础上，倡导“有机更新”原则在城市建设中之于传统元素的保护与利用。黄光宇教授从复合生态系统理论角度界定了生态城市的概念，并从社会、经济和自然三个系统协调发展角度，提出了生态城市的创建标准，从总体规划、功能区规划、建筑空间环境设计三个层面探讨了生态城市的规划设计对策，提出了生态导向的整体规划设计方法。齐康院士在研究中对于地方文化与建筑空间、景观元素与整体环境的整合进行探讨，从城市整体空间形态角度对生态绿地系统的发展演化进行梳理，提出生态园林的构建策略，使城市、园林与人三者之间融为一体，实现可持续城市的发展（图 1–55）。王建国院士在 1997 年的《生态原则与绿色城市设计》一文提出了“绿色城市设计”的观点，提出城市设计应把握和运用以往城市设计建设中所忽略的自然与生态的特点和规律，贯彻整体优先和生态优先的原则，创造一个人工环境与自然环境和谐共存的、面向可持续发展的理想城市环境。针对 20 世纪 90 年代城镇建筑环境建设的突出问题，他从发展观的视角，剖析了现代城市设计发展三个阶段的价值观念演变特点；系统论述了绿色城市设计的概念、对象、内容；探讨了城市建设中实施贯彻整体优先和生态化先准则的绿色城市设计的紧迫性和必要性。以上几位为代表的诸多学者在人居环境科学、生态城市系统、城市环境规划设计与方法、绿色城市设计方法等方面，取得了一系列研究成果。

4．国内生态城市设计全面发展期（2000 年至今）

2000 年以来，我国学者在生态城市设计的理论框架、内在机理、设

图 1–55　齐康设计雨花台烈士纪念馆

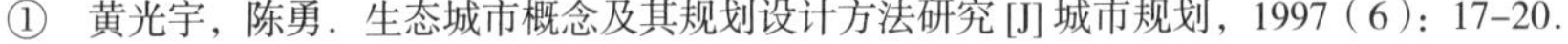

① 黄光宇，陈勇．生态城市概念及其规划设计方法研究 [J] 城市规划，1997（6）：17–20.

计方法、技术应用等方面做了诸多探讨，学术界对生态城市的关注主要体现在关于建筑层面、规划层面和景观层面的一些生态设计方法的研究，以及城市生态化目标的探索。从宏观的城市生态系统研究到中观的生态社区实践，再到微观的绿色建筑设计，取得了丰硕成果。2005 年，李哲在《生态城市美学的理论建构与应用前景研究》中认为当前对生态城市的理论研究主要在城市生态学理论、区域整体发展理论、可持续发展理论和城市综合开发理论四个方面展开，在研究的深度上可概括为认识论层次、方法论层次和实践论层次三个方面。孙彦青在《绿色城市设计及其地域主义维度》中认为绿色城市设计理论有两个核心内容，一是注重自然生态的城市客体要素设计，二是对原有城市社会结构进行不断批判、调整完善而创造积极的大众的城市空间，而主要的思想源泉和批判继承的基础就是过去百年西方城市设计史上的重要实践。仇保兴将生态城市的建设分为技术创新型、适用宜居型、逐步演进式、灾后重建型等四个类型，并提出我国生态城市的设计思路应从综合评价体系、合作机制入手，充分借鉴我国传统的生态思路，以良好的设计和精细的管理来实现成本可负担、发展可持续的生态城市模式[①]。2010 年国内学者林姚宇在其著作《生态城市设计理论与方法——营造当代都市的绿色未来》中从生态城市设计的价值与准则、原理与模型、对策与途径等方面对生态城市设计的思想理论进行一定量的阐述与总结。林姚宇把生态城市设计归纳为五个特点：①其实质是以城市设计学科为立足点，同生态学的交叉研究；②从动态角度研究人与空间环境的作用关系；③在空间层面将城市生态问题加以拓展，从自然生态、物理刺激和能源使用等多角度加以综合；④仍然属于应用设计研究范畴；⑤强调人、人工要素和自然要素的和谐共生；⑥突破“人类中心主义”的一元论价值观[②]。林姚宇从人工与自然和谐对话的角度，提出生态城市设计的理论、方法及实施策略。我国学术界的前辈马世俊、王如松、沈清基、邹德慈等人都在规划的层面上对生态城市进行过深刻的思考，为生态城市设计提供了一个宏观整体的发展思路。例如王如松和马世俊曾经提出城市是复合的生态系统，它包括社会、经济和自然三个方面，进而提出了生态城市建设的标准、生态控制论原理以及管理和规划方法，这些都为生态城市设计的理论向动态、全面研究发展提供了很好的借鉴。

5．我国生态城市设计理论发展小结

我国的生态城市设计理论基础为可持续城市设计、绿色城市设计、

① 仇保兴．从绿色建筑到低碳生态城 [J]．城市发展研究，2009，16（7）：1-11.

② 林姚宇．生态城市设计理论与方法—营造当代都市的绿色未来 [M]．北京：中国城市出版社，2010：2.

整合性城市设计观等。基于以上基础，在构建我国生态城市理论的基础上，延伸发展出城市双修、公园城市、绿色街区等概念与实践。可持续发展是世界范围内各国城市发展建设的基本共识，以可持续发展理论内涵为基础，其内涵融合生态、绿色概念，在生态环境、历史文化、空间形态、管控治理多维度起到引导控制作用。整合性城市设计观是指把作为整体的宏观环境（地球生态系统），与作为个体的中观环境（城市生态系统）和微观环境（人文建筑生态系统）进行综合考虑，并从其内在的系统联系性上进行进一步整合设计。整合性城市设计的生态目标体系包括资源优化目标、经济高效目标与人文和谐目标。

总体来讲，发展至今，我国对城市生态化道路的研究尚处于生态学和城市规划的层面，对于城市设计从中观层面对城市生态的研究还存在很大的提升空间。生态城市设计的理论研究与实践过程中，大多还处于对城市人工要素、自然要素及生态格局以静态、分离的方法进行研究和保护的情况，少有对人工与自然互动发展的全面、动态的考虑。随着研究的不断深入，新时期的生态城市设计呈现出如下特点和发展趋势：

1）生态城市设计的内涵将不断拓展，在较长一段时期内仍然是城市可持续发展的核心设计方法，其研究内容日趋多元化和复合化，表现出多学科协同发展的态势和广泛的应用前景。

2）生态城市设计具有广泛的包容性，随着城市建设的现实需要，未来的生态城市设计将更加关注街区、社区、街道、小型建筑群的绿色节能设计，以及城市设计与建筑、景观的一体化设计，形成宏观、中观、微观协同发展的生态城市设计研究体系。

3）生态城市设计以高新技术与传统技术的有机结合为基础，探讨不同地区和气候条件下的技术适用性，如被动式技术与主动式技术的协调使用，形成适应不同生态环境要素和空间形态要素的方法体系①。

1.4.2　国内生态城市设计的实践探索

1．生态城市设计理念延伸的实践

1）城市双修

我国于 2015 年提出的“城市双修”理念对生态城市设计理念产生重要影响。城市修补以及生态修复是城市双修的两个工作内容。城市修补是指对城市风貌、景观以及建筑所构筑的空间环境的更新修补，结合城市所处的地域特征，重在提升城市的特色风貌，其主要内容包括对公共

① 臧鑫宇，王峤，陈天．绿色视角下的生态城市设计理论溯源与策略研究 [J]．南方建筑，2017（2）：14–20.

服务设施以及交通设施和市政设施的提升、城市建筑色彩修补、城市夜景照明修补等；生态修复则是一项相对来说艰巨的任务，其修复难度往往视城市经济发展、资源利用情况、生态被破坏情况而定，生态修复也是一项更加系统性的工作，重在逐渐改善城市的生态环境，主要修复各种自然生态环境，旨在构建人与自然、环境和谐的关系。“城市双修”的重要内涵体现在两个方面。①在于进一步推进生态城市建设，通过修复自然生态环境，促进城市生态调节能力的提升，有效改变城市的生态面貌。②进一步推进城市的可持续发展，双重修复的过程有助于城市实现对现有资源的合理规划，在生态优先原则下，确保城市的特色得到有效提升，能够一定程度促进城市的经济发展，实现城市全方位的发展与各方面的可持续发展。城市双修视角下，生态城市设计的着重点将主要围绕“改善环境、塑造特色、绿色经济”为中心，追求城市发展与生态的平衡发展。不刻意强调生态自然先行，也不刻意追求经济发展的最大化，而是注重二者的有序的发展过程及可持续发展战略的逐步实现。在具体实践环节中，可以从全城化、持续化以及精细化三个方面展开设计工作。

2）公园城市

城市公园系统起源于美国，是指公园（包括公园以外的开放绿地）和公园路（Parkway）所组成的系统，能够起到保护城市生态系统、引导城市开发良性发展、增强城市舒适度的作用。同时，霍华德的田园城市思想提出将自然要素引入城市，以达到保障健康、改善生存环境与促进城市经济发展的目的。随后，景观都市主义和生态都市主义的兴起使城市与自然的融合成为城市建设的重要议题，城市兼具人文与生态特质，成为公园城市的理论基础。我国公园城市探索起源于钱学森先生的“山水城市”这一将中外文化有机结合的思想，随后 1992 年建设部发起“园林城市”评选，2004 年全国绿化委员会和国家林业局发起“国家森林城市”评选活动，提出“让森林走进城市，让城市拥抱森林”，2007 年建设部发起“国家园林城市”评选。

2018年初，成都市在编制新一轮城市总体规划时，明确提出建设“美丽宜居公园城市”（图 1–56），通过优化城乡空间格局、重塑产业经济地理，营造“开窗见田、推门见绿”的田园风光和大美公园城市形态。公园城市是以人民为中心、以生态文明引领城市发展的新范式，是山水林田湖城生命共同体，形成的全面体现新发展理念的城乡人居环境和人、城、境、业高度和谐统一的大美城市形态[①]。

3）整合性城市设计

于 2002 年 8 月在深圳召开的第五次国际生态城市大会上通过了《生

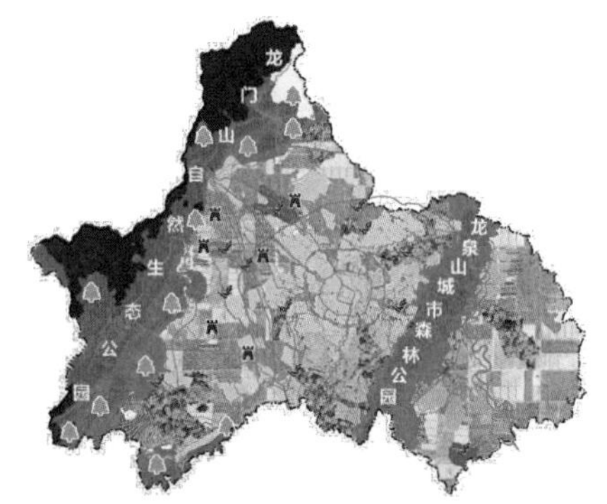

图 1–56　成都公园化空间布局示意图

① 成都市规划管理局. 成都市公园规划设计导则（试行稿），2019.

态城市建设的深圳宣言》，该宣言中指出：在城市设计中大力倡导节能、使用可更新能源、提高资源利用效率，以及物质的循环再生。必须把城市发展的生态观与城市可持续发展紧密地联系起来，将生态发展与城市发展融为一体，构筑整合性的城市设计的生态目标体系。

整合性城市设计的理念提出城市是资源利用的主要人居环境，城市利用资源的方式和效率，对城市生态环境质量和经济社会的发展有着关键性的制约作用。在城市发展中，以最小的生态和资源代价，获取最大的效应。生态危机在本质上是由于人类经济活动方式、内容、规模和价值取向与自然环境和资源稀缺的矛盾所造成的，生态运动的主要目的就是要改变人类的经济活动和价值观，因此，可以把城市生态化看作是一种发展战略，生态的就是经济的。将整体性原则作为自然界各种物质构成的基本原则，在这种原则下的城市设计才有可能达到生态效益。整合性城市设计的目的是形成多元的有机秩序，使城市形态具有多样性、高效率和人文、生态等多方面的价值取向。具体表现为：满足人的生理需求和心理需求，包括住所和活动场所的卫生、健康、舒适、审美等需求；满足现实需求和未来需求，居民不仅需要一个良好的居住空间，还需要一个可以与社会交流、不断接收新的文化信息，并能适应未来持续发展的空间；满足人类自身进化的需求，即需要一个能使人类天性得到充分表现的环境，与自然结合、有多样化的人工建筑物，使城市成为有助于“进化的环境”。城市生态化正是这种文化价值取向的现实行动①。城市的发展和设计受到自然环境和人文环境的制约，表现出生态与文化的一致性。城市生态化就是要树立生态文化价值观，“生态文化是朝着全球综合的、更积极的进化，并以区域和国际文化作为补充，它标志着走向文化多样、和平等有积极意义的运动”②。整合性城市设计可以从下列角度进行突破与创新：①生态观为基础的多元价值；②可持续性的思维理念；③技术理性原则—编制体系的规范化；④知识结构体系的系统化建设；⑤公共权益为基础的制度与法律保证；⑥设计理念与实践目标的结合；⑦外围学科知识点的借鉴与纳新；⑧专业教育普及与大众认同③。

4）海绵城市

海绵城市的概念来自于行业内习惯用“海绵”一词来形容城市的某种吸附功能，随着我国近年来水资源短缺、洪涝灾害、水质污染等突出问题，海绵城市这一概念被提出以建立综合解决城乡水问题的生态基础设施系统。海绵城市是指城市能够像海绵一样，在适应环境变化和应对自然灾害等方面具

① 夏海山．城市建筑的生态转型与整体设计 [M]．南京：东南大学出版社，2006，165．

② K. 埃布尔．生态文化、发展与建筑 [J]．薛求理，译．世界建筑，1995：27-29．

③ 陈天．城市设计的整合性思维 [D]．天津：天津大学，2007．

有良好的“弹性”，下雨时吸水、蓄水、渗水、净水，需要时将蓄存的水“释放”并加以利用，提升城市生态系统功能和减少城市洪涝灾害的发生[①]。

20 世纪 70 年代，美国出台了“最佳管理措施”（BMPs），是控制城市与农村降水径流量与水质污染的可持续性的综合措施。在 BMPs 的基础上，20 世纪 90 年代末期，由美国东部马里兰州的乔治王子县（Prince George's County）和西北地区的西雅图（Seattle）、波特兰（Portland）共同提出了“低影响开发”（LID）的理念。其初始原理是通过分散的、小规模的源头控制机制和设计技术，来达到对暴雨所产生的径流和污染的控制，减少开发行为活动对场地水文状况的冲击，是一种发展中的、以生态系统为基础的、从径流源头开始的暴雨管理方法。1999 年，美国可持续发展委员会提出绿色基础设施理念（GI），即空间上由网络中心、连接廊道和小型场地组成的天然与人工化绿色空间网络系统，通过模仿自然的进程来蓄积、延滞、渗透、蒸腾并重新利用雨水径流，削减城市灰色基础设施的负荷[②]。上述理论可以被视作海绵城市的理论基础。

2014 年 2 月《住房和城乡建设部城市建设司 2014 年工作要点》中明确：“督促各地加快雨污分流改造，提高城市排水防涝水平，大力推行低影响开发建设模式，加快研究建设海绵型城市的政策措施。”2014 年 11 月，《海绵城市建设技术指南》发布；2014 年底至 2015 年初，海绵城市建设试点工作全面铺开，并产生第一批 16 个试点城市。俞孔坚教授提出，解决城乡水问题，必须把研究对象从水体本身扩展到水生态系统，通过生态途径，对水生态系统结构和功能进行调理，增强生态系统的整体服务功能：“供给服务、调节服务、生命承载服务和文化精神服务”，这四类生态系统服务构成水系统的一个完整的功能体系。因此，从生态系统服务出发，通过跨尺度构建水生态基础设施（Hydro-ecological Infrastructure），并结合多类具体技术建设水生态基础设施，是“海绵城市”的核心[③]。

2. 国内生态城市的建设案例

我国生态城市的实际建设基于全球绿色城市建设的主流潮流，以及我国可持续城镇建设与生态文明建设大背景。在此基础上，我国在 2007 年后逐渐兴起对于基于生态城市设计理念之上的生态城市的加速建设，并于 2009 年后，呈现高速发展趋势。我国生态城市多分布在国家经济区、新区和沿海经济较为发达地区，如河北省、辽宁省、湖南省、江苏省等。我国的生态城市建设可划分为部省共建（河北省、广东省）、部市共建（无锡市、

---

① 仇保兴. 海绵城市（LID）的内涵、途径与展望 [J]. 建设科技，2015（1）：11-18.

② 车生泉，谢长坤，陈丹，于冰沁. 海绵城市理论与技术发展沿革及构建途径 [J]. 中国园林，2015，31（6）：11-15.

③ 俞孔坚，李迪华，袁弘，傅微，乔青，王思思. “海绵城市”理论与实践[J]. 城市规划，2015，39（6）：26-36.

深圳市）以及住房和城乡建设部试点，即绿色生态城区。较有代表性的试点城区有：中新天津生态城、唐山湾生态城、无锡太湖新城、长沙梅溪湖新城、深圳光明新区、重庆悦来绿色生态城以及昆明呈贡新区。

1）中新天津生态城

2007年11月18日，温家宝总理与新加坡李显龙总理共同签署了在中国天津建设生态城的框架协定，确定在天津滨海新区建设中新生态城，规划范围面积34.2km²。《中新天津生态城总体规划（2008—2020年）》自2007年11月开始启动，目前已按法定程序先后通过了各级审查，首期建设已于2008年9月动工。中新天津生态城建设具有示范意义。它是在国际和国内社会越来越关注“生态文明”的宏观背景下、由中新两国政府主导、起步较早、规模较大的生态城之一，同时它位于天津滨海新区这个国家综合配套改革试验区之中，具有“先行先试”的作用。规划提出生态城的发展目标是“建设成为国际生态环保技术的策源地、总部基地和引领可持续发展的示范区。”它的顺利建成，将对“生态文明”理念的普及、生态城运作与管理模式的推广具有极为重要的示范意义[①]。中新天津生态城的规划也具有示范意义。在“建设生态文明”的宏观背景下，生态型规划理念已不仅是规划学科中的一个流派，而是整个规划理念与方法转型的必然趋势。因此，作为“先行先试”的中新天津生态城规划，对国内外其他地区的规划实践也具有重要的示范意义。

图1-57 中新天津生态城生态谷公园

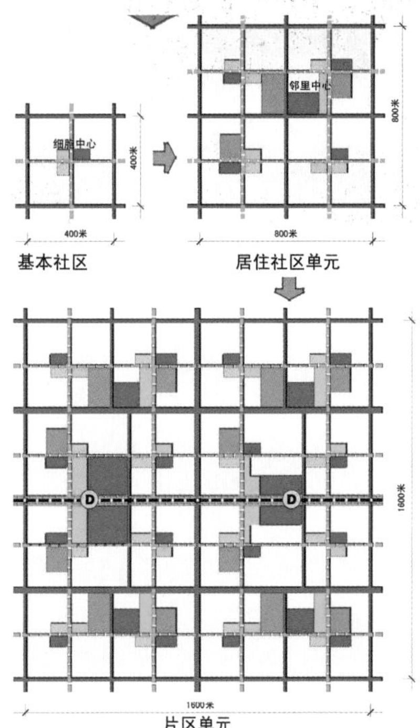

图1-58 中新天津生态城规划模式

中新生态城采用“先底后图”与生态主导型的规划方法，首先根据生态结构完整性和用地适宜性的标准划定禁建、限建、适建、已建的区域，在此基础上再进行建设用地布局。规划采用了层次分析法与地理信息系统叠加结合的方法对规划范围用地进行基于生态因子的适宜性评价，分别对砂土液化区分布、天然地基利用、桩基利用、多年地面沉降累计量分布、地震烈度分布、地下水水位、盐渍化等因子进行了评价和叠加分析。在评价分析结果的基础上，结合蓟运河古河道、污水库缓冲带和廊道宽度限制要求划分禁建区、限建区、可建区和已建区，明确了生态绿地的边界。中新生态城在公共政策层面、平面布局理念层面与控制导则层面进行规划，在自然生态的区域连通、集约高效的用地布局模式与绿色交通理念，以及生态社区模式方面进行创新（图1-57、图1-58）。

中新天津生态城经历了10年的建设历程，发展至今天，起步区已经完成了较为完善的建设，在规划体系落实、规划实施与理念模式构建方面均体现出生态城市构建原则，并且完成了一定规模的产业、居住、绿地系统的建设。

① 杨保军，董珂．生态城市规划的理念与实践——以中新天津生态城总体规划为例[J]．城市规划，2008（8）：10-14+97.

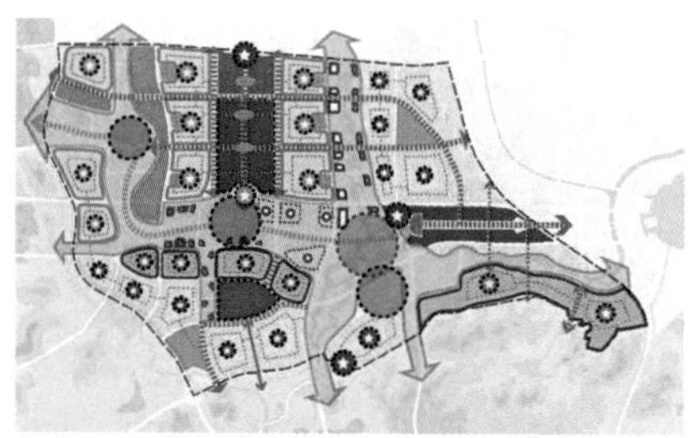
图 1-59 梅溪湖新城空间结构

图 1-60 梅溪湖新城实景

2）长沙梅溪湖新城

梅溪湖新城位于长沙市大河西先导区核心片区，是长株潭“两型城市”改革试验区的核心区域。总体战略定位为“中国国家级绿色低碳示范新城、华中地区‘两型社会’的新城典范，湖南省的长株潭城市群最具国际化水平、科技创新、以人为本、生态宜居、可持续发展的活力新城”（图 1-59、图 1-60）。

为了有效地落实新城规划的生态目标，梅溪湖新城将规划指标体系分解为城区规划、建筑规划、能源规划、水资源规划、生态环境规划、交通规划、固体废弃物规划、绿色人文规划八个大类及其下设二级指标①（表 1-8）。

表 1-8 梅溪湖新城指标体系

大类	小类	指标	单位	指标值	指标特性
城区开发指标	场地开发指标	拥有混合使用功能的街坊比例	%	≥ 70	引导性
		地下空间开发利用率	%	≥ 35	引导性
	街区开发指标	街区尺度达标率	%	≥ 80	引导性
		街道中临街建筑高度与街宽比大于 1：2 的比例	%	≥ 40	引导性
	公共服务设施指标	市政管网普及率	%	100	控制性
		无障碍设施设置率	%	100	控制性
建筑规划指标	绿色建筑规划指标	绿色建筑比例	%	100	控制性
	建筑建材生态指标	全装修住宅比例	%	≥ 50	引导性
		本地建材比例	%	≥ 70	引导性
	绿色施工生态指标	绿色施工比例	%	100	控制性
	建筑管理生态指标	建筑智能化普及率	%	100	控制性
能源规划指标	建筑节能生态指标	建筑设计节能率	%	≥ 65	控制性
		单位面积建筑能耗	kWh/m^2·年	公建≤ 100 居建≤ 40	引导性
		公建能耗监测覆盖率	%	100	控制性
	可再生能源利用生态指标	可再生能源利用率	%	≥ 10	控制性
	区域能源规划生态指标	公建区域供冷供热覆盖率	%	≥ 55	引导性
		公建智能电网覆盖率	%	≥ 29	引导性

① 王刚，王勇．长沙梅溪湖新城生态城市低碳策略研究 [J]．建筑学报，2013（6）：113-115.

续表

大类	小类	指标	单位	指标值	指标特性
水资源规划指标	水资源循环利用规划指标	非传统水源利用率	%	≥ 10%	引导性
		场地综合径流系数	-	≤ 0.54	控制性
	水资源节约规划指标	建筑节水率	%	公建≥ 11 居建≥ 10	控制性
		供水管网漏损率	%	用水分项计量普及率 8	控制性
		用水分项计量普及率	%	100	控制性
生态环境规划指标	区域自然环境规划指标	原有生态保持率	%	100	引导性
		环境噪声达标区覆盖率	%	100	控制性
		地表水域质量	-	GB 3838—88 Ⅲ 类水质	引导性
	微气候环境规划指标	人行区风速	m/s	≤ 5	控制性
		室外日平均热岛强度	℃	≤ 1.3	引导性
	景观环境规划指标	本地植物指数	-	≥ 0.8	控制性
		清凉屋面覆盖率	%	≥ 50	引导性
		慢行道路遮荫率	%	≥ 80	引导性
交通规划指标	公共交通规划生态指标	300m 范围内可达公交站点比例	%	≥ 90	控制性
	慢行交通生态指标	慢行道路宽度	m	≥ 2	引导性
		自行车停车位数量	车位 / 人	公建≥ 0.1 居建≥ 0.3	引导性
	交通规划生态指标	清洁能源公交比例	%	≥ 30	引导性
		优先停车位比例	%	≥ 10	控制性
固体废弃物规划指标	垃圾排放减量指标	日人均生活垃圾排放量	kg/人 · 天	≤ 0.8	引导性
		建筑垃圾排放量	t/ 万 m^2	≤ 350	引导性
	垃圾分类收集规划指标	生活垃圾分类收集设施达标率	%	100	控制性
	垃圾处理和利用规划指标	垃圾回收再利用率	%	生活垃圾≥ 50% 建筑垃圾≥ 30%	引导性
		垃圾无害化处理率	%	100	控制性
绿色人文规划指标	城区管理规划指标	管理和服务信息化的社区比例	%	100	引导性
	绿色社区建设规划管理指标	绿色社区创建率	%	100	引导性
		绿色感受度	%	≥ 80%	引导性

同时，梅溪湖新城采取了“总量控制 + 平行规划”的原则，在详细的指标控制体系之外通过建筑规划、能源规划、水资源规划、生态环境规划、交通规划、固体废弃物这六个专项规划落实低碳减排的目标。例

如，建筑规划中明确了绿色建筑比例、建筑材料、建筑施工与建筑管理，水资源规划则综合考虑了水资源循环利用与水资源节约，生态环境规划包括区域自然环境、微气候环境、景观环境等多个层面，交通规划则涵盖了公共交通、慢行交通与清洁能源交通。定量的指标控制与传统城市设计的空间手段相互配合，有助于保障生态规划理念全面落地，融入城市设计与城市建设的每一个细枝末节。

3）无锡市太湖生态城（中瑞低碳生态城）

无锡中瑞低碳生态城示范项目位于无锡市太湖新城核心区内，规划面积 2.4km^2。由瑞典腾博公司负责整体规划与城市设计，2010 年 7 月开工建设。整个项目建设中学习借鉴瑞典先进生态城市建设理念和成功经验，紧密结合无锡当地自然、社会及产业实际，确立了以可持续城市功能、可持续生态环境、可持续能源利用、可持续固体处理、可持续水资源管理、可持续绿色交通、可持续建筑设计为重要内容的具有国际领先水平的生态城市建设标准。

无锡中瑞低碳生态城是中瑞携手应对全球气候变化、节约资源能源、加强环境保护、建设和谐社会的重要合作项目。中瑞低碳生态城西侧紧邻贯穿整个核心区的湿地公园，南侧是纵深约 1km 的环太湖湿地保护区，北侧是部分已建成投用的国际博览中心。其建设目标就是打造“中国一流、世界有影响力”的低碳生态精品工程、样板工程和示范工程。为此，中瑞低碳生态城坚持以科学发展观为指导，着眼于建立“低碳生态城市”的需要，积极适应全球气候变化，认真研究生态经济、生态人居、生态文化和生态环境的理念和方法，探索城市可持续发展建设的新模式，从多个方面建立起具有国际水准的中瑞低碳生态城指标体系。

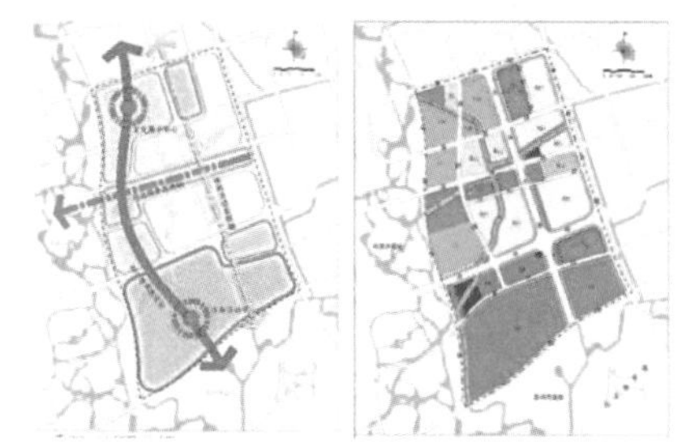
图 1-61　太湖生态城规划结构与土地利用

图 1-62　太湖生态城效果图鸟瞰

生态城布局高效紧凑，最大限度节约用地；住宅、商业、配套设施混合开发，公共空间有效结合，基础设施完善，社区配套设施齐全，服务半径合理（图 1-61）。保护利用自然地貌，提高空气、噪声、地表水质标准，保持良好自然环境；增大人均公共绿地面积，提升排氧能力和碳汇能力，以本地为主选用绿化物种，确保区域景观丰富多样。积极使用太阳能和地能，提高可再生能源使用比例；全面使用建筑节能材料和设施，降低单位面积建筑年耗能，大力压降单位国内生产总值二氧化碳排放量。使用节水管材及器具，采用统一的雨水收集、中水回用和净水直供等系统，最大限度提高水循环利用效率，倡导节水生活方式，压降人均淡水消耗量。中瑞低碳生态城委托瑞典腾博公司进行整体规划和城市设计，采用世界上领先的生态节能环保技术，贯穿始终生态优先、以人为本等理念，在新能源利用、水资源循环利用和固体废弃物处理等方面形成无锡的亮点和特色（图 1-62）。

1.5　城市设计及生态城市设计的概念辨析

1.5.1　城市设计的概念辨析

城市设计（Urban Design）概念，早在 20 世纪 50 年代就被介绍到国内，随着现代城市设计理论与实践的不断发展，对于城市设计的概念和含义，不同的历史时期、不同的时代背景、不同的文化传统形成了不同的理解和诠释，各个国家、不同学科的专家学者从不同的视角对城市设计有着不同的解释和定义，在此对众多的城市设计概念进行梳理和总结。

1．国外的城市设计概念总结

《不列颠百科全书》中对城市设计的解释是：城市设计是对城市环境形态所做的各种合理处理和艺术安排。其为达到人类社会、经济、审美、技术等目标在形体方面所做出的构思，它涉及城市环境所采取的形式[①]。

《不列颠百科全书》（第 18 卷）中就城市设计指出：城市设计的主要目的是改进人的空间环境质量，从而改进人的生活质量。

英国城市设计家弗·吉伯特（F. Gibberd）在《市镇设计》（*Town Design*）一书中指出："城市是由街道、交通和公共工程等设施，以及劳动、居住、游憩和集会等活动系统所组成，把这些内容按功能和美学原则组织在一起就是城市设计的本质。"[②]

美国著名城市规划理论家凯文·林奇在《城市意象》一书中提出：人们对城市的认识并形成的意象，是通过对城市的环境形体的观察来实现的。城市形体的各种标志是供人们识别城市的符号，人们通过对这些符号的观察而形成感觉，从而逐步认识城市本质。城市环境的符号、结构越清楚，人们也越能识别城市，从而带来心理的安定。该理论认为，城市形态主要表现在五个城市形体环境要素之间的相互关系上。空间设计就是安排和组织城市各要素，使之形成能引起观察者更大的视觉兴奋的总体形态。这些形体环境要素主要包括以下五点：道路、边界、区域、节点、标志物[③]。

美国著名城市规划学者埃德蒙·N. 培根提出：城市空间设计应包括对影响城市总体形态的关键性要素进行控制，保留城市原有空间体系和城市结构，从而使后期的局部设计与原有城市格局相呼应。而在此基础上的城市设计是一种过程的设计，它是城市发展不同阶段产生的价值观的反映，是一种动态的变化叠加而形成的设计[④]。

---

① E. D. 培根．城市设计 [M]．黄富厢，朱琪，译．北京：中国建筑工业出版社，1989：1.

② 转引自：陈纪凯．适应性城市设计 [M]．北京：中国建筑工业出版社，2004.

③ 凯文·林奇．城市意象 [M]．北京：华夏出版社，2001：35-60.

④ E. D. 培根．城市设计 [M]．黄富厢，朱琪，译．北京：中国建筑工业出版社，1989.

美国的 M. Southworth 把城市设计定义为：侧重环境分析、设计和管理的城市规划学分支，并且注重建设物的自身特点（Experimental Qualities of Plans），它在使用者如何感知、评价和使用场所等方面，力求满足不同阶层使用的不同要求①。

芬兰著名建筑师埃罗·沙里宁（E. Saarinen）在《论城市》一书中对城市设计含义归纳为："城市设计是三维空间，而城市规划是二维空间，两者都是为居民创造一个良好的有秩序的生活环境。"②

日本著名建筑师丹下健三对城市设计的解释是："城市设计是当代建筑进一步城市化、城市空间更加丰富多样化时，对人类新空间秩序的一种创造。"③

2. 国内的城市设计概念总结

《中国大百科全书》"城市设计"条目称："城市设计是对城市体形环境所进行的设计，也称为综合环境设计。城市设计的任务是为人们各种活动创造出具有一定空间形式的物质环境。内容包括各种建筑、市政公共设施、园林绿化等方面，必须综合体现社会、经济、城市功能、审美等各方面的要求。"④

我国《城市规划基本术语标准》GB/T 50280—1998 中对城市设计的定义为：对城市体型和空间环境所作的整体构思和安排，贯穿于城市规划的全过程。城市设计所涉及的城市体型和空间环境，是城市设计要考虑的基本要素，即由建筑物、道路、自然地形等构成的基本物质要素，以及由基本物质要素所组成的相互联系的、有序的城市空间和城市整体形象，如从小尺度的亲切的庭院空间、宏伟的城市广场，直到整个城市存在于自然空间的形象。城市设计的目的，是创造和谐宜人的生活环境。城市设计应该贯穿于城市规划的全过程。

齐康院士认为："城市设计是一种思维方式，是一种意义通过图形付诸实施的手段。是一种对城市时空结构中结节点的分析。在城市设计中需要着重探讨结构关系、流线活动、形象符号和层次空间四个方面。"⑤

规划师陈为邦指出："城市设计是对城市体型环境所进行的规划设计，是在城市规划对城市总体、局部和细部进行性质、规模、布局、功能安排的同时，对城市空间体型环境在景观美学艺术上的规划设计。"⑥

阮仪三教授对城市设计的解释为："城市设计是整体城市规划中的一部分；城市设计主要涉及物质环境设计问题，但物质环境不仅建立在经

---

① 引自：M. Southworth. 当代城市设计的理论和实践 [J]. 张宏伟，译. 建筑师. 1999，87：74.

②③ 转引自：陈纪凯. 适应性城市设计 [M]. 北京：中国建筑工业出版社，2004：32.

④ 中国大百科全书建筑 园林 城市规划 [M]. 北京：中国大百科全书出版社，1988：72.

⑤ 齐康. 城市环境规划设计与方法 [M]. 北京：中国建筑工业出版社，1997.

⑥ 引自：陈为邦. 积极开展城市设计、精心塑造城市形象 [J]. 城市规划，1998.

济基础上，还受到经济、政策的影响，同时也是建立在人的心理、生理行为规律的基础上，并影响人的心理、生理行为；建筑群体及其周围的边角空间的处理是城市设计的核心问题。”①

陈秉钊教授认为：“城市设计是以人为先，从城市整体环境出发的规划设计，其目的在于改善城市的整体形象和环境景观，提高人民的生活质量，它是城市规划的延伸和具体化，是深化的环境设计。”②

郭恩章教授认为：“城市设计是以提高城市环境质量为目的的综合性设计。”③

王建国院士认为：“城市设计主要研究城市空间形态的建构机理和场所营造，是对包括人、自然、社会、文化、空间形态等因素在内的城市人居环境所进行的设计研究、工程实践和实施管理活动。”④

3．小结

虽然，对城市设计的定义尚无统一的说法，综合国内外有关城市设计的典型观点发现，对于城市设计的内涵却有着共同的认知：城市设计是对城市形体环境所进行的三维空间的合理设计，并从人的角度出发，在人的生理需要和心理感受基础上进行环境设计。而影响城市设计的因素则是复杂而多元的。综上所述，可将城市设计的功能总结为：城市设计是基于城市形体环境特征运行的工作，是运用人类的社会经济环境与空间现代化的技术手段，对物质环境进行的设计引导。城市设计的主要任务有：①城镇建成环境的要素形态结合控制与设计；②包括资源要素在内的各个要素间的配置与设计，推动特色功能区单元的设计，引导城市内部空间系统的设计与形成；③解决建成环境与自然生态系统之间的矛盾，进一步优化城市的空间形态设计。

从整体出发，城市设计是综合考虑城市功能和形态的城市三维空间设计，其目标是为城镇人民创造高品质的公共生活活动空间环境，城市设计是塑造城市形象风貌的过程，是一项长期的、综合多学科领域的、反复渐进的城市运作管理过程，城市设计和城市规划需要进一步整合，城市设计是提高城市规划工作水平的手段和工作内容。

1.5.2　生态城市设计的概念辨析

有关城市设计的相关研究已开展多年，随着研究的不断深入，城市设计的深度和广度也在不断拓展，出现了基于社会、历史、人文、经济、

① 阮仪三．城市建设与规划基础理论 [M]．天津：天津科技出版社，1992.

② 陈秉钊．试谈城市设计的可操作性 [J]．城市规划汇刊，1992，3.

③ 郭恩章，等．美国现代城市设计综述 [J]．建筑学报，1988.

④ 王建国．中国城市设计发展和建筑师的专业地位 [J]．建筑学报，2016（7）：1-6.

健康、美学及生态学等不同导向的城市设计类型。生态城市设计是目前应对全球环境危机、实现可持续目标的核心手段，在与第四代城市设计方法结合后，将是当前乃至以后很长一段时期的重要城市设计方法。

1. 生态城市设计的概念

生态城市设计常常被认为是最近城市设计研究的重点，但是正如“生态城市是一个隐喻”，它可以有多种理解方式。生态城市设计狭义上是城市形态可持续设计的一个概念类别，因此，有必要进行一些相关概念的界定。与生态城市概念界定的情况相似，生态城市设计的概念也没有明确统一的认可。在贾巴里（Yosef Rafeq Jabareen）提出的可持续城市形态矩阵中，生态城市是可持续的城市形态（虽然在城市密度、土地混合使用和紧凑度等方面不如紧凑城市，但更注重于被动式能源的使用和生态化设计），强调城市绿化、生态与文化多样性、被动式太阳能设计等，也强调环境管理的途径和其他关键无害环境的政策。结合生态城市的概念，综合来说生态城市设计的主要工作也就是通过城市设计技术和方法来实现城市形态的可持续，并能够使城市形成综合自然、经济、社会、文化的复合生态系统。也可以认为生态城市设计是传统城市设计的生态化转变，包括：对城市空间环境改善的设计，对城市承载力的评价与分析，对人与自然环境共生发展的考虑，以及对城市自然、经济、社会、文化等各方面的综合协调。

2. 生态城市设计与绿色城市设计的区别与联系

绿色，代表生命、健康和活力，崇尚体现的是和谐、可持续的生态思维。绿色概念的核心目的是保护地球的自然环境和生物的安全，倡导绿色、和平、可持续。随着世界范围内绿色运动的发展，绿色概念逐渐深入到经济、社会、环境、技术、文化等诸多领域。绿色概念突破了传统的生命、自然、和平，更表达了生态、健康、和谐、安全等含义，学界开始出现了绿色城市、绿色经济、绿色文化、绿色行动和绿色意识等多种概念。王建国院士在 1997 年提出了绿色城市设计，该概念是指通过把握和运用以往城市建设所忽视的自然生态的特点和规律，贯彻整体优先和生态优先的准则，力图创造一个人工环境与自然环境和谐共存的、面向可持续发展的未来的理想城镇建筑环境。相较而言，生态城市设计是绿色城市设计的延伸，二者有相似的内核，都强调人—自然环境的和谐以及可持续发展，二者的区别则是生态城市设计更加强调通过城市设计形成复合的城市系统，涵盖城市自然生态、经济生态、社会生态、文化生态等城市生态的各个方面。

3. 新时期生态城市设计的特点和发展趋势

2000 年以来，我国学者在生态城市设计的理论框架、内在机理、设计方法、技术应用等方面做了诸多探讨，从宏观的城市生态系统研究到中观的生态社区实践，再到微观的绿色建筑设计，取得了丰硕成果，新时期的生态城市设计呈现出如下特点和发展趋势：

（1）生态城市设计的内涵将不断拓展，在较长一段时期内仍然是城市可持续发展的核心设计方法，其研究内容日趋多元化和复合化，表现出多学科协同发展的态势和广泛的应用前景。

（2）生态城市设计具有广泛的包容性，随着城市建设的现实需要，未来的生态城市设计将更加关注街区、社区、街道、小型建筑群的绿色节能设计，以及城市设计与建筑、景观的一体化设计，形成宏观、中观、微观协同发展的生态城市设计研究体系。

（3）生态城市设计以高新技术与传统技术的有机结合为基础，探讨不同地区和气候条件下的技术适用性，如被动式技术与主动式技术的协调使用，形成适应不同生态环境要素和空间形态要素的方法体系。

（4）随着计算机及人工智能的发展，未来人类将有条件利用此类技术手段实现对生态城市的工况的模拟、运维的智能化监控，将使生态城市的未来发展迈向新界域。

4．小结

生态城市设计以生态学、建筑学和城乡规划为基础，以可持续发展为原则，融合城市形态学、城市社会学、城市地理学等诸多学科的研究，是一种涵盖了自然、社会、经济、文化等诸多方面的综合性设计。

思考题

1. 生态城市的思想是如何起源的？有哪些早期的代表性理论？
2. 生态城市的本质是什么？当代生态城市的理论特征有哪些？
3. 什么是生态城市设计？生态城市设计与一般意义上的城市设计有何区别与联系？
4. 国内外有哪些有代表性的生态城市？各有什么特征？

延伸阅读推荐

[1]（英）埃比尼泽·霍华德．明日的田园城市 [M]．北京：商务印书馆，2009.

[2] 威廉·M. 马什．景观规划的环境学途径 [M]．北京：中国建筑工业出版社，2006.

[3] Paul F. Downton. Ecopolis：Architecture and cities for a changing climate[M]. Berlin：Springer，2009.

[4] 凯蒂·威廉姆斯，迈克·詹克斯，伊丽莎白·伯顿．紧缩城市——一种可持续发展的城市形态 [M]．周玉鹏，译．北京：中国建筑工业出版社，2004：96-112.

[5] Soleri，Paolo. Arcology：The City in the Image of Man[M]. Cambridge：MIT Press，1969.

参考文献

[1] 董卫．可持续发展的城市与建筑设计 [M]．南京：东南大学出版社，1999.
[2] 黄肇义，杨东援．国内外生态城市理论研究综述 [J]．城市规划，2001（1）：59–66.
[3] 沈清基，吴斐琼．生态型城市规划标准研究 [J]．城市规划，2008（32）：60–70.
[4] 沈清基，彭姗妮，慈海．现代中国城市生态规划演进及展望 [J]．国际城市规划，2019，34（4）：37–48.
[5] 林中杰，时匡．新城市主义运动的城市设计方法论 [J]．建筑学报，2006（1）：6–9.
[6]（英）伊恩·伦诺克斯·麦克哈格．设计结合自然 [M]．芮经纬，译．天津：天津大学出版社，2006.
[7]（美）卡尔·斯坦尼兹．迈向 21 世纪的景观设计 [J]．景观设计学，2010，13（5）：24.
[8] Hough M. Cities and natural process[M]. London：Routledge，2004.
[9] 林姚宇，生态城市设计理论与方法——营造当代都市的绿色未来 [M]．北京：中国城市出版社，2010.

第2章 生态城市设计理论与方法

“威胁我们生活环境的大量问题已经被记述下来了：举目可见污染的压迫，生态的混乱，遭受掠夺，浪费，散漫混乱，乱丢垃圾，植物枯萎。”

——美国环境规划学家约翰·奥姆斯比·西蒙兹

学习目标：

- 了解生态城市设计方法的不同尺度分类标准及设计方法要点。
- 理解生态城市分类要素类型以及每种类型的主要特点。
- 理解生态城市设计的概念、方法等基本知识。
- 理解生态城市设计主要应用技术支撑体系及其当前的发展进程。

内容概述：

- 生态城市设计在较长一段时期内仍然是城市可持续发展的核心设计方法，其研究内容日趋多元化和复合化，表现出多学科协同发展的态势和广泛的应用前景。随着城市建设的现实需要，未来的生态城市设计方法将更加关注区域、街区、建筑群的节能设计，以及城市设计与建筑、景观的一体化设计，形成宏观、中观、微观协同发展的生态城市设计技术体系。最终，生态城市设计将以高新技术与传统技术的有机结合为基础，形成适应不同生态环境要素和空间形态要素的方法体系。本章将通过不同标准对生态城市方法进行分类讲解，详细介绍不同类别下的设计方法内容与特点，展开在不同尺度、不同要素及不同学科视角下生态城市设计方法的阐述，并结合现实的技术支撑体系对设计方法进行详尽的讲解。

本章术语：

- 生态城市设计方法、生态城市、生态街区、生态建筑 、土地利用、环境容量、空间结构、街道空间、街区网络、GIS、遥感技术、低影响开发、绿色建筑、海绵城市。

学习建议：

- 每种视角都包含了生态城市设计方法的内容和特点，学习者可以通过与前一章节的理论相结合的方式，理解和掌握生态城市设计的方法要义，培养提高设计思考能力。
- 在不同类型的生态城市设计要素中都展开解析了典型应用案例，有助于学习者通过对实际设计案例的了解，加深对各要素的设计方法理解。
- 掌握相关的生态城市过程与表达的技术手段是进行生态城市设计的必要前提，如景观生态学法、GIS 空间信息处理方法、环境模拟方法、雨洪管理方法等。

2.1　多尺度视角下的生态城市设计方法

《不列颠百科全书》指出："城市设计是指为达到人类的社会、经济、审美或者技术等目标而在形体方面所做的构思……它涉及城市环境可能采取的形体。就其对象而言，城市设计包括三个层次的内容：

一是工程项目的设计，是指在某一特定地段上的形体创造，有确定的委托业主，有具体的设计任务和预定的完成日期，城市设计对这种形体相关的主要方面完全可以做到有效控制。例如公共住房、商业服务中心和公园等。

二是系统设计，即考虑一系列在功能上有联系的项目形体……但它们并不构成一个完整的环境如：公路网、照明系统、标准化的路标系统等。

三是城市或区域设计，这包括了多重业主，设计任务有时并不明确，如区域土地利用政策，新城建设，旧区更新改造等设计。"

这一定义几乎包括了所有可能的形体环境设计，是一种典型的"百科全书"式的集大成式的理解，与其说是定义，不如说其更重要的意义在于界定了城市设计可能的工作范畴。

本书借用《不列颠百科全书》对城市设计层次的解释，对生态城市设计方法进行多尺度划分，城市规划尺度对应上述城市或区域设计对城市区域规划层面的生态设计讲解，街区设计尺度对应上述系统设计对城市中观层面的生态设计方法进行阐述，建筑设计尺度对应上述工程项目的设计对建筑组合及单体的生态设计方法进行讲解。

2.1.1　区域及城市尺度的生态城市设计方法

生态城市设计的最大的尺度是什么？如图 2-1 所示为保罗 · D. 施普赖雷根（Paul D. Spreiregen）在陆地范围内开发水资源的设计方案，当自然地形的物理形态发生改变或做出土地开发决策时，城市设计应该在不同尺度上进行。

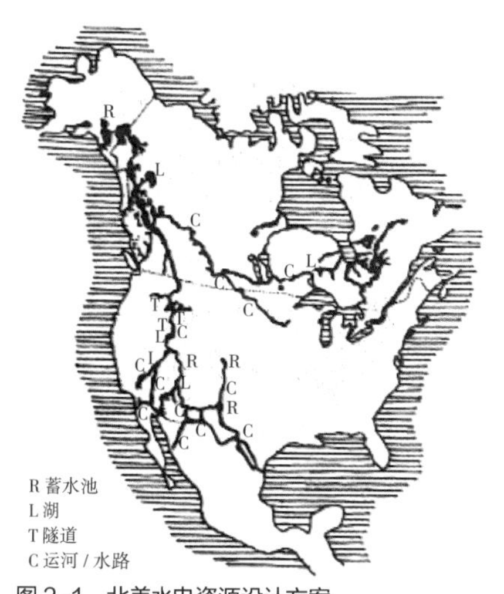

图 2-1　北美水电资源设计方案

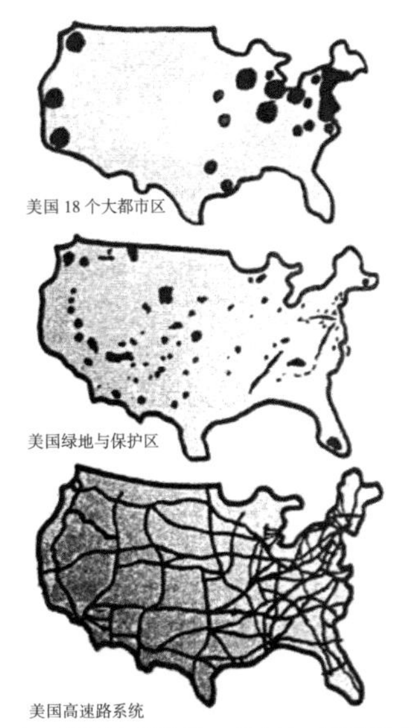

图 2-2 美国大都市区、绿地与保护区及高速路系统示意图

图 2-3 德国生态高速公路

图 2-4 田纳西流域管理方案及 TVA 的 HIWASSEE 大坝

美国有三分之一的人口生活在 18 个大都市区（图 2-2），其中一些形成了较混杂的城市形态和聚集的人口中心，如东海岸的大都市与纽约至明尼阿波利斯的工业走廊。美国城市的发展已经跨过了这些地区经济和产业划分的门槛，城市设计也必须跨越这些屏障。美国国家公园、大片的绿地和保护区的区位与当时的人口中心分布并不一致，这样的设计规模能够说明，在所有尺度上对开放空间的设计应当引起足够的重视。另一方面，国家高速公路系统是另一个在全国范围内进行生态城市设计的案例，它延续着古老的设计原则，通过创造交通廊道来增加洲际间的贸易。这一生态设计项目与生态景观息息相关，也成为实际交通工程项目实施的基础。

德国的高速公路是乡村公路设计的范例，它适应地形，蜿蜒地穿越自然环境，这样的高速公路设计不仅提供了秀美的自然景观，还串联起现有的城镇（图 2-3）。在德国的生态道路建设中，为了使道路建设对自然环境的影响降至最低限度，他们会选择将“生态桥”或是“绿色桥”修建在自然保护价值非常高的地段。这样做主要是考虑到由于道路建设的缘故，导致动物迁移的路线遭到了阻断；更需要强调的是，一般普通的桥梁，其实是没有办法对正常的动物迁移提供有良好保障。联邦道路的交通量极大，因此雨天时在道路的表面汇集而成的雨水，在其流入河道之前，一般来说都会进入沉淀池进行水体净化。除此之外，沉淀池还设置有用于过滤油污的“栅栏”。哪怕是单就景观这一方面来看，这类沉淀池仿造自然的池塘来进行生态设计的，它不仅美观，而且具有很高的生态价值。如果道路建设阻断了两栖动物的行动路线，一定要为两栖类的动物设计出合理而有效的“路下通道”，这样做的目的在于方便其行动，同时还要设置出用于产卵的水池，便于其物种的繁衍。这是对生态城市设计者的要求，也是生态城市设计者的责任。

田纳西流域管理局（Tennessee Valley Authority）为避免过多的降水严重破坏了乡村环境，并高效利用每年高达 72 英寸的降雨量，使每一个城市设施细节都与城市设计衔接，从大坝的入口景观到发电机顶部的天桥扶手，目的是在不破坏生态环境的基础上对流域水资源进行管理和再利用（图 2-4）。

生态城市设计中，设计师必须考虑整个物理环境的形态与生态性。波士顿的公园设计方案为城市建立了连续的公园绿地系统，这缓解了随着城市建设加快而带来的高密度城市用地问题，成为生态设计的典范（图 2-5）。保罗·D. 施普赖雷根肯定了华盛顿 2000 年计划提出的密集的定居廊道方案，以城市中心区为原点向外伸出 6 条放射形轴线，沿轴线分散城市的功能和建设项目，布置一批规模不同的卫星城镇或大型居住区。

巴尔的摩“metrotown”的计划是巴尔的摩区域规划委员会计划对大城市人口进行疏解的城市设计方案（图 2-6）。在城市周边设置能够容纳 5 万至 20 万居民，并且包括一个活动、服务和就业中心的卫星城。这些

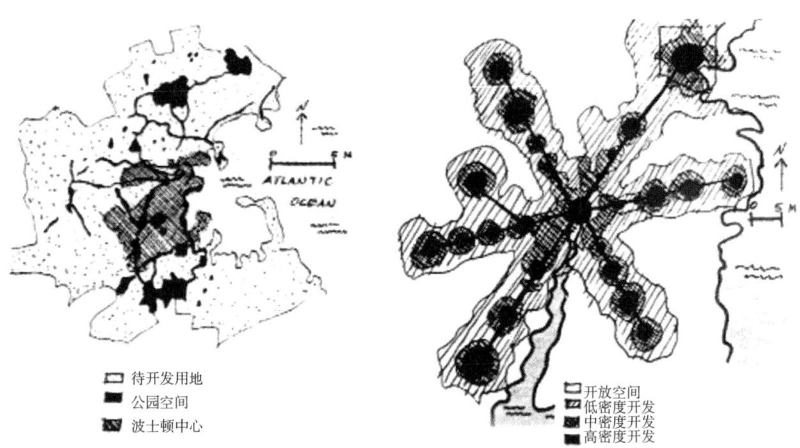

图 2-5　1892 年提出的波士顿大都市公园系统（左），华盛顿 2000 年计划（右）

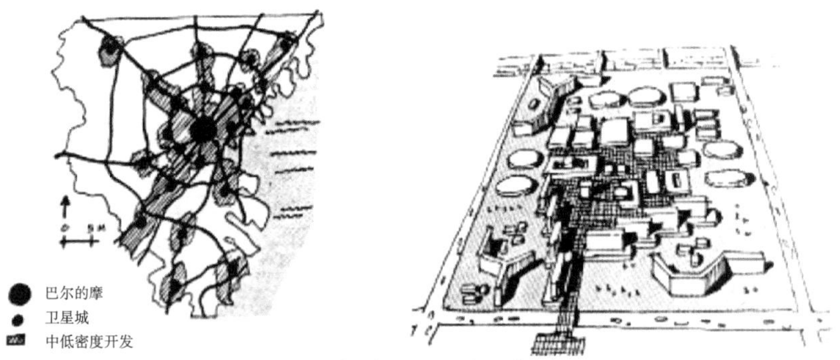

图 2-6　巴尔的摩 metrotown 计划（左），卫星城中心（右）

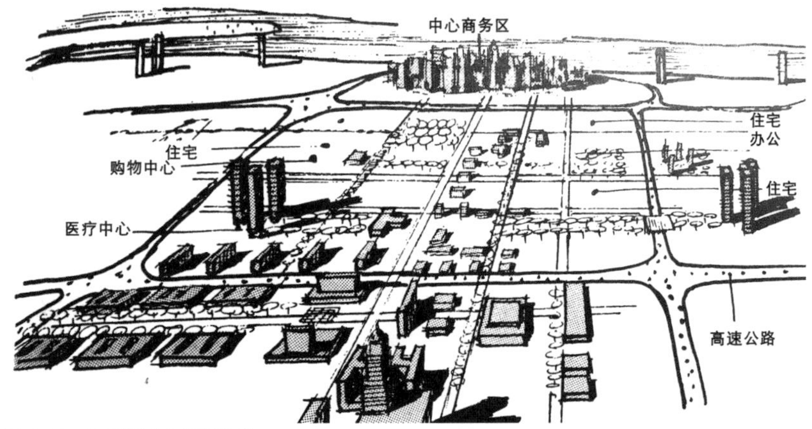

图 2-7　底特律城市设计结构

卫星城具有一定程度的自治权，并且被规划在由绿色楔形廊道隔开的发展走廊上，它更合理地规划城市的人口分布，并确保缓解自然开放空间的存在，是区域城市设计方案的典范。

底特律的城市中心地势平坦，湖泊是城市发展的边界之一，这一自然景观使得连接城市各部分的高速公路网络得以加强，城市中关键建筑组团的分布更突显了自然景观与城市各部分形成的生态网络（图 2-7）。

2.1.2 街区尺度的生态城市设计方法

图 2-8 沃邦社区的建筑采用太阳能利用技术

街区尺度的生态城市设计是以生态学为理论基础，以生态城市建设为实践载体，综合研究规划、建筑、生物、物理等学科和信息、节能、环保等技术，体现绿色、生态、人文理念的街区层级的城市设计（图 2-8）。街区尺度生态城市设计作为生态城市设计的核心组成部分，在城市、街区、建筑三个尺度中起着重要的桥梁作用。

1. 结合气候条件的街区尺度生态城市设计方法

根据城市气候分区的特征，制定符合城市规划要求的形态布局策略；根据城市局部地区、地段的气候条件差异，结合街区的风环境、光环境、热环境、声环境、电磁辐射等气候条件，应用 Fluent Airpak 等环境测评软件对街区的形态布局进行环境测评，从而对街区的用地布局、空间结构、建筑形态进行调整，实现对街区综合环境舒适度的控制，总结出一定地域范围内绿色街区形态的模式语言，进而制定绿色街区城市设计导则，确保城市设计策略的实施。如位于德国弗莱堡市的沃邦太阳能生态住宅区，通过采取设置发电的太阳能光伏板等低碳建筑设计措施，成为生态示范小区（图 2-9）。

2. 结合土地条件的街区尺度生态城市设计方法

根据街区土地要素的类型、内容及功能，结合地形地貌、土壤条件合理地开发地面、地下空间，充分利用地热能源，实现土地效能的优化利用；根据街区现状用地的适宜性和兼容性，划分建设用地和非建设用地，对兼容性较强的用地进行优化利用；充分利用非建设用地，使预留的现状绿地、水体空间形成生态源；倡导相对紧凑集中的街区用地布局，

图 2-9 沃邦社区的节能建筑

鼓励绿色空间和地下空间的开发，避免街区灰色地带的形成，在改善街区环境的同时为街区带来活力[①]。

3. 基于绿地植被的街区生态城市设计方法

以景观生态学原理为指导，明确街区现状绿地植被的保护范围，研究确定街区绿地系统的结构类型和规模，确定最小的街区绿地单元和绿地率；尽可能使新规划的街区绿地与原有的街区绿地形成有直接联系的生态网络，并通过街区绿道与城市外部生态系统连接；保护街区自然植被的物种多样性，尽量选用符合当地土壤条件的植被种植类型，减少街区地面的硬化率，形成良好的街区微气候，为街区生态安全提供基本的自然基底[②]。例如费城的绿道（图 2-10），偶尔通向城市小广场，是城市中具有绿色景观的慢行系统。

图 2-10　费城绿色街道

4. 基于水体条件的街区生态城市设计方法

包含物质空间设计和水生态保护利用两部分内容。综合考虑街区既有水体的改造利用和新规划水体的生态性保持，尤其注重水体的循环和集约利用，结合水体的性质、尺度、形态等特征来制定具体的设计策略，实现水体与滨水建筑的协调统一；对于既有水体的改造利用，应先明确街区的水体性质、质量标准、水源和汇水流向；对于保护性水体，应避免人为设计对水体的干扰，并在一定范围内设置防护性绿地以阻隔人类活动对水体带来的影响，保证水体质量标准不受影响；对于非保护性水体，可以建设适量的亲水设施和活动场地，体现亲水性，但同样要采取措施减少人为因素对水环境造成的影响（图 2-11）；对于新规划的水体，

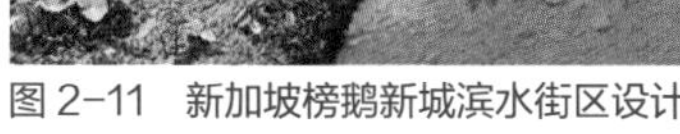

图 2-11　新加坡榜鹅新城滨水街区设计

① 陈天，臧鑫宇，王峤．生态城绿色街区城市设计策略研究 [J]．城市规划，2015，39（7）：63-69+76.

② 王建国，王兴平．绿色城市设计与低碳城市规划——新型城市化下的趋势 [J]．城市规划，2011，35（2）：20-21.

应明确其规划的必要性，并研究新规划的水体对街区乃至更大腹地范围内生态的影响，包括土壤、地质水文条件、地下水、河流等是否会受到污染和破坏，同时倡导基于低冲击开发的雨洪管理策略，通过细节设计对街区内部的雨水和中水进行收集、处理和利用，维护街区的生态安全格局①。

2.1.3 建筑尺度的生态城市设计方法

生态城市是一个典型的"社会—经济—自然"复合的生态系统；另一方面，生态城市亦是物质—能量—资源—信息高效循环利用、科技—文化—环境充分融合的自然、社会、人互惠共生的结构。绿色、低碳建筑的指导思想与生态城市的定义之间有很高的契合度，在城市建设与生态环境相结合、推进物质能量高效循环利用、催生绿色低碳经济和促进科技进步、实现社会和谐可持续发展等方面，二者彼此依存、高度一致。其中，物质能量的高效循环利用是二者最重要的契合点。能源、资源的循环高效利用是绿色、低碳建筑实现的重要途径，而在生态城市的建设中，建筑的节能减排发挥着举足轻重的作用。减少传统石化能源的使用，鼓励可再生清洁能源的使用，提高资源使用效率等策略是二者共同的重要举措，其目的皆是为了减少碳排放，减少对外部环境的生态压力。因此，本书将着重对建筑尺度的生态城市设计方法进行论述。

绿色建筑，是指在建筑的全寿命周期内，最大限度地节约资源（节能、节地、节水、节材），保护环境和减少污染，为人们提供健康、舒适和高效的使用空间，与自然和谐共生的建筑；低碳建筑，是指在建筑材料与设备制造、施工建造和建筑物使用的整个生命周期内，减少化石能源的使用，提高能效，降低二氧化碳排放量的建筑。以低能耗、低污染、低排放为基础，为人们提供具有合理舒适度的使用空间的建筑模式。绿色建筑与低碳建筑技术注重低耗、高效、经济、环保、集成与优化，减少人居环境对外部环境的生态压力，是可持续发展，实现人与自然、现在与未来之间的利益共享的重要建设手段②。

绿色建筑的核心是尽量减少能源、资源消耗，减少对环境的破坏，并尽可能提高居住品质。绿色建筑通过科学的整体设计，集成绿色配置、自然通风、自然采光、低能耗维护结构、新能源利用、中水回用、绿色建材和智能控制等新技术、新材料，以及绿色的施工与运营管理，来实

① 陈天，臧鑫宇，王峤．生态城绿色街区城市设计策略研究 [J]．城市规划，2015，39（7）：63-69+76.

② 仇保兴．从绿色建筑到低碳生态城 [J]．城市发展研究，2009，16（7）：1-11.

现建筑选址的规划合理、资源利用的高效循环、节能措施的综合有效、建筑环境的健康舒适、废物排放的减量无害和建筑功能的灵活适宜。

绿色建筑设计包括场地与绿色规划、建筑设计与室内环境、节能与能源利用、节水和节材五部分内容。设计中相应体现在绿色建筑理念在规划阶段的整体考虑、适应当地建筑气候性的被动设计策略。具体包括：合理的日照与遮阳设施，良好围护结构热工设计，合理的通风和可再生能源的利用，污水处理及雨水中水利用，绿色材料用选用，良好的室内热舒适环境、声环境、空气质量等。

1．被动模式设计方法

建筑尺度的生态设计首先应考虑以被动模式来提升内部舒适性，而这受到当地气候和季节的影响。首先应优化所有被动模式设计策略，以确保被动低能耗设计的有效性。另外，设计师应对场地自然特征进行生态分析，因为这会严重影响建成环境、公路及通道的形状。被动模式设计与生物气候有关，设计师要了解当地的气候来利用环境能源和气候特征。被动模式系统通过使用自然的能源和能源吸收（如太阳辐射、室内空气、植物等）提供热舒适性。这些系统中的能量流来源于辐射、传导、对流等自然途径，而未使用机械方法，并随气候的改变而改变。在寒冷气候地区，生态设计的目标是吸收最多的太阳辐射，而在热带地区，主要目标是减少吸收的太阳辐射量且使自然通风最大化（图 2-12）。本书将列举几个生态城市设计中应用于建筑的被动方法：

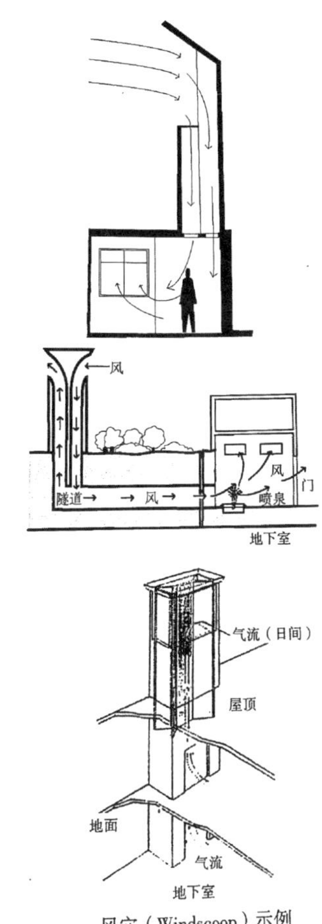

图 2-12　被动式建筑风穴示例

1）建筑形式布局及场地布局设计

建筑形式的空间排列和布局的规划与周围环境能量以及被动反映的当地气象资料相关。通常来说，接近赤道的气候区域内的建筑形式应该有 1：2～1：3 的长度比，更高纬度的建筑形式的长度则应是宽度的两倍（图 2-13）。这种布局能更好地减少遮阳对朝南建筑物的影响。设计师必须考虑与场地、气候和方向相关的建筑形式的内外界面和舒适性，以及建筑物的全球生态影响。例如，在炎热潮湿的热带地区，一种节能方法是通过建筑楼面板的定性，按照当地维度的太阳轨迹，将服务性空间设置于建筑平面的周边，以形成日照缓冲减少进入室内的日照。与其他建筑相比，高层建筑类型会更全面地接触外部温度、风力和日照，因此其布局、方向、楼板的形状对节能设计和内部空间的自然照明有更重要的影响。

建筑的朝向也是生态设计中的重要问题之一，这主要与太阳辐射和风力有关。在大多数寒带地区，建筑的朝向有利于最大限度地吸收阳光；热带地区则相反。在季节变换明显的地区，两种情况应周期性地出现。寒冷气候地区的建筑物朝向最好是微微南偏东（约南偏东 15°），这样的建筑形式在上午接受的日照比下午多。在赤道以上的温带和寒带地区，确定建筑形式的形状以最大限度减少能量影响有两种基本策略：

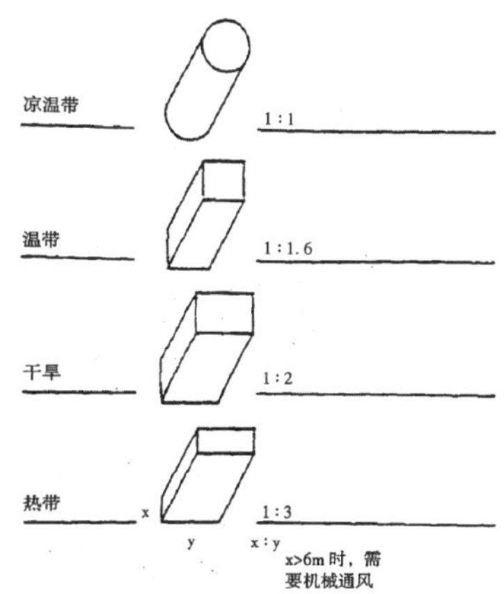

图 2-13　建筑物的最佳高宽比

（1）尽量减少表面积—体积比

设计师通过设计提高建筑隔热水平，使建筑形式更加紧凑以减少冬季热损失。这种策略有助于减少建筑材料的消耗和对燃料的直接能量需求。

（2）减少“深平面”，尽可能使用自然通风和自然照明。

与建筑方向相关的场地要素，应考虑当地气候和建筑物环境与场地之间的相互影响。建筑物的朝向可以利用太阳光的能量，风力影响可以通过种植防护林或建造可渗透墙壁得到缓解，也可以用于自然通风。通过建立基本微气候信息的图像，可以找出最适合建筑物的场地和布局，排除不适当（污染的、阴暗的）的地区，通过建筑形式、植树和防护林最大限度地利用剩余土地的潜在动力。

2）风力与自然通风

风力是一个地区关键的环境能源之一。当需要良好通风时，通过优化当地风力状况可以对城市建筑物的楼板和外墙进行定型达到自然通风的效果。

自然通风中的一些方法可以利用外部空气和风力使建筑物的居住区受益。最简单的情况下，自然通风能确保室内新鲜空间的供给，但必须要考虑其对室内条件造成的灰尘或噪声，尤其是高层建筑的低层。合理设计自然通风的方案既可以节省资金又可以节省能源。有两种方法可以使通风提高舒适度，一种是如图 2–14 所示，通过打开窗户让更多的风进入室内（如联合使用翼墙和可调式百叶窗），内部空间的流动加速会使居住者感到凉快。另一种方法是夜间冷却，只在晚上对建筑物通风，这样在白天让建筑物内部进行冷却。然而，并不是所有的建筑物都适合于完全依靠自然通风的设计方法，尤其在冬天，应该采取措施避免过度通风和由于过多清新空气冷却造成的能源浪费。因此在大型建筑中的混合模式和置换通风系统成为在冬天节约能源的方法。

提供足够多的新鲜空气对居住者的身体健康、清除污染物等都至关重要，而且在不同的气候带，当室内温度较高的时候，新鲜空气可用作散热和冷却的资源。在温带气候区，设计目标是在没有任何不必要的热损失增加的情况下确保足够的空气质量。空气流速在 0.4 ~ 3.0m/s 之间时，空气流动可以给居住者带来清凉的感觉。对于高层建筑立面，风力随其高度按指数规律增长。因此，如果在建筑物中使用自然通风，那么不同高度区域的一系列改进通风装置是必需的，外部立面可以根据期望的热效应和通风系统组建成一系列的系统（如双层墙、烟道墙壁等）。

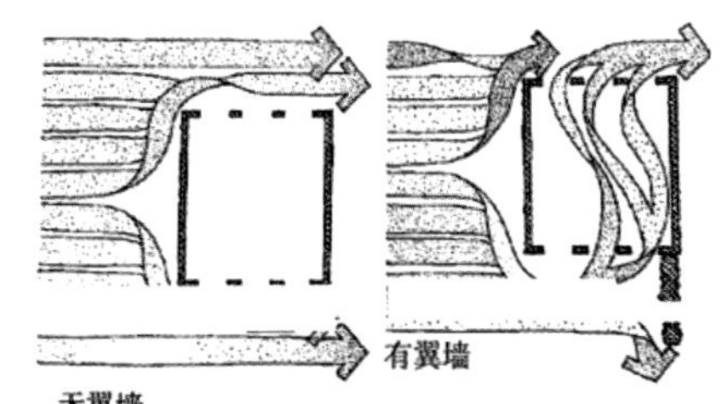

图 2–14　翼墙壁增加建筑内部对流

3）建筑的第五立面

绿色屋顶应被视为建筑的第五个立面。与低层建筑类型相比，高层建筑形式的屋顶在热量上不及前者，因为与广阔的外墙面积相比，它的表面积很小。建筑大多数传统的深色屋顶表面能够吸纳约 70% 或以上的太阳能，导致屋顶的最高温度可达 65 ~ 88℃。因此，生态设计中需要考虑建筑屋顶对太阳能的吸收，在建筑物的屋顶和阳台上可以种植植被，如果建筑物设计了带有植物的屋顶，那么雨水会被保留和蒸发，也会形成新的野生动物生境，内部绝缘性会改善，能源消耗会降低。屋顶植被可以减少所收集的雨水，通过蒸发冷却空气缓解密集市区中心的热岛效应，增强隔热和隔声效果，保护和延长下方屋顶的寿命，滋养动植物的可居住空间，增加当地生物的多样性。

图 2-15　英国伦敦贝丁顿生态社区的建筑立面

4）建筑形式、外观及颜色

通过使用白色或浅色的材料，建筑的制冷峰值可以降低 40%，对屋顶表面来说尤其如此（图 2-15）。通过在建筑物周围种植一些植被，包括茂盛的树木，同样可以改善制冷效果。而通过减少城市热岛效应和提高城市温度，当路面和建筑表面吸收而不是反射太阳的光线时，这两种方法有助于减少对能源的需求。如果种植足够多的树木，冷却需求会降低 30%[①]。

生态设计中的一个关键因素是把握好建成环境的无机特征与类似生态系统的有机或生物成分之间的平衡。在建筑物中把垂直绿化加入到建筑中可以实现这一点。屋顶可以覆盖草皮或其他植被，墙壁上可以种植攀爬的植物，汽车停车场可以有加固的绿草，道路可以覆盖一层薄薄的植物，以便渗透灰尘和雨水。在炎热干旱的地方，有高大树冠的树木会被种植在屋顶上、墙壁上和阳台上形成最大的阴凉。在温带气候区，落叶树木能够在夏季提供良好的遮荫，并且在冬季使建筑获得最大的太阳能热增益。

2. 水环境导向的设计方法

不同地区、国家的城市形态、水文条件、气候条件及经济水平等存在差异，因此也形成了因地制宜的水生态系统管理的理论研究。目前全球范围内较为先进的水生态系统管理理论包括但不限于：低影响开发（Low Impact Development，LID）、可持续的城市排水系统（SUDS）、水敏性城市设计（WSUD）、“活跃、美丽、洁净水源”（ABC Waters）。

我国作为一个人口大国，面临水资源日益紧缺的现状。为降低水生态系统脆弱性，提高城市设计质量，从以下三方面提出水环境导向的城市设计方法：

1）结合水系的自然有机的城市群空间布局[②]。控制城市群集中连绵成片的发展，特别是在水生态系统脆弱的地区。利用 3S 技术分析洪泛区，

① （马来西亚）杨经文. 生态设计手册 [M]. 黄献明，吴正旺，栗德祥，等，译. 北京：中国建筑工业出版社，2014.

② 陈天，李阳力. 生态脆弱性视角下城市水环境导向的城市设计策略 [J]. 中国园林，2018，34（12）：17-22.

指导城市群发展用地布局；利用3S技术分析水生态区划得出水生态敏感性分析结论；在建成区与河流、湖泊间设置水土保持林（如条件合适，可以划定足够规模的国家森林公园等保护区），达到保水、滤水等效果。结合定量分析结果，采用自然、有机、生态的多元组合模式，形成动态平衡的城市群空间结构。

2）绿色基础设施与灰色基础设施的融合。结合当地情况，在切实可行的情况下，将绿色基础设施与灰色基础设施纳入同一个可持续的雨洪管理系统。在现有灰色基础设施存在的情况下，融入绿色基础设施，减轻灰色基础设施的负荷压力，如将绿色基础设施融入城市广场的建设中，解决土地利用紧缺的问题，发挥绿色基础设施的雨洪功能，同时提高城市广场的景观效果，增加市民的亲水性。实施城市雨洪资源的合理利用与管控，在不同流域范围内，合理分析城市致灾的周期、规模与范围，建设雨洪灾害缓冲区。对于旱涝间歇气候类型城市，应合理利用沥水，有效滞纳、疏导并储存利用。

3）水循环和集约利用。水循环和集约利用是水生态系统保护的重要组成部分，也是微观城市设计的重要内容。是基于自然水生态理念，采用分散的、小规模的污染源头控制机制和设计技术实现雨洪控制与利用的雨水管理方法。在街区层面，这些理论方法更加易于实施。根据街区内部自然水系和雨水汇集区，结合街区各级绿地公园设置蓄水单元，能够有效控制水量，为绿地公园提供足够的景观用水，同时改善街区本身的水文条件，维护水体生态涵养能力，提高水质和保持水生态平衡。

全球气候变化的大背景下，作为区域与城市发展的生态本底，水资源利用与管理的设计与城市的可持续发展尤为重要。水环境导向的城市设计体系构建有助于区域—城市—街区3个尺度的城市人居环境的建设。未来的新型城镇化进程中，生态城市的建设将是发展重点，城市设计中水生态系统的研究将会更加深入。

2.2 多要素视角下的生态城市设计方法

2.2.1 土地利用

国内外研究表明，土地利用对城市的低碳生态发展具有重要影响，城市规模、城市土地开发密度、土地利用形态都是实现低碳城市和社区发展的关键要素。更多研究发现，土地利用主要通过直接影响交通碳排放、建筑能耗和环境要素间接对低碳生态城市的建设产生作用。这其中，对土地利用的测度包括了对于土地使用功能的结构安排和形态强度控制，以及两者在空间位置上的互动关系，核心指标有紧凑度、多样性、可达性等，不同的研究因研究目的的不同而选择不同的指标[①]。

土地利用对交通碳排放的影响尤为显著。国内外研究通常认为高密度、高混合度的土地利用对公交出行、抑制小汽车出行有显著影响，进而促进了城市整体的低碳生态发展。土地利用对建筑能耗方面的影响较为隐蔽。有学者认为建筑能耗更多地取决于建筑本身的设计与建造，城市规划仅在引导方面可以有所作为，而城市空间形态通过间接影响建筑密度、建筑通风情况、房屋面积、城市热岛效应、城市交通及能源基础设施等要素从而直接影响居民碳排放。土地利用对环境要素的作用主要通过下垫面形态产生影响，通常认为工业区布局、建筑布局、绿地和水面的规模与形态、土地硬质化程度等土地利用相关特征会对空气、水、土壤等环境要素产生影响。

土地利用视角下的生态城市设计方法较多，西方学者对生态城市形态设计原则做了总结，认为应该包括七个设计准则：紧凑城市、可持续的交通、密度、用地的混合利用、多样性、被动的太阳能设计和绿色城市，本节对与土地利用有关的准则进行详细论述：

1. 土地的集约利用

Brehany（1997）对紧凑城市的定义是：促进城市的重新发展、中心区的再次兴旺；保护农田，限制农村地区的大量开发，更高的城市密度；功能混用的用地布局；优先发展公共交通，并在公共交通节点处集中城市开发等。紧凑城市的优点在于对乡村的保护、出行较少依靠小汽车、减少能源的消耗、支持公共交通及步行、自行车出行、公共服务设施有更好的可达性、对市政设施和基础设施供给的有效利用、城市中心的重生和复兴等。“高密度”是紧凑城市的必要条件，但不是充分条件。紧凑城市可持续发展目标的实现，还需要在给定的高密度条件下，使得人口、物质形态要素及社会经济活动等密度要素在空间中合理分布，使之有利于城市的高效与低能耗运行，有利于城市环境的最大提升，能够更大程度地契合市民生活。而所谓城市空间形态结构，从狭义上说是指城市各物质要素的空间组构方式，从广义上看是对人口、经济、社会活动在特定空间范围中非均质分布的整体描述[②]。因此，通过优化城市的形态结构可以调节密度的空间分布，具体手段包括：甄选空间形态整体模式与建构内部紧凑发展单元（图 2-16）。

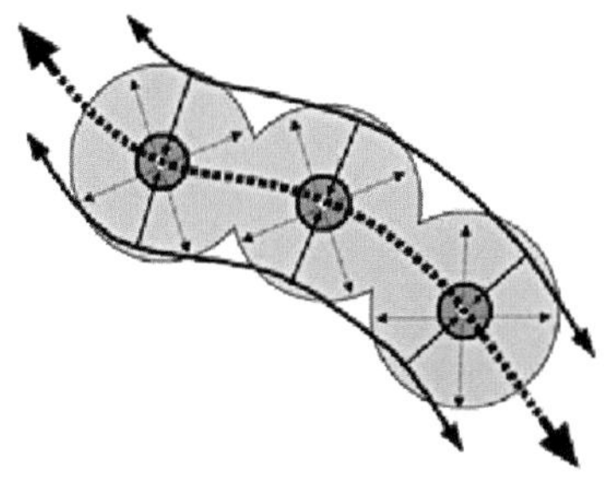
紧凑单元沿交通轴布置形成带状城市

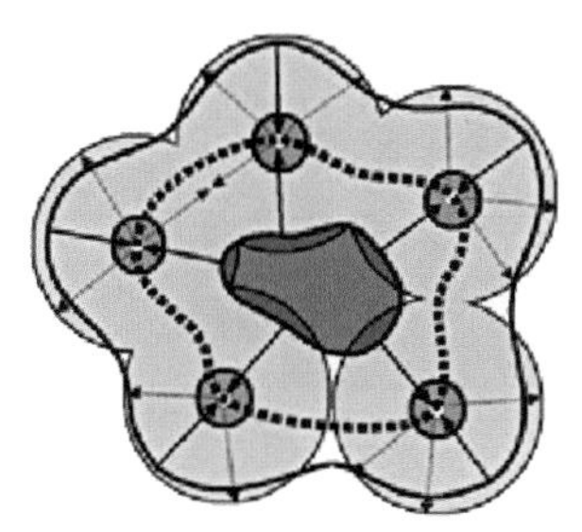
紧凑单元围绕城市中心形成核心城市

图 2-16　紧凑单元组合形成不同形态的城市

效率被定义为在给定的投入和技术条件下，对资源做了最大可能的利用，效率的高低可通过投入量所产生的有效成果来衡量，由此推及，

① 王冕，郝原悦，戴刘冬．国外低碳生态城市建设启示：土地利用视角 [J]．中国外资，2017（3）：40-43.

② 张昌娟，金广君．论紧凑城市概念下城市设计的作为 [J]．国际城市规划，2009，24（6）：108-117.

城市空间使用效率的高低，如果根据投入的空间量来判断，那么单位空间容纳的活动越多效率越高；如果根据投入的时间量来判断，那么单位时间到达的空间范围越大效率就越高，这就意味着改变空间的利用方式和组织方式能够提高空间的使用效率，具体的手段包括：空间混合使用和空间可达性提升。

作为城市设计研究对象的“空间环境”通常被限定为“物质空间环境”，进一步细分则包括：自然环境、人工环境。因此，对紧凑城市局部高密度环境质量的改善可以从这两个方面介入，通过对自然环境的保护适应以及对人工环境的人性营造来改善城市环境对人类生存、生活和发展的适宜程度①。

2. 用地的混合利用

城市生态学与城市设计理论结合的研究包括芝加哥古典人类生态学派理论、有机疏散理论、人文生态学与都市发展区位理论、新正统生态学和文化生态学、城市生命周期理论、清洁生产工艺和循环经济论、城市环境污染类型及来源论、精明增长理论等，综合以上城市生态学理论，我们可以得到生态城市设计关于城市用地功能方面的几条设计原则：

1）功能拼贴设计原则：生态城市设计对城市用地功能的设置，不是成片和单一化的，而是类似于“马赛克”式的拼贴方式，功能区之间是互相交错和叠合的。

2）功能复合设计原则：城市用地功能的设置，是在满足城市市民良好的人居环境要求上的复合功能，在主要功能上兼容辅助功能。例如，新加坡榜鹅新城采用城市级轨道交通与社区级轨道交通组合的集约交通模式（图 2-17），城市级别的轨道交通结合地区级社区中心，成为集轨道

图 2-17 新加坡榜鹅新城的集约轨道交通模式

① 张昌娟，金广君. 论紧凑城市概念下城市设计的作为[J]. 国际城市规划，2009，24（6）：108-117.

交换乘点、购物中心、社区活动、景观休闲于一体的综合体。社区级轨道交通结合次级社区中心，能够满足居民的餐饮、日常购物、社区活动的需求。

3）循环产业设计原则：生态城市设计在城市用地功能，特别在工业、仓储等产业用地方面，考虑产业之间的循环，即一种产业的产品、副产品或排放的废弃物可以为另一种产业所吸收利用，从而提高产业效率，降低环境污染。

2.2.2　建筑形态及其组合

建筑作为城市空间构成中最为主要的决定因素之一，其体量、尺度、比例、空间、功能、造型、材料、用色等均会对城市空间环境产生重要的影响。更广泛地说，包括桥梁、水塔、通信塔乃至烟囱等在内的构筑物也可划归其中。生态城市设计虽然并不是直接设计建筑物，但却在一定程度上决定了建筑形态组合、结构方式和城市外部空间的优劣，并引导城市微环境的优化。城市空间环境中的建筑形态至少具有以下特征：

①建筑形态与气候、日照、风向、地形地貌、开放空间具有密切关系（图 2-18）；

②建筑形态具有支持城市运转的功能；

③建筑形态与人们的社会和生活活动行为相关；

④建筑形态与环境一样，具有文化的延续性和空间关系的相对稳定性。

通常，建筑只有组成一个有机的群体时才能对城市环境建设做出贡献。

在生态城市设计方法中对建筑形态及其组合的设计优先考虑声、光、热、大气、水体、植物、土壤以及气候等环境要素，运用 GIS 遥感分析、环境评估、环境模拟等方法技术，通过适当的空间配置、建筑布局、生态气候调节等设计手段可以优化风环境、改善日照与采光、隔离噪声、适应地形、提高绿化以及保护水体，从而将高密度对自然环境造成的消极影响最小化，保证自然与人工的和谐共生[①]。例如，主动适应气候和空气流动规律的街道和建筑布局，可以改善高密度空间的空气质量和通风状况。

建筑密度的高低可以影响到城市空气流动、城市热环境、城市能源消耗和交通量等方面。根据欧凯（Okc）在 1982 年建立的数据模型，城

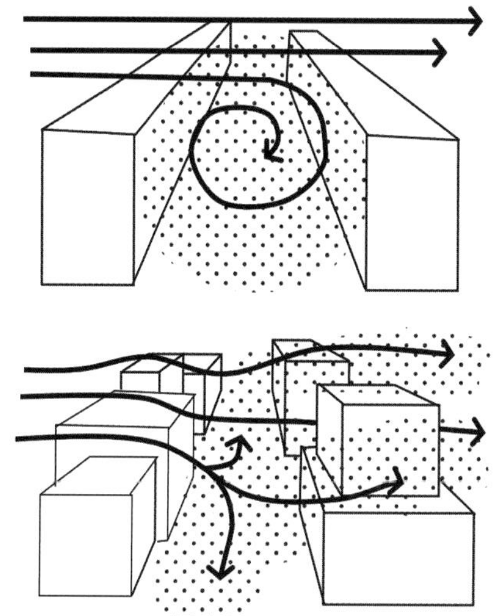

图 2-18　不同建筑组合形式对风环境的影响

① 林嵘，张会明．探究建筑空间组织方式——论单元空间的重复与组合 [J]．建筑学报，2004（6）：35-37.

图 2-19 不同类型城市建筑高度布局可能对生态环境产生影响

市热环境温度和城市规模及建筑密度成类正比关系，和空气风速成类反比关系。同时，较高建设密度可以降低区域交通总量和基础设施服务距离。总体上，城市中建筑密度应该是疏密有致，即区域交通枢纽附近局部的高建筑密度和生态用地的适当低建筑密度空间相结合，以形成土地集约使用、能源利用高效、生态环境良好的生态城市。

建筑高度对城市生态环境的影响包括热岛效应、热岛环流、城市风环境、城市声环境等方面。由于高层建筑对城市风环境产生较大影响，对于夏热冬冷地区，建筑高度的设定应考虑到对夏季主导风的引导和对冬季主导风的遮挡，同时，还应考虑尽量避免形成空气的“峡谷效应”和“扰流效应”。生态城市设计的建筑高度布局应该有利于城市空气环流的运行，以有效弱化城市热岛效应和城市空气污染物的疏散为设计原则（图 2-19）。

2.2.3 交通与停车

当道路网络和各种交通工具为人类社会带来巨大效益的同时，它们对自然景观和生态系统所产生的诸如环境污染、景观破碎、生境退化、生态阻隔和廊道效应等各种负面生态影响也在不断加大。因此，正确理解和使用道路交通设计方法，对最大限度减少道路网络对自然生态系统所产生的负面作用、维持健康的生态系统具有重要意义（图 2-20）。

道路交通视角下的生态城市设计方法包括生态道路网规划设计、道路生态廊道规划设计、道路景观生态设计等。生态道路网规划是既能充分满足基本的交通需求，又能符合生态原则的规划设计方法。道路生态廊道可以起到人居环境与生态系统之间的连接作用，是通过生态廊道方式重建地方物种繁衍和延续的机会，并增强生态系统对道路交通干扰的承受力的设计方法[①]。

① 车生泉．道路景观生态设计的理论与实践——以上海市为例[J]．上海交通大学学报（农业科学版），2007（3）：180-188+193.

图 2-20　沃邦社区的社区绿道和轨道交通线

生态道路网规划设计对策可以归纳为：

①生态道路网要尽量避免对动植物种群生境的分割、破坏以及动态干扰；

②建设大范围的绿地网络体系与道路网共同构成相互融合的景观生态网络体系，以保持生物多样性和生态系统稳定性；

③设计有效的生态路基通道，以消除道路的隔离效应，使动物和水流可以顺利通过；

④对道路影响带及其产生的边际效应进行调控，增加其正面影响的同时将负面影响控制在最小范围内；

⑤有效利用网络理论，从最短距离、最小运费、最大网络流和最小生态干扰出发，设计生态道路网络的空间结构；

⑥从最佳生态经济效益出发，对生态路网密度、网孔尺度进行合理调整；

⑦利用生态道路网络的变异性和可替代性，使道路网偏离生态脆弱带和景观敏感区，对于一级生态保护区应该全面限制道路网的建设；

⑧生态道路的建设要进行生态适宜性评价与环境决策评价；设计系统要保持并增加现有生态系统的生物多样性和环境的生态连续性，应考虑建立新的生态廊道、生态连接、生态网络和生态陆桥来增加生物多样性；

⑨以绿色共构网络系统及连续性道路两侧的植物栽植，构成地区陆

地生态廊道主体，降低道路对环境的切割及沿线地景的冲击[①]（图2-20）；

⑩人工栽植必须配合当地环境中既有的林地、草地、湿地以及水域岸边等地景因子，利于建立明确生态足迹的背景环境，构成地区绿色公路网络基础；

⑪应避免过度移入外来植物品种。在高速公路沿线、休息站等空间宽敞的区域，空间布局应以建立小型湿地、湖泊及林地等景观，建立道路沿线物种活动栖息地的方式，形成新的生态廊道空间；

⑫在设计桥梁和涵洞时，道路必须在河川、溪谷及湿地等地带配合桥梁下方生态环境采取桥梁跨越方式，并避免车辆震动对水域生物繁殖产生的负面影响；在城市生态及自然保护区与低洼、河谷地有切割之处，道路设计应采取桥梁跨越方式而少用路堤，同时桥梁下方空间应该尽量减少桥梁支撑结构物的地面面积，尽量保存桥梁下方原有地理环境[②]。

生态设计的主要目的之一就是将景观及其有机体重新连接，创建有活力的生境。使我们现有的建成环境可持续发展并与周围自然区域整合，而面临的一个主要任务便是增强连接，通过绿色走廊，以及周围绿地的辅助性生态功能，增强并最大化剩余生态系统的生存能力。在植物和非人类生物量与建成环境的不同整合类型中，带有“绿手指”的连续生态廊道和网络模式是有效的生态景观设计方法。

道路景观生态设计方法在设计目标、功能、设计手法、植物群落特征、动物种群类型、生态稳定性等方面都与道路景观常规设计有所区别，总体而言，其特征表现为：强调生态系统稳定性、建造材料循环性，环境影响最小和管理投入经济。

道路景观生态设计主要关注降低道路环境影响和提高道路两侧缓冲区生物群落多样性，研究的内容主要是：

①道路边缘植被及其他野生生物种群的生物多样性保护；

②道路对周边环境的影响及其控制技术，包括：道路雨水流动特征、雨水侵蚀和沉淀物控制、道路化学污染的来源和扩散特性、污染物质的管理和控制、交通干扰和噪声；

③道路对周边生境尤其是水生生态系统的影响；

④道路景观的生态美和游赏价值的体现。

交通停车同样是城市空间环境的重要构成。当它与城市公交运输换乘系统、步行系统、高架轻轨、地铁等的线路选择、站点安排、停车设置组织在一起时，就成为决定城市布局形态的重要控制因素，直接影响

---

① 关华. 道路建设中的生态问题——应用生态廊道设计降低生态冲击的新观点[J]. 生态经济，2006（1）：112-116.

② 李晓燕，陈红. 城市生态交通规划的理论框架[J]. 长安大学学报（自然科学版），2006（1）：79-82.

到城市的形态和效率。生态城市设计主要关注的是静态交通和机动车交通路线的视觉景观问题。

停车因素对环境质量的两个直接作用：一是对城市形体结构的视觉形态产生影响；二是促进城市地区功能的发展。因此，提供足够的，同时又具有最小视觉干扰的停车场地是城市设计成功的基本保证。从生态城市设计的视角来看，尽可能利用地下空间安排停车，减少对城市地面空间的压力是比较有利的设计方法。我国目前的多层车库建设较少，但由于节约城市用地，多层车库具有很大的发展潜力，北京、上海等城市均开始注意这一点，同时它也直接影响城市街道景观。

2.2.4　开放空间

开放空间意指城市的公共外部空间，包括自然风景、硬质景观、公园绿地、娱乐空间等，通常具有四方面的特质：

①开放性：即不能将其用围墙或其他方式封闭围合起来；

②可达性：即对于人们是可以方便进入到达的；

③大众性：服务对象应是社会公众，而非少数人享受；

④功能性：开放空间并不仅仅是供观赏之用，而且要能让人们休憩和日常使用。

开放空间的评价并不在于其是否具有细致完备的设计，有时未经修饰的开放空间，更加具有特殊的场所情境和开拓人们城市生活体验的潜能，城市开放空间主要具备以下职能：

①提供公共活动场所，提高城市生活环境的品质；

②维护、改善生态环境，保存有生态学和景观意义的自然地景，维护人与自然环境的协调，体现环境的可持续性；

③有机组织城市空间和人的行为，行使文化、教育、游憩等职能；

④改善交通，便利运输，并提高城市的防灾能力①。

城市开放空间的设计必须遵循以人为本、系统一体化、突出特色、效益同步、弹性空间等原则，从生态绿色价值观出发，在设计上突出城市的生态效应，体现生态城市的建设思想。通过对开放空间的设计和优化，调节城市生态系统活性，增强城市生态系统的稳定性，使人工化建设和自然环境和谐统一（图 2-21）。在城市规划设计理论中，W. 怀特的城市公园概念、麦克哈格的“设计结合自然”思想以及西蒙兹的城市设计结合景观规划的思想都值得借鉴。在设计时，总体上要突出开放空间的结构性、整体性、系统性，强调开放空间生态功能的实现，细节上需充

图 2-21　天津经济技术开发区第三大街生态广场

① 王建国. 城市设计（第三版）[M]. 南京：东南大学出版社，2011.

分体现以人为本的思想，考虑身临其境者的感受，结合实际，刻画细部，突出特色，使视觉感受的丰富性和功能体验的舒适感协调统一。

生态开放空间设计方法可归纳为生态绿地系统设计、生态园林要素设计、河流湖泊等水体生态设计、广场空间环境设计方法、街道空间设计方法等[①]。

1）生态绿地系统设计方法

绿地系统设计的目的是把富含生态特质的绿色要素组织到城市结构中，为居民提供各种休闲及动静娱乐活动场所，并改善城市的生态环境。在绿地系统设计中，要合理选用对景与借景、隔景与障景、渗透与延伸等设计手法，并注意绿地的尺度与比例、质地与肌理等。另外，强调自然水文的保护、生态斑块的利用，通过建设地下雨水调蓄池、下沉式绿地、下沉式广场、植草沟等低影响开发的雨水控制与利用系统，以最大强度保留雨水。增大透水地面铺装率及下沉式绿地比例，实现径流系数减少，合理控制蒸发量，充分实现雨水循环再利用。

位于城市边缘的自然式绿地斑块可以看作是城市中的森林，有益于城市居民回归自然，因此，应在保持、维护的基础上扩容，扩大城市的绿化覆盖率及绿地率。居住区内的绿地，其主要功能是绿化，中心绿地的花草树木可以净化空气、调节气候和遮阳纳凉，给人赏心悦目的视觉享受；居住区的绿地小品起到增加自然情趣，起到让人随时休憩的作用。因此，强调环境、注重生态效应是当前居住区规划的要点。对居住区绿地的设计，首先要保证足够的绿化面积，保护原有的树木和地貌，同时强调绿地的实用性，避免华而不实。应从绿地的功能性出发，对植物的选择及搭配给予足够的重视（图 2–22）。充分利用破碎地形以及不宜建筑的地段，将它们组织到城市的绿地系统中去，构成丰富多彩的绿地空间，促进开放空间系统结构的最优化，实现城市开放空间生态功能的最大化[②]。

2）生态园林要素设计方法

城市园林有保护环境，改善城市面貌，提供休憩、游览场所的作用。对园林的设计优化是实现城市生态效应，保证城市可持续发展的重要环节，是开放空间生态设计的重要部分。

根据园林要素的特点，对园林景观的设计应遵循以下原则：

①均衡分布，尽可能形成完整的园林绿地系统，发挥其最大生态效应；

---

① 王胜男，王发曾．我国城市开放空间的生态设计 [J]．生态经济，2006（9）：120–123.

② 易琦，赵筱青，陈玉姝．生态城市建设中的绿地系统问题研究——以昆明市为例 [J]．经济地理，2001（3）：310–314.

图 2-22　美国中央公园与周边环境

②结合城市特点，因地制宜，与河湖山川自然环境结合，与城市总体布局协调统一。

园林景观的设计技巧主要是院落式布局结合雕塑、构筑物、植物、地形地貌等，依托自然地形，利用结构变化，进行错落有致的布局，并巧妙结合绿地、植物、水面等创造美的环境，实现局部最优化的生态效应。做到重天然、不强为，因景制宜，因势利导地完善和表现诗情画意，讲究自然天成。

3）河流湖泊等水体生态设计方法

河流、海湾和湖泊等水体往往是城市的边界，由水面构成的开敞空间是城市主要景观的焦点①，是人们活动、游览的主要场所。设计时，应根据河流、水体的实际形态、容量等指标，合理定位其功能，适当结合绿地、建筑小品传达其视觉效应，美化周边环境；同时注意涵养水源，优化水质，使域内水体成为调节区域小气候的有效手段，推进区域内生态环境的进一步改善和优化。尽力将水体这个自然条件渗透到人工环境中，建立起人和水的密切关系。可借助特色建筑的魅力，烘托水体景观。但在使用借景手法处理时，要注意城市与水体的相互作用，依据自然水面大小确定周围建筑物的尺度，适当利用水面造景，除了必要时开辟少许的人工蓄存水面外，将水面造景与城市的水系相连通，以维持人造景

① 张丹丹，周青．城市滨水区生态现状及修复[J]．中国农学通报，2006（8）：449-452.

图 2-23 新加坡宏茂桥公园水体景观

观的生命力①。水体景观的目的是实现人们亲近大自然的愿望，因此设计有水的景观时，要尽量满足人类亲近水、亲近自然的心理，让人们更方便地接触水、利用水和欣赏水景（图 2-23）。

4）广场空间环境设计方法

广场空间环境的设计须突出以人为本的原则，考虑人在其中活动的感受，主要是通过视觉感受引起的心理和行为效应。设计时针对不同的情况，按照广场的性质、功能和形式，采取不同的处理手法。首先，广场尺度宜人，具有场所感。其次，巧妙处理围合空间尺度，给人以舒适感。多数广场是由建筑物围合起来的，广场的宽度（D）与周围建筑物的高度（H）比例为 $1 \leqslant D/H < 2$，为具有围合感的宜人尺寸。具体设计方法包括：

（1）将高层建筑退居二线，如中国大连的中山广场、美国旧金山的联合广场、费城的洛根广场等成功范例。

（2）广场的围合感与周边建筑布置有关，可用连续的墙面形成封闭的空间，同时避免多条道路从广场中穿过。

（3）突出主体，彰显城市特色。广场由一个主体建筑控制全局，可加深人们对广场的印象。主体建筑应占据主要地位，成为视线的中心，从多个角度能够看到它，因此应选择体量宏伟、高耸的单体作为广场上的主体建筑，而具有特殊象征意义的单体有很强的震撼力，可选择塔、碑、雕像之类，此时周围的建筑物仅充当从属的配角。

（4）精心构思，巧妙设计广场的几何形态。广场的形状一般以方形居多，设计时，综合考虑所在地的地形、地貌、广场的性质，以及城市总体的关系等条件，根据广场的性质和作用，以最优化实现广场的功能和作用为宗旨，立足于的客观条件，巧妙构思，创造有特色的广场空间环境（图 2-24）。

图 2-24 德国汉堡港口新城宜人的滨水广场空间

① 王胜男，王发曾．我国城市开放空间的生态设计 [J]．生态经济，2006（9）：120-123.

图 2-25　沃邦社区内具有生态化设计的生活性街道

5）街道空间设计方法

街道是城市的骨架，是城市生态系统能量流、物流、信息流、人口流、金融流的必经之路，城市结构主要依靠街道组织体现出来，街道按照性质分为交通性街道和生活性街道。交通性街道一般是指城市主干道，或称城市主动脉，大城市的环路和放射性路就属于主动脉。在交通性街道的设计上，特别是保证交通流畅的环路和放射路上，对两侧建筑物的性质要加以限制，一般不宜安排会吸引大量人流的公共建筑，如果必须安排这类公共建筑，其出入口要避开交通性街道，另设辅路，将其出口开向辅路，避免出现相互干扰造成的混乱局面①。设计时，将这些建筑的出入口开向其他街道，把人流与车流分离开；或将车辆交通引出去，把该地区改造为步行街区。

城市范围内的居住用地占据大部分城市用地，生活性街道是城市街道中数量最多、最重要的街道类型。生活性街道沿线除部分非居住性质的公共建筑外，还具备与居住区配套的学校、商店、医院等服务设施，因此这类街道宜保持兼具活力与私密的空间特性（图 2-25）需要采取相应的设计方法：

（1）在城市的发展与扩建中，对街道两侧的建筑性质加以控制。一般兼有交通与生活功能的街道不宜安排过多会增加交通量的大型公共建筑。

（2）安排好生活性街道的空间环境。采取人车共存，以人为主的原

① 陆化普，张永波，刘庆楠．城市步行交通系统规划方法 [J]．城市交通，2009，7（6）：53-58.

则。让车行服从人行的要求，通过控制车行道宽度，限制车行速度，保障行人过街的安全，空间环境要有利于人在其中进行活动[①]。

（3）尽量增加人行道的宽度，设置足够的绿地和绿化带以及必要的座椅等小品，供行人休息、交往和观赏。增加人行道上的绿化，起到隔声、降噪、防尘和遮阳等作用。在有条件的地方设置辅路，为路旁公共建筑服务。

（4）严格控制私人小汽车的交通量，重点是控制中心区的私人汽车交通，用公共交通工具来代替；安排好公共交通，对其空间做适当的安排，适当放宽车行道两侧的人行道，使行人活动既比较自由，又不影响车辆交通。

（5）必要时架设天桥或修建地道，方便行人过街等。在一些城市的旧城改造中，为满足街道的双重功能，把一部分街道高架起来，从而充分利用城市内有限空间。事实上，这种做法对景观影响很大，损害了城市形象，而且增加了交通噪声的扩散量，是不可取的。

2.2.5 行人步道

行人步道常设置于城市市政道路内、各种商业场所、休闲旅游场所、集散的枢纽场站以及行人活动较多的小区等。对于不同人行道，满足的功能和承载的特性往往不太一样，如果采取千篇一律的方式，往往不会是最优的设计结果。因此，根据用途和功能的区别，对城市步行道进行了以下分类：通用类步道、休闲类步道及集散类步道。

通用类步道通常指城市道路红线范围内规划确定的用路缘石、护栏及其他类似设施加以分隔的供行人通行和铺设其他设施的区域。其生态设计要点包括：

①保证人行道路的权利，避免与机动车等其他交通方式的冲突，停车系统不应占用行人的用地；

②鼓励步行交通和公共交通的使用，步行交通应根据行人交通量的大小确定其规模；

③人行道设计能够满足公交、地铁、高铁等枢纽的集散，并在重点的区域做好人性化的处理；

④步道铺装尽可能采用透水铺装，达到过滤净化雨水、存蓄滞留雨水等目的；

⑤步行交通应保证各种弱势人群的权益，体现以人为本的设计理念；

⑥步道设计应该保证景观效果、体现生态化景观，并融合当地历史文化。

---

① 孙靓．城市空间步行化研究初探[J]．华中科技大学学报（城市科学版），2005（3）：76-79+93.

1. 休闲类步道

休闲类步道指提供人们休闲、旅游、购物、游玩等功能特性的人行道。本书将休闲道路分为两大类：一为公园道路、二为商业购物道路。

公园道路的设计方法主要从规模、路线、路面三个方面进行控制，在进行公园道路的设计时，要统一做公园规模预测，对人流密集程度要提前知晓，在一些密度相对较大的集中区域，行人穿行密集，更应保障通过性的同时注意安全和舒适原则，此时公园道路应该加宽；同时在一些密度比较低的区域，可以尽可能缩小公园道路规模。同时修建一些应急道路，保证应急情况下行人的安全疏散，防止发生各种安全事故；对公园内部道路的路线的设计，应区别它跟通行类道路功能的不同，除了满足行人基本的行走功能以外，应具有一种美学的效果。所以对公园道路的线形选择应跟景区的布局情况紧密地结合。更多的使用曲线设计，是公园道路设计的基本原则，给人一种“曲径通幽处”的美的享受（图 2-26）。当然，对于一些以集散和通行为主的公园道路，还是应该采取部分的直线，达到方便、直接到达的效果。对于公园道路的路面设计重点，除了满足一定的景观效果外，保证路面铺装的生态性也是设计重点。铺装是联系雨水和下垫面循环交流的重要环节，铺装设计应该对自然中的雨水循环产生最低干预，铺装景观的营造要处理好与雨水、植被的关系①。

2. 集散类步道

集散类步道指在城市的某些枢纽、地铁车站、火车站等人流集中的交通集散点，供行人行走集散的步行通道。 对集散通道的设计，应经过精确的流量计算，确定其规模。考虑到枢纽的功能的特殊性，人流往往比较集中，而集散通道是行人行走的唯一通道，周边多为建筑等非行走区域，若规模设计不合理，将在封闭的环境中产生较大的安全隐患。同时集散通道应与周边建筑方案统一考虑，结合组织方案和设施，做一些特殊的相对应的设计，保证高峰人流的正常集散。

图 2-26 福州市休闲生态绿道

2.3 多学科视角下的生态城市设计方法

2.3.1 景观生态学视角下的生态城市设计方法

1. 景观生态学的概念与方法

景观生态学是地理学与生态学交叉形成的学科，是以景观为研究对象，重点研究景观的结构、功能和变化，以及景观的科学规划和有效管

① 何定举，王世槐，高亚雄，王文奇，王宠惠．基于海绵城市理念的透水性城市道路路面应用研究 [J]．山西建筑，2015，41（17）：112-113.

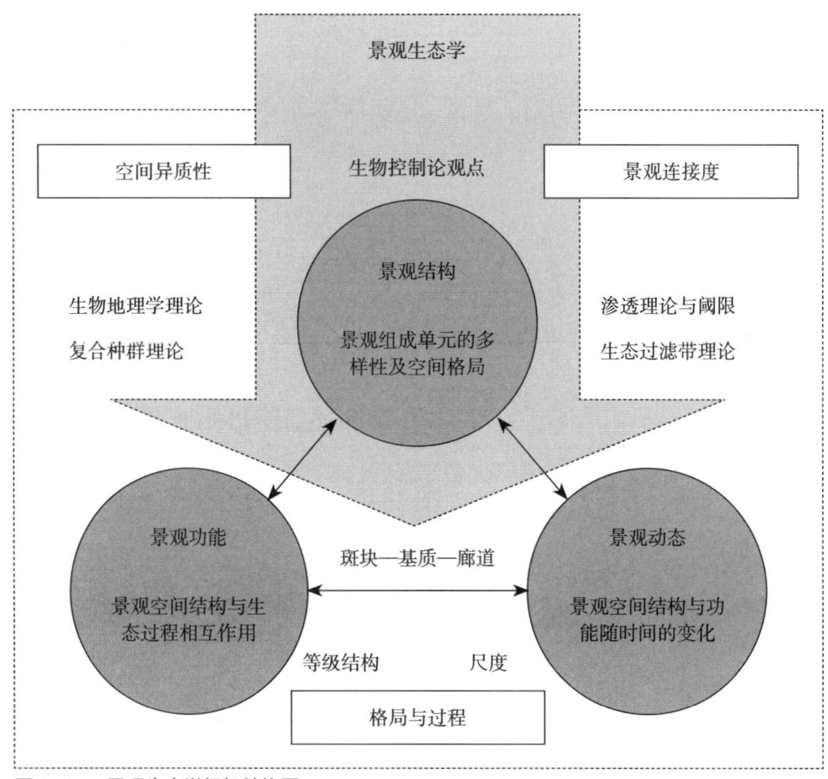

图 2-27 景观生态学组织结构图

理的一门宏观生态学[①]。其研究的内容包括 4 个方面（图 2-27）：

①景观结构：即景观组成单元的类型、多样性及其空间关系；

②景观的功能：即景观结构与生态学过程拓扑作用或景观结构单元之间的拓扑作用；

③景观动态：即景观结构和功能随时间的推移而发生的变化；

④景观规划与管理：即根据景观结构、功能和动态及其相互制约和影响机制，制定景观恢复、保护、建设和管理的计划和规划，确定相应目标、措施和对策。

与传统生态学研究相比，景观生态学明确强调空间异质性、等级结构和尺度在研究生态学格局和过程中的重要性以及人类活动对生态学系统的影响，尤其突出空间结构和生态过程在多个尺度上的相互作用。

1）斑块及斑块形式

斑块可以被视为景观结构中最简单的一种形式，可以简单地按斑块的大小来分别讨论其性质。在整个区域范围内，大型生态斑块唯一

① 邬建国. 景观生态学——概念与理论 [J]. 生态学杂志，2000（1）：42-52.

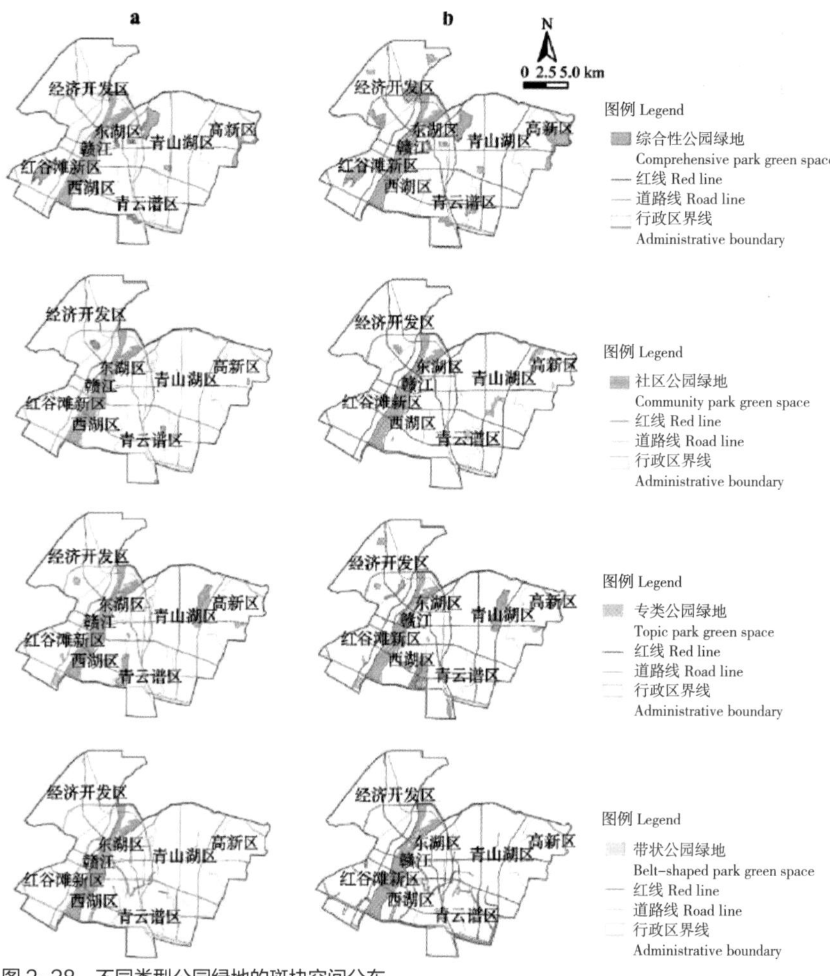

图 2-28　不同类型公园绿地的斑块空间分布

具有完整的景观结构，保存有完整的植被，足以保护水源及溪流廊道，维持斑块内生物多样性，为动物提供栖息地。许多生态保护的观念带有一种成见，即指保护所有未开发的大型斑块，但这并不是维护生态多样性的最佳方案，许多小型的斑块，或小斑块间相互串联而成的踏脚石系统，特别适合于某些物种在其间散布。小型斑块的存在使得某种以林地为基质的大型斑块间，产生更多样化的纹理，从而补充大型斑块的不足（图 2-28）。

斑块形式受到当地地形与气候条件、坡向与风向关系的影响。例如，我们可以发现许多盆地城市或山谷聚落受地形与日照关系影响，南向坡面的斑块植被通常较为茂盛。整体而言，位置深入到自然保护区内部的斑块，其斑块形式应尽可能维持完整和紧密，圆弧形接口则可以让核心区域的生态多样性得到更充分的发展。

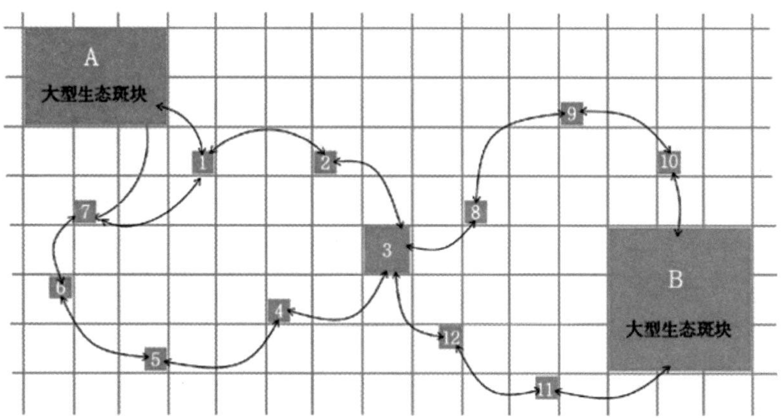

图 2-29 踏脚石系统概念图

2）植被廊道与生态踏脚石系统

廊道具有较为明显的空间特征，其结构和功能与景观区域内的连接度密切关联，我们可以将廊道定义为一种狭长形的带状栖息地，许多廊道的形成和地形、气候与植被的分布密切相关。基本上，我们可以将廊道划分为植被廊道、踏脚石系统、河谷廊道以及交通廊道等四种。其中，河谷廊道也是景观水文学里极为重要的概念之一。

植被廊道通常发生在线形的空间结构中，例如河谷两侧、交通走廊两侧、边界空间等。以边界空间为例，通常是已建成的城市开发区与大型生态斑块之间的缓冲带，其线形以不规则形式较佳，通常较为完整的植被生态系统中，从先锋期到成熟期的植物能够在此稳定发展，并为生物提供更宽的运动腹地①。

生态踏脚石系统如图 2-29 所示，位于大型斑块之间，由一连串的小型植被斑块组成。连接程度的高低，是一个踏脚石系统是否稳定的重要因素，连接度高的踏脚石系统具有类似于廊道的作用，许多特殊的小型生物可在其间移动。某些位于关键位置的踏脚石，若因人类活动或自然扰动而灭绝，可能会因此完全阻断踏脚石系统的运作。因此以簇群模式发展的踏脚石组合，才是一种最为稳定的系统。

踏脚石之间的间距也是一项重要指标，对于许多靠视觉来移动的鸟类或哺乳动物而言，该距离必须在可视距离范围内才具备连接功能，因此踏脚石系统的最大有效间距，须视不同的生物保护目标而定。对于人类活动而言，邻里公园的网络可规划成城市建成区的踏脚石系统，作为社区居民步行可及距离内的生活空间。

---

① 胡道生，宗跃光，许文雯．城市新区景观生态安全格局构建——基于生态网络分析的研究 [J]．城市发展研究，2011（6）：37-64.

图 2-30 新加坡宏茂桥公园河谷廊道

3）河谷廊道

河谷廊道是一种受地形支配的线形或带状的空间形态。狭义而言，是指河道水体及其周边的带状植被生境；广义则包括河谷空间范围涵盖的河道两侧的行水区、河岸带状植被、坡地及带状山陵等。作为一种线形的栖息地，可以从河谷廊道纵剖面将之进一步划分为五种分区：河道、岸坡、带状行水区、坡地以及带状高低。河谷廊道内最上方的带状高地通常排水良好，许多物质由此冲刷下而影响河川水质（图 2-30）。通常从整个河谷而言，每一处带状高地对于河川本身的影响程度并不均等，在负面影响较大的河段应以规划较宽的河道为宜。

就景观生态过程而言，河谷廊道随着时间的变化，包含了水文流动、物质流动、生物流动以及人类活动等四个方面。然而随着城市的发展与蔓延以及各类土地的使用，许多人为因素影响着河谷廊道，造成前述水文、物质与生物流动模式的改变。其中，水文系统性质的改变如洪水频率增加，洪峰变高以及平时的基流量减小等增加了灾害发生的可能性。试图采用工程手段控制水文不确定性的传统方法往往彻底改变了河谷廊道原有的结构与功能，其影响包括廊道空间的窄化、廊道连接性被截断、原有河道形态改变等，并因此产生生态环境的变化，如洪水、干旱、土壤冲蚀、河床沉积、河岸植被演替等现象。整体而言，城市化的影响使河谷廊道生态资源的规模变小，河谷生态系统的可变异性降低。

事实上，如今许多河谷廊道因为城市化与人为扰动，已极难维持其原有的生态及水文功能。一方面，人为扰动带来直接的环境影响，产生土壤冲蚀以及河道沉积作用；另一方面，试图采用工程手段来控制水文不确定性的传统方法往往彻底改变了原有的河谷廊道景观构造。整体而言，人类活动对于河谷廊道的影响包括河道本身以及河谷廊道宽度的缩

图 2-31 加拿大班夫国家公园的生物迁徙廊道

减、沉积作用的发生与流速增加、廊道连接性和侧向生物移动降低以及景观分异化程度的降低等方面。

4）交通廊道

另外一种在区域景观中常见的空间模式为交通廊道。从景观生态学观点而言，交通廊道由于其线形空间的特征，往往与植被或河谷廊道有极大的不兼容性。从城市区域的地貌来看，交通廊道镂刻在大地纹理之上，成为全球各地区域景观最为普遍的一个共同元素。大部分区域其交通廊道所占的面积在 1% ~ 2% 左右，但交通廊道对周边地区的生态影响范围却往往达到 15% ~ 20%。

交通廊道往往产生阻隔空间，妨碍生物运动的负面影响也很少成为除人类以外的生物的移动廊道；此外，交通廊道本身也会对环境造成噪声、污染、水文阻断、土壤流失等负面影响。从区域生态的观点来看，在路网布设的早期阶段，就必须要同时考虑交通廊道的规划对于区域景观中各种生物、物质、能源等影响，并需考虑如何建立一个安全且高效的可及性系统，特别是要处理廊道交错中的空间阶段问题。以加拿大班夫国家公园为例（图 2-31），许多公路两侧需保持一定宽度的原生植被保护带，以建立生物多样性的保护网络；在荷兰生物多样性保护规划设计中，明确指出在必要时应采取隧道或高架方式，以保证区域及景观空间内的生态流动①。

交通廊道是人类土地利用模式中基本的循环系统，如何应对传统上道路系统规划对环境的负面影响，在区域与景观生态的基础上整合生态系统与交通廊道，将是生态城市规划设计极为重要的一环。其中轨道运输廊道，特别是地铁的应用，因为可以尽量避免许多道路交通廊道的污

① 吴正旺，单海楠，王岩慧．景观生态学在城市设计中的应用 [J]．华中建筑，2015，33（1）：93-97.

染、能耗、安全性等影响，并有助于步行环境的营造，其结构形式有利于维持横向的生态流动。

2. 景观生态学视角下的生态城市设计

城市设计所研究的对象通常都具有一定的景观复杂度，包含了较多数量的景观要素。将景观生态学引入城市设计，从景观格局、生态效应等理论方法入手，将建筑与道路、绿地等景观要素协同布局，确定适宜的城市设计指标体系，能有效改善城市生态环境。景观可以被看作是一种介于社会过程与自然过程的空间，人类活动由社会过程与自然过程互动交织而成，景观正是其空间的表现。因此，自然与社会两个过程在空间层面上的整合，正是景观生态学被发展成为一种城市设计理论的根本原因之一。

设计师应首先确定生态历史背景和过去人为干预对场地生态系统的影响，然后研究并列出生态系统的特征、功能、结构和过程等，之后再确定该场地是否能承受拟建成结构、设备和基础设施的范围、操作及使用。场地调查及分析能够为设计师提供首选形式、建成结构和设备的强度及样式、相关道路的形式及基础设施的范围等信息（图 2–32）。作为设计的前提条件，所有设计都要首先严格检查项目场地的生态、气候特征以及自然边界（即地质、水文、土壤、植物、动物以及土地利用情况）[①]。

1）景观生态变迁导向的城市设计方法

在城市设计过程中，可以根据不同时期的航拍图或卫星影像，绘制出不同年份的土地利用状况，用地理信息系统（GIS）进行图片管理以及斑块面积和数量的计算工作，观察并度量各种景观结构的变迁性质，包括斑块数量、斑块大小、内部栖息地数量、连接程度及边界长度等的变化。可以用上述方法观察城市蔓延过程中景观单元的改变，特别是在城市蔓延的边缘地带，景观结构的改变过程往往特别剧烈。我们经常可以发现的因城市蔓延对原有景观结构造成改变的情形有五种：

①边缘空间：新的景观结构以发散的方式沿着原有边界增长；

②廊道空间：新的廊道截断原有的土地使用模式；

③单核心空间：在大型生态斑块内的一块裸露地逐渐往四周辐射扩散或者在建成区斑块内的一个新的植生斑块（例如工业区废弃用地，长时间无人管理），逐渐向四周恢复其自然度；

④多核心空间：亦即多个单核心空间同时发生的过程；

⑤大尺度散布：因大规模的土地使用方式的改变，迅速转化原有的土地性质，或者使得原有的土地使用方式仅剩下暂时性的网络连结，因

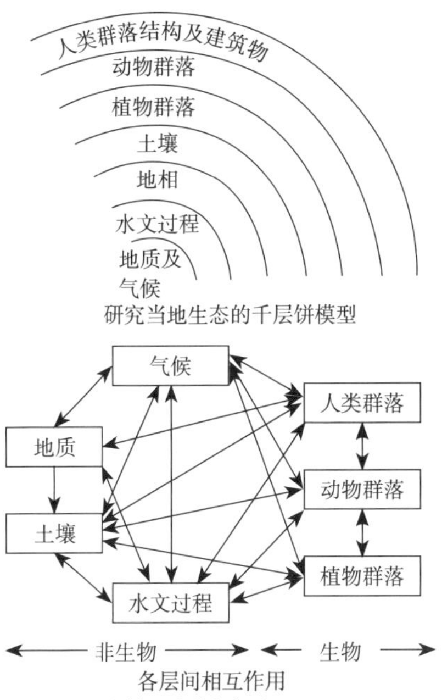

图 2–32　场地调查分析概念

① （马来西亚）杨经文. 生态设计手册 [M]. 黄献明，吴正旺，栗德祥，等，译. 北京：中国建筑工业出版社，2014.

其处支配地位，任何其他类别的大尺度土地使用在短期内均无法实现，沿海大型工业区开发即为此例。

基于景观生态学，区域生态变迁过程中，由于人类活动和自然力本身对于环境造成的改变，使得系统并不可能完全恢复到过去的样貌。我们可以借由生态恢复与否的争论思考城市设计议题中有关历史与聚落保护的问题。即使让空间形式恢复到过去的某一个瞬间，也无法还原该建筑或聚落的社会内涵，因此，景观生态的历史变迁仅可作为生态恢复与历史保存的参考点[①]。

2）基于生态战略点的城市设计方法

另一种规划设计方法为区域尺度的生态战略点判读。物种的空间运动，火灾和虫灾的蔓延，养分及污染物的流动等，这些关键性的点即为景观生态战略点。根据起源之不同，可分为两类景观生态战略点：一类是资源型的战略点，另一类是结构型的战略点。资源型的战略点直接取决于地段的资源属性，如某一地段的地质、土壤、水文、热力、营养条件及人类活动决定生物多样性及物种的稀有性，从而决定该地段在生物保护中的战略意义[②]。结构型战略点的战略性取决于该点在景观整体格局中的地位和其对水平生态过程的影响。生态战略点的判读是选取一个较大的区域范围，分别就生产力、生态多样性、土壤与水质等不同的特性，在景观单元模式中选取具有策略重要性的区位。生态战略点的判读所需要的理论基础，需结合福尔曼所提出的有关生态斑块、廊道与基质的景观单元空间模式。同时要考虑到每一地区文化与地理的特殊性。基本上，生态战略点的判读的第一种方法主要是基于该地区本身的生态与人文地理环境特征，对资源型战略点进行判读，包括以下三种方式：

（1）辨识具有丰沛环境资源特性的地区，例如大尺度的自然植被地区，城市地区或者一些突出的景观特征地区；

（2）辨识近20年来地貌发生显著改变的地区，特别是原有的生态敏感地区，因人类活动或自然系统扰动而造成的损害，须经过一代人以上的时间来加以恢复；

（3）找出重要的生态踏脚石，例如河谷、坡地、网络节点。其中，丰富的生物、物质、能量流动汇聚点是最显著的一种战略点。

另一种判读生态战略点的方法是对结构型战略点的判读，分为以下三步：

①确定景观生态过程：选择关键物种作为保护对象，其他水平生态

---

① 臧鑫宇，王峤. 基于景观生态思维的绿色街区城市设计策略[J]. 风景园林，2017（4）：21-27.

② 俞孔坚，李迪华. 城乡与区域规划的景观生态模式[J]. 国外城市规划，1997（3）：27-31.

过程可包括风、水、营养元素的流动以及干扰（如火灾，虫灾）的扩散；

②确定生态过程之源：方法之一是根据具体物种来将其栖息地作为源；方法之二是选择现存景观元素，小至一棵大树，大到国家公园，作为生态过程之源；

③以生态过程之源为原点，计算景观阻力，得出景观阻力表面。典型的阻力表面将类似于地形表面，由峰、谷、脊等构成，它反映生态过程之动态。对不同的生态过程，可有完全不同的阻力表面。阻力表面受空间距离、地标特征因素的影响，也取决于过程本身的扩散能力[①]。

基于生态战略点的城市设计方法，由于具备高度的空间内涵，可以广泛应用于生态保护或生态恢复规划设计，成为决策行为的参考。特别是在建立城市的生态廊道网络方面，设计师可以从生态战略点着手，借以找出少数生态重要程度极高的区位，来作为生态恢复策略区位。在土地所有权复杂、规范限制、生态恢复及绿地规划的财务可行性等情形下，基于生态战略点的城市设计方法经常可以成为一种容易落实的设计方法。

城市景观破碎化、人工化和孤立化是造成其生态机能退化的主要原因。如北京市中心区的绿化就主要靠人工实现，这些绿地普遍存在着格局残缺、形态不佳、植物单一、人工维护高以及生物量少等不足。生物多样性保护的最有效途径是保护其栖息地的多样性。在城市设计中，如何将建成环境与城市绿地系统协调，以建立人与自然更具包容性的城市景观是亟待解决的问题。因此，通过兼顾绿地的城市生态设计，注意规划中廊道的最短路径、野生动物的视廊连通、绿地斑块的最佳形态三个方面，可对城市景观加以有效改善。斑块、廊道、基质这三者的安排与空间关系，决定性地影响了景观单元与区域单元中的自然系统运作与流动过程、动植物的迁徙与运动以及人类的土地利用模式。一般而言，我们可以在城市—区域的任何一角（不论是林地、农地、建成区）找到其相应的斑块、廊道或基质的特性，并结合生态城市设计形成完善的基于景观生态学的设计方法。

2.3.2 地理信息学视角下的生态城市设计方法

传统的城市设计方法之一是制作规划方案模型，但是制作模型不仅费时费力，而且修改起来工作量大[②]。从1950年代起，随着计算机技术和信息技术的发展，人们逐渐开始利用计算机辅助制图软件包（如 AutoCAD

① 俞孔坚．景观生态战略点识别方法与理论地理学的表面模型[J]．地理学报，1998（S1）：11-20.

② 迟伟．虚拟现实技术在城市设计中的实践[J]．世界建筑，2000（10）：56-60.

名称	CAD	图形图像处理	虚拟现实（VR）	地理信息系统（GIS）
定义	CAD在早期是Computer Aided Drafting（计算机辅助绘图）的缩写，随着计算机软、硬件技术的发展，CAD的缩写相应地改为Computer Aided Design，CAD也不再仅仅是辅助绘图，而是辅助设计	使用计算机、图形图像输入输出设备和图形图像处理软件处理静态或动态图形图像	虚拟现实是利用计算机生成一种模拟环境（如飞机驾驶舱、操作现场等），通过多种传感设备使用户“投入”到该环境中，实现用户与该环境直接进行自然交互的技术（曾建超等，1996）	GIS是由计算机硬件、软件和不同的方法组成的系统，该系统设计支持空间数据的采集、管理、处理、分析、建模和现实，以便解决复杂的规划和管理问题（黄杏元等，2001）
代表型软件	AutoCAD	Photoshop，3D STUDIO	Multigen.VR IVL	ArcGIS, Maplnfo, Geostar
优点	➢ 可取代手工作业所使用的各种绘图工具 ➢ 设计成果可以方便地复制和修改	采用多媒体技术来改善设计图的视觉效果	➢ 给创建和体验城市三维空间提供强有力的支持 ➢ 激发设计师的创造力和灵感	➢ 具有CAD等软件不具备的强大的空间分析能力 ➢ 方便对繁杂的规划信息的管理 ➢ 面向城市设计过程，提供精确的空间数据支持
缺点	一般为通用的图形、图像处理系统，注重城市设计成果的表现；面向城市设计结果，而不是过程，对于改善城市设计过程帮助不大；无法对这些设计进行有效的分析和实现交互功能，从而无法为设计者提供有效的优化设计的信息		虚拟现实设备代价高昂，不利于普及；软件功能较为复杂，需要专门人员学习	基础地理数据建库工作比较麻烦，需要投入一定人力物力
主要应用	二维绘图：用于平面、立面、功能分析等二维试图的绘制三维建模：用于建立城市几何近似模型以生成鸟瞰图、轴测图、街道景观图等三维视图	模拟城市空间的“真实”效果作为渲染表现图制作动画用于模拟在城市空间漫游的动态景观	提供身临其境的计算机虚拟场景，方便对城市设计要素进行推敲和方案调整	辅助进行城市设计，如规划信息管理、区域研究分析、社会经济分析等

图2-33 地理信息学视角下的生态城市设计方法

等）来进行图纸的设计，现在人们已广泛应用各种计算机技术来辅助城市设计。如图2-33所示，对CAD、常用图形图像处理软件（不包括CAD）、虚拟现实（VR）、地理信息系统（GIS）等几种可用于辅助城市设计的技术的定义、优缺点以及在城市设计中的主要应用进行了比较[①]。

从图2-33中可以看出，CAD、常用图形图像处理软件以及虚拟现实技术都是直接地对城市设计的成果产生影响，GIS则主要是为城市设计提供精确的基础空间数据。城市设计可以利用GIS的空间数据的表达、采集和处理技术，使设计者更有效地把握空间设计效果。

2.4 生态城市设计方法的技术支撑体系

科技成果的日新月异使人们的生活方式发生了巨变，同时也影响了城市运行的各个层面。鉴于城市正在发生的种种变化，传统的城市设计理论与工具已无法应对新时代背景下的城市问题[②]。然而，技术革新同时也为城市研究与实践带来了机遇——不仅促进了生态城市设计技术和工具的突破与创新，更在信息通信技术快速发展的环境下，带动了数据存储、挖掘和可视化等技术的完善，赋予了人们审视城市生态环境的新视角。本书将对生态城市设计中较为常用的大数据技术、3S技术、气候适应性技术、LID低影响开发技术进行详细论述。

---

① 姚静，顾朝林，张晓祥，李满春．试析利用地理信息技术辅助城市设计[J]．城市规划，2004（8）：75-78.

② 吴晓，高源，方宇，王松杰．面向城市设计的地理信息系统应用刍议[J]．现代城市研究，2011，26（5）：34-41.

2.4.1　大数据技术

1. 大数据技术概述

随着我国信息数字化技术的发展、运用和普及，大数据作为一种重要的科技手段，成为广大学界和各类学科关注的焦点。大数据，也称作 Big Data，是一种规模大到在获取、存储、管理、分析方面远远超出了传统数据库软件工具能力范围的数据集合，具有海量的数据规模、快速的数据流转、多样的数据类型和价值密度低四大特征。大数据在运行中，经常运用随机分析法进行数据信息的检测，以便处理相关的数据信息，从而体现大数据运行中数据信息的准确性和科学性。包括城市设计学科在内的很多学科项目实践中都体现了大数据的运用手段，也促成了许多跨学科的合作。大数据技术在引领时代的同时，也对城市设计的转型与提升具有重要的现实意义。一方面，大数据技术以海量的数据处理结果展示了一种传统方法所不能完成的研究工作。不仅如此，对于数据本身也可以做到动态化的实时更新，以更加精细的颗粒度，针对城市复杂巨系统中的各个层面进行详细剖析，极大地提升了城市设计研究的丰富度和可信度。另一方面，目前我国各种精细化的城市空间数据和社会经济微观数据的可获得性正逐渐增强，包括高德、Open Street Map、Google-earth 等网站对于城市矢量化信息的公开度和共享度不断提高（图 2-34），城市设计人员对于数据采集清洗、分析运算能力不断提高，为大数据引入城市设计带来源头保证，通过数据增强设计的科学性。

大数据的明显特点推动着大数据的发展和应用，其主要体现在数据信息资源丰富、数据信息资源可视化、数据信息资源价值作用明显和数据信息资源利用方便四个方面。数据信息资源丰富是大数据的明显特点，主要是指大数据借助计算机技术和网络平台，实现对信息资源的管理和运用，进一步烘托数据信息资源丰富的特点。其中大数据运用计算机进行数据信息的储存和管理，有利于运用计算机广阔的内存空间，实现对数据资源的集中管理。数据信息资源可视化是将大型数据集中的数据以图形图像形式表示，并利用数据分析和开发工具发现其中未知信息的处理过程[①]。

图 2-34　Open Street Map 网页

① M. Batty. Urban Modelling[J]. International Encyclopedia of Human Geography，2009.

2. 城市设计对大数据的诉求

大数据引入城市设计领域，也是城市化的实践需求。正如迈克贝蒂（Michael Batty）所言：大数据改变了规划师观察城市的方式，也打通了真实的社会经济活动与城市空间之间的互动关系，可以在更高的精度和粒度纬度揭示复杂的城市形态背后的精细规律①。随着交通信息技术的发展和社会经济节奏的加快，城市有机体呈现出高度复杂化的交织特征，海量个体的高频率活动迁移聚散对城市空间内在结构的变化提出了新的要求。尤其是面对海量的城市数据时，城市设计对大数据也产生了如下新的诉求：

对非线性数据的处理：大数据是一种在获取、存储、管理、分析方面大大超出了传统数据库软件工具能力范围的海量数据集合，具有数据规模庞大、数据流转快速、数据类型多样的特征，在城市设计中能够处理的基础数据量相对于传统数据存在几百倍或几万倍的量级关系。同时，单一种类大数据在城市设计中的效果通常较为局限，往往需要多类型的数据相互耦合关联、相互交叉印证为城市设计提供支撑，多源大数据的同步参与产生出的海量次生数据使得实际处理的数据量呈现出几百上万倍的非线性增长现象。这些海量数据的储存和计算都需要在专门的工作站和云计算网络中，并且需要适用于大数据的专业技术和专业软件处理数据，包括大规模并行处理的数据库、分布式的文件系统、云计算平台以及可扩展的存储系统等。

提供高精度多元数据：在传统的城市设计中，规划师关注的颗粒度通常是精确到街坊或地块的功能；通过大数据的支撑，城市设计中的颗粒度可以精确到街坊中的每一个建筑、每一个企业机构的信息，甚至可以研究每一个人的实时出行规律。高精度的多源大数据有助于对设计基地进行全方位多方面深层次的解构，使规划师针对不同街区、不同功能簇群、不同人群展开定制化设计，从而提升城市设计的针对性，有助于避免千城一面的现象。

提供高频率动态更新：大数据在时间维度的更新频率高，区别于类似城市统计年鉴这种数据更新频率慢的数据类型，大数据在兼具大样本量的同时具有数据高频动态更新的特性，尤其善于处理像手机信令、微博签到数据或公共刷卡数据。这类每小时甚至每分秒更新一次的高频大样本的动态连续数据。动态连续数据能够弥补静态切片数据在数据分析手段上的不足，同时为城市设计在动态识别、规律解读、趋势预判等方面提供更高的准确性。

体现市民生活行为规律：大数据的另一个很重要的特点就是关注民

---

① M. Batty. Urban Modelling[J]. International Encyclopedia of Human Geography，2009.

生，现代城市设计通常将人为本作为重要设计依据，但是传统城市设计对于人的关注受到数据精度和种类的限制通常停留在剪影阶段，而高密度的多源大数据能够捕捉到人群真实的行为规律进而发掘市民心中真实的生活意愿，并通过实时动态的手段将其呈现出来，从而为规划师描摹出更精确的人群画像。手机信令数据、交通出行、微博语义数据等基于人群活动的大数据的综合运用，可以使规划师对物质空间形态本体的关注扩展到对市民行为空间的关注，做到见物又见人。

对智能识别的监测预判：大数据的内涵绝不仅仅局限于建立一个数据库或编写一段程序，它不是海量数据的堆砌或者批量处理技术的展示，而是包含从数据的采集、检测、识别、捕捉、清洗、计算、成像等一整套流程所构成的复杂技术链。大数据的研究结果由人工智能基于海量数据分析之后给出的综合判断而得到的最终成像，用以辅助于设计中的人脑判断。规划师基于最终成像的分析结果再进行判断和决策，大大增加了城市设计的科学性[①]。

3. 数据技术在生态城市设计中的使用

大数据面向生态城市设计可分为四种维度，显性大数据、隐性大数据、动态大数据和静态大数据。具体而言，城市显性大数据包含了微博、flick 等软件用户认知城市的转移数据，从中获取基于民众感性认知的生态城市设计依据；城市隐性大数据主要指隐含在城市内的支撑生态城市有序运营的生产、生活及各类服务设施职能 POI 的空间位置、产业类别及机构属性等信息数据集成；动态大数据包含了表征人类活动的手机信令、绿色交通使用等数据；静态大数据则从城市尺度建构从用地地块、道路街巷到地形地貌的精细化大模型。

1）显性大数据：显性大数据能够直观体现出民生诉求的真实感受，是以人为本的生态城市设计中的重要问题。常见的用以表征城市显性数据的类型包括：反映主体人对城市空间环境的关注度，即城市地名搜索数据，如百度搜索指标和热搜排名等；反映主体人对城市物质空间的喜好度，及情绪数据，如微博签到数据和社交媒体状态体现的对生态环境的满意度等。此类数据可以通过 Python 的网络信息爬取技术获取网络爬虫调度端、网络爬虫主程序与价值数据。爬虫调度端能监控整个爬虫程序的运行情况，其中爬虫主程序包括：① URL 管理器，管理将要爬取的 URL 以及已经爬取过的 URL；②网页下载器，根据待爬 URL 将指定的网页下载下来，并存储为字符串数据；③网页解析器将网页字符串数据进行数据抽取，一方面提取出价值数据，另一方面提取出新的关联 URL 传

---

① 杨俊宴，曹俊. 动·静·显·隐：大数据在城市设计中的四种应用模式 [J]. 城市规划学刊，2017（4）：39-46.

图 2-35 天津市中心城区甲乙级写字楼分布

递给 URL 管理器。三个部分循环进行，只要 URL 管理器还有待爬取的 URL，就会循环进行下去，最终提取出所有价值数据①。

2）隐性大数据：隐性大数据指一般不被人注意到的大数据类型，如每栋建筑的能耗，城市中的店企、公共空间的风、热声物理环境等。例如通过网络爬取技术活动搜房网（www.fagn.com）上的写字楼数据，覆盖全国各大中城市的中心城市范围，其属性有名称、区域、地址、类型、级别、物业公司、物业管理费、车位数、开发商、层高、建筑面积等信息。再通过百度地图 API 匹配到空间，可通过叠加交通、商业等信息反映城市运行的规律（图 2-35）。

本书以用户兴趣点（POI）与城市公共场所热环境为例，解读隐性大数据在生态城市设计中的使用。POI 数据所表征的城市设施是城市系统中人类活动的主要载体，POI 可以记录其精确地理位置以及特定时段内人类活动的定量信息（如访客数量），从而能够在精细空间尺度上反映人类活动的类型、强度等，因此有潜力成为精细尺度上生态城市格局研究的有用数据源。随着全球范围内城市化进程的加速，城市下垫面类型的不同组合方式对城市热场分布的影响存在显著差异（图 2-36）。因此，分析

① 王磊，张永坚，贾继鹏，牛晓光，聂昌龙．基于 Hadoop 的公共建筑能耗数据挖掘方法 [J]．计算机系统应用，2016，25（3）：34–42.

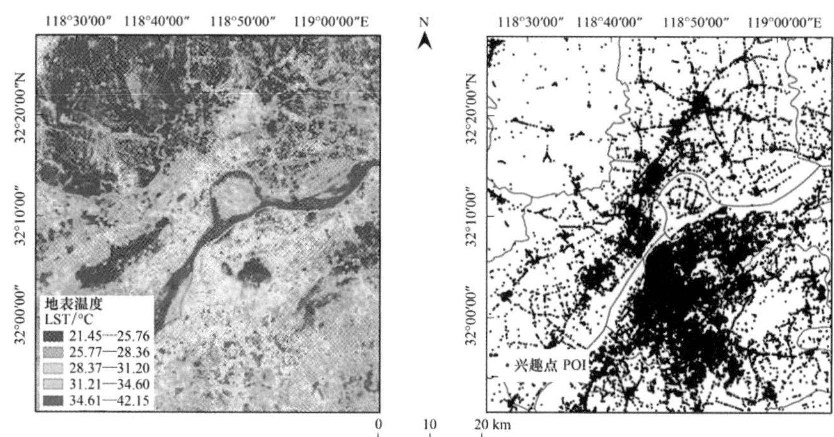

图 2-36　地表温度与 POI 点要素分布图

POI 表征的人类活动因子与城市气候的影响是生态城市设计中较为常见的方法[①]。

3）动态大数据：顾名思义，动态大数据即为城市中动态性主导的大数据，如城市中通勤人群，公共交通运输等，由于这类数据能够事实反映城市人群及绿色交通等需求，因此是生态城市设计中所关注的重要问题。常见的此类数据包括手机 GPS 定位数据、公交刷卡数据、共享单车 GPS 数据与大型场馆与广场等城市开放空间人群数据等。这些数据能够将人群、交通的聚散规律和趋势通过实时统计的大数据和可视化方式反馈给城市设计者，对于城市生态环境设计尤为重要。本书以共享单车 GPS 数据分析与生态街道设计的关系对动态大数据在生态城市设计中的应用进行解读。

随着我国绿色发展理念的提出，越来越多的城市开始重视慢行交通系统的建设，而共享单车这一创新产品体现出的“自下而上”运行机制和智慧化响应城市生活需求的能力为城市慢行交通的发展提供了全新的思路[②]。具体数据可以通过共享单车奇点数据开放平台获取，共享单车奇点数据开放平台是共享单车面向全国城市政府管理部门开放的数据平台，能够提供单车流量动态信息，同时也为其他合作方提供 api 接口。获得数据后通过核密度工具分析单车时空分布的宏观特征，提取单车活动的热点地区，计算各功能类型街道节点的单车密度与使用频率，使用 K-Means 聚类分析方法总结其聚集特征（图 2-37）。最后结合生态街道设计方法对

① 韩善锐，韦胜，周文，张明娟，陶婷婷，邱廉，刘茂松，徐驰．基于用户兴趣点数据与 Landsat 遥感影像的城市热场空间格局研究 [J]．生态学报，2017，37（16）：5305-5312.

② 王鹏，于沛丰，李昊，等．从共享单车到智慧街道：自下而上的智慧城市生态营造 [J]．城市建筑，2017（27）：21-25.

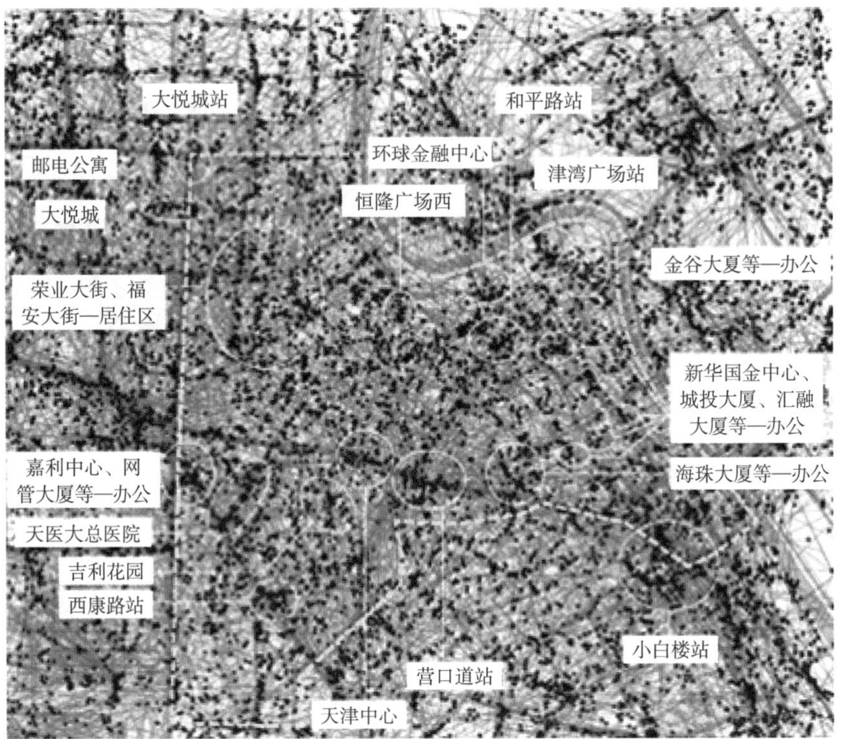

图 2-37 工作日 11: 30-12: 30 共享单车行动起讫点分析

城市街道改造提供建议，成为建设数据时代、共享经济下的新型慢行交通系统的有效方式①。

4）静态大数据：静态大数据是承载城市人群活动的空间模型数据，常见的此类数据包括遥感影像数据、街坊用地数据、建筑数据、城市道路设施数据等。这些数据精确地描摹了城市建成环境的现实情况，可以基于此分析城市的建成强度、密度、形态等分布情况、交通可达性分布情况、开敞度分布情况、各类用地集聚及分区情况等，进而解析城市生态环境、空间句法等问题，可以说，利用静态大数据对城市环境分析是与生态城市设计中使用度较高的技术。

在实践中，可以运用于大尺度城市生态结构形态的解析和布局。例如，天津市城市规划设计研究院通过植被提取、遥感影像图与地形图叠加的方法，对天津市林地分布格局进行可视化分析。这类静态数据分析的优势在于避免了定性规划中的经验性和主观性，并可以进行全域性的生态格局分析。

① 杨蒙，陈天，臧鑫宇，孙鼎文．基于智慧数据的共享单车聚集特征与街道改造策略研究——以天津市和平区为例 [J]．现代城市研究，2019（6）：9-15.

2.4.2　3S技术（GIS、RS、GPS）

1．GIS 技术

1）GIS 技术概述

地理信息技术是城乡规划管理信息化、智能化建设中最关键的技术之一，地理信息系统（Geographic Information System 或 Geo-Information system，GIS）就是可以对地理空间数据进行组织、管理、分析、显示的系统。在现实世界中，大多数的事物都具有地理定位特征，表达事物这一特征的信息就称为空间信息，事物其他特征的信息均可称为属性信息。GIS 就是将空间信息和属性信息有机结合起来，从空间和属性两方面对现实对象进行查询、统计和分析，并将结果以空间可视化（地图图形表示）的方式表达出来。因此，从对现实世界表达和分析手段的丰富性和有效性来看，GIS 是较传统意义上的信息系统更为高级的系统。

地理信息系统也是一个技术系统，是以地理空间数据库（Geographic Database）为基础，采用地理模型分析方法，适时提供多种空间和动态的地理信息（图 2-38），为地理研究和地理决策服务的计算机技术系统。在计算机硬件系统和软件系统支持下，以采集、存储、管理、检索、分析和描述空间物体的定位分布及与之相关的属性数据，并回答用户问题等为主要任务的计算机系统。同时 GIS 技术还具有空间模拟、科学预测等多种功能，能解决复杂的规划和管理问题。目前，地理信息系统已成为城乡规划建设和现代化管理决策的重要工具和手段。

GIS 是对地理环境有关问题进行分析和研究的一门学科，将地理环境中的各类要素，包括空间地理位置、形态分布特征和与之相关的社会、经济、文化等信息以及各类要素之间的内在联系等进行获取、整理、储存、查询、分析和图示化表达，以解决复杂的规划和管理问题，GIS 的主要概念框架和结构如图 2-39 所示：

随着计算机技术的飞速发展，地理信息系统开始广泛运用于各个领域，不同的人、不同的部门和不同的应用目的，对其认识也不尽相同，

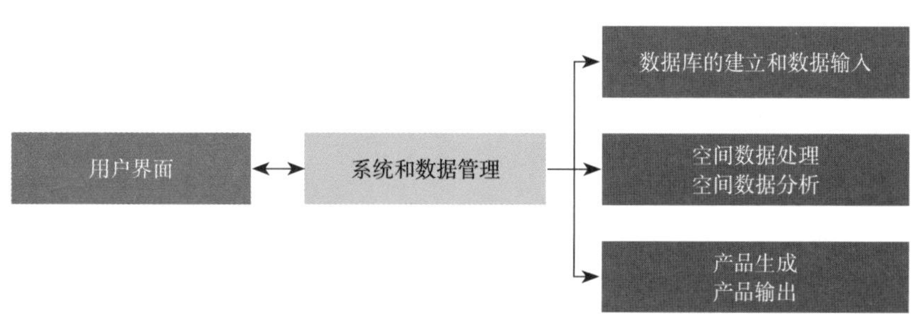

图 2-39　GIS 的主要概念框架和结构

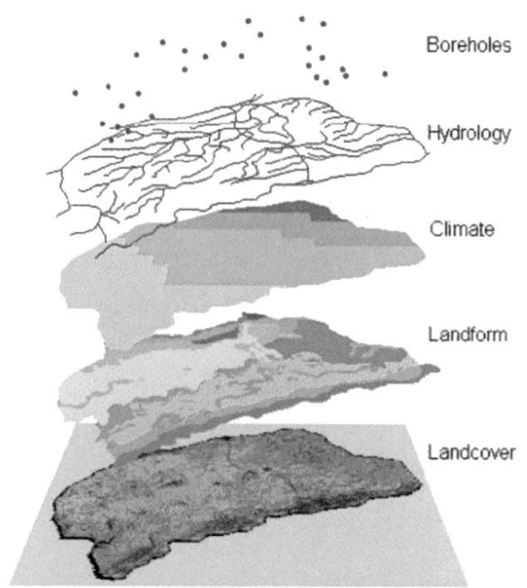

图 2-38　GIS 能够集成不同类型的空间数据

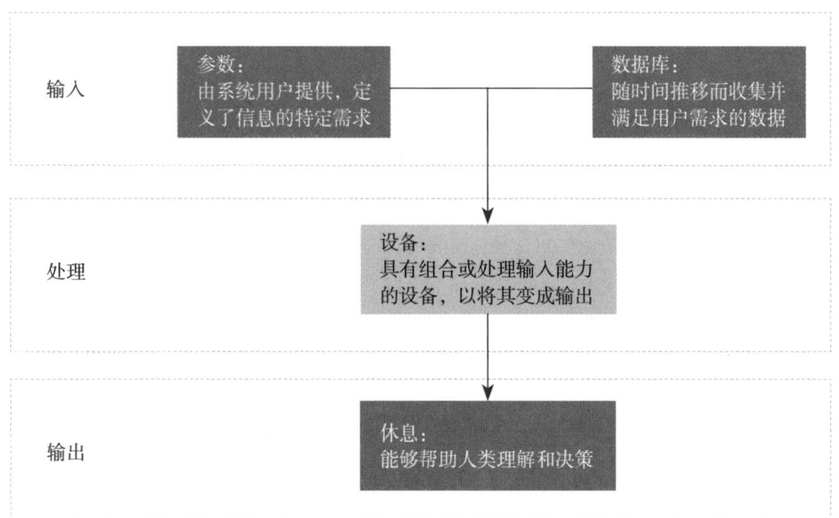

图 2-40 GIS 技术的输入、分析与处理以及输出三个层面

对地理信息系统也给出了多种多样的定义。目前，比较常见的定义为：GIS 是通过对地理数据获取、整理、储存、查询和分析，生成和输出统计与分析的图示结果，能够为城市交通运输、土地利用、规划设计、行政管理、防灾减灾等多个领域提供决策依据[①]。

2）GIS 的基本功能

由计算机技术与空间数据相结合而产生的地理信息系统技术，包含在实践运用的各个方面[②]。如图 2-40 所示，GIS 技术主要包括输入、分析与处理以及输出三个层面，基本功能包括数据的采集、数据的管理、空间分析与统计以及成果输出四大基本功能。

（1）数据的采集：各类空间数据及属性数据是 GIS 分析与处理的对象，建立完善的数据体系是 GIS 后续工作展开的基础。利用 GIS 进行数据采集的方式很多，可以将已有的纸质地图进行配准矢量化，可以结合 GPS、RS 技术获取城市空间数据，也可以通过野外勘测获得。将各类数据整理之后，进行格式转换后录入 GIS 数据库，方便进行数据的管理。

（2）数据的管理：地理信息数据库是地理要素特征以一定的组织方式储存在一起的相关数据的集合，因而具有数据量大、空间数据与属性数据对应关系以及空间数据之间可以成拓扑结构等特点，所以需要不断地对数据库进行维护更新，及时更新信息，去除错误与多余的数据，保障

① 邬伦，刘瑜，张晶，等. 地理信息系统——原理、方法和应用[M]. 北京：科学出版社，2005.

② 李德仁. 论 RS，GPS 与 GIS 集成的定义、理论与关键技术 [J]. 遥感学报，1997（1）：64-68.

相关数据的正确性。

（3）空间分析和统计：空间分析和统计功能是地理信息系统的核心功能，其意义在于帮助确定地理要素之间新的空间关系。一般空间分析包括叠加分析、网络分析、缓冲区分析以及数字地形分析等最常用的空间分析方法。同时 GIS 还可以对各类属性数据按照空间题图数据划分的标准进行相关性统计分析[①]。

（4）成果输出：经过地理信息系统处理和分析的结果可以直接以地图、图像、图表以及动态影像的形式输出供专业规划或决策人员使用。而且地理信息系统还可以根据需要通过最易理解或美观的成果形式进行表达。GIS 图示化成果制作与输出的一般功能包括：设置地图范围、投影、比例尺，设置地图符号大小和颜色，标注图例和图名，定义文字字形字号等。

3）GIS 在生态城市设计领域的运用

（1）前期研究：在生态城市设计前期研究过程中存在难以生动高效的表述现状数据的内在联系和难以获得生态分析与评估的量化结果等难点，因此引入 GIS 技术手段完善前期研究能够有效地解决相应的难点。随着计算机技术的发展，越来越多的数字技术被运用于城市设计实践过程中。地理信息系统（GIS）技术凭借其强大的数据处理与分析功能，能够有效地解决生态城市设计前期研究过程中的难题。

如图 2-41 所示在现状调查完成后，利用 GIS 强大的数据处理功能，快速建立一目了然的基础资料数据库，同时利用 GIS 结合其他技术能够采集最新数据。GIS 专题制图功能与三维可视化表达能够迅速完成现状基础

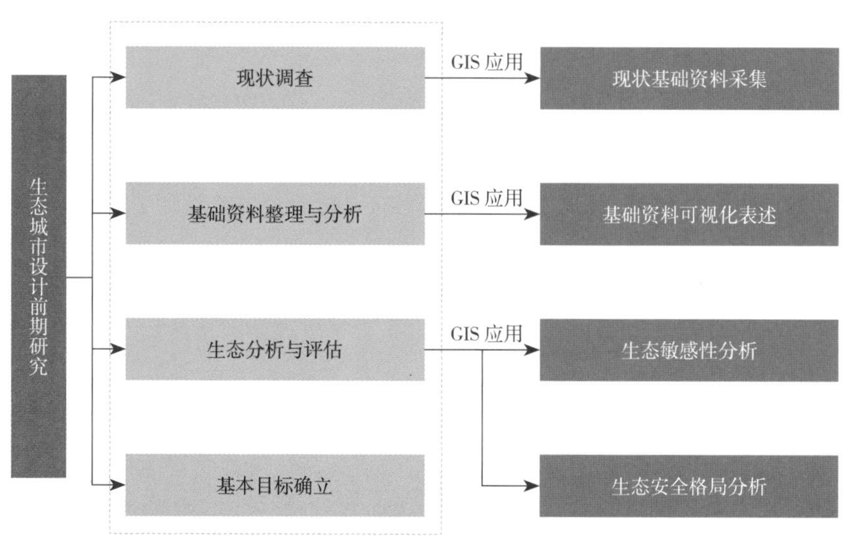

图 2-41　GIS 技术在生态城市设计的应用

① 艾丽双．三维可视化 GIS 在城市规划中的应用研究 [D]．北京：清华大学，2004.

资料分析，得到生动的分析成果。利用 GIS 栅格分析功能，根据多因子评价的原理，能够进行生态敏感性分析，在此基础上确定生态安全格局[①]。

（2）基础资料采集与表述：在现状调查的准备工作完成后，进行生态城市设计的首要工作就是现状基础资料的整理与分析，为后续各阶段工作的进行奠定基础。全面准确的现状基础资料整理与表述是高效优质完成生态城市设计项目的基础，基于 GIS 的现状基础资料体系的建立也是 GIS 能够成功运用于生态城市设计的基础。

相对于传统的现状基础资料采集方式，基于 GIS 的现状基础资料采集主要有三个方面的优势：一是 GIS 现状基础资料采集最终成果——GIS 现状资料数据库实现了空间数据与属性数据的一体化管理，便于规划人员进行现状资料的查询与统计。二是城市快速发展导致现状数据的更新速度不断加快，如果继续沿用传统的实地勘测会浪费大量的人力、财力资源，而且更新速度太慢。而 GIS 与 RS 等其他技术的综合运用势必会大大降低时间成本与经济成本。三是 GIS 现状基础资料数据库经过维护与更新后能够作为下一阶段规划设计的基础资料数据库，是一项一劳永逸的工作。

相对于传统的现状基础资料可视化表述，基于 GIS 的可视化表述有着不可比拟的优点：

综合功能的运用大大节省了制图时间。GIS 中的数据（空间数据和属性数据）之间有着明确的关联关系，强大的数据编辑工具和分析功能快速实现基础数据的整理与分析，可以说是综合了 PS、AutoCAD 及 SPSS 等众多软件的功能。此外，在利用 GIS 进行专题制图过程中，保存相关制图参数，针对同一类型的专题图可调用参数信息进行批量制图，极大地提高了制图效率的同时，保证同一专题成果的统一表达效果。

更加直观、更加具有分析性的专题地图表现。基于 GIS 的专题图制作将各类基础数据图形化，在地图上直观地显示出来，方便设计师从图示化的结果中挖掘更多的现状信息。在空间底图的基础上，利用不同的专题制图符号、颜色、大小来区分不同的属性数据之间的差别。将 GIS 基础数据库中的相关属性数据通过直方图、饼状图的方式之间反映在地图空间要素上，一目了然的反映之间差别（图 2–42）。同时，分析性的结果便于设计师从中挖掘出较深层次的内在关系，得到相关的发展动态和发展规律，辅助设计师作出更为客观的判断。相比较而言 GIS 专题地图表现方法更加直观、更具有分析性。

更加生动、更加体现空间维度的三维可视化表现。与传统平面地图或平面数字地图相比，三维可视化地图通过对真实的地形起伏状况、地貌状况，以及阴影效果进行三维模拟，为设计师提供一个多方位视角的

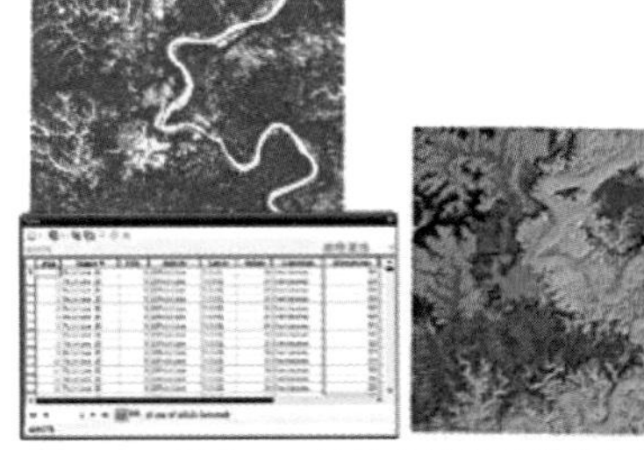

图 2–42　带高程属性信息的等高线数据及其 TIN 模型生成结果

① 贺志军. GIS 在生态城市设计中的应用框架研究 [D]. 哈尔滨：哈尔滨工业大学，2012.

虚拟环境，有利于设计师对规划范围内的现状情况的了解与掌握，帮助设计师对三维空间尺度的感受，得到更为合理的空间设计方案。

①生态条件分析与评估

生态敏感性指自然生态系统对人类活动的干扰的反映强度，体现了该区域发生生态环境问题的概率大小。在自然状态下，生态系统的各个环节保持着一种特殊的耦合关系，处于相对稳定的状态，而当人类活动的干扰超过一定限度时，这种平衡关系将被打破，从而导致严重的城市生态问题。事实上，生态敏感性就是自然生态系统对人类活动引起的环境变化的响应程度，生态敏感性高的区域，自然生态系统容易受到破坏，是生态环境保护与恢复建设的重点区域，也是限制或禁止人类活动的地区。

城市用地生态敏感性分析的目的就是确定那些生态系统容易受损的城市用地范围，在生态城市设计的前期阶段就划定相应的生态环境保护和恢复建设的区域。基于 GIS 技术的生态敏感性分析，充分利用 GIS 强大的分析功能，不仅能够快速处理海量的生态相关的信息，而且能够获得相对精确的量化分析结果，为生态城市设计提供准确有效的依据，大大提高了生态城市设计的合理性。GIS 生态敏感性分析叠加模型包含两种不同的类型，即矢量模型与栅格模型。二者各自有不同的特点，适合于不同的场合。根据城市用地生态敏感性分析的一般步骤，总结出基于 GIS 的城市用地生态敏感性分析栅格模型方法的应用框架，如图 2-43 所示。

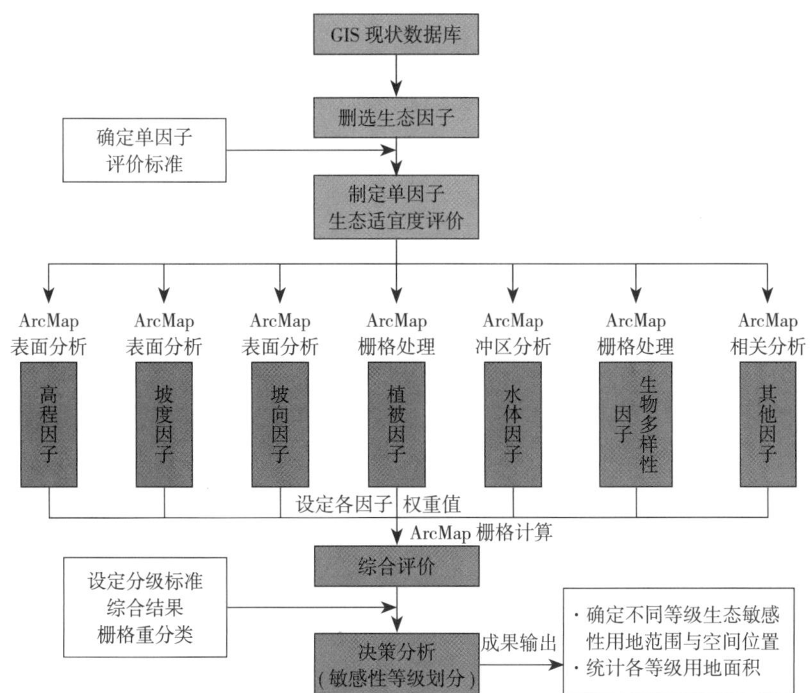

图 2-43　用地生态敏感性分析栅格模型方法的应用框架

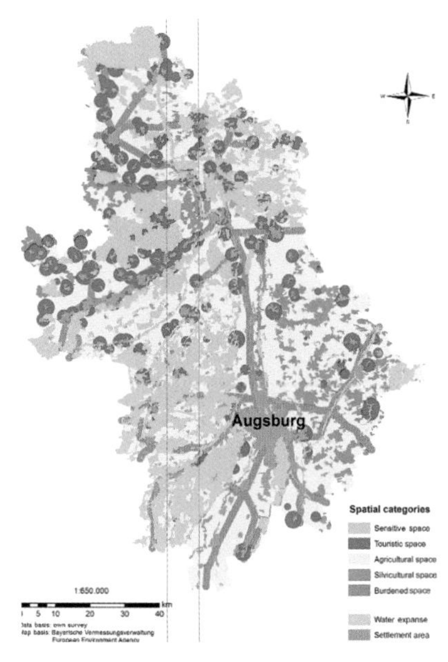

图 2-44 生态敏感性分析实例

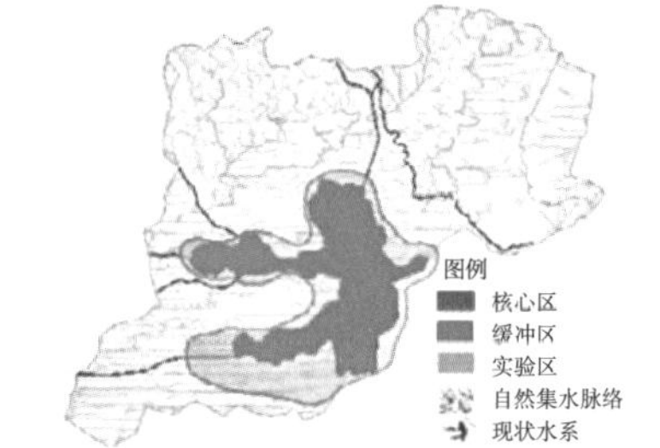

图 2-45 结合 GIS 水文分析的白洋淀国家湿地保护区示意图

对于生态敏感性分析中的每个单因子需要进行一定的分级，如地形因子中的高程信息，需要根据实际生态环境情况分出 3 至 4 个高程区间，随着区域海拔由高到低，一般生态敏感性呈现出由高到低的趋势变化；河流、林地等具备一定界线条件但没有量化数据的因子一般需要从因子界线向外按一定距离区间设置 3 到 4 个缓冲区，相当于对因子以外扩距离进行量化分级，距离评价因子越近的缓冲区则生态敏感性越高（图 2-44）。

ArcGIS 中“缓冲区分析”和“重分类”两个工具一般可以满足上述因子的分级评价需求。

②生态要素分析

利用 GIS 进行地形、水文、植被信息辨别提取，是生态城市设计领域中对生态要素分析的普遍应用方法。

GIS 地形分析是基于表面分析基础工具进化而来的，主要用于城市生态规划的现状分析阶段，可将平面地形图中零散的高程点、等高线等高程信息分析转换为可直观表达地形特征的 2.5 维图，还可以进一步挖掘地形深层含义，可以说是生态城市规划设计阶段十分重要的基础分析方法之一。

GIS 中的水文分析是与地形分析一样，也基于 DEM，是数字高程模型数据的一个主要应用方向，也是 GIS 表面分析的一个延伸方向。DEM 可以对地形模拟与还原，可以作为地表水流方向、汇水区等属性的重要基础。对于城市生态规划来说，水文分析可以告诉规划者基于现状地形，未来哪里可能形成汇水、哪里可能形成河网，这样就可以为城市用地布局与水环境的协调提供参考依据；同时，还可以提示规划者，对规划区的地形所做的人为改变会对水网系统带来怎样的影响（图 2-45）。

植被信息是城市生态规划中的另一重要因子，一个城市或地区的植被覆盖率往往被作为评价生态环境良好与否的重要标志。植被分析也被作为生态综合分析的基础数据之一。植被数据可以通过 CAD 地形图数据来提取，但地形图中的植被往往是点状要素，非常零散，不便于确定图面范围与划定分区。因此在植被分析中，我们常使用植被覆盖指数（NDVI）来进行林地分类。

③建设用地适宜性评价

建设用地适宜性是从城市发展建设的角度出发，评价城市经济、资源发展与自然环境平衡关系的一种过程。与生态敏感性分析相同，建设用地适宜性评价一般需要建立一个评价指标体系，由多个评价因子构成，每个评价因子都决定着用地与生态环境的兼容性并有各自的分级标准。对应每个标准设置高低不等的分值，一般该因子水平更利于生态稳定得到的评分则越高，也越不适宜开发建设。

在 ArcGIS 中进行建设用地适宜性评价的过程与生态敏感性分析基本

相同，只是评分的标准有所变化。在这个评价中，生态敏感性分析结果被作为一个因子，而它在最终加权求和中所占的权重比例由城市的生态发展定位决定。如果研究城市重点以生态优先，同时兼顾发展，则生态敏感性因子所占权重越大；相反，城市以发展为主，生态建设仅设置为底线标准，则生态敏感性因子所占权重越小。

④绿地生态网络构建

构建绿地系统是城市建设与自然环境协调发展的一种很好的手段，城市公共绿地不仅可以改善人居环境，还可以在原本不适宜其他生物栖息的城市开辟出动植物活动空间。如果将相对离散存在的绿地进行合理的空间布局、串联，形成绿地网络，将更好地提升城市生态功能，绿地生态网络概念也因此产生。

绿地生态网络是通过线性要素（廊道）将局域分布的生态板块进行符合生态自然规律的串联，从而形成一个统一协调、高效、具有自修复能力的生态系统。在绿地网络的支撑下，城市与自然可以更加良性地协调发展，城市获得了更多的景观、游憩空间，同时城市建设与生态环境保护之间的矛盾也在一定程度上得到了缓解。

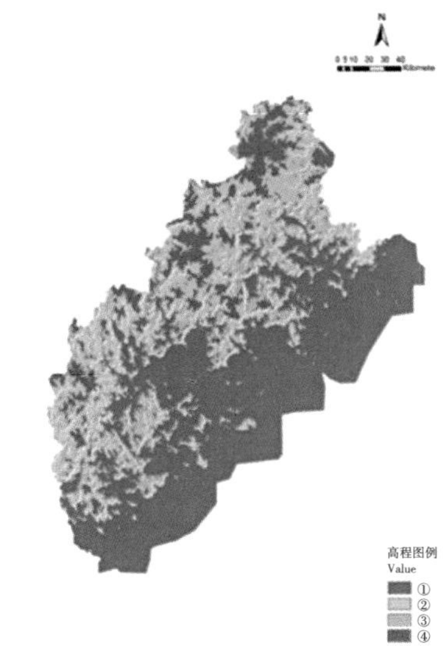

图 2-46 闽三角地区 DEM 数据模型

2. RS 技术

1）RS 遥感技术概述

RS 技术是遥感技术（Remote Sensing）的简称，是一种不直接接触目标体而获取其信息的高效能的信息采集技术，它可以获取地球表面的地物和地貌信息、地标的自然地物和人工地物的分布形态，以及自然资源和社会环境等方面的信息（图 2-46）。遥感技术所获的信息具有宏观性、综合性、动态性和多源性等特性。在生态城市空间信息获取过程中，可以根据不同的需求选用不同的遥感技术所得的信息。通常情况下，在城市空间信息获取中应用最为广泛的遥感技术为中高分辨率卫星遥感技术，尤其是高分辨率卫星遥感技术和航空数字摄影测量技术。具体来说，常见的遥感图像大多来源于 Landsat、SPOT 和 IKONOS 卫星，如表 2-1 所示，在此将对这三颗卫星进行简单介绍。

自 1957 年，苏联成功发射第一颗人造地球卫星，就标志着人类进入了航天遥感时代，到目前为止，人类依靠发射的数千颗人造卫星所获取的信息，已经广泛应用于军事、教育、导航、天文等领域。Landsat 系列卫星是目前世界范围内应用最为广泛的民用观测卫星，它原名地球资源技术卫星 ERTS（Earth Resource Technology Satellite），是美国国家航空和航天局（NASA）发射的用来获取地球表面图像的一种遥感平台，以观测陆地环境和资源为主。Landsat4 以后，加装了专题绘图仪（TM）来获取地球表层信息，几乎实现了连续的获得地球影像。Landsat TM 影像包含 7 个波段（超链接），可以根据不同目的进行提取。例如，TM1 用于水体穿透，分辨土地植被；TM3 处于叶绿素吸收区域，用于观测道路、裸露土壤、植被种类；TM4 用于估算生物量等。

表 2–1 Landsat 各波段简介

光谱段	波长（微米）	波段	地面分辨率（m）
TM1	0.45～0.52	蓝绿波段	30
TM2	0.52～0.60	绿色波段	30
TM3	0.63～0.69	红色波段	30
TM4	0.76～0.90	近红外波段	30
TM5	1.55～1.75	中红外波段	30
TM6	10.40～12.50	热红外波段	120
TM7	2.08～2.35	中红外波段	30

SPOT 是地球观察卫星（表 2–2）。是法国空间研究中心（CNES）研制的一种地球观测系统，主要服务于生态环境、地质矿产、农业、林业、环境保护与灾害监测、电信网络规划、测绘制图、城市规划和国防等领域。自 1986 年 SPOT1 发射，SPOT 卫星星座一直提供具有高分辨率和大幅宽的光学卫星影像。SPOT 系列卫星至今已发射了 6 颗，目前在轨运行的有 SPOT5 和 6，新发射的 SPOT6 和 2014 年初发射的 SPOT7 卫星，会将 SPOT 数据持续服务延续到至少 2023 年。

表 2–2 SPOT 卫星信息

光谱段	波长（微米）	波段	地面分辨率（m）
1	0.50～0.59	绿波段	20
2	0.61～0.68	红波段	20
3	0.79～0.89	近红外波段	20
4	1.5～1.75	短波红外波段	20
全色	0.51～0.73	全色波段	10

IKONOS 卫星又称“伊科诺斯卫星”（Ikonos），是一颗商业对地观测卫星，并且是世界上第一颗分辨率优于 1m 的商业遥感卫星，可提供多光谱（MS）和全色（PAN）图像。IKONOS 卫星数据有 4 个波段的数据，分别对应不同的光谱范围，所以 IKONOS 卫星数据图像不仅表现出丰富的空间纹理信息，而且还有光谱纹理信息（表 2–3）。

表 2-3　IKONOS 卫星信息

光谱段	波长（微米）	地面分辨率
1	0.45 ~ 0.53	星下点：0.82m，全色：1m，多光谱：4m；重访频率：1m 分辨率—2.9 天，1.5m 分辨率—1.5 天。
2	0.52 ~ 0.61	
3	0.64 ~ 0.72	
4	0.77 ~ 0.88	

2）RS 遥感技术在生态城市设计领域的应用

（1）土地资源分析：土地资源作为城市发展的载体，是生态城市规划设计最主要的关注因素。土地的性质和利用现状是动态变化的，要随时掌握其特征，用卫星遥感影像作为信息来源应是现代城乡建设和管理最常用的手段，可实现对土地资源利用的适时调查和动态监测，为加强土地资源的管理、优化政府部门决策提供有力支持。例如，在分析城市建成区时一般采用 TM 或 SPOT 图像。一方面，它能比较精确地反映建成区的范围，另一方面，由于成像过程中存在的制图综合，能较容易地提取出轮廓界线。如果要分析一个城市与周围城市或城镇的关系，同样，选择 TM 或 SPOT 图像比较合适，如在成都市的 TM、SPOT 复合影像图上，所有乡（镇）政府所在地的城镇都能明显地反映出它们的大小和形状。

（2）城市变迁发展分析：通过对不同时期遥感资料的分析，可全面、系统地研究城市发展轨迹和时空变化规律，结合各时期城市建设管理环境等因素，对城市变迁、发展、人文环境变化进行动态分析和研究，为城市发展提供信息资源。

在城市变迁发展中，其土地利用 / 土地覆盖变化（LUCC）是较具有可视化意义的变化特征，是全球气候变化和全球环境变化研究关注的重要内容[①]。它作为表征人类活动行为对地球陆表自然生态系统影响最直接的信号，是人类社会经济活动行为与自然生态过程交互和链接的纽带。开展国家或城市尺度长时间序列高精度的土地利用 / 覆盖变化遥感监测，通过数据挖掘和知识库的建立，快速获取土地利用 / 覆被变化相关知识，及时提出国土开发和城市设计气候变化适应性的宏观策略对于国家资源环境可持续发展具有重要的战略意义。对土地利用变化分析的具体操作包括：以覆盖全国的 1km 栅格土地利用本底与动态的成分数据作为土地利用动态区域划分的依据，可以在消除空间数据尺度效应的基础上，保

① H. A. Mooney，A. Duraiappah，A. Larigauderie. Evolution of Natural and Social Science Interactions in Global Change Research Programs[J]. Proceedings of the National Academy of Science of the United Sates of America，2013，110（Supplement 1）：3665-3672.

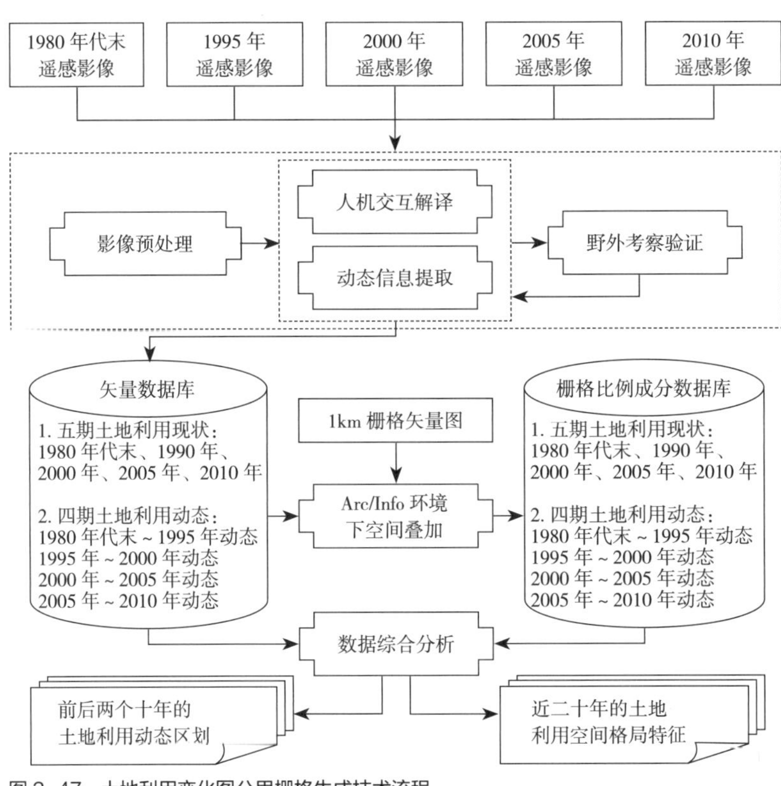

图 2-47　土地利用变化图公里栅格生成技术流程

证数据的空间精度和面积精度[①]。将动态图进行 1 km 大小的矢量栅格切割，可以得到每个栅格内各土地类型的动态变化面积及类型之间的转换面积（图 2-47）。

另一种在生态城市设计中广泛应用 RS 遥感技术的研究是对沿海城市生态岸线的变迁研究，通过确定岸线变迁的成因是否为岸线侵蚀与岸线淤涨，以是否为自然淤涨和围填海因素为判断条件，从而从岸线变迁中分离和提取围填海信息（图 2-48）。

（3）城市生态环境分析与监测：环境条件如温度、湿度的改变和环境污染会引起地物波谱特征发生不同程度的变化，而地物波谱特征的差异正是遥感识别地物最根本的依据。通过遥感图像特征分析，为环境监测——包括大气、水质、土壤、固体废物污染、城市热岛效应等提供有关资料及数据。

① 刘纪远，匡文慧，张增祥，徐新良，秦元伟，宁佳，周万村，张树文，李仁东，颜长珍，吴世新，史学正，江南，于东升，潘贤章，迟文峰. 20 世纪 80 年代末以来中国土地利用变化的基本特征与空间格局 [J]. 地理学报，2014，69（1）：3-14.

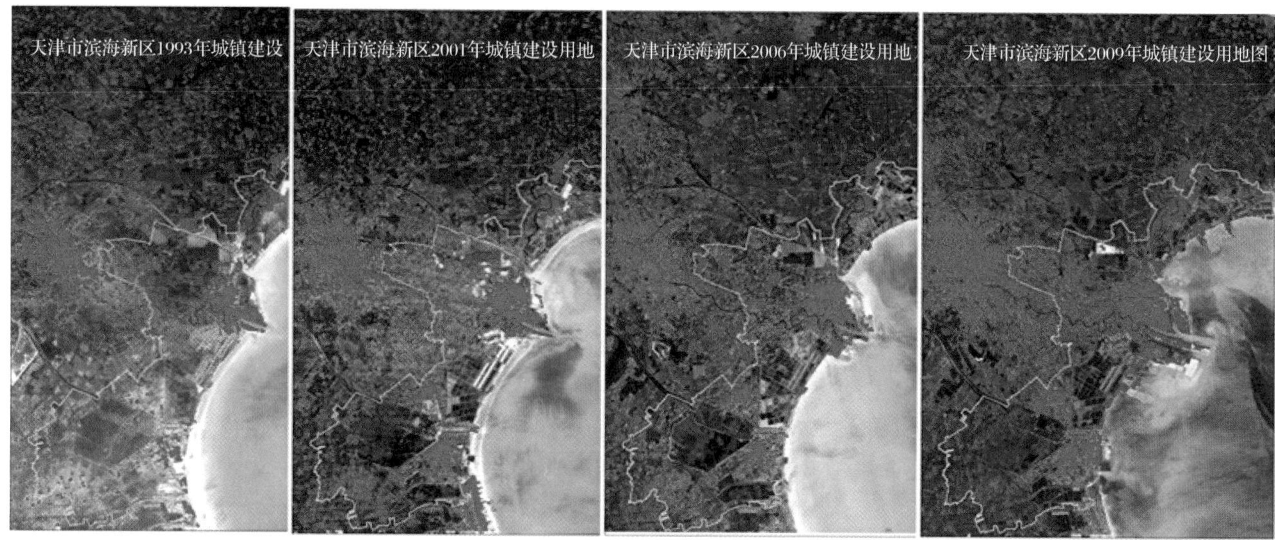

图 2-48　1993 年、2001 年、2006 年、2009 年 4 个年份的滨海新区建设用地变化

利用遥感技术对大气污染进行可视化及监测是非常有效的技术手段之一。城市大气中的污染物有粉尘、二氧化硫、氮氧化物、一氧化碳、光化学烟雾及含氟、氯废气等。当大气中的烟尘达到一定量的时候，就会对电磁波产生反射，从而在遥感图像上形成浅白色的流动状影像特征（可见光波段）。但这种特征的明显程度与烟尘的浓度、排放范围以及遥感图像的空间分辨率有关。如 2010 ~ 2015 年全国大气浑浊程度遥感图像，能够反映出大气光学浑浊度等级。热红外数据对城市大气污染监测效果极佳。一方面，一些污染源所排放的废气具有较高的温度，在遥感图像上可以判读出主要的污染源；另一方面，地面的热辐射在通过大气层时，要受到大气的影响，大气污染会减少辐射温度，因此，传感器所获得的热红外波段数据的大小与大气的污染程度存在着关系。

另外，遥感技术也是水体污染程度评价与城市固体废物分布评价的重要技术支撑。水体污染程度的评价包括对水体中溶解性物质、有机物、固体悬浮物、植物营养物质、重金属等单一污染物的含量分析以及综合分析。水体中污染物的含量变化会改变水体的颜色及水体的光谱反射率，因此有可能利用遥感手段监测水体污染。研究结果表明，可见光和近红外组合起来的多光谱方法，为监测混浊度（TRB）和总悬浮（TSS）提供了一个简单而有效的模型。城市固体废物主要包括城市生活垃圾、工业垃圾、建筑垃圾及混合垃圾。固体废弃物的识别主要是依据纹理信息，一般来说，只有当固体废弃物的面积大于图像空间分辨率 5 倍以上才有可能被识别。因此，对 TM 和 SPOT 图像，它们所能识别的固体废弃物最小面积分别为 22 500m^2 和 10 000m^2，显然这种精度固体废弃物的调查没有多大意义。对 IKONOS 卫星图像，它所能识别的固体废弃物最小面积可达到 400m^2，可以用于固体废弃物调查。

利用遥感获取的数字化影像可制作“4D”产品——数字正射影像 DOM、数字高程模型 DEM、数字栅格地图 DRG、数字线划地图 DLG，为城市基础地理信息系统提供翔实、可靠的数据来源，并使城市规划设计实现人机对话式操作。此外，以遥感资料为基础，可制作城市地形图、交通图等各种专题及综合图件①。

3. GPS 技术

1）GPS 技术概述：GPS（Geographic Position System，全球定位系统）是一种以空间卫星为基础的无线电定位系统，借助人造卫星，为全球地表面及近地空间用户提供全天候、连续实时、高精度的三维位置、三维速度和时间信息，具有全球性、全天候、高精度、高效益等显著特点。GPS 使定位从静态扩展到动态，从后处理扩展到实时定位与导航，其观测精度达到各种要求的精度，如从百米级发展到数米级，进一步发展到分米级、厘米级。GPS 系统由 GPS 卫星星座（空间部分）、地面支撑系统（地面监控部分）和 GPS 接收机（用户部分）三个主要部分构成。

2）GPS 在生态城市设计领域的应用：卫星定位技术由于其自动化程度高、全天候全天时作业、定位快速而精确等特点，已经给测绘技术带来了革命性的变化，在生态城市规划设计中将发挥巨大的作用。首先，大量城市遥感信息的精确定标工作、城市地籍信息的测量工作、城市数字摄影测量工作，都离不开卫星定位技术，数字城市空间数据基础设施的建设必须应用 GPS 技术。GPS 技术在生态城市设计空间信息获取中的应用价值主要表现在其能够迅速准确地建立城市空间参考基准。如借助 GPS 与大数据技术，建立共享单车行动起讫点连线模型，能够反映出共享单车在城市空间运行规律（图 2-49）。生态城市规划设计的一切空间数据必须基于一定的空间参考基准，这种基准通常依靠建立城市基本控制网来实现的。我国国土辽阔，南北维度和东西跨度大，国家基本大地控制网难以满足城市空间地理信息的采集和工程建设的需要。因此，许多城市都建立了自己的城市平面控制系统。随着社会经济的发展，原有的城市控制网，或规模过小，或遭到城市建设破坏，改造或建立城市控制网已经成为当前一项非常重要的基础性工作。利用 GPS 技术改造或建立城市控制网是目前的标准方法，具有精度高且均匀、无需建标高、费用低、劳动强度低以及作业效率高等特点。

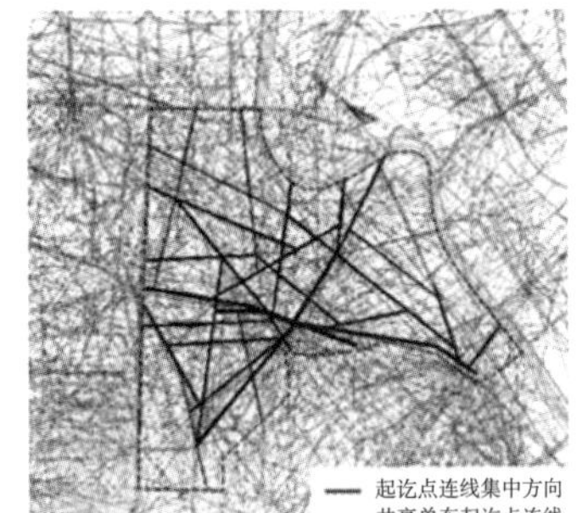

图 2-49　基于 GPS 与大数据技术的休息日 17：00~18：00 共享单车行动起讫点连线

① 郭海川．遥感技术在城市规划中的应用[J]．技术与市场，2016，23（1）：83.

RS 和 GPS 都是获取空间信息的技术，既具有独立的功能，又可以互相补充完善对方。GPS 的精确定位功能克服了 RS 定位困难的问题，另一方面，利用 RS 数据可以实现 GPS 定位遥感信息查询。因此，在城市空间信息获取过程中，将 GPS 与 RS 两项技术相结合，会取得比较理想的效果。

2.4.3　气候适应性技术

1. 气候适应性的基本内涵

“适应”是生命科学中的一个带有普遍性的概念，英文“Adaptation”一词来源于拉丁文“Adaptatus”，原意是调整或改变，与 Climate 结合起来使用指对气候的适应。气候适应性在本文界定为对气候适应的特性和能力。适应性设计强调的是当外部条件变化时系统自我反馈和恢复，这正与补偿性设计相互补充。具有气候适应性的建筑和城市设计有助于改善城市微气候和提高城市环境的整体效益，并为城市整体节能的实现提供保障。城市化进程中的人口膨胀、城市用地增加、人为热排放增多及城市下垫面性质改变都会对城市气候带来影响。

2. 气候适应性技术在生态城市设计领域的应用

政府间气候变化专门委员会（IPCC）第五次评估报告作为有史以来最综合的气候变化评估报告，其突出特点是将城市列为应对气候变化风险的主要区域，城市层面气候变化的研究成为学界关注的热点问题。城市对于气候变化的重要性，国外早有文献涉及。高度城市化带来的一系列问题，如城市系统排放大量温室气体、城市空间布局无序蔓延、土地利用硬质化发展等，导致气候问题更为突出。

城市化所带来的人口规模增加、土地利用扩张、人为热量增加以及城市下垫面性质改变等会对城市气候变化的影响。土地利用变化是气候变化的主要动因，相关研究侧重于探讨城市土地利用与碳排放、降水量以及城市土地利用与气候变化协同影响。土地利用通过影响其他如交通、热岛效应等城市要素而影响碳排放。城市土地利用通过影响交通能源消耗进而影响温室气体的排放，并且土地利用变化会加强城市热岛效应。相关遥感数据和 GIS 的方法也验证了城市土地利用对温室效应的增强作用，以及植被覆盖对城市热岛效应起到减缓作用（图 2–50）。城市土地利用通过改变城市下垫面的粗糙度影响风速进而影响感热通量，促使降水条件发生改变。城市土地利用与气候变化之间的协同作用对用水量、降温机制以及生物多样性都产生影响（表 2–4）。

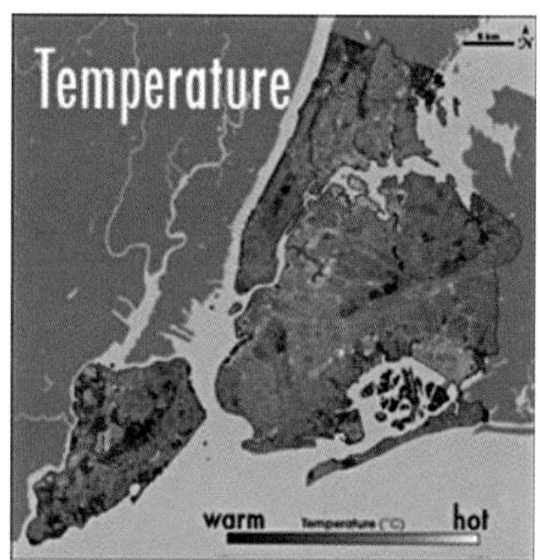

图 2–50　纽约市及其周围的地表温度（上）与植被覆盖分布（下）

表 2-4　常用城市气候分析工具和方法

研究内容		常用城市气候分析工具和方法								
		实测气候参数分析	遥感与 ENVI 等技术分析	指标评估与 GIS 空间分析（包括碳排放评估、脆弱性评估、灾害风险等）	情景模拟分析					
					GCM、RCM 等大尺度预测模拟模型	WRF 与空间增长模型模拟分析	UCM（都市气候图）与 LCZ（地方气候分区）规划工具	ENVI-met 微尺度模拟分析	CFD 模拟分析	EVVI-met 模型和微气候居民热舒适 RayMan 等模型模拟分析
气候效应功能	城市化与气候效应	○	●	●	●					
	土地利用与气候效应	○	●	●	●	○				
城市空间形态结构	城市空间增长		●		○	●	●			
	GIS 空间格局和设施	●	●				●	●	●	●
	城市中心和社区	●						●	●	●
策略与实施路径	减缓策略	○	●	○		●	●	●	●	●
	适应策略	○	●	○		●	●	●	●	●

常用的技术方法有以下三种：

1）碳排放核算与评估

城市作为温室气体的主要排放区域一直是实行节能减排的研究重点，城市碳排放核算对于构建低碳城市具有参考价值。城市空间系统碳排放与城市密度、城市形态、城市居民出行方式、城市产业布局等因素相关。城市碳排放核算方法，目前主要包括 IPCC 清单编制法、质量平衡法、实测法、因素分解法等。基于未来特定时期、特定区域、开放经济条件下，城市尺度使用低碳社会（Lowcarbon Society）情景发展模型进行碳排放评估预测。碳排放核算和评估既要关注城市层面，也要关注社区层面以及建筑空间，并需要创新的公众参与模式，结合居民行为类型等要素核算评估碳排放，建立可持续的碳排放评估机制。如图 2-51 所示，谷歌平台已开放美国城市建筑、交通碳排放核算的开放数据，用户可通过检索城市名称获取相关数据。

图 2–51　谷歌平台的城市建筑、交通碳排放核算数据

2）脆弱性评估

城市脆弱性评估是一个囊括自然、社会、生态等系统的复合研究，涉及城乡规划、地理学、社会学、城市生态学等学科领域。基于气候变化的城市脆弱性评价研究内容基本上概括为两个方面：一方面关注城市外部脆弱性研究，侧重于探讨城市及其人群对外部环境如气候变化、自然灾害的反应能力的评估。另一方面，城市内部脆弱性评价研究，则关注城市内部生态、社会、经济等各子系统之间及各要素之间的内在作用。城市脆弱性评估方法对于促进城市韧性、构建宜居城市影响深远。围绕研究概念框架，融合综合指数法、情景模拟、统计分析以及 GIS 空间分析等自然研究方法以及调查问卷、专家指导、层次分析方法等社会分析方法，城市脆弱性评估方法目前在城市宏观层面的发展策略研究中广泛应用并指导实践。

3）模拟分析

数值模拟强调在特定的情景假设下构建模型、设置参数，从而对城市各气候要素作用过程进行模拟，是辅助城市规划和决策的重要方法。城市空间增长模型早已普遍用在很多城市扩张模拟过程之中。近几年城市空间增长与气候系统的关联与发展策略研究已经开始得到关注。德国、澳大利亚等一些国家很多城市通过 GIS 技术绘制都市气候图、生态气候图

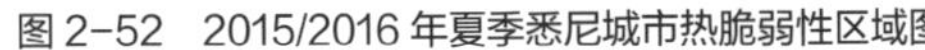

图 2-52 2015/2016 年夏季悉尼城市热脆弱性区域图

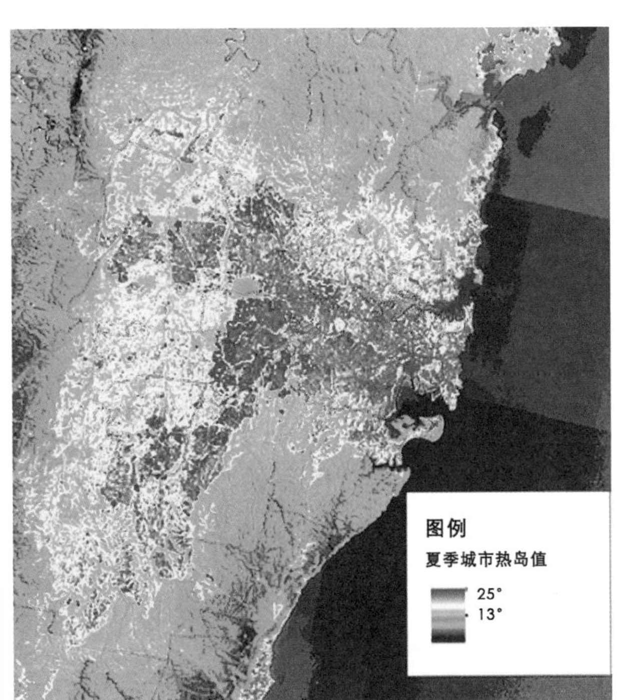

图 2-53 2015/2016 年夏季悉尼热岛效应区域图

等内容对城市土地利用格局气候效应进行评估，将其作为规划融合气候要素的一种基础工具（图 2-52、图 2-53）。另外，计算流体动力学（CFD）模型研究侧重探讨在建筑布局、结构影响下的微气候问题。ENVI-MET 三维尺度模拟软件由于在多种效应的综合模拟性能方面具备优势而得到发展应用。总体而言，城市各尺度模拟分析方法发展迅猛，但城市各层面之间对空间规划的指引缺乏协调性，其尺度之间互动研究及微观尺度的深入研究是发展趋势所在。

图 2-54 低影响城市设计与开发（LIUDD）手册

2.4.4 LID低影响开发技术

1. LID 低影响开发技术概念解析

低影响开发（Low Impact Design，简称 LID）最早由美国马里兰州环境资源署在 20 世纪 90 年代提出，是一种新型、可持续的雨水管理理念和技术（图 2-54）。LID 的目标是维持或者恢复区域开发前的水文机制，强调减少不透水面的面积及其对自然水体、自然排水通道的破坏。LID 主张采用源头分散式、多样化且低成本的绿色雨水设施来延长雨水径流的路径和时间以实现对雨水的截流、净化和下渗。LID 希望通过这样的方式来最终实现对雨洪资源的合理利用以及对河道生态环境的保护，尽可能维持或恢复场地原有的自然水文特征[①]。

低影响开发技术的核心理念包括：尊重自然、保护自然；始末控制、多重调节；思路转换、变废为宝。

尊重自然、保护自然：低影响开发强调城市与大自然和谐共生，在开发的过程中强调既满足城市的发展需求又对自然环境进行保护，在最低程度地破坏自然的基础上进行活动场地建设，尽可能地减少城市的发展对自然环境造成冲击，保证开发前后场地水文的平衡，体现了尊重自然、保护自然的核心理念。

始末控制、多重调节：传统的雨洪管理技术对雨水产生的源头和传输过程缺乏有效的控制，主要是通过末端处理设施来对雨水进行消纳。低影响开发对雨水全过程的控制，不仅在源头模拟自然的雨水转移路径和水文机制来降低洪峰，而且对于末端超量的部分雨水进行有限的处理，实现多重调节的管控方式。

思路转换、变废为宝：雨水是重要的自然资源，因此逐渐形成了将雨水视为珍贵自然资源新理念，通过源头和末端双重调节的方式对雨水进行滞留、蓄积和利用，实现雨水的真正价值。

2．LID 低影响在生态城市设计领域的应用

进入 21 世纪以来，LID 理论与方法逐步向北美、欧洲扩展，同时也逐步与传统的城市规划融合。在美国和加拿大，LID 与场地设计结合，逐步形成了以水循环为框架的场地与土地利用规划理论与方法，包括最优场地设计（Better Site Design）、保护性设计（Conservation Design）等。此外，还推动了传统的绿色设计从建筑向街道、社区、场地的推进，形成了绿色街道和绿色社区等设计理论与方法。在澳大利亚，LID 与传统的城市设计结合，形成了水敏感城市设计（Water Sensitive Urban Design，简称 WSUN）理论与方法。在新西兰，LID 与传统城市设计与开发结合，形成了低影响城市设计与开发（Low Impact Urban Design and Development，简称 LIUDD）的理论与方法。在英国，LID 思想逐步应用于传统的城市排雨水系统，形成了可持续城市排雨水系统（Sustainable Urban Drainage Systems，简称 SUDS）的理论与方法。

从雨洪管理衍生出的低影响开发，在实践中逐步形成了一套完整的规划体系。低影响开发的技术构成比较经典的论述当属美国马里兰州乔治王子郡的环境资源部在其《低影响开发设计策略：一个综合的设计方法》（*Low-Impact Development Design Strategies：An Integrated Design Approach*）手册中的阐述。在此手册中的低影响开发技术构成，主要包括低影响开

① 王建龙，车伍，易红星．基于低影响开发的城市雨洪控制与利用方法 [J]．中国给水排水，2009，25（14）：6–9+16.

发场地规划（LID Site Planning）、低影响开发水文分析（LID Hydrologic Analysis）、低影响开发土壤侵蚀与沉积物控制（LID Erosion and Sediment Control）、低影响开发综合管理实践（LID Integrated Management Practices）和低影响开发公共传播计划（LID Public Outreach Program）五大部分。低影响综合管理实践实际上是最佳管理实践和生物滞留（Bioretetion）技术的综合。美国住房与城市发展部在《低影响开发实践》（*The Practice of Low Impact Development*）中，不仅考虑非点源污染，甚至把污染物的规划控制扩展到生产和生活污水的处理中。低影响开发技术体系的核心应该包括以下几方面：第一，低影响开发水文分析；第二，低影响开发场地分析与规划；第三，非点源污染的监测、分析与规划控制；第四，土壤侵蚀与沉积物的规划控制；第五，低影响开发综合管理实践的技术设施体系的布局规划与设计①。如表2-5所示，本书将对主要的低影响开发方法与技术（截留技术、促渗技术及调蓄技术）进行讲解。

表 2-5　低影响开发主要方法与技术

技术分类	技术名称	技术介绍
截留技术	绿色屋顶	通过屋顶绿化达到雨水吸纳、蓄积和排放目的
	冠层截留	通过树冠、枝干对雨水的截留一蒸腾作用，达到减少径流，雨水自然循环的目的
促渗技术	透水铺装	透水铺装属于多孔介质材料，其较强的孔隙渗透能力，可以应用在停车场、街道、广场等硬质场地上；它能够有效减少雨水径流量，补充地下水
	绿色停车场	通过使用透水铺装与植物及生态沟相结合的方式，将雨水径流吸收下渗并进行过滤，多余的径流汇集至生态沟内，通过植物及生态沟的结构层进行过滤，有效地保护地表和地下水资源
	绿色街道	绿色街道通过透水铺装的使用、生态沟的使用以及植物的种植，把低影响开发技术整合成街道的形式来储存、过滤和蒸发雨水
调蓄技术	生态沟	常设置于道路的两侧，收集道路上的降雨径流，对污染径流进行过滤、渗透、吸附及生物降解等一系列作用，以达到就地净化处理、控制径流污染、促进雨水下渗、延缓瞬间径流系数的目的
	雨水花园	由植物、土壤、砂石等自然造景元素和必要的景观建造技术建造的具有良好的景观效果和雨水调蓄功能的绿地景观
	多功能调蓄池	雨水调蓄池能以调蓄暴雨峰流量为核心，把排洪减涝、雨洪利用与城市的景观、生态环境和城市其他一些社会功能更好地结合，有效解决城市内涝问题

① 仝贺，王建龙，车伍，李俊奇，聂爱华. 基于海绵城市理念的城市规划方法探讨 [J]. 南方建筑，2015（4）：108-114.

1）截留技术

绿色屋顶：绿色屋顶结构通常分植被层、种植土层、蓄排水层，根据植物种植密度及种类可以分为拓展型和密集型两大类，可蓄积 50%～80% 的雨水资源。

冠层截留：上海交通大学对上海 156 个植物群落中植物滞留能力研究发现，植物截留主要分树冠、枝干及其土壤，其对雨水的截留能力分别为 9%～12%、2% 及 40%。研究表明针叶植物冠层截留能力比阔叶植物高 3% 左右（图 2–55）。

2）促渗技术

透水铺装：透水铺装主要结构可以分为可渗透层、过滤层、排水层等，研究表明，透水铺装径流削减能力为 40%～90%，比无收集措施时提高约 10%，洪峰削减能力在 20%～80%。

绿色停车场：绿色停车场能够汇集机动车的零件磨损产生的重金属、汽车排放物以及周边径流汇集所产生的污染，进行初期处理减少面源污染。

绿色街道：绿色街道整合了透水铺装和生态沟等设施以及植物的种植，保护地表和地下水资源、降低污染，减少雨水的外排。

3）调蓄技术

生物滞留池（Bio-retention）：生物滞留池是最具代表性的低影响开发技术之一，主要体现在较浅的低洼区域的植物配置，雨水季节，池中的植物和土壤可以共同作用，实现对停车场、小型广场、街道、宅院等小汇水面汇集的雨水的滞留、净化、渗透和排放（图 2–56）。生物滞留池的主要两种类型是雨水花园和下凹式绿地。

植被浅沟（Grasses Swales）：植被浅沟是指在地表沟渠中栽植植物，通过水体的重力作用汇流聚集、运输和排放雨水，并通过植被的净化和土壤来过滤雨水中的污染物和工程性设施（图 2–57）。植被浅沟有很多构造方式，横断面一般为梯形、三角形和抛物线形三类。根据传输方式的

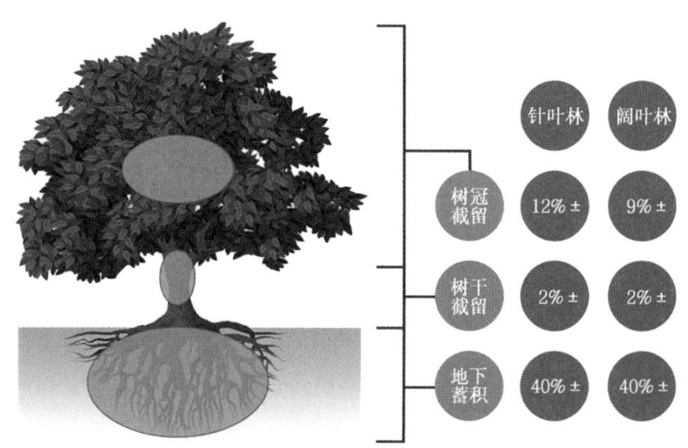

图 2–55　截留技术

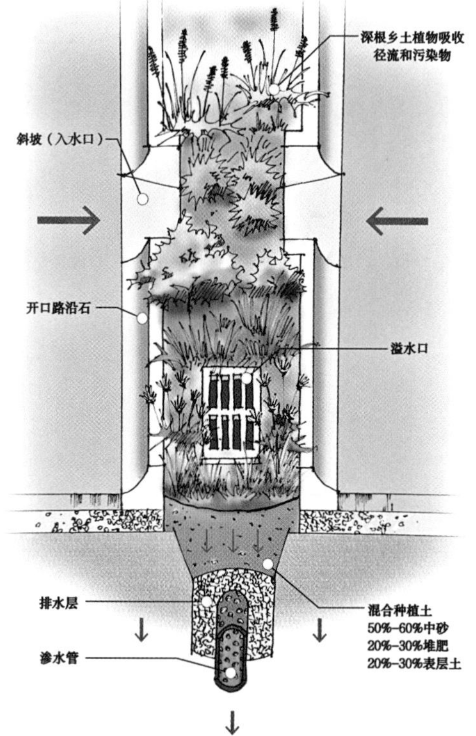

图 2–56　调蓄技术

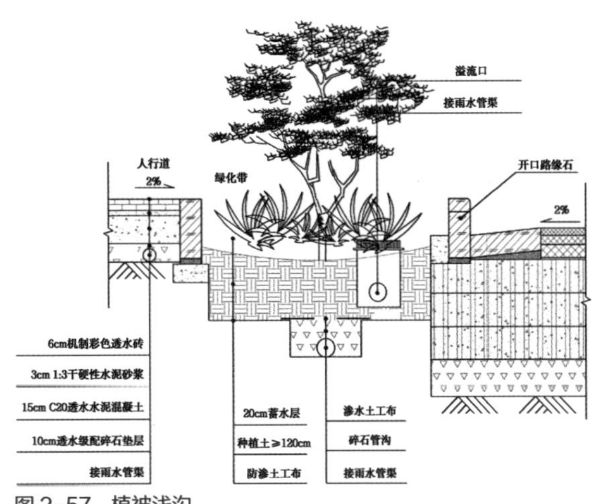

图 2-57 植被浅沟

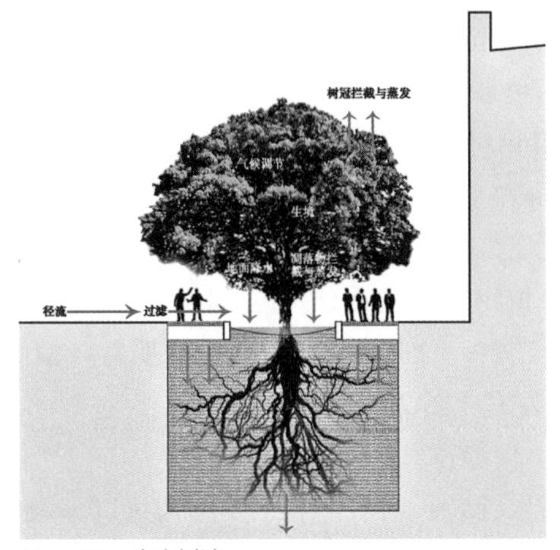

图 2-58 生态树池

不同，植被浅沟又可分为标准传输植草沟，干式植草沟和湿式植草沟。

生态树池（Ecological Tree Pool）：生态树池与正常的树池相似，主要栽植本土的大中型木本植物，对种植土深度的要求至少为 1m（图 2-58）。生态树池有多种样式，在很多地方都能够使用，还能很好地与其他 LID 设施配合使用，对雨水能够起到滞留和净化的作用。在道路两侧存在行道树时，将行道树的树池改建为生态树池，在不增加额外占地面积的同时还能净化处理来道路周边的雨水径流中的污染物。

植被过滤带（Vegetated Filter Strips）：植被过滤带是污染源和水体之间的一个植被过渡地带，这个过渡地带不仅可以减少进入水体的雨水总量，还能通过让雨水在过渡带中长时间的行走有效拦阻和滞留其中的泥土沙石，减少氮、磷等污染物质。植被过滤带能够有效处理点源和非点源污染，保护土壤和减少暴雨冲刷造成的水土流失[①]。

透水铺装（Permeable Pavement）：透水铺装相对于传统铺装来说最大的优点在于其结构中含有的过细骨料可以有效促进雨水的下渗。透水铺装有两种类型：一种是由铺装材料自身的特性决定的，例如，自身有空隙的铺装材料就能达到促进雨水下渗的效果；另一种是由施工工艺决定的，当铺装材料自身不具备渗水的功能时，在地面铺装施工过程中，让每个铺装单体之间都留有等距离的空隙，这样便可以使雨水通过这些空隙渗入地下。因此，在设计时可以考虑在非承重路面上采用具有透水性的铺装，并结合保留一定空隙的铺装工艺，以此达到最好的透水效果。

人工湿地（Artificial Wetland）：人工湿地通过其中的植被、土壤和水文作用去除雨水中的污染物。从社区规划设计的角度来讲，湿地系统不

---

① 王佳，王思思，车伍．低影响开发与绿色雨水基础设施的植物选择与设计 [J]．中国给水排水，2012，28（21）：45-47+50.

仅为人们提供了传统的处理系统与景观完美结合的空间，同时也提供了一个公众娱乐及文化展示的多功能空间。

思考题

1. 生态城市设计所包含的尺度有哪些？不同尺度的生态城市设计方法有哪些特征？
2. 常见的生态城市设计要素有哪些？选取 2～3 个要素进行详述。
3. 除建筑类学科，生态城市设计理论与方法还可与哪些科学进行交叉研究？为什么？
4. 生态城市设计的相关技术支撑体系包括哪些内容？请举例说明并尝试使用某一种技术体系进行生态城市设计。

延伸阅读推荐

[1] Paul D. Spreiregen. Urban Design：The Architecture of Towns and Cities[M]. Malabar：Krieger Publishing Company，1965.

[2] Making People-friendly Towns: Improving the public environment in towns and cities[M]. London：Taylor & Francis，2012.

[3] Resilience in ecology and urban design: linking theory and practice for sustainable cities[M]. London：Springer Science & Business Media，2013.

[4] 王建国. 城市设计（第三版）[M]. 南京：东南大学出版社，2011.

参考文献

[1]（马来西亚）杨经文. 生态设计手册 [M]. 黄献明，吴正旺，栗德祥，等. 北京：中国建筑工业出版社，2014.

[2] 陈天，臧鑫宇，王峤. 生态城绿色街区城市设计策略研究 [J]. 城市规划，2015，39（7）：63-69+76.

[3] 王建国，王兴平. 绿色城市设计与低碳城市规划——新型城市化下的趋势 [J]. 城市规划，2011，35（2）：20-21.

[4] 仇保兴. 从绿色建筑到低碳生态城 [J]. 城市发展研究，2009，16（7）：1-11.

[5] 吴正旺，单海楠，王岩慧. 景观生态学在城市设计中的应用 [J]. 华中建筑，2015，33（1）：93-97.

[6] Rob Kitchin，Nigel Thrift. International Encyclopedia of Human Geography[M]. Amsterdam：Elsevier Science，2009.

[7] 杨俊宴，曹俊. 动・静・显・隐：大数据在城市设计中的四种应用模式 [J]. 城市规划学刊，2017（4）：39-46.

[8] H. A. Mooney, A. Duraiappah, A. Larigauderie. Evolution of Natural and Social Science Interactions in Global Change Research Programs[J]. PNAS, 2013, 110（Supplement 1）：3665-3672.

[9] Wheeler，Stephen. Sustainable Urban Development Reader[M]. London：Routledge，2014.

[10] J. P. Evans. Resilience, ecology and adaptation in the experimental city[J]. Transactions of the institute of British Geographers，2011，36（2）：223-237.

第 3 章 生态城市设计的实施与评价

学习目标：

- 了解生态城市的开发组织方式的类型以及不同开发组织方式的参与角色、组织流程和该方式的优缺点。
- 了解生态城市设计的实施途径，了解促进生态城市设计实施落地的多种经济运营方式。
- 了解生态城市设计评价体系的特性，了解国内外生态城市评价体系的发展，知晓常见的生态城市设计评价原理。

内容概述：

- 生态城市设计的实施与评价是实现生态城市设计方案落地的重要环节。本章将从生态城市的开发组织方式、生态城市设计的实施途径和生态城市设计评价三个方面具体介绍生态城市设计的实施和评价特征。其中，对生态城市的开发组织方式的介绍结合国内外生态城市建设实例，解读了自上而下和自下而上两种组织方式的参与角色、开发过程以及相应的组织方式特征；介绍了经济运营方式对于推动生态城市设计的实施落地的重要性，并解释在生态城市设计实施中可以运用的多种经济运营激励方式；介绍了生态城市设计的指标体系的含义与作用以及其与一般城市规划指标的区别；从宏观（国土）到微观（建筑）对国内外生态城市评价指标体系的发展进行回顾；最后对常见的几种国内外常用的生态城市设计评价原理进行介绍。

本章术语：

- 开发组织方式、经济运营方式、社会技术制度、评价体系、评价方法。

学习建议：

- 生态城市设计的实施过程是综合社会、经济与文化多要素的城市开发和管理过程，也是一个多方利益群体权衡和博弈的过程。建议以角色带入的方式去尝试分析不同参与角色的开发诉求，理解生态城市设计与传统城市设计实施过程相比较而言的异同。
- 生态城市设计评价涉及生态学、地理学、建筑学、环境科学等学科基础知识，需要多学科知识和技术方法的综合运用。同时，生态城市设计的评价也涵盖了从宏观到微观的各个层次，包括国际—国家—区域—城市—街区—建筑等。建议在实际操作中，利用多学科融合的思维对生态城市设计进行评价。

3.1 生态城市项目的开发组织方式

生态城市设计项目的实施不同于传统城市开发过程中自上而下的单一城市运营模式，应构建多主体、多类型、多维度的城市设计组织与筹划方式。当前国内外的生态城市项目开发组织方式主要有国家推进型、地方推进型和社区推进型三种方式。其中国家推进型是指由国家、中央政府通过发布政策，通过政令的方式推动生态城市项目的设计和实施。地方推进型指由城市地方政府主导提出和推动的生态城市项目的规划设计、开发和管理的方式。社区推进型指由社区组织、开发商或一些公益性机构提出和推动的生态城市建设方式。总体上，在生态城市项目的开发组织过程中，共有 7 种类型的角色参与，如表 3-1 所示，分别为：绿色技术本体、政策制定者、公共利益相关者、国际知识提供者、开发商、个体企业和居民以及文化本体。这些角色在生态城市设计项目的实施过程中，具有不同的参与方式和先后次序，因而形成了自上而下的开发组织和自下而上开发组织两种主要的模式。

表 3-1 生态城市开发技术系统中的参与角色[①]

参与角色	解释
绿色技术本体（Green Technologies and Industrial Players）	指绿色生态的科学技术，如可再生能源利用、节水技术、资源再利用技术、绿色建筑技术、绿色交通技术、智慧城市技术等
政策制定者（Policy Makers）	指城市管理政策的制定者，如制定生态指标体系，制定税务激励政策等
公共利益相关者（Public Stakeholders）	指从国家到地方的各级政府、城市开发管理委员会、银行等
国际知识提供者（Foreign Knowledge Providers）	指国际公司、外国政府等；在天津生态城开发中新加坡政府作为国际知识提供者，提供生态城市开发的经验
开发商（Investors）	指土地开发商、基础设施建设单位等
个体企业和居民（Businesses/Residents）	指在生态城内办公、经营的个体企业以及居住在生态城的居民
文化本体（Cultural Factors）	指注重绿色节能的生活观念和生活方式

自上而下的生态城市项目开发组织方式主要以政府、大型企业为生态城市的设计、开发组织、运营主体。生态城市，特别是大规模的生态新城建设，其本质是一种经济转型的方式，比如马斯达尔（Masdar）新城

① Hu M-C, Wu C-Y, T. Shih. Creating a New Socio-technical Regime in China: Evidence from the Sino-Singapore Tianjin Eco-City[J]. Futures, 2015（70）: 1-12.

的建设具有从石油经济向绿色经济转型的目的[1]，而天津生态城是我国探索新型城镇化、推进经济转型升级的重要试验载体，并且也是中国与新加坡政府之间的重大合作项目。因而在此类生态城市项目开发的过程中，政策支持是最根本的驱动力，例如中国与新加坡的政府合作协议是天津生态城成功发展的基础。在政策的引导和支持下，政府通过吸引开发商投资，指导规划条例的制定等途径推进绿色技术的应用。而绿色的产业系统、居民以及生态的文化观念是位于这个技术系统的末端，这种类型的生态城市项目的开发组织方式是一种自上而下，从政策制度向文化观念转化的结构（图 3–1）。

在自上而下的开发技术系统中，通常包含三个层级的合作运行模式，以天津生态城为例，第一层级为“政府—政府”的合作，即中国与新加坡政府间在城市规划、环境保护以及资源管理和再利用方面的合作。第二层级是一种在生态城市化概念下新型的“政府—企业”合作，生态城的开发建设时由中方与新方合作成立的城投集团和生态城管理委员会邀请土地开发商入驻，并通过税收、贷款以及便捷审批流程等方式吸引开发

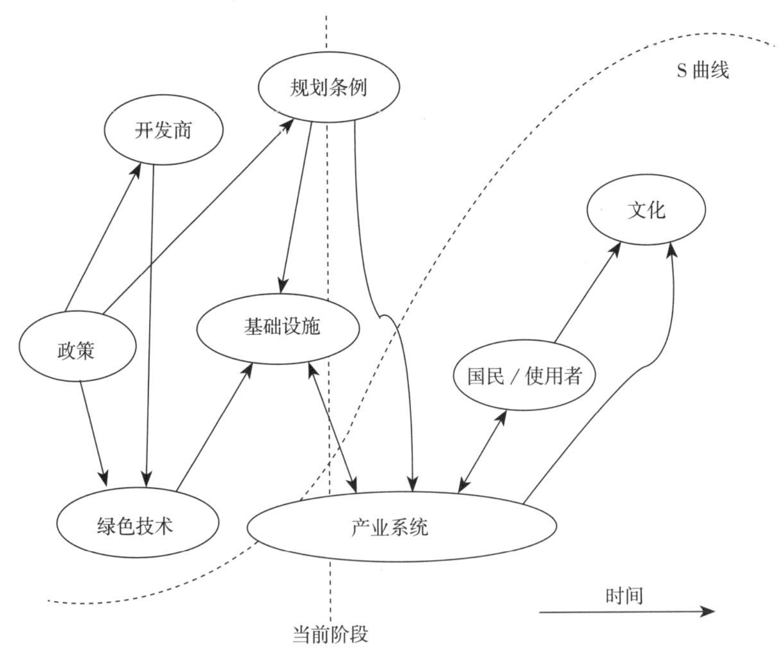

图 3–1 自上而下的生态城市项目开发组织方式

① F. Caprotti. Critical Research on Eco–cities? A walk through the Sino–Singapore Tianjin Eco–City, China[J]. Cities, 2014（36）: 10–17.

商投资建设。在第三层级，是“企业—企业”和“企业—个体”的运营模式。由创新型产业作为经济发展的驱动力，比如当前天津生态城建成的国家动漫产业园。在这种新型体制中，政府和国家资本处于前两个层级，国际企业和投资商处于第三层级，共同参与开发和运营生态城市。这种自上而下的社会技术制度是保障天津生态城稳步发展的重要基础。

不过，由政策支持作为基础的生态城市开发模式也存在一定的不足之处。在我国当前部分生态城的开发实践中，这些不足也逐步显现出来。自上而下的开发技术系统在城市开发建设的过程中具有效率和执行力，能够达到理想的建设效果，然而在城市建成后的管理运营过程中，由于基层参与力量的缺失，而存在生态效果可持续性不理想的问题。比如在天津生态城的开发模式中，市场化的运作模式导致开发项目以房地产投资为主，而其他的产业类项目不足，导致生态新城自身经济造血能力不足，本地就业规模有限，进而后续的地方财政收入有限，长期需要政策和财政的倾斜支持。而一系列的绿色建设逐步抬高了开发成本以及管理维护成本，导致生态城市项目未来的经济可持续性不足。此外，由政府主导编制的规划在实施过程中会受到一些外部因素的影响，使原规划设计的方案最终难以兑现。再者，基层参与力量缺失的问题还体现在绿色建设项目后续的维护不足。例如，在天津生态城项目中，对于绿色建设项目的后续维护和运营主要通过天津生态城管委会负责，然而生态城管委会建设局的职能机构设置与传统城市规划管理部门类似，主要负责从规划到建设的过程，而天津生态城开发建设过程中非政府类机构（NGO）参与程度不足，居民和社区机构的自我治理、组织能力不足。对于绿色建筑和工程项目而言，建设完成后的管理和运营维护是长期持续性的工作，仅有政府部门单方面投入是难以长期维系的。

另一类生态城市项目的开发组织方式则由社区居民、环保组织、非公益性组织等发起，再得到部分技术提供者、开发商、政府的支持，通过自下而上的方式进行。自下而上的开发组织方式通常应用于中小尺度的生态城市开发，或旧城的生态化改造过程中。例如澳大利亚阿德莱德的克里斯蒂漫步（Christie Walk）项目，这是一类完全由社区主导的开发组织方式，体现了生态城市的民主化和没有利润的公益性投资建设特点（图 3-2）。在整个项目开发过程中，以志愿者的无偿服务为主要组织主体，仅在建筑设计和建设方面有少量的公司和需要支付费用的员工参与[①]。但这种模式更适用于规模较小的生态社区开发，是在业主能够达成生态共识的情况下，才能够顺利进行。并且，自下而上的组织方式需要

① Paul F. Downton. Ecopolis: Architecture and Cities for a Changing Climate[M]. Berlin: Springer, 2008.

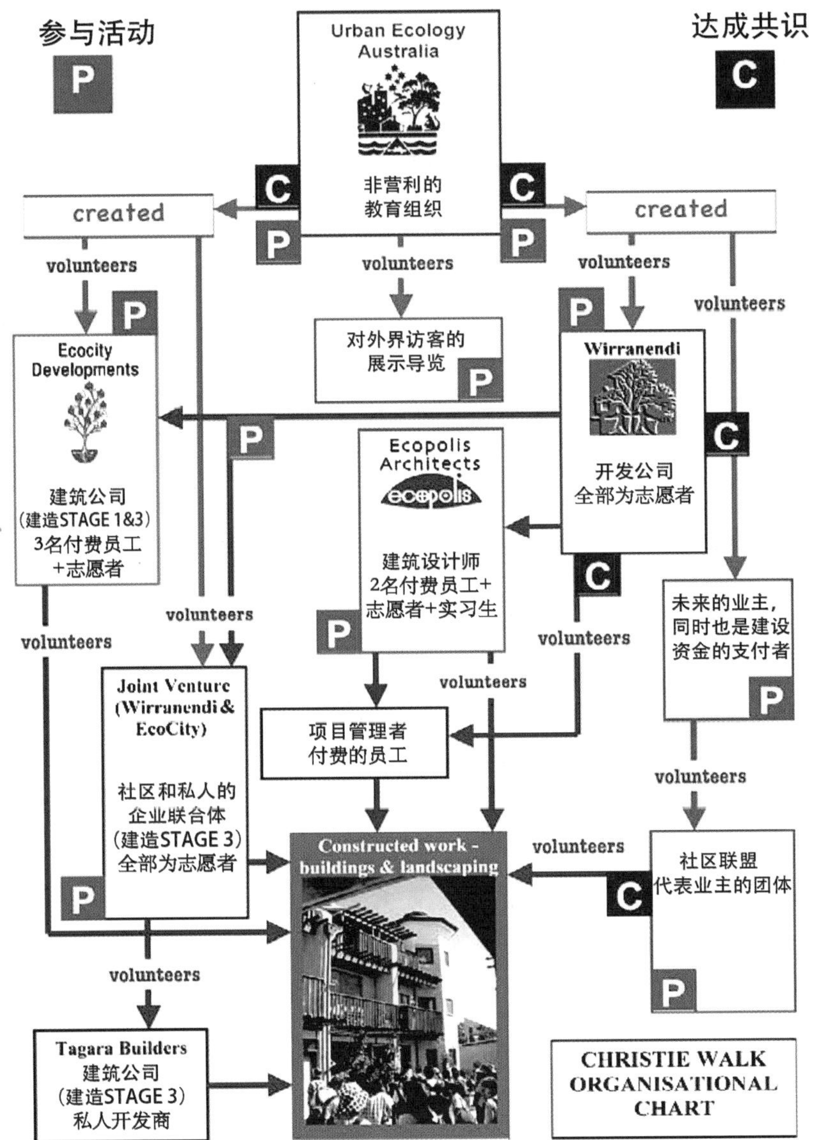

图 3-2 自下而上的生态城市项目开发组织方式（以澳大利亚阿德莱德克里斯蒂漫步项目为例）

花费大量的时间在协调和决策的过程中，克里斯蒂漫步项目自 1999 年开始策划，至 2007 年才实现全部业主入驻。

总之，生态城市项目的开发组织是一种动态的、发展的过程，无论起点是由政府、大型开发商决策的自上而下方式，还是由个体和社区发起的自下而上方式，其最终都会形成一套包含了多参与主体相互联动的生态城市运营管理体系。在这个过程中，如何更有效地推进和形成由上而下或由下而上的衔接，是未来生态城市设计在实施中需要持续探索和思考的问题。

3.2　生态城市设计的实施途径

随着市场经济体制的逐步建立和完善，市场机制在资源配置方面的作用日趋明显，单纯依靠指令式的规划管理方式已经不能适应需要多方主体参与的生态城市建设环境。生态城市设计不应是政府对城市发展的直接的计划安排，更多的是对城市生态化发展的引导和规范。

可持续的经济支撑是推动生态城市建设以及未来良好运营的原动力，应将生态城市建设作为一种经济运营方式去考虑，将其作为促进生态城市设计顺利实施落地的主要策略。

首先，经济运营方式可以为生态城市建设带来充足的资金。各类生态化建设项目在建设初期的投入是高于传统城市建设的投入的，单纯地依靠政府财政，或基金会等机构的支持是难以长期的发展，也难以推广的。其次，通过经济运营方式能够协调生态城市设计实施中的多方利益。一般而言，开发商的建设行为是以获取最大个体利益为目的，政府则以保证最佳的生态效益和社会利益为首要目标，而业主需要在保障自身生活环境品质的条件下而参与到生态化的行为之中，生态化的建设项目不能以牺牲业主的权益为前提，因此，上述三者之间者存在着必然的冲突。以经济运营为基础的调控手段，可以通过控制建设活动获利程度，让开发商通过部分的生态化建设既获取适当返利，又有利于生态环境。对于生态城市中的业主个体，也通过获取适当的优惠来激励其对于生态化生活方式的参与程度，同时，政府也可以化解单方面财政投入的难题。

具体而言，可以促进生态城市设计实施落地的经济运营方式有：

1. 增加融资渠道

生态城市开发相比较于普通城市开发项目，耗资更高、建设周期更长，大型的生态城市建设通常不可能也不应该从单一的融资渠道获得全部的开发资金。解决这一问题的根本途径就是吸纳城市中潜在的巨大储蓄资金能力，增加建设融资渠道。生态城市建设的多元化融资渠道应包括政府公共投资与补贴（图 3-3）、政府税收返还、信贷支持、非营利机构的资金以及私人投资等。多元化的资金来源可以使更多团体或个人的利益得到保证，实现社会公平，同时还可以使城市投资建设更有活力，并实现减少投资成本，降低投资风险的目标。

2. 改善税收政策

税收政策可以在生态城市建设计划确定后，由政府统一制订并获认可，与生态城市设计方案同时公布执行。税收减免是对开发商在土地开发中减免特定税种（如房地产开发税、交易税务等），从表面上看是政府损失了一部分应得税利，但如果因此促成了城市衰退地区（特别是一些古迹保护地区）的开发和更新，或者更多的生态化项目的应用，由此所获得

图 3-3　波特兰的绿色资助计划，利用公共财政对满足绿色街道建设的工程提供总费用 1% 的费用资助

的城市公共利益和环境价值却远超过所失去的部分。通过税收的减免与激励政策，不仅减少了开发商的税务，还能够吸引更多的私人资金加入城市生态化的改造和建设，进一步丰富生态城市建设的资金渠道。因此，税收减免已经成为政府吸引更多社会资金注入生态城市项目的重要手段之一。

3. 信贷支持

信贷支持是保障生态城市设计实施的经济辅助手段。信贷支持是指政府与银行共同为达到某项建设目标而作出在信贷上的优惠方法，如贷款额度的优惠考虑，贷款利率的优惠，等等。信贷支持表明对于生态城市设计目标的实行，政府并不是唯一的参与者和组织者，大型企业、开发组织和银行都有可能作为参与人和投资者影响生态城市的建设。

4. 开发奖励制度

在生态城市设计中，还应考虑如何鼓励各类型的开发机构在其原有的开发条件之外，有利于增加城市活力、改善城市生态环境的空间和设施的建设。奖励制度是鼓励开发商进行开放空间和绿色设施建设的有效举措。通过允许开发商兴建更多建筑面积或通过给予税金奖励的方式来换取更多公共设施的建设，如广场、小游园，加宽人行道以及外部环境设施，可以将土地开发效益引入生态化建设之中。

美国的旧金山和纽约在20世纪60年代首先采用奖励区划制度（Incentive Zoning），规定开发商在商业区或住宅区内建一合乎规定的广场，则可获得增加20%容积率的奖励。旧金山于1966年颁布了提供骑楼、天桥、广场等宜人空间实行奖励的办法（表3–2），其中有三项与人行道设施相关，一项与停车场开发有关，两项与提供便利交通有关，另外还有一项是提供建筑体形调整（例如屋顶退层，底层采用骑楼的形式等），最后一项是提供公共观景平台。日本也对提供公共开放空间提出了一定的奖励政策，政府制定了一套容积率奖励计算方法，依据这套方法将开发项目建设的公共空间面积代入计算，就可以得到该项目可获得的奖励性容积率。纽约高线公园的开发项目中，通过容积率奖励的方式鼓励面向中低收入者的住房建设。

表3–2　1961版纽约区划法关于私有公共空间的奖励政策

公共空间的类别		每1平方英尺 $0.09m^2$ 公共空间可获额外的建筑奖励面积
公共广场	容积率为15的地区	10平方英尺（约 $0.93m^2$）
	容积率为10的地区	6平方英尺（约 $0.56m^2$）
	容积率为6的地区	4平方英尺（约 $0.37m^2$）

续表

公共空间的类别		每 1 平方英尺 0.09m² 公共空间可获额外的建筑奖励面积
拱廊空间	高密度地区	3 平方英尺（约 0.28m²）
	中低密度地区	2 平方英尺（约 0.19m²）
屋顶广场		10 平方英尺（约 0.93m²）
跨街区的拱廊空间（骑楼）		6 平方英尺（约 0.56m²）
风雨步廊	基本公共空间	11 平方英尺（约 1.02m²）
	全室内并有空调的公共空间	14 平方英尺（约 1.30m²）
	连接地铁站的公共空间	16 平方英尺（约 1.49m²）
下沉式广场		10 平方英尺（约 0.93m²）
户外广场大厅		10 平方英尺（约 0.93m²）

5．开发权转移

开发权转移是基于平等公正的开发权益市场准则而制订的城市空间开发收益转换或交易的城市开发管理政策。在某一城市区位中，由于地价和开发需求相对均衡，因此空间开发收益在理论上是相同或相近的。如果在原来可以获得空间开发收益的土地上，因其他因素而导致这部分收益的丧失，那么在理论上这部分收益可以转移到相邻或具有相同地值的开发活动中。上述因素主要包括：为城市提供公共空间和设施，如广场、公园、自然地形等；为保存具有特殊价值的地标性建筑、史迹、自然环境等。开发权转移不仅可以使城市设计中所重视的具有特殊价值的建筑、景观、史迹、公共空间、自然地等得以在开发活动中完善保护和价值提升，也满足了相应开发收益的要求。同时，这一策略使政府在处理“特殊基地”时，可以适当放宽某些法规和政策的约束，从而作为交换获得政府所希望和鼓励的发展项目。政府在利用开发权转移进行城市设计实施管理中，不仅可引导和调控具有不同开发条件的土地开发活动，也可以对地块内的开发活动进行适当的引导。如土地开发商被要求开发相比一般情况更多的生态化设施，政府可以给予一定的开发权进行补偿；而对被划为具有高度发展收益的开发用地，则要购买一定的空间开发权才可开发（图 3-4）。

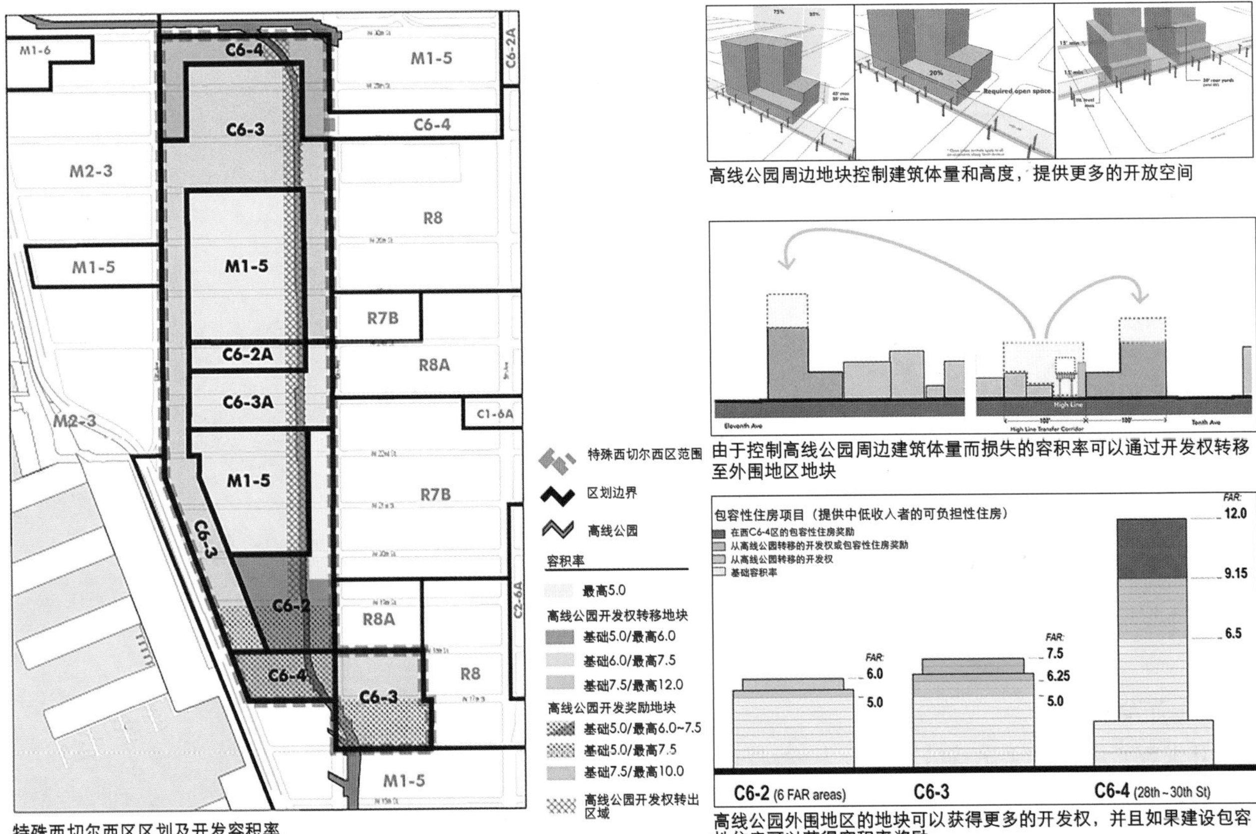

图 3-4 纽约高线公园开发中应用的开发奖励制度和开发权转移技术

3.3 生态城市设计评价

3.3.1 生态城市指标体系的含义与作用

1. 生态城市指标体系的定义与特征

随着全球工业化的发展，二氧化碳排放量增加，全球气温呈显著上升趋势，气候问题已成为日益突出的全球性问题。在全球变暖的大背景下，极端天气事件的变化引起了广泛关注，其中气候变化分析及预测是全球各国专家学者研究关注的热点及难点问题。1988 年由联合国环境规划署（UNEP）和世界气象组织（WMO）共同成立的政府间气候变化专门委员会（IPCC），对人类活动导致气候变化风险及其潜在影响进行了详细的报道。政府气候变化委员会（IPCC）第一次会议（1990 年）和第五次会议（2013 年）、1993 年气候变化联合国组织重要会议及 1999 年东京协议都对全球气候变化进行了报告及综合性讨论。其中 2013 年 9 月 30 日第一工作组第五次评估报告《*Climate Change 2013*: *The Physical Science*

Basis》（图 3-5）中认为：全球气候系统变暖的事实是毋庸置疑的，1950 年以来，气候系统观测到的许多变化是过去几十年甚至近百年以来无前例的，地球几乎所有地区都经历了升温过程。这导致了冰川和积雪融化加速，资源分布失衡，生物多样性受到威胁，灾害性气候事件频发，严重威胁了经济社会发展和人群健康。进入 21 世纪以来，城市生态问题成为城市可持续发展面临的巨大障碍和严峻挑战，主张人与自然和谐共处的生态文明已成为全球的共识。生态城市概念一经提出就受到国际社会的广泛关注并逐渐成为各国城市发展的战略方向。为了提高生态城市的品质，需要借助生态城市指标体系，来对生态城市的发展进行更加具体和科学的指导。

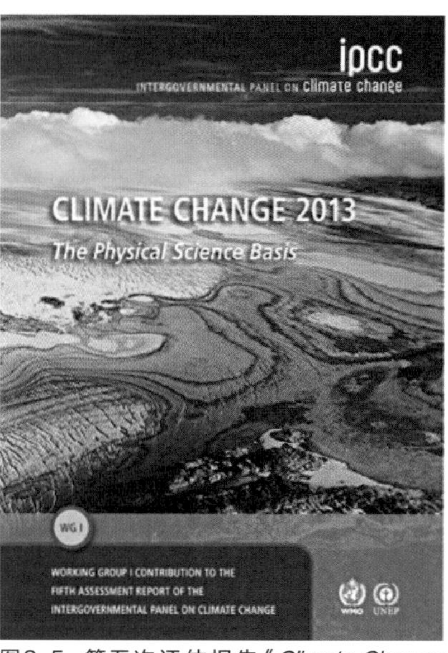

图3-5　第五次评估报告《*Climate Change 2013*: *The Physical Science Basis*》

1）生态城市指标体系的定义

指标（Indicator）一般是指现象或事物中某一特征的量化表达形式，由指标名称和其具体数值（或内容）组成。生态城市的指标名称反映的是城市某一特质的抽象概括，数值则是这一特质的数量界定。在不同的专业里指标有着不同的分类，在统计学中，指标可以分为计划指标和统计指标，分别表示计划中需要达到的标准和实际达到的水平；在管理学或会计学中，可以分为数量指标和质量指标；在经济学中，可以分为实物指标和价值指标；指标可以定义为现象或事物的数量特征的范畴，也可以定义为现象或事物范畴具体数量，前者是属性的概括，后者是统计的结果。指标体系是指标的集合，是相互联系的指标构成的一个整体。所以，指标体系具有整体和联系的特征，也就是指标体系的目标可以被其指标解释，而且指标之间需要产生关系。生态城市指标体系是具体化的城市规划及建设目标，反映了对生态城市内涵的认识，既可作为城市生态化水平的评价与测度，也可作为生态城市规划和建设目标的分解。生态城市指标体系的内容可以有一定的划分：在阶段上，可以分为近期、中期和远期；在城市发展水平上，可以分为初级、中级和高级等；在功能上，可以分为评价标准和规划标准；在来源上，可以分为国际性指标、国家标准和地方标准等①。

2）生态城市指标体系的特征

生态城市的指标体系包含多个系统的交叉，而不是传统城市建设上单一的管理指标。因此，如果只遵循单一的指标量化标准将无法表达出生态城市的特征。此外，生态城市的指标体系是定量与定性指标的结合。生态城市指标体系还具有一些其他特点，包括：可靠性，需要各个相关专业领域的配合；本地性，适应地区社会经济发展水平；操作性，具备与城市治理相结合的功能；统计性，有效的数据来源和计算衡量标准；均好性，指标的复杂度和关联度尽量在一个层面②；闭合性，各个指标在

① 沈清基．城市生态环境：原理、方法与优化 [M]．北京：中国建筑工业出版社，2011：410.

② 中新天津生态城指标体系课题组．导航生态城市：中新天津生态城指标体系实施模式 [M]．北京：中国建筑工业出版社，2010：136-137.

系统内可相互关联，相互影响。需要认识到，指标体系的内容是相对的，如果不与城市本地的发展水平、外部的时间空间条件以及社会与人的特点结合起来，指标的标准值都是没有意义的。指标体系只是从理论上提供了一个参考数值，具有阶段性和局限性，同时指标体系也具有动态性。生态城市指标体系是对城市发展目标的定性定量的衡量与评价，体现了抽象的城市总体目标。由于生态城市的系统复杂性，通过划分目标层次，指标体系也是层次化和递进结构的[①]。

黄光宇教授于2002年曾提出一个生态城市指标体系，其中包括目标层（根据问题的性质和要达到的总目标）、准则层（为了实现总目标而采取的各种措施、必须考虑的准则来实现预定目标所涉及的中间环节）、指标层（准则层下用于评价的具体单项指标）和参考标准（指标的定量参考数值）。该指标体系是典型的层次性指标体系，把社会生态、经济生态、自然生态作为总目标，把具体的定量指标与高度综合性的目标相结合。其准则层分为社会生态文明度、经济生态高效度和自然生态和谐度三类，共包括了64项单项指标（表3-3）。

表3-3 生态城市指标体系

目标层	准则层	指标层	参考标准
文明的社会生态	人类及其精神发展健康	人口自然增长率/%	<0.7
		人口平均预期寿命/岁	>75
		每万名职工科技人员数/人	>4 000
		公共教育占GDP的比重/%	>2.5
		人均图书占有量/册	>50
		劳动力文化指数/年	>15
		文化支出占生活支出比重/%	>40
		人均每周休闲时间/小时	17
		群众性体育活动参加率/%	70
		人的尊严与权利	得到法律保护
		生态意识普及率/%	95
		不同人群的社会关系	平等、公正、和谐
		基尼指数	<25
	社会服务保障体系完善	每万人商业服务网点数/个	>700
		每万人医生/人	>80
		人人有适当住房实现率/%	>95
		社会保险普及率/%	>90
		就业率/%	>95
		特殊人群收益率/%	>95
		每10万人刑事案件数/件	<100
		每10万人交通死亡人数/人	<10

① 黄光宇，陈勇．生态城市理论与规划设计方法[M]．北京：科学出版社，2002：65-70.

续表

目标层	准则层	指标层	参考标准
文明的社会生态	社会管理机制健全	社会政治状况 管理监督水平 公众参与水平 立法水平	开放稳定、民主廉洁 机构健全、运作高效 广泛 完善、健全
高效的经济生态	经济发展效率高	单位 GDP 能耗 /（吨标煤 / 万元） 清洁能源比重 /% 污水处理达标率 /% 固体废弃物处理利用率 /% 知识产业比重 /% 工业清洁生产实现率 /%	0.5 >70 100 100 >60 >90
	经济发展效率高	农业生态化生产普及率 /% 环保投资指数 /%	>90 >2
	经济发展水平适度	恩格尔系数 /% 人均 GDP/ 万元 电话普及率 /（部 / 百人） 人均电脑拥有率 /% 自来水普及率 /% 人均居住面积 /（m^2/ 人） 交通设施水平 科技进步贡献率 /% 高科技产业产值占 GDP 的比重 /% 第三产业产值占 GDP 的比重 /%	<12 >5 95 30 100 >20 方便、安全、舒适 >70 >70 >70
	经济持续发展能力强	粮食安全系数 /% 水资源供给水平 能源供给水平 土地供给水平 蔬菜副食生产能力	>20 适应发展 适应发展 适应发展 保持平衡
和谐的自然生态	自然环境良好	大气环境质量 水环境质量 声环境质量 建成区绿化覆盖率 /% 人均公共绿地面积 /（m^2/ 人） 自然保护区覆盖率 /% 自然景观 生物多样性	GB 3095—96 GB 3838—88 GB 3096—93 >50 >20 >5 优美、和谐 得到保护
	人工环境协调	城乡空间形态与自然的结合 城乡功能布局 城乡风貌景观 历史地段及其环境 建筑空间组合 建筑物的物理环境质量 人工环境的防灾与安全性 环境设施配置	协调 合理 地域特色独特 得到有效保护 多样且统一协调 良好 良好 完善、配套

2. 生态城市指标体系的作用

生态城市指标体系是生态城市可持续的城市公共管理体系的重要工具，是生态城市的城市治理目标。该指标体系可以作为描述性工具，定义生态或可持续发展的实际内容；可以作为引导性工具，通过引导政策，影响实际建设行为；还可以作为评价性工具，衡量城市生态或可持续发展的绩效。

要想操作，就需要度量。在生态城市的规划、建设和管理中，引入指标体系可以帮助制定城市治理的决策[①]；明确发现城市发展的环境“短板”；引导公众达成共识和积极参与；用于生态城市的设计、研究与分析等。指标体系就像机械上的仪表盘，表达了生态城市发展的各种参数，从中可以保持城市环境、经济和社会的各方面弹性及对城市状态进行及时调整。

一般来说，一个城市指标体系具有指导和监控两种作用：可以是对城市项目设计、基础设施、土地利用或规划设计规范的指导；也可以是对规划目标的完成情况，政策或计划的执行，规划方法的实施，经济、社会和环境的效能，城市部门的行为效率，城市个体或团体行为的监控。制定一个良好的发展目标是城市建设的重要基础，生态城市治理就是可持续城市建设的发展目标。指标体系是监控城市运行效能的手段，生态城市治理是以指标体系为导向的。通过生态城市指标体系明确城市治理的主体，制定行动规程，协调多方利益。在生态城市建设和治理阶段，指标体系作为管理者政策制定和实施的引导工具，通过技术、政策和经济手段使指标内容在各个阶段达成。生态城市指标体系可以作为政策工具实现城市各个专项领域规划的协调发展，减少片面的目标所带来的种种问题。因此，生态城市指标体系也是各管理部门之间协作效果的考量[②]。

3. 生态城市指标体系与一般城市规划指标比较

在《城市规划编制办法》和《城市规划定额指标暂行规定》中，一般城市规划编制内容的指标分为总体规划和详细规划两部分，指标主要内容一般包括人口及用地的构成与规模、基础设施的服务能力等。建设部（现住房和城乡建设部）《关于贯彻落实城市总体规划指标体系的指导意见》中指出，指标体系是城市总体规划的重要组成部分，通过完善指标体系可以使规划符合社会经济发展的新趋势，体现可持续发展的理念，并与其他相关部门的指标进行衔接。控制性详细规划指标包括规定性和指导性指标，规定性指标是地块条件的严格控制，指导性指标是对容量

---

① 中新天津生态城指标体系课题组. 导航生态城市：中新天津生态城指标体系实施模式[M]. 北京：中国建筑工业出版社，2010：114.

② 蔺雪峰. 生态城市治理机制研究——以中国新加坡天津生态城为例[D]. 天津：天津大学，2010.

及建筑风格的引导。在居住区或社区设计中，指标体系是整个社区的管理目标，每一个指标都有其对应的社区构成子系统。在方案设计阶段，为社区时间、空间维度上的比较及居民的公众参与提供了基础和可能性，同时也将一些描述性的问题简化为具有关联的量化方式来衡量。

生态城市规划与设计相关的指标与评价指标不同，在规划中出现的指标是在城市建成和运行之前提出的，具有“前置”特征。生态城市规划与设计的指标体系是将有利于城市可持续发展的多学科理论分解到城市规划可以约束的范畴内，对城市建设和管理进行引导。生态城市规划与设计的指标选取需要同时考虑生态学、社会学、经济学等跨学科范畴，可参考联合国的《可持续发展 2012》(*Sustainable Development* 2012)、经济合作与发展组织的《环境指标体系》(*OECD Environmental Indicators*)和《OECE 福祉指标》(*OECD Well-being Indicators*)以及欧盟委员会总结的《环境指标目录》(*Environmental indicator Catalogue*)等。

3.3.2　国内外生态城市指标体系的比较研究

1. 国外生态城市指标体系

1）国际层次

（1）联合国可持续发展委员会（以下简称 UNCSD）的指标[①]

UNCSD 设计的指标体系在当前国际上影响较大。UNCSD 早期的指标体系是建立在《21 世纪议程》中相关章节的基础上，从可持续发展的 4 个主要方面——社会、经济、环境和制度着手。指标体系使用了“驱动力—状态—响应”（DSR）模型，共有 134 个指标，具体内容在联合国的出版物《可持续发展指标：框架和方法学》中有详细阐述。1996 ~ 1999 年，22 个国家将该体系用于国家一级的测试，在 1999 年的 UNCSD 第七次会议和巴巴多斯国际研讨会上先后做了汇报，汇报指出：测试国家总体上反映不错，但提出了 3 方面的意见：①该框架仅适用于环境问题，而不适用于社会、经济和体制问题；②框架的缺陷影响了国家指标的选择；③指标数目过多，难以测试与开发。根据测试国家的意见，UNCSD 对指标框架进行了改革，在选择核心指标时，考虑的标准包括：①国家级的；②与可持续发展进程的评价息息相关的；③是可理解、明确的、不模糊的；④在政府开发指标的能力之内；⑤概念合理；⑥数量有限的；⑦对《21 世纪议程》的内容和可持续发展原则的覆盖面足够广的；⑧尽量建立在国际共识的基础上；⑨数据建立在成本有效的基础上且质量已知的。通过这次修改，新的核心指标框架包括了 15 项目 39 个子项（表 3-4）。

① 张坤民. 生态城市评估与指标体系 [M]. 北京：化学工业出版社，2003.

表 3-4 联合国可持续发展委员会（UNCSD）的指标体系框架

社会		
项	子项	指标
公平	贫困	贫困人口百分比 收入不均的基尼系数失业率
	性别平等	女性对男性平均工资比
健康	营养状况	儿童的营养状况
	死亡率	5 岁以下儿童死亡率 出生时的预期寿命
	卫生	适宜污水设施受益人口
	饮用水	获得安全饮用水的人口
	保健	获得初级保健的人口比 儿童预防免疫注射 避孕普及率
教育	教育水平	儿童小学 5 年级达到率 成人二次教育实现水平
	识字	成人识字率
住房	居住条件	人均住房面积
安全	犯罪	每 10 万人犯罪次数
人口	人口变化	人口增长率 城市常住和流动人口

环境		
项	子项	指标
大气	气候变化	温室气体的排放
	臭氧层	破坏臭氧层物质的消费
	气候质量	城区空气污染物环境浓度
土地	农业	可耕地与永久性耕地面积 肥料使用情况 农药使用情况
	林业	森林面积占土地面积比例 木材采伐强度
	荒漠化	受荒漠化影响的土地
	城市化	城市常住与流动人口的居住面积

环境		
项	子项	指标
海洋与海岸带	海岸带	海岸带水域的藻类浓度 海岸带居民的百分比
	渔业	主要水产每年捕获量
淡水	水量	地下地表年取水占可取水比
	水质	水体中的生化需氧量 BOD 淡水中的粪便大肠杆菌浓度
生物多样性	生态系统	选定的关键生态系统的面积 保护面积占总面积的百分比
	物种	选定的关键物种的丰富程度

经济		
项	子项	指标
经济结构	经济运作	人均国内生产总值 GDP GDP 中的投资份额
	贸易	商品与服务的贸易平衡
	财政状况	债务占 GNP 的比率 进出的政府发展援助占 GNP 的比例
消费与生产方式	原料消费	原材料利用强度
	能源利用	人均年能源消费量 可再生能源消费所占份额 能源利用强度
	废物的产生与管理	工业与城市固体废物的产生 危险废物的产生 放射性废物的产生 废物的再循环与利用
	交通运输	通过运输方式的人均旅行里程

机制		
项	子项	指标
机制框架	战略实施	国家的可持续发展战略
	国际合作	已批准的全球协议的履行
机制能力	信息获取	每千人因特网上网人数
	通信设施	每千人电话线路数
	科学技术	研究开发费用占 GDP 的百分比
	防灾抗灾	天灾造成的生命与财产损失

调整后的 UNCSD 新框架的特点包括：①强调了面向政策的主题，以服务于决策需求；②保留了可持续发展的 4 个重要方面——社会、经济、环境与体制；③并没有严格按照《21 世纪议程》中的章节来组织，但也有一定的对应关系；④取消了对“驱动力—状态—响应”的对应分类，但也有一定的对应关系。

按照《21 世纪议程》的章节来组织指标使 UNCSD 的体系具有实用性，因为它覆盖了“议程”所强调的主要部分也与许多国家政府和逐渐增多的地方性主管当局正在使用的指标框架有着联系。UNCSD 将指标分为社会、经济、环境和体制 4 个方面，是与可持续发展原则相符的。指标用矩阵的方式表述，简单并且易于操作。指标列表可以像菜单一样被查看，使用者能够在上面挑选一系列他们需要的最适合指标。UNCSD 设计的这套指标可以作为一个普通的模板应用在大多数的测试项目上。只要“驱动力—状态—响应”三个维度之间的因果关系是清晰的，尤其是对于生物物理方面的指标，那么“驱动力—状态—响应”模型就是简单而有效的。

调整后的 UNCSD 框架也有这一定的局限性，UNCSD 的体系有 100 多个指标，要从中找出一个精简的、功能强大的指标列表不大可能。由于 UNCSD 中的指标是不能简单加和的，UNCSD 也没有提供一个有效的处理方法，因此太多的指标削弱了指标体系服务于政策制定的功能。更重要的是，UNCSD 没有提供方法以衡量不同系统之间的联系，它缺乏一个对可持续法规的整体认识，同时没能提供一个可以从一系列指标中挑选用于衡量可持续发展合适指标的方法。另外，UNCSD 过多的关注环境和生物物理方面的指标，使得该体系对其他方面的衡量关注不够。

（2）世界银行关于国家财务的衡量与国民账户系统的修正

①真实储蓄（Genuine Saving）

1995 年，世界银行启动了一项检测环境可持续发展进程的实验项目，并发布了《检测环境的进展》（*Monitoring Environmental Progress*），其中提出以“真实储蓄”的定量框架去描述国家的实质性财富（World Bank，1995）。1998 年，狄克逊（Dixon）又在《扩展衡量国家财务的手段》一书中将其进一步加以具体化（John Dixon，1997）。尽管该理论体系和计算方法并非专门针对可持续发展能力建设的领域，但世界银行尝试通过对人造资本、自然资本和人力资本三个方面的衡量来反映一个国家的真实财富。这个方法假设可持续发展是一个维持和创造现有财富的过程。这种关于国家财务的观点将财务的范围从人造资本和自然资本，扩展到了包括人造资本、自然资本、社会资本和人力资本在内的四个方面。

真实储蓄为监测可持续发展提供了一个综合的方法，而且着重于不同资本之间的联系。它对国家财富的定义进行了扩展，所包括的四种资本概念明确，容易理解，与可持续发展密切相关。资本的概念使我们可以做系统的存量—流量分析以得出动态的指数。其次，真实储蓄对未来具有可导性。对真实储蓄的分析，能评断国家的发展趋势，指导政策的制定和选择。再次，真实储蓄在定义社会资本以及对体制结构指标的研究方面，可以称得上是这一领域的先驱。最后，真实储蓄的计算是基于国民经济核算体系（SNA）的平衡表，为经济决策者提供了深刻的理解。它将所有指标表示成可比较的货币形式，为指标的综合提供了简便的办法。

真实储蓄也有一定的局限性，真实储蓄虽提出了许多创新的想法，但尚未得到较好的测试效果。特别是社会资本的概念还需要进一步细化，以便能更好地进行测量。这种方法的重点在于以货币作为衡量指标，因此它仅仅衡量一些能够用货币表示的可持续发展指标。另外指标不能以矩阵的形式表现，表述的结构不是特别清晰，这些也是真实储蓄的一个缺点。对于指标评估中具体的计算基数要求很高，通常难以操作。

②近似调整的国民生产总值（GNP）

经济衡量指标经常引起争议，例如国内生产总值，它对福利和发展给出的描绘是不完全的。国内生产总值只能评价一个社会的经济财富，但是对于环境、社会和制度财富的评价却是很失败的。在国民经济核算体系中，交易应该通过市场价格或一个真实的现金流来衡量，国际上的一些研究建议应将这些要素引入国民账户体系（World Bank，1993；Bringezu，et al，1994）。

近几年中，国际上为建立经济和环境综合核算方法做出了很大的努力。当前的工作主要集中在4个方面：调整国家账户系统；建立附属账户（或称卫星账户）；建立具体的国家资源与环境账户；在微观层次上建立环境账户。这些试验和研究并不是要开发新的可持续发展指标体系，而是在新情况下利用已有的指标并对它们赋予了新的内涵。

近似调整的GNP能为资源的管理者和有关部门提供有价值的信息，这种方法使管理者在经济决策中综合考虑自然资本损耗，使决策更易于实现可持续发展目标。国家资源账户将会逐渐成为一种常用的政策分析工具。

近似调整的GNP也有一定的局限性，传统的国民账户体系的确能为经济运行和趋势预测提供评价的依据，但是将环境信息包括到SNA中的想法提出时间不长，在理论上和应用上还存在着一定的争议。近似调整的GNP着重于如何使现有国民经济核算体系中每一部分的指标进行修正。在目前看来，国家层次开发的环境与经济的统一账户进展较小。此外，近似调整的GNP仅仅集中在经济与环境问题（大多数是生物物理和资源方面）的研究上，对于人类和社会范畴方面的问题却没有涉及。

2）国家层次

1992年的里约会议之后，一些国家的政府保证每年向联合国可持续发展委员会报告各国在推进可持续发展进程中取得的进展。为了尽力使这份报告更加具体，并能为其他国家提供参考经验，联合国可持续发展委员会正式提出指标评价的计划，并在 12 个国家测试了这一指标体系。其中也有一些国家的政府制定了自己的可持续发展评价框架，如加拿大、荷兰和英国政府在这方面已经取得了具有深远意义的成绩。

（1）加拿大关于联系人类 / 生态系统福利的 NRTEE 方法 ①

1991 ~ 1995 年间，加拿大国家环境与经济圆桌会议（National Round Table on the Environment and Economy，以下简称 NRTEE）的可持续发展监测课题组对加拿大在监测、评估和报告可持续发展能力过程中涉及的复杂概念和理论问题进行了研究。它设计了一种新的、系统的方法和模型来建立指标体系，这些方法和模型反映了可持续发展的实质。NRTEE 指标体系强调评估四个方面的问题：①生态系统的状况（或健康）和完整性；②广义上的人类福祉（包括个体、社区和国家等）和自然、社会、文化与经济等属性的评价；③人类和生态系统间的相互作用；④以上三方面的整合及其相互间的关联。NRTEE 指标体系针对每个问题都设计了许多指标来衡量其运行状况。

NRTEE 方法已在不列颠哥伦比亚省的可持续性进展评估项目中进行测试。测试中，五个主要因素被用于评价生态系统的状况，分别是空气质量、水品质、温室气体排放、森林覆盖、湿地（表 3-5）。指标得分是根据每个指标的取值同国家或国际上的标准值相比较而得到。单个指标的取值范围是 0 ~ 100，0 是最差，100 是最好。然后通过综合单个指标的得分来计算生态系统、人类福利、人类与生态系统间的相互作用以及系统整合与关联这四个方面的值。最后，由 NRTEE 指标体系的 245 个指标最终计算出反应生态系统的指数。

NRTEE 方法使用了系统的思想和全面的方法来分析可持续发展问题。指标体系包括了一些对体制系统的描述和衡量的指标，并指出了体制系统同其他系统之间的联系。指标的选取反映了对社会福利的优先选择。关键指标具有较好的代表性，综合了多方面的信息。

NRTEE 方法也有一定的局限性，NRTEE 指标体系的实际应用是不均衡的。设计的指标多用于衡量和评估社会与生态系统，而对于系统之间的关系以及系统以外的信息则很少涉及。以众多指标转化为一个综合指数的过程有很大的主观性，容易遗失重要信息。另一个确定在于即使是最终精选的指标，其数量也比较大，以至于很难做出一个简单的评价。

---

① National Round Table on The Environment and Economy. Environment and Sustainable Development Indicator for Canada[EB/OL]. [2019-10-08]. http://neia.org/wp-content/uploads/2013/04/sustainable-development-indicators.pdf.

表 3-5 NRTEE 指标节选

分类	指标内容
空气质量	每天 8 小时的最大平均值；PM2.5；空气污染物含量等
水品质	水生生物种类；水中污染物含量；水质等
温室气体排放	二氧化碳（CO_2）；甲烷（CH_4）；氧化亚氮（N_2O）；氢氟碳化物（HFCs）；全氟碳化物（PFCs）；六氟化硫（SF_6）等
森林覆盖	地质；景观；土壤；植被；气候；野生动物等
湿地	湿地面积；湿地种类等

（2）荷兰国家环境政策计划①

荷兰国家环境政策计划（National Environmental Policy Plan，以下简称 NEPP），由住房规划和环境部（VROM）、荷兰经济事务部、农业渔业部、运输和公共事务部共同编制，外交部和国家公共卫生与环境保护研究院（RIVM）在编制过程中也发挥了重要作用。1989 年荷兰议会通过了 NEPP，并于当年首次发布。NEPP 目的是制定一项长期的、以可持续发展为重点的战略，从源头上解决现有的环境问题。虽然 NEPP 不是一项法律，但它是指导随后所有荷兰环境政策的权威文件。NEPP 是整个环境政策计划乃至荷兰环境规划体系的核心。NEPP 自 1989 年开始，每 4 ~ 6 年更新一次，依据当前环境问题设定规划设计主题和相应的目标群。NEPP 的主题涵盖了气候变化、酸雨、富营养化、扩散、废弃物处置、扰动、缺水、浪费等几个层面。2001 年 NEPP-v4 在对 30 年环境政策进行评价的基础上，制定了到 2030 年的长期规划，在技术、经济、社会文化和制度等方面做出了重要的创新，提出的主题有生物多样性丧失、气候变化、自然资源的过度消耗、健康威胁、外部安全威胁、对生存环境质量的破坏以及可能存在的不可控制风险。

同时，立法、实施、评估、NGOs 和公众参与等构成了完善的规划保障体系，在本节中，主要对“评估”进行回顾。NEPP 中实行两个方面的监控：行动监控和环境监控。前者用来衡量政策和计划的实施，如对自愿协议措施的监控等；后者则是对环境因素（如排放数据、环境质量等）的监控。在国家层面，国家公共卫生与环境保护研究院每年公布国家环境展望，每 4 年提交一份科学报告，对 NEPP 的执行进展和障碍进行分析讨论，并预测环境状况发展及可能的环境问题；下个 NEPP 中也要对上个 NEPP 进行简单的评估。各级环境纲要也起到评估环境政策计划的作用。其他环境规划也要求负责部门定时做出进展报告，及时反映执行情况，

① M. Carley, I. Christie. Managing Sustainable Development[M]. London: Routledge, 2017.

对相应的政策进行改进。

荷兰住房规划和环境部等部门专门设计了一套环境政策的评估指标体系，让决策者能够评估荷兰国家环境规划的实施情况。指标体系有两级结构，包括了 6 个系统和许多指标。具体来说，6 个子系统包括气候变化、环境酸化、环境富营养化、有毒物质的扩散、固体废弃物的处理和当地环境的破坏等。指标中的每个系统都是通过许多指标并对主要指标进行综合后来衡量的。例如气候变化系统是对许多重要的温室气体排放量指标的综合（包括二氧化碳、甲烷、氮氧化物等）；环境富营养化系统是对磷酸盐和硝酸盐排放量等指标的综合；有毒物扩散系统是对诸如农业及其他用途的杀虫剂、有害物质和放射性物质排放量指标的综合。这种综合方法同样地也应用于其他系统的计算。为何要使用这类综合方法，它的出发点主要是认为环境负担不是由单独的某种物质造成的，而是由许多事物形成的复合影响。每个指标的权重根据他们同系统之间的相关性的大小来确定。

为了方便比较和综合，荷兰环境政策的评估指标体系使用了一个所谓指标等价物的变量来计算各个系统值。例如，在气候变化系统中将各种温室气体的影响换算成温室气体的等价物——二氧化碳的排放，从而能够计算每种温室气体等价的二氧化碳当量及其总排放量。虽然对于系统值的计算看起来很复杂，但是结果却更为简单，他们可以在单独的图表汇总表示（图 3–6），显示出某一时段的总环境压力。环境压力变化的百分率是通过比较某一时点的环境压力值与实现选取的某标准年份的环境压力值而得到的。通过计算 6 个系统的环境压力，可以使每个系统都用统一的单位来衡量，因此对不同系统的综合就变得相对容易。所有单个系统值之和便得到环境压力指数。

（3）美国可持续发展总统委员会指标体系[①]

1993 年 6 月，时任美国总统克林顿成立了可持续发展总统委员会（The President's Council on Sustainable Development，以下简称 PCSD）。1994 年 PCSD 建立了可持续发展指标研究的跨机构工作小组。这个小组最初只是负责数据的收集和选取工作。1995 年，它正式出版了一份草案，扩展了它的工作内容。该草案包括了构建一个监测可持续发展指标的初步框架，确定了 10 个方面的可持续发展目标（表 3–6），并为 10 个可持续发展目标选定了相应的指标。经过工作小组的调查和咨询，在初步框架中确定了一个可持续发展指标的列表，并选择了一套指标。这些指标的清单都是建立在数据可得的基础上。根据当时需要优先解决的问题，

① The President's Council on Sustainable Development (PCSD) [EB/OL]. https://clintonwhitehouse2.archives.gov/.

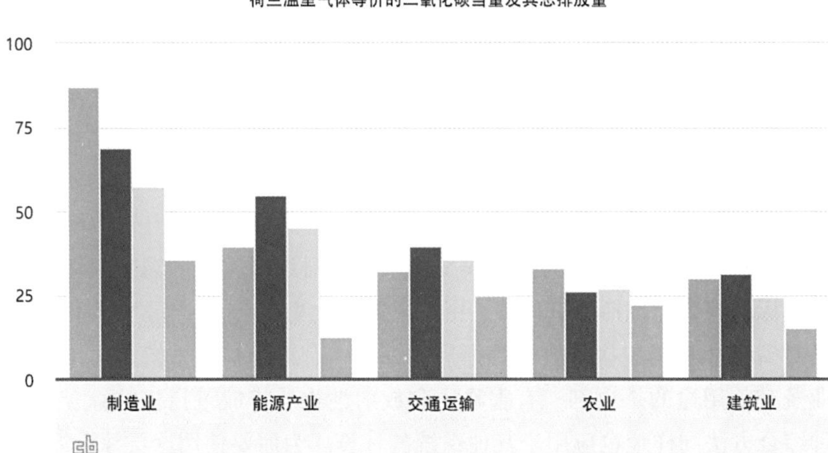

图 3-6 荷兰温室气体等价的二氧化碳当量及其总排放量

跨机构工作小组每年都要重新选择指标。建立这个框架的基础主要是基于以下 3 个观点：①资源是有限的，当代人从上一代人继承了资源，将来又要传给下一代人；②社会进步要依靠对资源的利用；③对于资源的利用可以为社会带来商品、服务和经验。这里对资源的定义同前文提到的世界银行的真实储蓄对资本的定义相似，资源由经济、环境和社会三部分组成。跨机构工作小组对于每种资源都相应地设计了监测指标，美国可持续发展指标共计 32 个，每个指标都有详细的解释。但是现在美国的这套可持续发展指标体系未能在现实中顺利使用。

表 3-6 可持续发展总统委员会发展目标

序号	目标	详细内容
1	健康与环境	确保每个人都享受清洁的空气、清洁的水以及感受良好的家庭、工作和游戏健康环境
2	经济繁荣	维持美国经济的健康发展，增加就业机会，减少贫困，在竞争日益激烈的世界中为所有人提供高质量生活的机会
3	公平公正	确保所有人得到公正对待，享受经济、环境和社会福祉
4	自然保护	使用和保护自然资源、土地、空气、水和生物多样性，确保子孙后代获得长期的社会、经济和环境利益
5	管理工作	建立健全的管理机制，个人、机构和公司需要为其造成的经济、环境和社会后果负责
6	可持续社区	鼓励人们共同努力，创造健康的社区

续表

序号	目标	详细内容
7	公众参与	为公众参与创造充分的机会，使其参与到影响他们的资源、环境和经济决策中来
8	人口控制	使人口朝着稳定的方向发展
9	国际责任	制定和执行全球可持续发展政策、行为标准以及贸易和外交政策
10	教育	确保所有人都享有平等的受教育机会和终身学习机会

跨机构工作小组的指标体系是建立在全面反映可持续发展原则和体现政策制定优先性的基础上。美国可持续发展指标使用了较少的指标来监测可持续发展的进程，减少了使用的困难。这些指标本身很容易被衡量，他们都是基于现在的数据收集能力，并代表了美国社会关注的主要问题。

PCSD 指标也有一定的局限性，指标选取的过程只考虑了跨机构工作小组的意见，忽略了小组以外群体的建议，以至于至今尚未在实践中得到很好的验证。

3）地区层次

（1）美国“可持续发展西雅图”（Sustainable Seattle）[①]

这个项目最初是 1991 年由西雅图工作小组提出，西雅图工作小组是一个由许多利益相关者组成的志愿组织。“可持续发展西雅图”项目（图 3–7）的重点在于对社会生活、经济和生物物理环境价值的估计，以及在公众参与的过程中确定出一套衡量可持续发展的指标体系（图 3–8）。项目最主要的一个贡献在于它涉及一套程序来选取结构严谨的指标体系。具体来说，“可持续发展西雅图”中指标需要经过以下 7 个步骤的选取：①首先建立任务小组；②经过 4 次筛选，设计出一套指标方案；③建立拥有 150 个市民的讨论小组，这些市民是各方面利益相关者的代表；④由市民组成的讨论小组对指标方案进行审评，并对指标进行精简和分类；⑤任务小组对每个指标进行技术审评；⑥根据数据的可得性进一步精简并最终确定指标；⑦收集相应指标所需的数据。

“可持续发展西雅图”项目的另一大贡献在于，它是通过公众参与审评，从而设计出了一套精简的、有代表性的指标。该套指标体系从覆盖了 10 个领域的 99 个原始指标被精简成 4 个方面的 40 个可衡量的指标，而且每个指标都有对应的指标描述、定义、解释、国际进展以及该指标同其他指标之间的联系。其中，40 个指标可以分为两大类，一类包括 20 个经过仔细研究的指标，另一类指标仍需要进一步的研究和发展。1995

① Sustainable Seattle | For a more sustainable future [EB/OL]. http://sustainableseattle.org/.

图 3-7 整治后的西雅图街道

可持续社区指标 1998

可持续发展趋势

降低可持续发展趋势的指标

固体废弃物的排放当地
农业活动
机动车尾气排放和能源消耗
不可再生能源的使用
居民收入
医疗卫生支出
基本工作需求
贫困儿童数量

提高可持续发展趋势的指标

空气质量
水消耗
污染预防
能源使用/1美元收入
集中就业
失业率
公平
选民参与度
园艺

偏中性的可持续发展趋势的指标

野生鲑鱼
水土流失
人口
急诊室非用途
住房压力
教师的种族多样性
青少年犯罪
出生婴儿体重
儿童哮喘
图书馆和社区中心
生活质量感知

数据不足的指标

生态健康
行人和自行车友好型街道
开放空间
不渗透表面
社区投资
高中毕业
成人识字
艺术教学
青年参与社区服务
睦邻友好

图 3-8 可持续社区指标

年，西雅图工作小组发表了一份西雅图地区长期的文化、经济和环境状态的报告。这份报告应用了 40 个指标，这与 1993 年的“可持续发展西雅图”相似，但指标的主要分类发生了变化，具体来说是被分为了环境、人口和资源、经济、青年和教育以及健康和社区等 5 个类别。根据使用后的反馈和建议，“可持续发展西雅图”中的指标会定期更新，一些指标会增加或从原始列表中被删除。

“可持续发展西雅图”中的指标是在一个多种利益相关者参与的情况下确定的，同时又保持了指标体系的精简性。该套指标是公开的，可以不断地更新，“可持续发展西雅图”的分类方法反映了市民的优先性选择。

“可持续发展西雅图”也有一定的局限性，一些选定的指标不能以时间序列的形式呈现，同时由于指标体系的不断变化，使得要对比不同时段的状态较为困难；并且在设计指标体系的过程中不强调目标的设定。

（2）美国“俄勒冈基准”（Oregon Benchmarks）[①]

“俄勒冈基准”的制定过程最初是始于 20 世纪 80 年代，现在已成为许多州相关项目的模板（如明尼苏达、蒙大拿和堪萨斯）。虽然最初的“俄勒冈基准”并非明确地要作为衡量可持续发展的工具，但是它的许多组成部分是与可持续发展原则相一致的，同时也超越了传统的环境或者经济领域，主要在以下 5 个方面进行了体现：①通过公共咨询，同非专家人员或政府官员讨论，使得指标代表了主要利益相关者的医院；②基准包括了俄勒冈州环境报告中衡量生物物理的环境指标，还考虑了社会和经济方面的指标；③不仅赋予了指标历史的和当前的数值，还定量地报告了未来的发展趋势；④基准的实际实施由州议会批准的法规给予保证，具体措施包括任命一个高级政府官员来负责每个关键的基准；⑤基准确定工作是俄勒冈州预算的一部分，是州财政分配的一个参考标准。

图 3-9　俄勒冈基准文件

“俄勒冈基准”的制定过程中有一个重要的特点是：除了对每个指标连续地收集数据外，每隔两年还要重新审视基准的适用性。因此，即使发展影响到认识和公众价值的不断变化，基准设计也能确保这些情况能在将来的基准中反映出来。“俄勒冈基准”一共包括了 159 个指标（图 3-9），每个指标都有不同时间点的历史数据（如 1970 年，1980 年，1990 年，2000 年等）。在 159 个指标中，最重要的指标是那些被称为“关键基准”的指标，以及一些对长期可持续性很重要的“核心基准”。长期的数据可以得到统计上准确的趋势，这些趋势是对政策行动的激励。没有提出一段时间内指标数据的分析报告，就不能建立任何趋势的预测。

“俄勒冈基准”是在一个制度化的体系下以及公众参与过程中来确定相关的问题和指标。监测工具的使用由法律规章来确保执行。基准公开接受建议和批评，定期地更新基准指标使其对未来具有较强的导向性。基准目标的设立时可以衡量的。趋势可以容易地确定，而预测能够以趋势为基础。

“俄勒冈基准”也有一定的局限性，指标选择过程中有太多的指标需要处理。“关键基准”的选择有一定的主观性，即使它反映了主要群体关注的问题。对于指标的分类是模糊的，现在的 14 个分类完全按照一致的方式来选取。

通过比较“可持续发展西雅图”和“俄勒冈基准”，不难发现由于区域的具体情况不同，使得这两个指标体系之间有着明显的差异，而这些差异增加了地区之间进行比较的难度。在未来的学习、研究工作中，在编制生态城市设计前的评价时，也应针对当地情况，有针对性地搭建评价体系，不能直接原封不动地套用其他地区的评价体系。

① State Library of Oregon Digital Collections [EB/OL]. https://digital.osl.state.or.us/.

加拿大阿尔伯塔真实发展引指标项目

判定可持续发展指数

阿尔伯塔基础

社会可持续

真实发展引指标

经济可持续

环境可持续

图 3–10 加拿大阿尔伯塔真实发展引指标框架

（3）加拿大阿尔伯塔真实发展引指标项目

在前文中提到了加拿大国家环境与经济圆桌会议，其一直致力于促进加拿大的可持续发展。加拿大阿尔伯塔真实发展引指标项目（The Alberta Genuine Progress Indicator Accounting Project）① 最初是在加拿大环境与经济圆桌会议上提出的。圆桌会议之后，从“经济—社会—环境”3 个方面，确定了未来阿尔伯塔可持续发展的 9 个基础指标，构建了加拿大真实发展引指标项目（图 3–10）。在圆桌会议指标工作小组的指导下，一个项目小组负责为期一年的指标筛选。同时项目的规划中还包含搜索相关指标的文献，设计指标体系模型和指标筛选的原则，确立一套管理体系以及向圆桌会议成员、专家和其他利益相关者进行咨询的交流机制。通过投票以及对成员和不同利益相关者的采访，建立了一个包含 850 个指标的数据库。然后这 850 个指标根据选择原则、专家意见和文献数据的筛选，被削减成 59 个指标。每个指标都附有一个简短的描述以及基本原理和数据来源的说明。

加拿大阿尔伯塔真实发展指标中的指标并没有明晰的分类。理论上，阿尔伯塔体系实现了驱动力变化和变化结果之间的一种逻辑因果联系，并且将每一个指标都归到其中的一类。虽然对于哪个是原因哪个是结果的分类方法仍然值得讨论，但是阿尔伯塔体系认识到不同指标之间的关联和均衡是很重要的。遗憾的是，对于政策制定者想在制定政策时，如何在不同种类指标之间建立合理的联系，该体系缺乏与政策制定者实践应用方式的有效联系，直到现在，阿尔伯塔体系还没有关于定量化指标的报告。

广泛的公众参与能够帮助阿尔伯塔省确定可持续发展进程中的重点问题。指标选取的原则将庞大的指标体系精简得更易于控制和监测。

加拿大阿尔伯塔真实发展引指标也有一定的局限性，指标的分组缺少有规律的结构；指标的选取看起来主观性较强，没有在可持续发展相关问题之间建立联系；预先假定的原因同预测结果之间的逻辑联系没有得到验证。同时，这套指标体系也没有得到有效地实施。

4）企业 / 机构层次

（1）耶鲁大学、哥伦比亚大学的环境可持续发展指数 ②

环境可持续发展指数（Environmental Sustainability Index，ESI）是由美国耶鲁大学和哥伦比亚大学合作开发的（图 3–11），它包括 22 个核心指标，每个指标结合了 2 ~ 6 个变量，共 67 个基础变量。两校课题组曾用

2001 Environmental Sustainability Index

An Initiative of the
Global Leaders of Tomorrow Environment Task Force,
World Economic Forum

Annual Meeting 2001
Davos, Switzerland

In collaboraton with: *Yale Center for Environmwental I aw and Policy (YCEIP)* *Yak University* *Center for International Earth Scienie Information Network (CIESIIN)* *Couabia University*

图 3–11 环境可持续发展指数

① https://msu.edu/course/zol/446/Period%202/GPI.pdf.

② YCELP, CIESIN. 2001 Environmental Sustainability Index[EB/OL]. [2019–10–08]. https://sedac.ciesin.columbia.edu/es/esi/ESI_01a.pdf.

此测试了包括中国在内的 122 个国家。它评价了各个国家在如下 5 个核心系统的相关成绩：①环境系统的状态，如空气、土壤、生态和水；②环境系统承受的能力以污染程度和开发程度来衡量；③人类应对环境变化的脆弱性，反映在粮食资源的匮乏或环境所致疾病的损失；④社会与法制在应对环境挑战方面的能力；⑤对全球环境合作需求的反应能力，如保护臭氧层等国际环境资源。ESI 定义的环境可持续行为：以可持续的方式创造上述 5 个方面的高水平业绩能力。ESI 具体的指标见表 3-7。

表 3-7 环境可持续发展指数（ESI）的指标体系框架

内容	指标	指标说明
环境系统	大气质量 水的数量 水的质量 生物多样性 陆地系统	一个国家如果是环境可持续发展的，那么，它的环境系统应保持原有的健康水平，或者是得到明显改善的水平，而不是下降恶化的
降低环境的压力	减少空气污染 减少缺水压力 减少生态系统的压力 减少废物和消费的压力 减少人口压力	一个国家如果是环境可持续发展的，那么，人类影响环境系统的程度应较低，没有对环境系统造成明显的损害
降低人类的脆弱性	基本营养 环境健康	一个国家如果是环境可持续发展的，那么，居民和社会系统应可以从容应对环境变化（通过其最基本需求来表现，比如健康和营养）；脆弱性的减小就是一个社会越来越可持续发展的标志
社会和法制方面的能力	科学 / 技术 辩论能力 法律与管理 私人部门的反应能力 环境信息 生态有效性 减少公众自主选择的混乱	一个国家如果是环境可持续发展的，那么，该国家应拥有适当的法制体系，以及技术和网络等基本的社会体制，从而鼓励对人们环境挑战的有效反应
全球合作	承担的国际义务 全球规模的基金 / 参与 保护国际公共权	一个国家如果是环境可持续发展的，那么，该国应当能通过与其他国家的合作来应对共同的环境问题，从而减少对其他国家的负面的域外环境影响，直到不再造成严重损害

ESI 是基于为了实现诸如确定环境工作的基准、鉴别可比较的环境成果是高于还是低于期望值、评价相关政策的优劣、识别“最优实践”以及研究环境和经济业绩之间的相互关系等功能而发展起来的一种可持续发展指标体系。它集中于可持续性的环境方面，在解析的基础上产生一系列数值来表达环境结果，为国家之间的环境状况提供可比尺度。像 GDP 为经济发展提供了一个大尺度的指示器一样，ESI 也把一个国家的环境可

持续能力从 1 到 100 的简单数字表示出来。该数据为一个国家下一代或两代人可能的生活环境质量提供了综合的预示和描述。

ESI 反映的是一个很广泛范围的信息，一个单纯的总 ESI 值未必能体现多少信息，甚至所掩盖的比所揭示的还多。因此，必须深入了解和分析 ESI 的整体指标体系，才能够明晓环境可持续领域内所蕴含的多方信息。

根据耶鲁大学和哥伦比亚大学两校的研究报告称，ESI 允许在不同国家间环境进展方面进行系统化、定量化的对比。ESI 有助于：①确定一个国家的环保成果是在期望之上或之下；②研究确定哪些地区的政策是成功或失败；③确定环境工作的基准；④确定“最好的实践”；⑤调研环境与经济业绩间的相互作用。他们当时的研究结果表明，中国在一些指标的排名上都不甚理想。其中大气质量（以 SO_2 浓度、NO_2 浓度和 TSP 浓度为例）在 122 个测试国家中列 121 位，这不能不引起我们的重视。这也是后来国家重点发展生态城市的原因之一。

ESI 是各个国家衡量自身环境发展业绩以及国家间在环境可持续领域相互比较和相互参照的有效尺度。ESI 可以看作是环境可持续发展的“指示灯”，并将有助于推进以下进程：①提供环境可持续性的测量，填补与环境政策存在的差距；②推进环境目标的量化、测量发展进程和环境的基准特性等方面的工作；③推进环境可持续性驱动力的深入研究，着眼于“最佳行动”的成功领域，预防潜在的危害；④为更精确的环境决策分析建立基础；⑤为不同层次的环境分析提供综合评价和数据支撑。

环境可持续发展指数（ESI）也有一定的局限性，仍是一个有待改进的环境可持续发展指标体系，存在着一些不完善的地方。这体现在：①组成的指标尚未设立特定的权重；②指标和变量的设置不够全面，难以充分反映真实情况；③有的指标使用了某些不尽合理的数据源，或其数据仅覆盖了数目有限的国家。

（2）加拿大“北方电信公司环境业绩指数”

加拿大北方电信公司设计了一套完整的指标来反映其经济行为对环境、居民和社会的影响（Northern Telecom，1995）。这套指标将全球的环境数据库同计算公式相结合，从而计算出企业的简单指标数值。这个指标可以用于制定目标以及分析企业年与年之间的业绩。数据库也可以用于公司评估减少污染排放、降低废物排放、保护资源和提高能源利用率等方面的执行情况。

“北方电信公司环境业绩指数”由北方电信公司与 A.D. Little Inc 一同设计，数据监测点需要记录一整套的数据，这些被搜集的数据将被分为以下 4 类保存在电脑系统中：①遵守情况，包括公司违例通知（总次数）、罚金数量、超标次数和事故总数等；②资源的总消费，包括能源总消耗量、用电量、用水量和纸张的购买量等；③污染物排放量，包括废气排放量、废水排放量、固体废弃物和有毒有害物质的排放量等；④环境修复，包括修复地点的个数、风险因子的数目等。

“北方电信公司环境业绩指数”使用一个简单的指数使公司和它的利益相关者可以容易的监测和衡量公司实现目标的程度。这个指数需要连续地收集公司每个生产部门的数据，可以对不同生产部门之间进行横向比较。“北方电信公司环境业绩指数”是以公司业绩为导向的，能够对有利于实现业绩目标、达到高分的相关行为和政策提供支持。这有利于管理者采取最好的政策和方法来实现企业目标。

“北方电信公司环境业绩指数”也有一定的局限性，它将不同类型的统计数据放在一起进行评价，因此向普通使用者解释其含义比较困难。更多适用于根据公司的环境目标来衡量公司环境业绩，较少适用于衡量可持续发展进程的指数。

5）生态建筑层次

在建筑层面，世界各国也开始了生态建筑的研究探索，并提出了各自的生态建筑评价标准。较为出名的主要有英国绿色建筑评估体系（BREEAM）、美国绿色建筑评估体系（LEED）、德国可持续建筑认证体系（DGNB）、日本绿色建筑评估体系（CASBEE）、新加坡（GREEN MARK）等。

（1）英国绿色建筑评估体系 BREEAM

随着 19 世纪的英国第一次工业革命，使得人类社会前进了一大步，但也付出了昂贵的代价，它对自然环境产生了巨大的负面影响。在英国，建筑业能耗占全社会能源消耗总量的 50%，消耗原材料 40% 左右。在此背景下，英国考虑到国家的经济发展不是以牺牲自然环境为前提，而是要与环境和谐共生，并非止步于此，英国政府着手探讨建筑业所面临的现状及其未来的发展趋势，1990 年，英国建筑研究院在不断地思考与探索下，制定世界上首个绿色建筑评估体系——建筑研究院环境评级法（Building Research Establishment Environmental Assessment Method，BREEAM，以下简称“BREEAM”）（图 3-12）。最初，BREEAM 体系针对的是办公建筑的环境表现，通过不断的革新，评价体系随着业务多元化开发了不同的版本，涉及范围广泛，并且紧随工程技术的创新的不断升级，从而在全球范围内，相比于其他国家，一直处于领先水平。

图 3-12　BREEAM 认证建筑
1-Sebrae Sustainability Center, Cuiaba, Brazil;
2-City of Stockholm's real estate portfolio, Stockholm, Sweden

BREEAM 系统的核心目标是在保证建筑物安全性、舒适性的基础上，降低能耗量与碳排放量以达到保护建设环境的目的。所以，对建筑进行评价时主要关注建筑带给使用者的健康和舒适程度、建筑的自身能耗表现、替代交通选择的选择、对自然资源的合理利用，以及建筑对环境造成的影响等几方面，同时 BREEAM 在管理这些措施时依靠政府颁布的政策及规章从运输、能源、水资源、材料资源、地区生态、污染这几类进行调控。

BREEAM 体系采用全生命周期评价方法，考察参评建筑物符合每项性能所代表的指标的程度，给予相应的分值，其中每项指标的满分数及所占总评分的权重不同，将所得分数与该指标的所占分数进行比对，所得比率乘以各指标对应的权重系数，最终将各指标所得数进行累加，根据得分确定其所评定的等级。BREEAM 版共有五个认证等级，分别为：≥ 30 分为通过，≥ 45 分为好，≥ 55 分为很好，≥ 70 分为优秀，≥ 85 分为杰出。

（2）美国绿色建筑评估体系 LEED

LEED 是“绿色能源与环境设计先锋奖”，全称是“Leadership in Energy and Environmental Design”，它是由美国营利性组织—美国绿色建筑委员会（US-GBC）编制及颁布。其目的是推广整体建筑设计流程，用可以识别的全国性认证来改变市场走向，促进绿色竞争和绿色供应。在国际上被公认为最具影响力的绿色建筑评估体系，得到全球不同气候带国家的认可（图 3-13）。该评估体系主要涵盖建筑设计与施工（LEED BD+C）、建筑运营与维护（LEED BO+M）、住宅设计与施工（LEED HD+C）、室内设计与施工（ID+C）、社区开发（LEED ND）五方面的 LEED 认证（表 3-8），涉及热岛效应、再生能源、环保排放、创新与设

图 3-13 美国绿色建筑评估体系（LEED）认证建筑
1-Nancy and Stephen Grand Family House, San Francisco, USA;
2-The Los Angeles Federal Courthouse, Los Angeles, USA

计、低碳材料、暴雨管理等多项系统审核，并根据总得分将建筑物分为认证级、银级、金级、铂金级四个认证等级。每一项考核都必须经美国 USGBC 及全球授权机构的专项认可后方能生效。USGBC 于 1998 年 8 月颁布了 LEED 的最早版本 LEED V1 后也在不断升级，分别于 2006 年颁布 LEED V2，2009 年通过 LEED V3，2013 年 11 月通过 LEED V4，并于 2018 年颁布 LEED V4.1，V4.1 是目前的 LEED 最高版本。自公布以来，LEED 已被 48 个州和 7 个国家所选用，并且被一些州和国家列为法定的强制性地方标准来实施，如俄勒冈、加利福尼亚等。

表 3-8 不同建筑类型的认证版本

类型	建筑设计与施工（LEED BD+C）	建筑运营与维护（LEED BO+M）	住宅设计与施工（LEED HD+C）	室内设计与施工（ID+C）	社区开发（LEED ND）
范围	新建建筑学校 零售 数据中心 仓储和配送中心 宾馆接待 医疗保健	既有建筑 学校 零售 数据中心 宾馆接待 仓储和配送中心	住宅 小高层楼宇 建筑设计与施工	商业建筑室内 零售建筑 宾馆接待	社区开发计划 社区开放建造计划

LEED V3 在以“可持续”为基本出发点，从建筑物的选址到所利用的各种资源，以及建筑物对环境产生的影响进行考察，在 LEED V4 中，单独考虑了项目的交通可达性问题类目，使得对建筑物的评价类目更加丰富。事实上，交通并不完全是提出的全新指标，其评价指标是从上一个版本的中的“可持续场址”所分离的。此次把“选址与交通”指标单独提出，这不仅强调了位置和交通，也使得评价的内容更加清晰、更加合乎逻辑。

LEED 采取打分卡模型，首先根据参评建筑所用的评估系统，根据指标，确定参评建筑物达到各子分值的程度下获得分数，然后将各指标得分进行累计，所得到的总分，即 P=P1+P2+P3+P4+P5+P6+P7+P8（注：式中 1、2、3、4、5、6、7、8，分别代表整合设计、选址与交通、可持续场地、用水效率、能源与大气、材料与资源、室内环境质量及创新与区域优先指标），参照评分等级确定认证级别，LEED V4 版共有四个认证等级，分别为：认证级别为 40 至 49 分，白银级别为 50 至 59 分，黄金等级为 60 至 80 分，80 分以上为铂金级。

（3）德国可持续建筑认证体系 DGNB

在 20 世纪 90 年代初，英国经过充分考虑和研究，BRE 制定了全世界首部绿色建筑评价标准——BREEAM，然后，美国推出了 LEED 绿色评估体系，这两个系统代表了第一代绿色建筑评价体系。在第一代绿色建筑评价体系广泛应用下，推动了绿色建筑的快速发展。德国作为第一个在欧洲发展生态节能和被动设计的国家，并没有紧随英国美国推出绿色建筑评价体系。在 2006 年，德国政府组织专家研究制定适合本国发展策略的绿色建筑评价体系，在分析过程中，对第一代绿色建筑评价体系在保护环境、降低周期成本、保护健康、社会、文化这几个方面进行了完善。从而建立了第二代绿色建筑评价体系（Devtsche Gesellschaft für Nachhaltiges Baven，DGNB）（图 3-14）。

在建立评估 DGNB 系统时，围绕建筑全寿命过程，以经济质量、生态质量、技术质量、过程质量、网站质量、社会与功能要求六个方面为重点进行评估，为达到总体目标即建筑的可持续性，对建筑物进行评价，与第一代绿色建筑的差别是，它不对每个具体的实施细节都做出规定和要求。DGNB 评估核心要素彼此之间相互关联、相互影响，其相互之间应达到一个合理的平衡。DGNB 体系根据建筑物的不同类型和用途对评价标准的条目、内容以及相对应的评分权重进行精确的调整，在核心质量目标得到保证的前提下，它可以灵活的根据不同国家和地域的气候、法律法规、文化以及建设技术等实际情况进行适当的调整，这使得该系统在全世界范围使用并且同时保证其高水准的认证质量。

DGNB 提出可持续发展的 6 个核心要素，围绕生态、经济和技术过程展开为生态质量、经济质量、建筑功能和社会综合质量、技术质量、过程质量与基地质量。其中生态质量、经济质量、建筑功能和社会综合质量在体系当中重要性相同，所以规定占总分数的权重均为 22.5%，其余部分也占有一定额比重，只不过相对前 4 项较少，其中过程质量占 10% 的

图 3-14 德国可持续建筑认证体系（DGNB）认证建筑
1-Alnatura Arbeitswelt, Darmstadt, Germany;
2-Bau-und Getrankemarkt Bad Sackingen, Bad Sackingen, Germany

权重，基地质量作为评价整体指标的组成部分，在不影响其他 5 项的评定基础上，对其进行测评。这 6 个系统共有 60 个标准，在认证评估中，利用综合评价模型，在科学计算机软件和庞大的数据库支持下，根据参评建筑所满足的各指标下的细节措施，对其获得分数进行计算。最终得分系数按照达标程度划分，80% 以上的为金认证，超过 60% 的为银认证，超过 50% 的为铜认证。

（4）日本绿色建筑评估体系 CASBEE

2001 年 4 月，自日本国体局和住房局的授权下，日本绿色建筑委员会、日本可持续建筑联合会（Japan Sustainable Building Consortium）"JSBC" 由这两个组织负责共同开发了适合本国的绿色建筑评估体系（Comprehensive Assessment System for Building Environmental Efficiency），简称 "CASBEE"。在实践中不断完善，逐步发展成了涵盖全生命周期的多层次的体系。从 2002 年到 2007 年，从 CASBEE——办公建筑到 CASBEE——独栋建筑，这一过程中，评价体系包含了新建建筑、既有建筑、改造建筑、街区建设。JSBC 又在发展中不断完善 CASBEE 体系的构建，在 2009 年，将 "建筑物综合环境性能评价体系" 更名为 "建筑物可持续环境性能评价体系"。在 2010 年，JSBC 发布了 CASBEE——城市版本。随着体系的不断完善，CASBEE 已经发展成可以适应不同阶段、不同尺度、不同用途、不同地域建筑的评估需求的一个庞大的体系（图 3-15）。

CASBEE 评价体系围绕建筑物全寿命周期理念，考虑建筑物所获得的舒适性能以及对环境产生负荷影响，同时对于参评建筑提出新型概念——建筑物环境效益（Building Environmental Efficiency，简称 BEE）。将 Q（Quality）为建筑物的环境质量与性能，包括室内外环境及服务质量，L（Load）为建筑物对能源、资源和材料、建设用地外环境所引起的环境负荷，这样 BEE=Q/L，利用这一方法来表达建筑环境评价的所有结果。对参评建筑物从能源消耗、环境资源的再利用、当地的环境、室内环境四个方面进行评价，各指标下又包含 90 多个子项目。为了便于评估，这些子项目划分到 Q 和 L 两大类中。

在 CASBEE 评估体系中，设定一个以用地边界和建筑最高点为界所形成的假想三维封闭空间，也代表实际参评建筑物所处场地及范围，利用 BEE=Q/L（Q 代表参评建筑在封闭空间内，使用者生活舒适性的改善，L 代表参评建筑在封闭空间外部区域受到的负面环境影响）。

从公式 "BEE=Q/L" 中可以看出，BEE 随着 Q 与 L 的变化而变化，当参评建筑的舒适性越高同时对周边环境的负面因素越小，表示参评建筑所满足绿色建筑指标的程度越高。参评时，以 Q、L 所展开的指标进行比对，确定各自占有的分数，使用 BEE 来展示所具有的绿色性能程度，

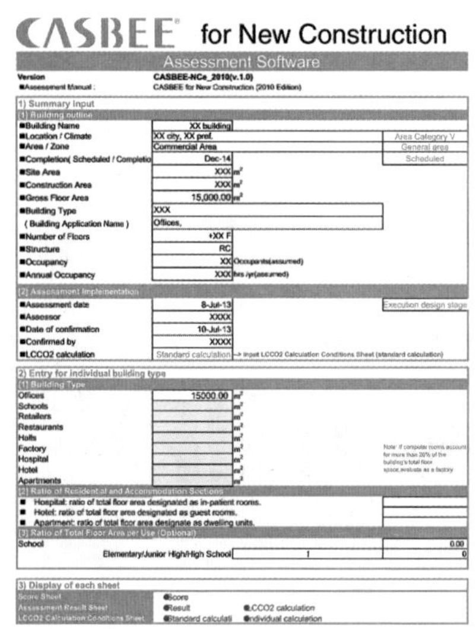

图 3-15 CASBEE 评价软件主界面

图 3-16　CASBEE 分级制度

最终确定评价等级。CASBEE 的评分标准，与美国 LEED 大不相同，它采用 5 分制，分 1、2、3、4、5 级进行评分，分别为 C、B^-、B、B^+、A、S5 级（图 3-16）。

（5）新加坡 GREEN MARK

新加坡人均占有资源水平在国际上处于下游位置，为此，采取发展绿色建筑措施是关键之举。2005 年，新加坡建筑局（BCA）在新加坡国家发展部（MND）的授权下，发布了 Green Mark 评价体系。Green Mark 强调，在建筑物的全寿命周期中要将环境友好、可持续发展等理念作为核心理念，最初的评估对象包括新建建筑和既有建筑两个部分。随着建筑市场逐渐丰富，评价体系随着评估对象覆盖范围逐步完善，2013 年，已发布居住类新建建筑与非居住类新建建筑更新版本 V4.1。到 2016 年为止，在新加坡政府的大力推崇绿色建筑的背景下，共有近 1 500 个建筑项目获得了 Green Mark 认证，其总建筑面积达到新加坡建筑面积的 30%（图 3-17）。与 BREEAM，LEED 及 CASBEE 等体系不同，Green Mark 在新加坡国内是实质上的强制标准，而非自愿申请。经过近十年的发展，Green Mark 评价标准获得了各界广泛的认同，并被广泛地借鉴和引用。

Green Mark 评价体系从设计、施工以到运营阶段进行全过程控制。主要围绕节能和其他绿色环保两方面的内容。节能要求又分为节能部分和可再生能源利用部分，意在提高建筑物的能量效率，采用良好的建筑设计方法，选择节能设备；对水资源的合理使用。节能部分还强调通过建筑物用水效率的提高提升节水能力；关注室内环境质量，旨在改善室内

图 3-17　新加坡绿色建筑评价体系（Green Mark）项目

1- 新加坡铂金级项目（Singapore Telecommunications Ltd）;
2- 新加坡金级项目（ Pacific Refreshments Pte Ltd ）

环境质量，包括空气质量、热舒适性、噪声控制和太阳光照射等物理环境特征；减少环境建设和资源消耗的负面影响；其他环保措施意在采用创新技术和手段对环境产生有利影响。

Green Mark 的评分体系提出必须符合控制项，如（新建建筑）规定能源效率这一指标上至少取得 30 分，用水效率、环境保护、室内环境质量在至少取得 20 分情况下才可进行评估，然后是得分项，在一级指标及二级指标下设定不同的分数，依据符合标准的程度得分，采用累计得分的方式。根据得分，分为四个等级，即铂金级为最高级（90 ~ 155），其次为超金级（85 ~ 89）、再者为金级（75 ~ 84），最后为认证级（50 ~ 74）。

2. 国内生态城市指标体系

1972 年我国参加了人与生物圈计划（MAB）的国际协调理事会并当选为理事国，1978 年建立了中国 MAB 研究委员会，1979 年中国生态学会成立，并于 1984 年建立中国生态学会城市生态专业委员会。1992 年联合国环境与发展大会通过了《21 世纪议程》，中国政府作出了履行《21 世纪议程》等文件的庄严承诺。1994 年 3 月 25 日，《21 世纪议程》经国务院第十六次常务会议审议通过。《21 世纪议程》将可持续发展作为一项重大战略在全国实施。1999 年，国际建协第 20 届世界建筑师大会在北京召开，大会一致通过了由吴良镛教授起草的《北京宪章》，自此广义建筑学与人居环境学说，已被全球建筑师普遍接受和推崇，《北京宪章》提到生态观，要求城乡规划师、建筑师正视生态困境，加强生态意识。2015 年，巴黎气候变化大会上通过了《巴黎协定》，2016 年，中国加入《巴黎协定》，为落实中国承诺，中国加大了对生态城市的建设力度。2018 年，住房和城乡建设部科技与产业化发展中心和 C40 城市气候领导联盟合作开展“C40 中国建筑项目”。2018 年，在国务院机构改革方案中，组建自然资源部、生态环境部，旨在统筹管理生态资源，促进生态城市发展。

1）国家层次

我国对于国家层次的可持续发展指标体系开展了广泛的研究与讨论，并提出了一些框架。许多部门和研究机构对国家级可持续发展指标体系进行了研究，取得了一定的进展。

（1）国家科技部组织的“中国可持续发展指标体系”的研究

国家科技部组织了中国 21 世纪议程管理中心、中国科学院地理研究所、国家统计局统计科学研究所联合组成课题组，对中国可持续发展指标体系进行初步研究。该研究主要根据《21 世纪议程》中各个方案领域的行动依据、目标、行动等情况，结合《九五计划和 2010 年远景目标纲要》，并借鉴国外的经验，提出了中国可持续发展指标体系的初步设想。该体系基于国家统计资料，将指标体系分为目标层、基准层 1、基准层 2 和指标层。在指标层上分别设置了描述性指标体系和评价性指标体系。这一指标体系突出了可持续整体优化的发展思想和指标之间存在着的相互影响、互为条件和互通因果的关系。指标的覆盖面广，在系统分析与专家打分的基础上可以对国家可持续发展的总体态势进行科学的评价。但是，在具体操作过程中存在着指标庞杂，不同区域难以用同一指标进行衡量、对比，使用的数据受到限制，有些数据只能反映局部的情况，得出的结论可能存在一定的片面性等问题。

（2）中国科学院可持续发展研究组制定的指标体系

根据中国可持续发展战略的理论内涵、结构内涵和统计内涵，中国科学院可持续发展研究组建立了由五大支持系统构成的中国可持续发展指标体系。它以区域可持续发展为目标，分为总体层、系统层、状态层、变量层和要素层五个等级，用资源承载力、发展稳定性、经济生产力、环境缓冲力和管理调控能力来测度区域可持续发展能力。该指标体系选取了大量的参数，建立了一个大型数据库和模型，评估可持续发展的总体能力。中国科学院的这套指标体系内容丰富，规模庞大，能够比较全面地体现可持续发展的目标，也能形象地描述出不同城市的可持续发展度，但是该指标体系在指标数目、指标量化、权重分配、数据的获取、指标可比性等方面问题突出。

（3）绿色城市的指标体系

绿色城市（Green City）是在为保护全球环境而掀起的“绿色运动”过程中提出的城市发展概念。绿色城市的概念突破了“绿色”单纯的绿化、美化的狭义定义，将“绿色”的概念进行了扩展，在基于自然与人类协调发展的角度下提出，城市的建设不仅要强调生态平衡，要保护自然，而且还必须注重人类的健康和文化的发展。

目前国内城市绿色发展评价研究较多，如住房和城乡建设部、财政部、国家发展和改革委员会 2011 年发布的《绿色低碳重点小城镇建设评价指标（试行）》，通过评价指标来加强政策扶持和引导，从社会经济发展水平、规划建设管理水平、建设用地集约性、资源环境保护与节能减排、基础设施与园林绿化、公共服务水平、历史文化保护与特色建设等方面创建绿色重点小城镇。国家发展和改革委员会、国家统计局等四部门联合印发了《绿色发展指标体系》，从资源利用、环境治理、环境质量、生态保护、增长质量、绿色生活和公众满意程度七个类别测算全国及各地区的绿色发展指数。

为贯彻落实《国家新型城镇化规划（2014—2020 年）》，加快新型城镇化标准体系建设，充分发挥标准化对提升我国城镇化质量的引导支撑作用，国家标准化管理委员会提出开展新型城镇化标准化研究项目。2016 年 11 月国家标准化管理委员会下达了《绿色城镇评价指标》（计划编号：

20161931—T—424）的标准制定计划（国标委综合〔2016〕77 号），该指标正式立项。随后考虑到标准申报的“城镇”为广义概念，涵盖大中型城市和小城市概念的城镇，出于评价指标体系适用于大中小型城市、标准实施可操作性考虑，标准立项、论证各阶段专家建议采用“城市”并将城市界定为地级及以上的城市，因此将标准名称由《绿色城镇评价指标》更改为《绿色城市评价指标》。

该指标体系构建的核心理念是将生态文明理念“三生”共赢全面融入城市发展，绿色城市建设要求生产是绿色的、生活是绿色的、环境是绿色的，实现生产空间集约高效、生活空间宜居适度、生态空间山清水秀。因此一级指标由绿色生产、绿色生活、环境质量三大方面组成。根据《国家新型城镇化规划（2014—2020 年）》第十八章第一节“加快绿色城市建设”的要求，确定绿色城市评价指标体系二级指标：绿色生产领域包含资源利用和污染控制两类；绿色生活领域包含绿色市政、绿色建筑、绿色交通和绿色消费四类；环境质量领域包含生态环境、大气环境、水环境、土壤环境、声环境和其他六类。

（4）园林城市的指标体系

园林城市是建设部（现住房和城乡建设部）在城市环境综合整治等政策的基础上提出的，并于 1992 年制定了《国家园林城市评选标准（试行）》。1996 年城建司在总结评比经验和新一轮征求意见的基础上，将“园林城市”试行标准进一步完善，将原有的 10 条扩充为 12 条标准。2000 年 5 月建设部制定了《创建国家园林城市实施方案》及《国家园林城市标准》（表 3-9），以进一步推进国家园林城市的建设工作。2004 年，建设部印发了《关于创建“生态园林城市”的实施意见》及《国家生态园林城市标准（暂行）》，标志着国家生态园林城市的创建正式启动。2006 年，深圳成为首个创建国家生态园林城市示范城市。2007 年，青岛、南京、扬州、苏州、昆山等 11 个城市成为创建试点。2010 年，住房和城乡建设部结合新印发的《城市园林绿化评价标准》GB/T 50563—2010，修订了《国家园林城市标准》（建城〔2005〕43 号），并出台了新的《国家园林城市申报与评审办法》，使评判标准更加科学，申报与评审的流程更加规范。2016 年 10 月，住房和城乡建设部公布了新的《国家园林城市系列标准》（建城〔2016〕235 号），该标准分为国家园林城市标准、国家生态园林城市标准、国家园林县城标准、国家园林城镇标准、相关指标解释 5 部分。新标准落实了党中央、国务院对生态文明建设的新要求，响应了地方诉求和专家的建议，增强了对城市建设的指导作用。

2010 年印发的《国家园林城市标准》有 8 大类、64 个小项（另有 10 个提升项），2016 年印发的《国家园林城市系列标准》共有 7 大类、57

个小项（含1个综合否决项）。从整体上看，新标准指标项目有增有减（表3-10），但总数有所减少，主要有以下原因：一是新标准不再单独设立提升项，提升项的内容单独列入了国家生态园林城市的标准中；二是随着经济社会的发展，失去现实意义的指标也被删除，如“生产绿地占建成区面积比率”“城市主干道平峰期平均车速”等；三是剔除了不易量化考核的指标，如“生物防治推广率”。

表3-9　园林城市基本指标表

指标	地域	大城市	中等城市	小城市
人均公共绿地 /m^2	秦岭淮河以南 秦岭淮河以北	6.5 6	7 6.5	8 7.5
绿地率 /%	秦岭淮河以南 秦岭淮河以北	30 28	32 30	34 32
绿化覆盖率 /%	秦岭淮河以南 秦岭淮河以北	35 33	37 35	39 37

表3-10　国家园林城市指标数量变化一览表

指标类型	综合管理	绿地建设	建设管控	生态环境	节能减排	市政设施	人居环境	社会保障	综合否决	合计
旧标准（2010）	9	18	15	7	2	7	3	3	-	64
新标准（2016）	8	14	11	9	4	6	-	4	1	57

（5）环保模范城市的指标体系

为推进中国城市的环境保护与可持续发展，实现《国家环境保护“九五”计划和2010年远景规划》中提出“要建成若干个经济快速发展、环境清洁有没、生态良性循环的示范城市”的要求，国家环境保护局于1997年制定了《国家环保模范城市考核指标（试行）》的规定（表3-11）。包括27项考核条件和指标，其中基本条件3项，考核指标24项（含社会经济5项、环境质量5项、环境建设10项、环境管理4项），基本涵盖了社会、经济、环境及卫生、园林等方面的内容。该考核指标体系主要是从城市环境保护角度制定的，虽然也涉及城市郊区，但并未充分包括农村环境保护与城乡集合问题，也不可能完全体现生态城市广义的生态观。

表 3-11　国家环保模范城市考核指标（试行）考核要求摘抄

指标内容	指标要求	指标内容	指标要求
环境保护投资指数	>1.5%	城市污水处理率	>25%
人均 GDP	>1 万元 / 人	工业废水处理率	>80%，2000 年前全部企业达标排放
经济持续增长率（考核前 3 年平均增长率）	8%~9%	城市气化率	>90%
人口自然增长率	> 国家计划指标	城市集中供热率	>30%（只考虑北方采暖城市）
单位 GDP 能耗	< 全国平均水平	生活垃圾处理率	>90%
单位 GDP 水耗	< 全国平均水平	工业固体废物综合利用率	>70%
空气污染指数	按国家重点城市空气质量预报技术规定，API<100	烟尘控制区覆盖率	>90%
集中式饮用水水源地水质达标率	>96%	噪声达标区覆盖率	>60%
城市水功能区水质达标率	>90%	城市市委、市政府听取环保工作汇报和政府例会研究环保工作频次	>1 次序 / 年
区域环境噪声平均值	<60dB（A）	环保机构建制	城市所辖地区内（县）、县级市必须建立健全独立的环境保护行政机构
交通干线噪声平均值	<70dB（A）	公众对城市环境的满意率	>60%，且抽查总人数不少于城市人口的万分之一
自然保护区覆盖率	>5%	执行主要污染物排放总量削减计划	与有关资料内容以及考核要求吻合
建成区绿化覆盖率	>30%		

（6）绿色生态城区评价标准

在国家可持续发展、科学发展观、生态文明等宏观战略引导下，国家各部委陆续出台各种政策来促进我国城市向低碳、生态、绿色方向发展。财政部和住房和城乡建设部联合印发了《关于加快推动我国绿色建筑发展的实施意见》财建〔2012〕167 号，明确提出推进绿色生态城区建设，规模化发展绿色建筑。鼓励城市新区按照绿色、生态、低碳理念进行规划设计，充分体现资源节约环境保护的要求，集中连片发展绿色建筑。绿色生态城区的开发不同于一般传统城市开发。首先，不是单一追求环境生态，而是从规划开始就立足于区域经济、社会、环境、资源的协调和可持续发展，尽最大可能地考虑并融入了影响人们选择可持续生活方式的各种因素，采取全面、系统、协调的规划措施，提出生态城市整合策略，在规划和开发中立足于人口生产、环境生产和物质生产的和谐，尤其是注重人的综合素质提高，从而实现生产、生活、生态的和谐与平衡。同时，通过系统化资源管理模型与评估系统，对规划开发与管理过程进行监控协同，使开发和建设过程不断优化。

2017 年 7 月 31 日，住房和城乡建设部发布了绿色生态城区国家标准《绿色生态城区评价标准》GB/T 51255—2017 本段以下简称《标准》。《标准》所涉及的内容不仅仅是绿色建筑自身，同时还要更多考虑社会和人文等众多因素，在充分考虑绿色生态城区的特点以及绿色生态城区今后发展方向的基础上，将绿色生态城区评价指标体系分为土地利用、生态环境、绿色建筑、资源与碳排放、绿色交通、信息化管理、产业与经济、人文等8类指标。《标准》还对8类指标的权重进行了取值规定（表3–12）。《标准》着眼于人—环境—社会三者之间的和谐，创新性地将交通、碳排放和人文单独作为一项指标来评价申报对象，引导绿色生态城区的发展向着人性化和社会化特征发展。

表 3–12 绿色生态城区分项指标权重

项目	土地利用 W1	生态环境 W2	绿色建筑 W3	资源与排放 W4	绿色交通 W5	信息化管理 W6	产业与经济 W7	人文 W8
规划实施	0.15	0.15	0.15	0.17	0.12	0.10	0.08	0.08
实施运营	0.1	0.1	0.1	0.15	0.15	0.15	0.15	0.1

（7）海绵城市建设评价标准

海绵城市是在城市落实生态文明建设理念、绿色发展要求的重要举措，有利于推进城市基础建设的系统性，有利于将城市建成人与自然和谐共生的生命共同体。为推进海绵城市建设、改善城市生态环境质量、提升城市防灾减灾能力、扩大优质生态产品供给、增强群众获得感和幸福感，2016 年住房和城乡建设部开始了《海绵城市建设评价标准》GB/T 51345—2018 的编制工作，并于 2019 年 8 月 1 日起，开始在全国实施。

《海绵城市建设评价标准》GB/T51345—2018 明确了海绵城市的理念、路径和方法，灰绿结合、源头减排、过程控制直至实现流域系统治理；明确了海绵城市的内涵和边界，以降雨径流管控为核心，保护与修复自然水文效应，是排水防涝、黑臭水体治理工作的重要遵循；明确了海绵城市建设（城市雨洪管理）的工程技术体系——源头减排、排水管渠和超标降雨径流控制系统的设计标准及关键设计参数、设计方法；合流制溢流控制系统是城市雨洪管理技术体系下极为重要的内容，首次提出合流制溢流（CSO）控制的措施与标准；提出了经济高效的评价方法（表 3–13）。

表 3–13　海绵城市建设评价内容与要求节选

评价内容	评价要求	评价方法
自然生态格局管控与水体生态性岸线保护	（1）城市开发建设前后天然水域总面积不宜减少，保护并最大程度回复自然地形地貌和山水格局，不得侵占天然行洪通道、洪泛区和湿地、林地、草地等生态敏感区；或应达到相关规划的蓝线绿线等管控要求 （2）城市规划区内除码头等生产性岸线及必要的防洪岸线外，新建、改建、扩建城市水体的生态性岸线率不宜小于 70%	应符合本标准第 5.5 节的规定
地下水埋深变化趋势	年均地下水（潜水）水位下降趋势应得到遏制	应符合本标准第 5.6 节的规定
城市热岛效应缓解	夏季按 6～9 月的城郊日平均温差与历史同期（扣除自然气温变化影响）相比应呈下降趋势	应符合本标准第 5.7 节的规定

（8）绿色校园评价标准

校园作为国家基础教育的重要载体，是社会培养未来接班人的摇篮，体现了城市时代的风貌，有着深远的社会影响。根据中华人民共和国教育部公布的 2015 年教育统计数据，全国现有普通小学 19.05 万所、初中阶段学校 5.24 万所、普通高中学校 2.49 万所、中等职业教育学校 1.12 万所、普通高等学校 2 560 所，全国中小学校舍建筑面积总量超过 25.90 亿平方米，各级各类学历教育在校生约为 2.90 亿人，教职员工近 2 143.24 万人。随着城市化进程加速发展及住区人口增加，导致作为配套的公共服务设施的校园产生新的刚性需求。目前校园数量多、人口稠密、校园建筑设施量大面广，能源消耗大，管理水平低，严重制约着低碳校园工作深入持久地开展。

2019 年 3 月 13 日，住房和城乡建设部发布了国家标准《绿色校园评价标准》GB/T 51356—2019。绿色校园的评价以单个校园或学校整体作为评价对象，以既有校园的实际运行情况为依据。对于处于规划设计阶段的校园，可依据本标准对校园的规划设计图纸进行预评价，重点在评价绿色校园方方面面采取的“绿色措施”的预期效果。考虑到我国校园建设的实际情况，量大面广的既有校园作为评价对象时，更偏重考虑“运行评价”，评价相关“绿色措施”所产生的实际效果。

绿色校园评价指标体系由规划与生态、能源与资源、环境与健康、运行与管理、教育与推广 5 类指标组成。每类指标均应包括控制项和评分项，评分项总分 100 分。《绿色校园评价标准》GB/T 51356—2019 还对 5 类指标的权重进行了取值规定（表 3–14）。绿色校园根据满足一般项和优选项的项数，划分为一星级、二星级和三星级，星级越高，难度越大，三星级要求最高。

表 3–14 绿色校园分项指标权重

评价类别	规划与生态 W1	能源与资源 W2	环境与健康 W3	运行与管理 W4	教育与推广 W5
中小学校	0.20	0.25	0.25	0.15	0.15
职业学校和高等院校	0.25	0.25	0.20	0.15	0.15

2）地方和部门层次

生态城市指标体系不仅是城市生态系统可持续发展的反映，还是一种体现生态城市真正意义的实践活动。基于指标体系可以阐释和发掘生态城市的内在联系和发展规律，包括城市可持续发展的水平和途径，也是将生态城市规划理念导向实践的重要环节[①]。

（1）中新天津生态城

中新天津生态城的指标体系明确了生态城的规划和建设要求，为未来城市的可持续发展提供了方向和目标，是生态城市规划建设的依据和公共政策手段[②]。指标体系包括生态环境健康、社会和谐进步、经济蓬勃高效三个方面的控制性指标和区域融合协调的引导性指标。指标体系对应了城市结构和形态的发展模式，量化了总体规划布局、交通、生态环境、能源、社区、水资源和绿化等诸多方面涉及的内容。中新天津生态城的指标体系力求实现“可操作、可复制”的要求。2010 年中新天津生态城指标体系付诸实施，通过指标的解读、分解和实施（表 3–15），使指标体系可以参与生态城市公共管理体系的监控与统计，为城市治理提供有效措施[③]。

① 文宗川，文竹，侯剑．生态城市的发展机理 [M]．北京：科学出版社，2013.

② 杨保军，董珂．生态城市规划的理念与实践——以中新天津生态城总体规划为例 [J]．城市规划，2008（8）：10–14.

③ 中新天津生态城指标体系课题组．导航生态城市：中新天津生态城指标体系实施模式 [M]．北京：中国建筑工业出版社，2010.

表 3-15　中新天津生态城指标体系（摘录）

评价内容	评价角度		评价指标	评价说明
规划体系	完整性 专项规划体系完整度		规划区域覆盖完整度	总规、控规完整覆盖示范区
			水资源（雨水利用、中水）、能源（可再生能源）、绿色建筑、绿色交通、低碳生态、生态景观、城市固体废弃物资源化等专项规划或相关内容	
	协调性		上位规划结合度	专项规划与总规、控规的结合程度
规划管理	机构设置 专业化支撑机构		管理机构配置	设置专职人员管理规划相关事务
			设置针对示范区的稳定的专业化支撑机构	
	流程嵌入		管理流程	将低碳生态相关指标纳入控规图则
			编制管理办法推进低碳生态相关的规划实施，提出了具体保障低碳生态规划贯彻落实的管理措施	
规划内涵（可持续）	城市总体规划	基本要求	找准问题	找准问题，针对性分析
			……	……
		技术	低碳社会发展方面的低碳生态相关规划	提出了针对人性化尺度的城市结构的规划策略
			……	……
		指标	体现可持续原则	指标体系体现了可持续原则
			……	……
		机制	管理机制	提出了总体规划相关管理主体
	控制性详细规划	基本要求	符合可持续发展原则	规划整体的可持续性
			……	……
		技术	空间布局方面的低碳生态相关规划	提出了针对空间布局的低碳生态规划策略
			……	……
		指标	低碳生态指标在图则中的体现	图则体现了低碳生态指标
		机制	管理机制	提出了管理机构和执行保障方案
	城市设计	基本要求	措施具有针对性及亮点	规划中提出的各项措施具有针对性
			……	……
		技术	地块大小和网络	小地块和较密集的路网
			……	……
		指标	低碳生态相关指标	低碳生态相关指标
		机制	管理机制	提出了管理机构和执行保障方案
	生态产业规划	基本要求	找准问题	找准问题，针对性分析
			……	……
		技术	技术适用性	适合当地资源条件，合理选择循环经济产业
			……	……
		指标	指标可操作性	指标具有可操作性
			……	……
		机制	管理机制	提出了管理机构和执行保障方案

续表

<table>
<tr><th>评价内容</th><th colspan="2">评价角度</th><th>评价指标</th><th>评价说明</th></tr>
<tr><td rowspan="6">规划内涵（可持续）</td><td rowspan="6">社区规划</td><td rowspan="2">基本要求</td><td>找准问题</td><td>找准问题，针对性分析</td></tr>
<tr><td>……</td><td>……</td></tr>
<tr><td rowspan="2">技术</td><td>社区规模体系</td><td>分析社区人口规模、人口密度、等级体系</td></tr>
<tr><td>……</td><td>……</td></tr>
<tr><td>指标</td><td>量化指标</td><td>有量化指标、赋值依据和统计方法说明，切实可行</td></tr>
<tr><td>机制</td><td>管理机制</td><td>提出了管理机构和执行保障方案</td></tr>
</table>

（2）唐山湾（曹妃甸）生态城

生态城建设指标体系是唐山湾（曹妃甸）生态城市规划目标的支撑。指标体系与规划设计方案结合，根据概念性总体规划中提出量化指标，通过对指标的赋值反馈到规划方案中，调整修订规划方案，形成循环的工作程序。有别于传统生态城市指标所涉及的“三条底线”，曹妃甸生态城建设指标体系强调了指标对于规划和建设全过程的指导和可操作性。因此，指标体系除了包括城市功能、建筑与建筑业、交通和运输、能源、城市固体废物、水、景观和公共空间七大类的内容，每个指标还具有分类、规划级别、参考数值和指导目标等不同属性，同时对应了不同的实施时间（近期、中期和远期）和实施主体（政府、企业和公众）。指标分为评价城市可持续发展目标进程的管理指标和指导规划过程的规划指标两大类；城市，区域、城区、街区，建筑三个规划级别；国际（瑞典）、全国和本地三个指标参考量化值；以及环境、社会经济文化、空间的指导目标。其中，环境目标包括：自然环境的保护和改善、可再生利用和低能耗、健康的室内外环境和良好的生活方式；社会经济文化目标包括：具有商业吸引力、具有研发和创新动力、具有经济活力、宜居和文化繁荣；空间目标包括：土地和空间高效利用、高水平的建筑、混合功能和布局紧凑、具有特色的街区、步行环境等。在生态城规划管理工作中通过结合指标体系的“三图两表一要点”设计条件，对控制性详细规划进行扩充，以期反映生态和共生的建设理念，使指标、空间和生态技术可以准确的在规划中体现。三图包括：用地布局、城市设计和图则；两表包括：控制指标表和生态指标表；要点即生态城市的城市设计要点①。

（3）无锡太湖新城

无锡太湖新城为了完善低碳生态城的规划和建设制定了《无锡太湖新城国家低碳生态城示范区规划指标体系及实施导则（2010—2020）》（应

① 林澎，田欣欣．曹妃甸生态城指标体系制定、深化与实践经验 [J]．北京规划建设，2011（5）：46–49.

用于 150km^2 的太湖新城）和《无锡中瑞低碳生态城建设指标体系及实施导则（2010—2020）》等指标体系（应用于 2.4km^2 的中瑞低碳生态城）①。太湖新城示范区规划指标体系以规划建设目标为导向，选取了全面且适用的指标，包括：城市功能、绿色交通、能源与资源、生态环境、绿色建筑和社会和谐等方面的内容，并构建了实施导则②。太湖新城示范区规划指标体系和实施导则通过对目标的分解和计算，突出了指标的可操作性和引导性，在指导规划的同时，实现政府对生态城的定位和发展目标。其中，城市功能的规划目标是打造混合、紧凑、多样和宜人的城市空间；绿色交通规划的目标是保证公交和慢行交通优先；能源的规划目标是通过集约的能源系统降低能耗和碳排放，资源方面根据太湖新城的本地条件，主要是对水资源的节约和循环利用；生态环境的规划目标是追求生物多样化和建设良好的生态环境、景观环境和居住空间；绿色建筑的规划目标是建设节能、环保、经济和实用的建筑；社会和谐的规划目标是建设完善的基础设施，提高居民生活质量。太湖新城示范区规划指标体系的指标项取值基本依据国家规范条例、本地规范和已有规划，结合中瑞生态城指标，并参考了中新天津生态城和曹妃甸生态城的指标。太湖新城通过指标体系来整合生态城的规划，实现方案与指标的联动，增强了规划实施的引导性和可操作性。在指标体系的分解和计算中，考虑指标的特点，采用不同的策略和思路，便于生态城各个管理部门的数据统计和管理。

3）生态建筑层次

（1）中国生态住宅技术评估手册

2001 年，由建设部（现住房和城乡建设部）、清华大学等有关单位专家、学者编写、中华全国工商业联合会住宅产业商会发布的《中国生态住宅技术评估手册》是我国第一部生态住宅评估标准。该手册从小区环境规划设计、能源与环境、室内环境质量、小区水环境、材料与资源五个方面对居住小区进行全面评价，并兼顾社会、环境效益和用户权益。这一手册的出台使我国的生态住宅评估标准有了量化的指标。在手册中主要有 5 个指标，分别为小区环境规划设计、能源与环境、室内环境质量、小区水环境和材料与能源。5 个指标可以分别细化为如下：

①小区环境规划设计：对住宅小区的小区区位选址、交通、施工、绿色、空气质量、噪声、采光与日照和微环境 8 个方面进行评估。

②能源与环境：对住宅小区的建筑主体节能、常规能源系统的优化

① 叶祖达. 低碳生态城区控制性详细规划管理体制分析框架——以无锡太湖生态城项目实践为例 [J]. 城市发展研究，2014，21（7）：91-99.

② 杨晓凡，李雨桐，贺启滨，等. 无锡太湖新城的生态规划和建设实践 [J]. 城市规划，2014，318（2）：31-36.

利用、可再生能源和能源对环境的影响 4 个方面进行评估。

③室内环境质量：对住宅小区的室内空气质量、室内热环境、室内光环境和室内声环境 4 个方面进行评估。

④小区水环境：对住宅小区的用水规划、给排水系统、污水处理与回收利用、雨水、绿化与景观和节水器具与设施等 6 个方面进行评估。

⑤材料与能源：对住宅小区的使用绿色建材、就地取材、资源再利用、住宅室内装修、垃圾处理 5 个方面进行评估。

若以上 5 个指标体系都在 60 分以上，可被认定为生态住宅。若单个体系得分在 80 分以上的住宅，可进行单项认定。

（2）绿色建筑评价标准

《绿色建筑评价标准》GB/T 50378—2019 为我国绿色建筑评价设定了一个标准、统一的指标。经过了几次修订，2019 年 3 月 13 日，住房和城乡建设部发布了最新版绿色建筑评价国家标准《绿色建筑评价标准》GB/T 50378—2019，该标准自 2019 年 8 月 1 日起正式实施。该标准遵循着以下的编制原则：①定性和定量相结合的原则；②可操作性的原则；③可持续发展的原则；④全寿命周期的原则。评价指标分为控制项、一般项和优选项。

绿色建筑评价指标体系应由安全耐久、健康舒适、生活便利、资源节约、环境宜居 5 类指标组成，且每类指标均包括控制项和评分项（表 3-16）；评价指标体系还统一设置加分项。绿色建筑划分应为基本级、一星级、二星级、三星级 4 个等级。

表 3-16　绿色建筑评价分值

	控制项基础分值	评价指标评分项满分值					提高与创新加分项满分值
		安全耐久	健康舒适	生活便利	资源节约	环境宜居	
预评价分值	400	100	100	70	200	100	100
评价分值	400	100	100	100	200	100	100

《绿色建筑评价标准》GB/T 50378—2019 的优点可以总结为以下 5 点：①考虑了全寿命周期整个过程的评价；②加强了评价体系的系统性和灵活性；③突出了对节能和环保的要求；④借鉴了国外的先进经验，充分考虑了我国国情；⑤定性和定量的结合。同时，该标准也存在着一些不足，可以总结为以下 3 点：①评价体系回避了权重；②在标准的整体性、层次性、灵活性、定量分析所占的比例、指标的权重分配等方面还有待完善；③评价标准应进一步的细化，进一步完善评价对象，以及不同评价对象应有不同的评价侧重点。

（3）绿色建筑评价技术细则

为了更好地实行《绿色建筑评价标准》GB/T 50378—2019，引导绿色建筑健康发展，建设部（现住房和城乡建设部）组织编写了《绿色建筑评价技术细则》(试行)。为了适应当前绿色建筑快速发展的需要，更好地指导绿色建筑评价工作，住房和城乡建设部委托中国建筑科学研究院，对原《绿色建筑评价技术细则》进行修订，并于 2015 年 2 月通过了专家审查。

（4）绿色数据中心建筑评价技术细则

为贯彻落实我国节约能源、保护环境的要求，更好地实现绿色建筑发展战略，通过科学、合理评价数据中心建筑，引导数据中心建筑健康可持续发展，2015 年 12 月 21 日，住房和城乡建设部印发了《绿色数据中心建筑评价技术细则》，该细则和《绿色建筑评价技术细则》一样，作为国家标准《绿色建筑评价标准》GB/T 50378—2019 的补充，以期为数据中心建筑的绿色化设计、建造以及评价提供明确的技术指导。

（5）中新天津生态城绿色建筑评价标准

中新天津生态城绿色建筑评价标准结合中新天津生态城的地域特点，中国—新加坡两国编写了《中新天津生态城绿色建筑评价标准》DB/T 29—192—2016（以下简称《标准》），由天津市城乡建设委员会（现天津市住房和城乡建设委员会）于 2016 年 11 月 17 日发布。该《标准》通用条款指标体系由节地与室外环境、节能与能源利用、节水与水资源利用、节材与材料资源利用、室内环境质量、施工管理和运营管理等 7 类指标组成，每类指标均应包括控制项和评分项，评分项总分 100 分。《标准》还对 7 类指标的权重进行了取值规定（表 3–17）。

《中新天津生态城绿色建筑评价标准》DB/T 29—192—2016 的优点可以总结为以下 6 点：①操作简便；②考虑了权重体系；③考虑了全寿命周期整个过程的评价；④考虑了地区的特殊性，因地制宜；⑤增加了对设计和建设的技术指导；⑥增加了创新加分，提倡创新的理念，使评价体系更加趋于合理。同时，《标准》也存在着一些不足，可以总结为以下 2 点：①有些评价指标定量指标较少，定性指标较多；②评价标准需要进一步细化。

表 3–17　中新天津生态城绿色建筑各类评价指标的权重

		节地与室外环境 W1	节能与能源利用 W2	节水与水资源利用 W3	节材与材料资源利用 W4	室内环境质量 W5	施工管理 W6	运营管理 W7
设计评价	居住建筑	0.20	0.25	0.21	0.16	0.18	—	—
	公共建筑	0.15	0.29	0.19	0.18	0.19	—	—
运行评价	居住建筑	0.16	0.20	0.17	0.13	0.14	0.10	0.10
	公共建筑	0.11	0.24	0.15	0.13	0.15	0.10	0.12

（6）绿色奥运建筑评价体系

《绿色奥运建筑评价体系》（*Assessment System for Green Building of Beijing Olympic*，以下代称为 *GBCAS*）是为了使奥运建筑真正的具有绿色内涵，由清华大学、中国建筑科学研究院等9家单位编制[①]。于2002年11月立项，2003年8月正式出版《绿色奥运建筑评价体系》[②]。GBCAS采用了Q（质量）/L（环境负荷）的评分方法，对奥运建筑从设计到施工具有一定的指导意义，该体系吸收了美国LEED、日本CASBEE等几个国外主流绿色建筑评价体系的优点，结合我国国情和奥运建筑的特殊性，促进了我国建立绿色建筑评价体系的发展进程。

绿色奥运建筑评价体系亦存在一些不足，主要体现在：①评价对象的局限性，只限于评价奥运建筑及其附属建筑；②内容不足且相对简单；③定性评价指标过多，定量评价指标不足；④未涉及经济性评价等。

3.3.3 国内外生态城市设计评价

生态城市设计的对象是自然—社会—经济的复合生态系统，其最终目标是营造一个复合生态学原则[③]，适合人类生活、健康、安全、充满活力并可持续发展的生态城市，这需要引入大量先进的生态学理论与城市设计方法作为支撑。在城市设计中，评价乃指为特定目的、在特定时刻对设计成果做出优劣的判断。判断与人的价值取向有关，只有当评价者价值观相近时，才可能得到比较一致的判断。传统的城市设计按美学质量评价，后来经济和效率的标准又充实到美学标准中。今天我们已经有了定量（可量度）和定性（不可量度）两类设计评价标准[④]。

（1）定量目标：一般而言，对技术取向的人趋向于把功能和效率这类相对可以定量的标准作为城市设计评价的基础；另有一些设计者则有点像艺术家，在规划设计中，多强调定性的评价标准；还有一些人则强调社会公正、平等的设计标准，其性质也属于定性的标准。定量的城市设计标准的外延包括某些自然因素，如气候、阳光、地理、水资源等和具体描述三度形体的量度，一般城市设计者能够施加作用和影响的主要是后者，并通常以条例和法规的形式表达。如纽约市城市设计就建立了一套综合性的城市设计导则，包括容积率、建筑物后退、高度、体量和基

① 江亿，秦佑国，朱颖心．绿色奥运建筑评估体系为“绿色”定位[J]．建设科技，2003（12）：68-69.

② 绿色奥运建筑研究课题组．绿色奥运建筑实施指南[M]．北京：中国建筑工业出版社，2004：1-141.

③ 王建国．现代城市设计理论和方法[M]．南京：东南大学出版社，2001.

④ 王建国．城市设计（第3版）[M]．南京：东南大学出版社，2011.

地覆盖率等一系列城市设计相关的形体建议；南京城东干道地区城市设计和上海静安寺地区城市设计等也都制定了相关的定量设计导则。即使在一些古城的历史地段中也已注意运用这类标准，如北京市制定的文物保护单位的保护范围及建设控制地带的规定，但还不够普及。

（2）定性目标：城市设计中有关美观、心理感受、舒适、效率等的定性原则，属于定性的标准范畴。《不列颠百科全书》把城市设计标准定为环境负荷、活动方便、环境特性、多样性、格局清晰、含义、开发等项，就属定性的标准。

美国学者哈米德胥瓦尼（Hanid Shirvani）总结和概括了当时美国流行的城市设计评价标准后，在《都市设计程序》（*The Urban Design Process*）一书中提出了包括可达性、和谐一致、视景、可识别性、感觉、适居性等6项评价标准①。

本节主要对生态系统承载力分析方法、生态敏感性评价方法、生态适宜性评价方法、生态风险评估方法、生态系统健康评价方法、生态系统服务功能评价方法、生态位评价方法②、生态可达性评价方法、生态景观评价方法等基本方法分为宏观层面评价和微观层面评价两个层次介绍。

1. 宏观层面评价

1）生态系统承载力评价

承载力（Carrying Capacity）概念最早源自生态学，其特定含义是指在一定环境条件下某种生物个体可存活的最大数量。承载力的评价方法多种多样，例如：生态足迹法（Ecological Footprint）、能值分析法（Emergy Analysis）、层次分析法、聚类分析法、DEMATEL方法、信息熵法、基于动态的反应法（Bynamic-based Approach）、灰色妥协规划法、模糊综合评价法、时间序列（Time Series）等方法。目前国内外学者普遍使用的生态承载力的量化方法为生态足迹法。

生态足迹，在20世纪90年代初由加拿大不列颠哥伦比亚大学规划与资源生态学教授里斯（Willian E. Rees）提出。它显示在现有技术条件下，指定的人口单位内（一个人、一个城市、一个国家或全人类）需要多少具备生物生产力的土地（Biological Productive Land）和水域，来生产所需资源和吸纳所衍生的废物。生态足迹通过测定现今人类为了维持自身生存而利用自然的量来评估人类对生态系统的影响。通过某区域的生态足迹与实际具备的生态承载力对比，可以判断生态系统处于盈余或赤字状态，从而制定管理策略。根据世界自然基金发布的《生命行星报告（2010）》，生态足迹核算包含6种土地类型：耕地、草地、林地、渔业用地、建设用地、碳吸收用地。

① Shirvani H. The Urban Design Process[M]. New York: Van Nostrand Reinhold Company, 1985.

② 石铁矛．城市生态规划方法与应用[M]．北京：中国建筑工业出版社，2018.

2）生态敏感性评价

生态敏感性是指生态系统对区域自然和人类干扰的敏感程度，它反映区域生态系统在遇到干扰时，发生生态环境问题的难易程度和可能性的大小，即在同样干扰强度或外力作用下，各类生态系统出现区域生态环境问题可能性的大小。也可以说，生态敏感性是指在不损失或不降低环境质量的情况下，生态因子抵抗外接压力或外界干扰的能力。

生态敏感性分析是指根据城市发展与资源开发可能对城市生态系统的影响，对城市所在区域水土流失评价、敏感集水区的确定以及对具有特殊价值的亚生态系统及人文景观以及自然灾害等的风险评价。生态敏感性分析强调城市设计与自然条件的和谐，坚持城市发展以保持自然为基础，自然环境及其演化过程得到最大限度的保护，从而合理开发利用被称为生命支持系统的一切自然资源。任何城市都是与自然生态环境不断进行物质能量交换的开放系统，水、大气、植被、土壤、生物多样性等各种因素都应纳入城市研究的范畴之内。生态敏感性分析通常被分为以下 3 个步骤：①确定规划设计可能发生的生态环境问题类型；②建立生态环境敏感性评价指标体系；③确定敏感性评价标准并划分敏感性等级后，应用直接叠加法或加权叠加等计算方法得出规划区生态环境敏感性分析图。

3）生态适宜性评价

生态适宜性是生物随着环境生态因子变化而改变自身形态、结构和生理生化特征，以便于环境相适应的过程。生态适宜性是在长期自然选择过程中形成的。不同种类的生物长期生活在相同环境条件下时，会形成相同生活类型，它们的外形特征和生理特性具有相似性，这种适应性变化称为趋同适应。土地生态适宜性的概念最早是由美国景观建筑师麦克哈格（McHarg）提出的，其在 1969 年出版的《设计结合自然》一书中提到土地生态适宜性是指由土地内在自然属性所决定的对特定用途的适宜或限制程度。土地生态适宜性概念一经推出就被广泛应用到农业、林业、牧业、土地规划、自然保护区划、公共基础设施选址、城市规划、环境影响评价、景观规划等领域中。

联合国粮食及农业组织（Food and Agriculture Organization of the United Nations）在 1977 年给出的定义是某一特定地块的土地对于某一特定使用方式的适宜程度。另一种适宜性评价的定义是由美国林业局提出的：适宜性由经济和环境价值的分析所决定的，是针对特定区域土地的资源管理利用实践。随着研究的进展，不同学者对土地生态适宜性评价的理解有所不同，基于不同的研究尺度，定义也有所区别。从广义上讲，土地生态适宜性评价就是根据某种利用方式的特定要求，确定最适合的土地利用方式。在大尺度上，土地利用表示土地资源的利用；而小尺度上，土地利用意味着不同的土地利用方式寻找最合适的潜在位置。

城市设计中的城市土地生态适宜性评价是土地生态适宜性评价的分支，它属于宏观尺度的研究领域，其目的在于协调城市发展和环境保护之间的关系。从宏观尺度上讲，城市土地的用途分为两类：一类用作城市开发用地；一类用作生态用地。因此，城市土地的生态适宜性评价就是指为最大限度地减少城市发展对生态环境造成的影响，指出在城市区域内适宜于城市开发用地的面积和范围以及适宜于生态用地的面积和范围，并针对适宜程度的大小进行等级的划分。

4）生态风险评估

风险是指不幸事件发生的可能性及其发生后造成的损害。生态风险（Ecological Risk，简称 ER）是由环境的自然变化或人类活动引起的生态系统组成、结构的改变而导致系统功能损失的可能性，指一个种群、生态系统或整个景观的正常功能受到外界胁迫，从而减小该系统现在或未来系统健康、经济价值和美学价值的一种状况。

城市生态风险可以认为是城市发展与城市建设导致城市生态环境要素、生态过程、生态格局和系统生态服务发生的可能不利变化，以及对人居环境产生的可能不良影响。城市生态风险具有多风险源、多风险受体、复杂暴露途径等特点，目的是明确城市生态风险评估的对象、范围和技术方法，揭示城市生态风险产生的机理与过程，为城市生态学发展提供理论基础。

生态风险评估（Ecological Risk Assessment，简称 ERA）是近十几年逐渐兴起并得到发展的一个研究领域。它以化学、生态学、毒理学为理论基础，应用物理学、数学和计算机等科学技术，预测污染物对生态系统的有害影响，评价风险受体在一个或多个胁迫因素影响后，不利的生态后果出现的可能性。生态风险评估的最终受体不仅仅是人类，还包括生命系统的各个水平，如个体、种群、群落、生态系统乃至区域。生态风险评估将风险的思想和概念引入生态环境影响评价中，而与一般生态影响评价的重要区别在于强调不确定性因素的作用，在整个分析过程中要求对不确定性因素进行定性和定量化研究，并在评价结果中体现风险程度。

5）城市生态系统健康评价

健康概念最早是由世界卫生组织（WHO）提出来的，是一个相对的概念，它用来描述事物的状态，当人的一切生理机能正常，没有疾病或缺陷，抑或事物的情况正常时，就可以说这个人或事物是健康的。生态系统健康研究是 20 世纪 90 年代出现的一个暂行的研究领域，“健康”用于生态系统是一种比喻用法，它通过借用人体健康的概念和模型，为生态系统评价提供了一个大的、完整的有机体。生态系统健康是指生态系统所具有的稳定性和可持续性，即具有维持其组织结构、自我调节和对胁迫的恢复能力。生态系统健康可以通过活力、组织结构和恢复力三个特征来定义。世界卫生组织提出“健康城市”概念，将其定义为：由健康的人群、健康的环境和健康的社会有机结合发展的一个整体，应该能改善其环境，扩大其资源，使城市居民能互相支持，以发挥最大潜能。城市生态系统健康应包括自然环境和人工环境组成的生态系统的健康、城市居住者（包括人群和其他生物）的健康和社会的健康。

要使生态系统健康的概念具有现实意义，唯有对生态系统进行有效的、可靠的、可操作性的、可广泛推广的，并能为决策者提供指导信息的健康评价来实现。通常使用模糊数学方法来评价城市生态系统健康，主要遵循以下 6 个原则：①科学性原则、②综合性原则、③可查性原则、④可比性原则、⑤定量性原则、⑥前瞻性原则。

2. 微观层面评价

1）生态可达性评价

可达性是指从空间中任意一点到达目的地的难易程度，反映了人们到达目的地过程所克服的空间阻力大小，常用距离、时间和费用等指标来衡量。许多学者采用可穿行性与隔离程度来表述可达性，但更为普适性的概念是费用距离。可达性不仅能有效表明公共设施的布局状态，还可以表征居民利用公共设施的费用成本（时间、能量等）。国内外对可达性的实证研究成果非常丰富，多集中在可达性对区域空间格局的影响、可达性的区域经济效应以及可达性对社会服务的区位评价等方面。可达性研究方法已被广泛应用于城市服务设施分布的合理性与服务公平性研究。在生态城市设计的可达性分析中，我们对城市公园、城市绿地、城市水系、绿色出行站点（骑车、公交车、轨道交通）等公共设施的布局、服务效能等进行评价，为生态城市设计的编制提供科学的依据和支撑。目前可达性研究的主要方法有缓冲区法、网络分析法、引力模型法、费用加权距离法等。采用软件有：Arcgis、MapInfo、SuperMap、MapGis 等。

2）生态景观评价

生态景观是自然景观和人工景观的结合，主要包括自然景观、城市建筑、人工景观、人文景观。生态景观评价需综合运用生态学、美学、心理学、地理学、社会学等交叉学科的研究成果，调查、分析与评价景观资源，通过评价可以客观反映出景观质量的优劣。一个完善的景观评价体系的建立，可以有助于合理有序、可持续地保护和开发丰富的景观资源，挖掘利用风景、森林、公园、城市风貌的资源优势，达到平衡景观发展与生态保护的目的。

现代景观评价是兼具艺术与科学双重属性，需要定性的研究方法，也离不开定量分析的支撑，定量的方法帮助景观评价实现了科学化发展。现代科学技术的进步为景观评价提供了更为科学化量化分析手段，如 GIS 具有强大的数据库功能，在可视化表达的同时能够即时地生成关联数据，为景观评价进行量化比较与分析提供便利，使分析评价更加细致、科学，同时也为设计师开拓更多的评价视角。

常见的生态景观评价包括景观自然度（自然景观所占比例、景观绿地率、建筑物绿化量等）、景观物种安全性和多样性（地带性物种比例、外来物种比例、物种多样性指数等）、景观视线（景观线性搭配、植物搭配、景观可达度、景观视线廊道等）以及城市景观（天际线等）。

3）生态居住区适居性评价

生态居住区是通过调整人居环境生态系统内生态因子和生态关系，使居住区成为具有自然生态和人类生态、自然环境和人工环境、物质文明和精神文明高度统一、可持续发展的理想城市住区。生态居住区空间结构合理、基础设施完善，生态建筑、智能建筑和生命建筑广泛应用，人工环境与自然环境融合。它符合城市规划和区域规划，与区域和城市融洽，是生态城市的一部分，体现了所在城市的风貌和特质。生态居住区与传统居住区相比有本质的不同，主要有以下特点：生态居住区内自然与人共生，人类回归自然，亲近自然，自然融于居住区，居住区融于自然；同时，能营造满足人类自身发展需求的环境，富有人情味，充满浓厚的文化气息，拥有强有力的互帮互助的群体，呈现出繁荣、生机和活力。

常见的生态居住区适居性评价包括环境质量（空气质量、风光声热等物理环境、水环境等）、绿化与景观（绿地率、景观等）、建筑与设施（公共空间、建筑密度、基础设施等）、文化教育（文化设施、教育设施等）、交通（距离区域中心距离、离公共交通站点距离等）及人口（人口密度、人口收入等）。

思考题

1. 生态城市开发组织过程中的参与角色有哪些？不同角色的利益诉求是什么？
2. 生态城市开发组织方式中自上而下的开发方式和自下而上的开发方式分别具有什么特征？
3. 推动生态城市设计实施落地的经济运营激励方式有哪些？
4. 常见的国内外生态城市评价评价体系有哪些？举例 1 ~ 2 个进行详述。
5. 选择一种常见的生态城市设计评价方法对某一城市设计进行评价。

延伸阅读推荐

[1] 石铁矛．城市生态规划方法与应用 [M]．北京：中国建筑工业出版社，2018.
[2]（美）克利夫・芒福汀．街道与广场 [M]．张永刚，陆卫东，译．北京：中国建筑工业出版社，2004.
[3]（英）卡莫纳，等．城市设计的维度：公共场所—城市空间 [M]．冯江，等，译．南京：江苏科学技术出版社，2005.
[4]（德）罗易德．开放空间设计 [M]．罗娟，雷波，译．北京：中国电力出版社，2006.

[5] 金广君. 图解城市设计 [M]. 哈尔滨：黑龙江科学技术出版社，1999.
[6] 沈克宁. 建筑类型学与城市形态学 [M]. 北京：中国建筑工业出版社，2010.

参考文献

[1] Shirvani H. The urban design process[M]. New York: Van Nostrand Reinhold Company, 1985.
[2] 王建国. 现代城市设计理论和方法 [M]. 南京：东南大学出版社，2001.
[3] 王建国. 从理性规划的视角看城市设计发展的四代范型 [J]. 城市规划，2018，42（1）：9–19+73.
[4] 王建国. 生态原则与绿色城市设计 [J]. 建筑学报，1997（7）：8–12+66–67.
[5] 杨保军. 生态城市不同于“绿色城市”[J]. 瞭望，2009（18）：43.
[6] 杨立新，张小蕾，王可. 论生态城市区域 [J]. 环渤海经济瞭望，2010（6）：32–35.
[7] 李媛媛，刘金森，黄新皓，等. 北美五大湖恢复行动计划经验及对中国湖泊生态环境保护的建议 [J]. 世界环境，2018，171（2）：35–38.
[8] 陈天，李阳力. 生态韧性视角下的城市水环境导向的城市设计策略 [J]. 科技导报，2019，37（8）：26–39.
[9] Pearsall D.R, Khoury M.L, Paskus J, et al. ENVIRONMENTAL REVIEWS AND CASE STUDIES: “Make No Little Plans”: Developing Biodiversity Conservation Strategies for the Great Lakes[J]. Environmental Practice, 2013, 15（4）: 462–464.
[10] 陈天. 城市设计的整合性思维 [D]. 天津：天津大学，2007.
[11] 王宁. 天津生态城市评价指标体系研究 [D]. 天津：天津财经大学，2009.
[12] 沈清基. 城市生态环境：原理、方法与优化 [M]. 北京：中国建筑工业出版社，2011.
[13] 中新天津生态城指标体系课题组. 导航生态城市：中新天津生态城指标体系实施模式 [M]. 北京：中国建筑工业出版社，2010.
[14] 黄光宇，陈勇. 生态城市理论与规划设计方法 [M]. 北京：科学出版社，2002.
[15] 蔺雪峰. 生态城市治理机制研究——以中国新加坡天津生态城为例 [D]. 天津：天津大学，2010.

第4章 生态城市设计在各国的实践

Bird's-eyes View

学习目标：

- 了解生态城市设计与建设实践的历史与进程。
- 通过有侧重点的案例介绍，理解生态城市设计中的各种方法与技术在不同尺度、不同目标的实际城市开发建设中的应用方法与原理。
- 通过对全世界范围内生态城市建设的分析，建立一种全球化的视野与思维。

内容概述：

- 国际上的生态城市设计从 20 世纪 90 年代开始成为新城建设及城市更新中的主导思想并被广泛实践。实际开发中的生态城市设计往往是复杂而多种手段并存的，一个城市的建设必然包含了建筑及基础设施建设、公共空间的开发、土地资源利用、交通系统的规划等各个方面，生态城市设计的建设原则体现在诸多方面。但将生态城市设计中的各个系统单独解析是理解其原理的最好途径。
- 因此，本章将以不同的侧重点介绍全球范围内 22 个知名的生态城市设计案例，包括生态系统保护、土地利用方式、能源利用、绿色交通、公共空间开发、生态基础设施、城市更新、可持续社区以及绿色建筑 9 个方面。所涉及的案例尺度涵盖全面，既包括区域尺度的城乡协调规划、整体新城开发，也包括城市片区尺度的旧城更新与交通系统规划，还涉及更小尺度的社区建设及绿色建筑设计。所选案例涵盖亚洲、北美、南美、欧洲及大洋洲。每个案例将以“背景”“解析”与“要点”三个段落进行分析与总结，帮助读者更清晰地了解生态城市的设计理念与方法。

学习方法：

- 通过将案例学习与前几章的理论学习相结合，共同理解各种生态城市设计的理念、方法与技术在实际应用中的价值与可实施性。
- 本书由于篇幅所限，所提供的的案例仅仅作为对生态城市设计实施的初步了解，如果希望对某一案例进行更深入地研究，可以自行查找更多与该案例相关的书籍、文献与网络资料。
- 理论上的学习需要结合实地考察，才能够对生态城市的实施案例具备更全面而真实地了解。因此，编者希望各位读者能够以书中的案例解读为基础，尽可能地对各个案例进行实地参观考察。

4.1　生态系统保护

• 地球是人与其他生命共同的家园。然而在以往的城市开发中，人类的自我中心意识使城市开发忽视了对自然环境的保护，导致了其他生物的栖息地被城市侵占破坏，使生物多样性降低，局部生态系统崩溃，进而又导致了更严重的各种环境问题。在生态城市设计中，首先要考虑的因素便是城市与其周边自然环境的协调。通过对开发地区自然生态要素的分析，我们的城市应该尽可能地避免在生态脆弱地区进行开发，并避开重要的动植物栖息地及动物迁徙走廊，同时也应该尽可能地减少对自然地形地貌的改变。

4.1.1　案例1：美国加州伯克利（Berkeley）

1. 背景

伯克利位于美国西海岸的加利福尼亚州中部，占地 27km^2，总人口仅有 10 余万人（图 4–1）。伯克利在经过人类开发前是一块富饶优美的自然区域，但经过了 100 多年的开发后与美国其他小城市的低密度蔓延发展模式并无区别（图 4–2）。为了改变这种发展方式，自 1975 年开始，由美国生态城市倡导者理查德 · 瑞吉斯特所率领的“城市生态”组织就在伯克利进行了卓有成效的生态城市建设实践。伯克利经过三十多年的努力，建成一座典型的亦城亦乡的生态城市，其理念和做法在全球产生了广泛的影响，并正在通过更长远的生态规划，逐步实现一个城市空间从自然中撤回的生态城市愿景。

2. 解析

根据瑞吉斯的观点，生态城市应该是紧凑的，是为人类而设计而非为汽车设计的，而且在建设生态城市中，应该大幅度减少对自然的“边缘破坏”，从而防止城市蔓延，使城市回归自然（图 4–3）。根据这个理念，伯克利在生态系统保护方面对自然生态脆弱的地区采取三级式保护方法，自然保护区（一级）、城市公园（二级）与社区公园（三级）相互衔接。原始的生态自然保护区主要集中在西部海滨地区，以及东部地区的提尔顿国家公园及克莱蒙大峡谷两大保护区，这些区域生态脆弱，被限制为低开发强度地区（图 4–4、图 4–5）。而公园体系主要由 50 余个大小型公园和开放空间构成，总占地面积达城市用地的 48% 以上。平原和山地两类地区中的低密度区域在使用性质上回归到农业用地和自然景观用地。此外，伯克利对城市用地中已经被废弃或填埋的河道进行了恢复，设立了“草莓溪计划”，在保持城市建设区域水面开敞的同时，设立法令保护河道水质与水生态环境，并通过建立专项基金，实施减税法案等措施，提高滨河地区土地业主保护河道的积极性。在城市空间规划方面，未来伯克利的城市发展将结合自然条件与现状城镇中心位置，通过生态城市分区引导规划，确定数个不同等级的城市中心（图 4–6）。

图 4–1　伯克利市卫星图

图 4–2　伯克利市鸟瞰

图 4–3　伯克利的理想城市建设模式

图 4–4　伯克利市的自然公园

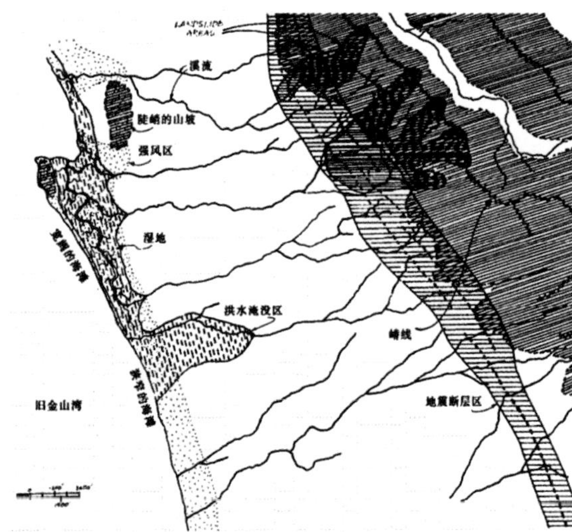

图 4-5　伯克利的原始自然地貌分析

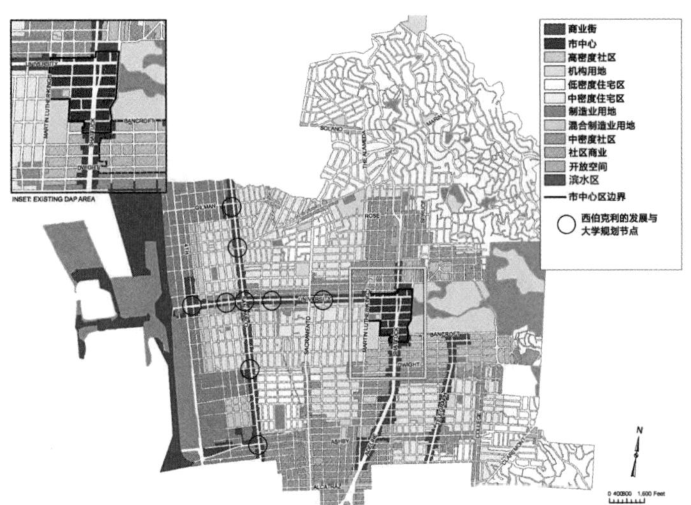

图 4-6　伯克利总体土地利用现状图

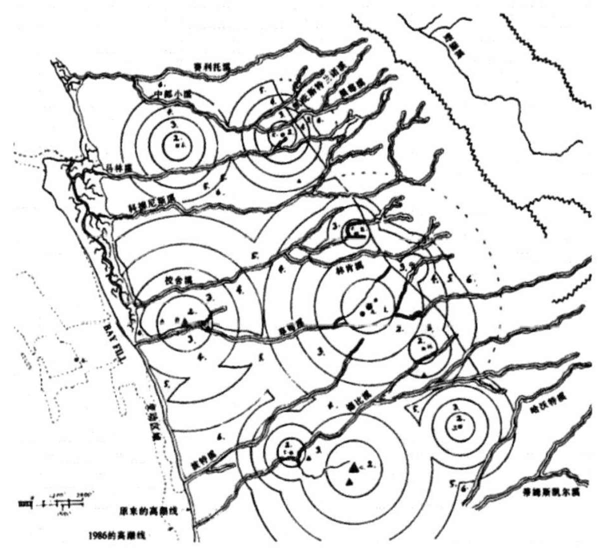

图 4-7　伯克利的多中心聚集式发展模式

伯克利的城市建设将以这些中心为圆心向外辐射，开发强度逐渐降低。距离市中心最近的圈层将投入最多的资金，用以正面刺激和补贴发展，并鼓励高密度的开发。相反，伯克利将采取一定措施限制人们在远离中心区的低密度区域定居和就业，鼓励目前住在那里的人们搬迁，并在这些区域逐渐恢复粮食种植，开展土地自然恢复的工作。随着时间的推移，远离中心的地区人口将逐渐减少，中心地区的人口将变得越来越多。此外，政策的制定也将会引导资金向区域中心的开发转移，并以配套的公共交通和混合的功能强化中心区的核心地位（图 4-7、图 4-8）。

图 4-8　伯克利已经开始建设的较高密度的城市核心区

伯克利为了实现这种将城市逐步让位于自然的理念，制定了一个延续上百年的生态规划，分为近期的起步阶段（4 ~ 15 年）、中期的调整阶段（15 ~ 50 年）、远期的成型阶段（25 ~ 90 年）以及最终的成熟阶段（50 ~ 125 年）。每一个阶段都依据总体愿景制定了较为合理的阶段目标和实施内容（表 4-1）。

表 4-1　伯克利市各阶段规划及示意图

时间段	目标	示意图
现在	无	
4～15 年后	①恢复原有的溪流 ②疏浚三角洲地区，恢复湿地资源，使得鸟类及水生动物得以返还，开始还原海岸线 ③建设新的较高密度的社区，建立慢速街道系统，在低密度区域拆除破旧建筑而不重建 ④还原部分耕种区 ⑤建立慢速街道系统，在低密度区域拆除破旧建筑	
15～50 年后	①境内的溪流得到实质性的疏通，污染问题得到解决 ②更多人口迁移到离中心更近的地区，低密度地区被空出来；人们就近找到了住处与工作，并卖掉其小汽车 ③建筑通过天桥所连接，码头区的半岛变成岛屿，促进水体的循环	
25～90 年后	①城市按多样性原则和就近紧凑布局原则进行重构，公共交通更加便捷，高速公路萎缩，以自行车道代替 ②更多的运河开挖，并进行更多的岛屿建设 ③对老的草场进行最终的清淤	
50～125 年后	①高速公路埋入地下，而城市之外的地区，高速公路是露天的且少有人使用，大部分人使用铁路 ②新的岸线接近于最初的原始岸线，草莓溪入海口以南是宽阔的海滩 ③城市中 85% 的各类废弃物被回收利用，城市仅使用相当于过去 1/3 的能源 ④太阳能、风能、生物能应用技术与艺术相结合的建筑的出现	

综上所述，被誉为全球“生态城市”建设样板的美国加州伯克利，其实践建立在一系列具体的行动项目之上，通过制定一个长期而稳健的计划，提出清晰、明确的目标，既有利于公众的理解和积极参与，也便于职能部门主动组织规划实施建设，从而保障了生态城市建设能够稳步地取得实质性的成果。

3. 要点

1）溪流的恢复与海岸线的恢复是伯克利生态恢复的基础。

2）相对现状更高密度的城市开发，保证城市多样性与紧凑型，以及更便捷的公共交通。

3）伯克利建立了一个持续上百年的长期规划，分阶段实施保证其可行性。

4.1.2 案例2：深圳光明新区

1. 背景

光明新区位于距离深圳中心城区约30km的西北部，规划总面积156km^2，其中可建设用地76km^2，预计常住人口80~100万（图4–9）。光明新区是深圳市提出建设的第一个绿色生态新区，以环境—经济—社会三个维度共同可持续发展为基本理念。为此，光明新区以生态系统保护为首先原则，集合多元化的TOD模式，以紧凑而混合功能的城市土地利用为手段，共同打造一个具备落地性的生态城市区域。

2. 解析

新区的“反规划”思路尤为引人关注。所谓“反规划”，并非反对进行城市规划，而是对现有的以城市建设为主导的规划思想进行反思，其核心思想是以保护自然环境为规划的出发点，划定出需要保留或限制建设的生态保护区域，使城市建设顺应自然，使传统规划的“图底关系”对调。光明新区在编制城市规划的同时，将城市建设区外的生态用地中的活动纳入观察和保护范围，提出了生态景观资源的保护体系和保护策略。在城市总体布局上利用自身良好的自然环境背景，优化城市建设区与周边生态用地的边界，以紧凑集中、功能多元和生态优先作为新城开发的基本原则，逐渐形成“一轴、两心、一门户”和“一环、四点、八片”的区域空间格局（图4–10）。

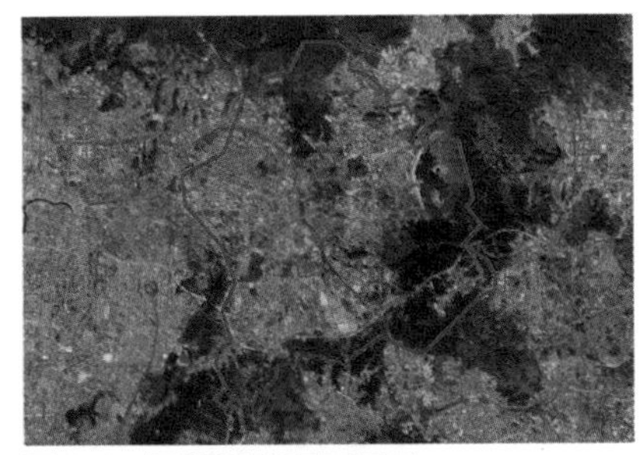

图4–9 深圳光明新区卫星图

在具体实施层面，光明新区在茅洲河河口规划建设生态绿心，保护公明—光明—观澜区域及凤凰山—羊台山—长岭皮区域两大生态绿地，在综合整治现有河道水系的基础上，利用河道建立从外围区域绿地向城市区域渗透的生态廊道。此外还划定茅洲河干支流河道蓝线，保护和利用已有的扇形水网系统，规划8片湿地公园（面积156hm^2），使绿地同时发挥雨洪治理与生态环保等综合功能（图4–11）。在总体城市建设格局的统筹下，

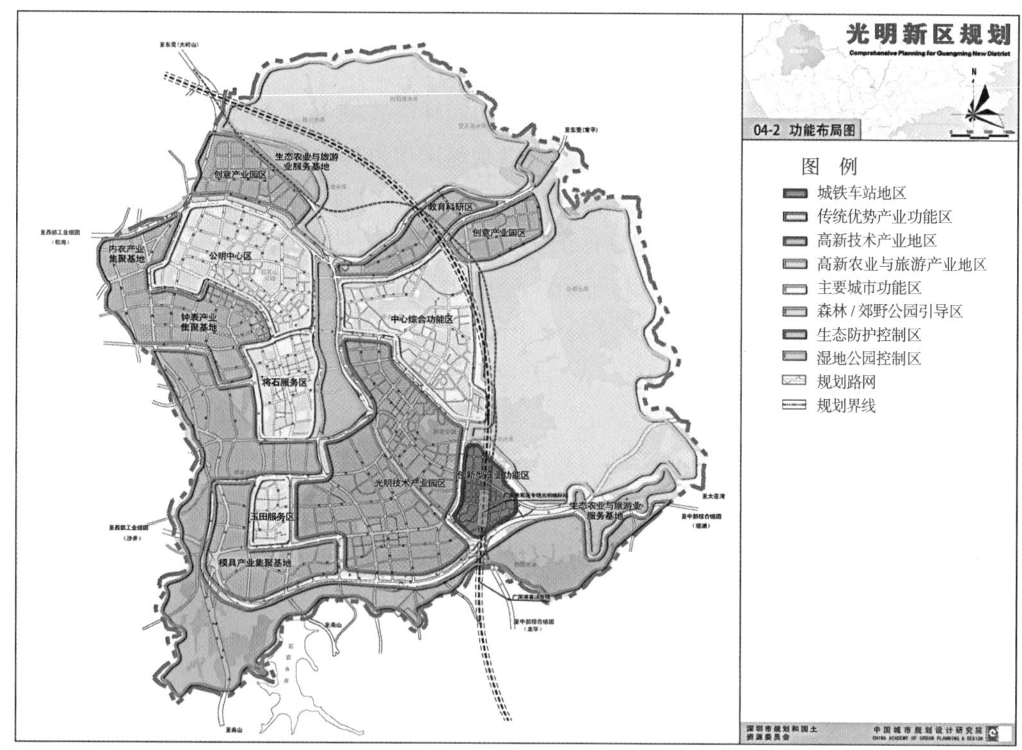

图 4-10　深圳光明新区城市功能布局图

图 4-11　深圳光明新区生态湿地

光明新区对各项绿色指标提出具体要求，如能耗指标、地表透水率、地表径流系数、再生水利用率等；同时对用地开发提出相对应的控制要求，将这些生态指标要求同容积率、绿地率等常规指标一并作为用地开发建设指标，与土地出让挂钩，更有效地约束市场开发行为，形成制度化管理，保证绿色理念的落实。这些指标部分为刚性指标，每片用地以刚性指标的多少决定该片用地在规划管理层面的生态实现程度；部分是建议性指标，并依据实现程度予以额外的奖励措施，鼓励土地开发者在刚性指标的基础上更进一步，利用生态理念进行开发建设。

生态保护与土地利用的理念同样需要城市交通系统进行支撑。鉴于其与深圳市中心城区的距离以及深圳市总体经济体量，光明新区未来最有可能发展成为与中心城区相融合，同时具备自身副中心属性的新区。因此，规划中光明新区的内外部通勤比例较为均衡的达“1∶1”，而公共交通分担率的目标定为 70% 以上，相对于其他生态城市规划较为保守但务实。在 70% 的公交分担率指标中，轨道交通占比接近 50%，是新区 TOD 体系的核心。光明新区的区域交通节点是位于东南侧的高铁光明城站，以此站点为核心，3 条通往城区的地铁线路正在规划建设，加之有轨电车线路，新区内总计轨道交通站点将达到 34 座，轨道站点 500m 覆盖范围占新区可建设用地面积的 35.1%，覆盖的人口和就业岗位达到 50%以上。此外，轨道交通站点与高强度土地开发相结合，并实行混合功能的土地利用规划，特别提出了专门的混合功能用地与预留后续开发的灵活性“白地”，保证了城市土地利用与交通系统相协调（图 4–12）。

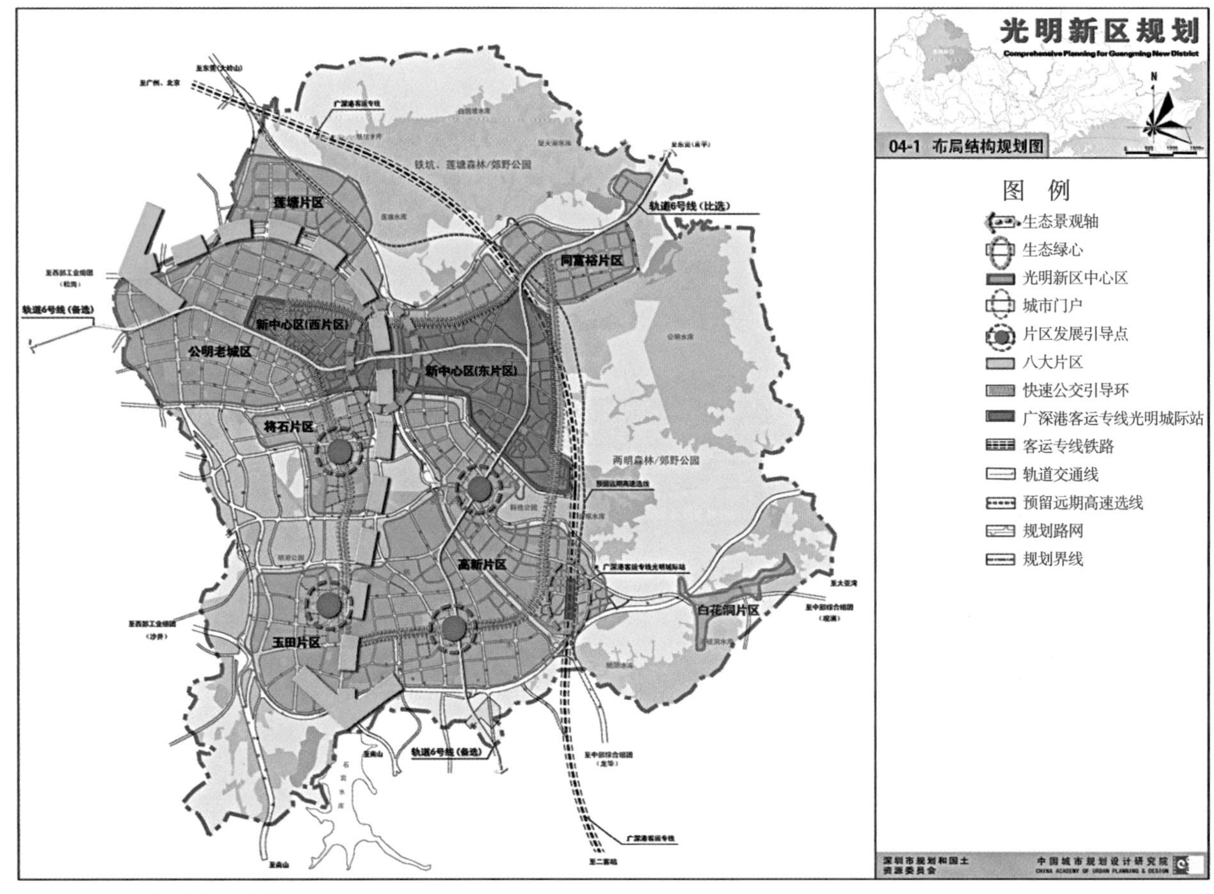

图 4–12 深圳光明新区城市结构图

3．要点

1）光明新区使用“反规划”的理念，将城市与自然区域统筹考虑，以自然区域的保护和限制建设为出发点，是城市建设顺应自然的体现。

2）划定生态绿心，保护两大生态绿地，并利用现有河道水系，将生态廊道渗透向城市区域，同时控制各项生态指标，将其与城市地产开发指标相结合。

3）城市土地利用结合公共交通系统，以高铁站点为核心，城市轨道交通为基础，采取结合 TOD 理念的土地利用方式。

4.2　土地利用

• 土地的利用方式是其他一切生态城市开发的基础。在土地的开发强度、土地功能的配置、自然用地与开发用地的区别、城市交通与用地的协调等方面进行斟酌，是保证城市活力，促进生态修复，同时维持经济健康发展的基本要求。生态城市设计的理论认为，一个健康的城市土地开发模式应该首先选择那些生态脆弱性低的地区，在生态脆弱区则应该避免高强度的建设活动对自然的破坏。但在城市建设区域则需要维持一定的土地开发强度与密度，通过合理的布置用地功能来提升土地利用效率，并倡导土地的混合利用以降低通勤成本，同时将土地开发与公共交通相结合。

4.2.1　案例3：中国香港

1. 背景

中国香港是世界的金融中心之一，同时也是一个建设用地稀缺，人口密度极高的城市（图 4–13）。由于其本身建设条件的限制，香港的城市开发不同于很多发达国家向外扩张的模式，而是采用了高强度土地利用的垂直扩张模式，在保护了城市周边的自然土地资源的同时，提升了单位城市土地的利用效率，降低了人均的能源消耗量与排放量。

2. 解析

香港高度集约化的土地利用和高效率的交通运行在很大程度上得益于其推行的“轨道交通 + 土地综合利用”模式。香港的地铁建设与地面建设、地下空间开发融为一体，地铁公司在规划中占据主导地位，凡是在地铁站周边的区域，一定是开发强度最高、功能混合度最强的区域。这就保证了城市的大部分功能都可以通过地铁进行快速的通达，市民们也就没有必要再去购买使用效率低下的私家汽车了。高强度的 TOD 开发保证了市民换乘地铁的低时间成本，而混合的城市功能则保证市民在很小的出行半径内就可以完成所有的日常生活和工作需求（图 4–14）。另

图 4–13　香港卫星图

图 4-15 香港高密度的城市开发

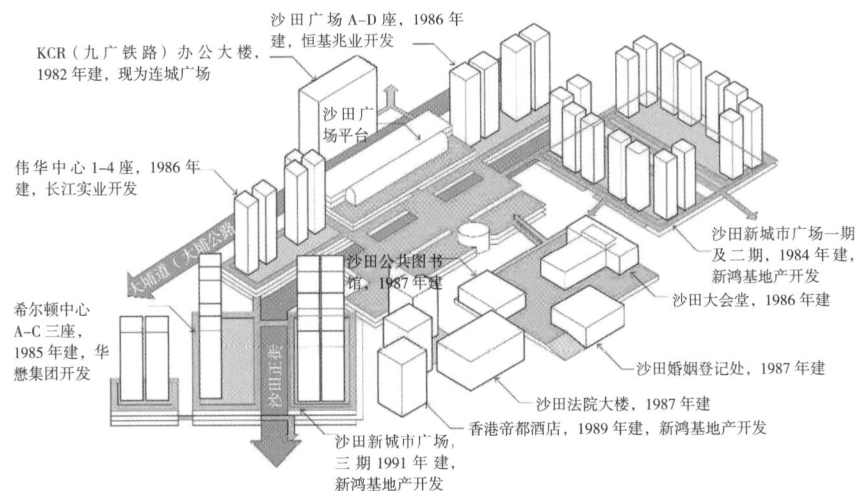

图 4-14 高密度的城市开发与自然环境的保护形成对比

外，香港针对其高密度的开发状态建设了复杂的立体交通网络，除了街道层外，很多区域都有位于二层甚至更高的空中步行廊道，方便市民穿行于各个建筑之间，而地下空间也结合地铁站和建筑地下室进行了高强度的开发，真正地使每一寸土地都得到了最大限度的利用（图 4-15）。根据 2010 年的统计数据，中国香港每年人均碳排放量为 6t 左右，略低于全球其他城市平均 7t 的水平，而新加坡的城市为 9t，日本和英国的城市均为 10t，美国的城市为 23t。同时，中国香港的人均 GDP 达到 42 574 美元。这一水平不仅高过新加坡的城市，也高过英国、德国等欧洲强国的各大城市。2009 年，全球人均 GDP 约 10 348 美元。由此计算，中国香港这个紧缩的城市形态单位 GDP 碳排放不到全球单位 GDP 能耗的五分之一。

虽然城市建成区人口密度极高、土地开发强度极大，但香港在发展过程中极其注意生态环境和物种多样性保护，采取了多项积极措施，取得了良好的效果，约有 76% 的土地空间仍为未开发的生态空间，50% 的土地被作为自然保护区（图 4-16）。香港在对自然生态地区进行环境和生物多样性保护时，根据保护对象、方式等不同，将土地划分为郊野公园、特别地区、限制地区、自然保护区、绿化地带、具特殊科学价值地点等多种类型，并严格的制定和执行法规，在生态脆弱地区禁止一切城市开发活动。可以说，香港的高强度城市开发和划定大面积的禁建、限建区的策略是相辅相成的。只有在适建区相对提高土地利用强度，才能够在有限的面积内容纳更多的城市功能，在城市经济发展的前提下，保护城市外围的自然环境不遭到侵犯。

然而也必须看到，过高的土地开发强度会在一定程度上降低市民的生活质量。根据 2016 年的统计，虽然香港的人均郊野面积达到了 105m^2，但人均住房面积仅 15m^2，是中国内地居民的四分之一，并且由于土地供

图 4–16　高密度的城市开发与自然环境的保护形成对比

应的限制，香港几乎拥有世界上最贵的房屋出售与出租价格。由此可见，超高强度的土地开发在带来人均能耗降低的同时，也会影响到人的生活质量，我们必须在人的舒适和生态环境之间取得平衡。但无论如何，香港的高强度土地利用在保护了自然环境的同时做到了经济发展与能源消耗的双赢，值得其他城市作为参考。

3. 要点

1）紧凑的高密度土地利用使香港的交通效率和土地利用效率极高，大大降低了人均的能源消耗和碳排放量。

2）高密度的城市开发阻止了城市的无序蔓延，保护了香港本就稀缺的自然资源。

3）混合的用地功能，公共交通和立体化的城市开发，是香港解决超高强度土地利用的策略。

4.2.2　案例4：丹麦哥本哈根（Copenhagen）

1. 背景

哥本哈根作为丹麦的首都，不仅是国家政治、经济、文化上的中心，同时也由于其核心城市的辐射作用，对其所处地区的区域发展起到决定性的影响，更成为欧洲重要的都市区和经济增长点之一（图 4–17、图 4–18）。哥本哈根目前常住人口超过 170 万人，早在 20 世纪 40 年代末，哥本哈根就提出了著名的“手指形”城市发展规划，试图寻求城市扩张与生态保护之间的平衡（图 4–19）。在过去的 70 年间，有关机构多次对该规划进行了重新研究、起草、修改及补充，使“手指规划”由最初无法律

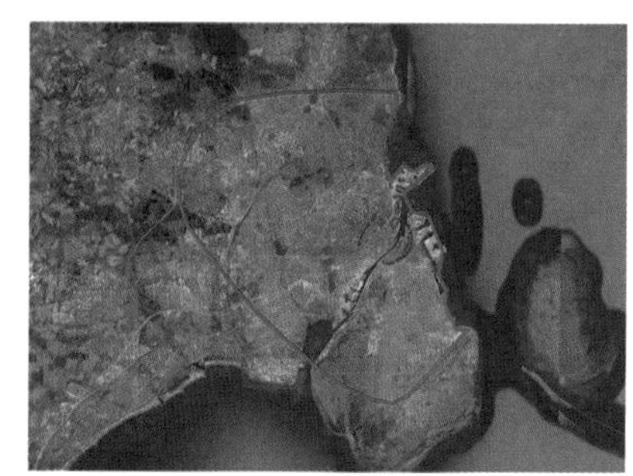
图 4–17　哥本哈根市卫星图

图 4-18 哥本哈根鸟瞰图

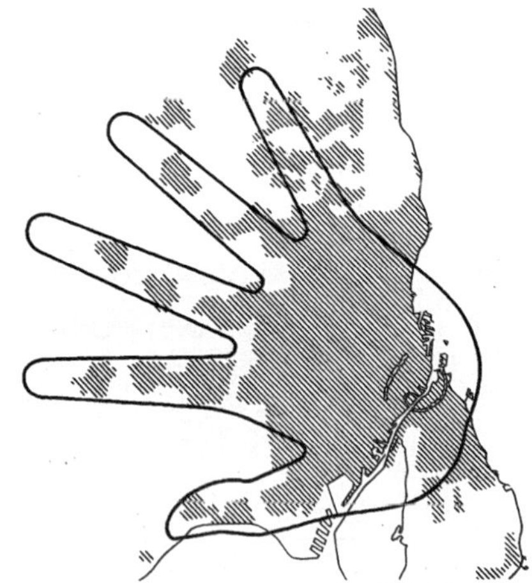
图 4-19 “手指”状的哥本哈根总体规划

效力的概念规划，变为一个具有法定地位的区域发展战略规划，对哥本哈根市及周围地区的发展、建设起到了核心作用。

2. 解析

丹麦于 1938 年颁布了第一部《城市规划法》，要求人口超过 1 000 人的城镇必须每 5 年对其辖区内的土地进行一次规划更新，并由中央政府审批后执行。然而制定初期的法规只对城镇用地做出了规划要求，并未能统筹考虑面积广大的乡村地区，城镇之间的区域规划无人问津，使得区域间的发展，特别是经济发展协调成为问题。哥本哈根作为丹麦最大的城市此问题尤其严重，于是在 20 世纪 40 年代便起草了富有远见的“首都区域规划”，将哥本哈根核心区及周边各个城镇的城乡空间统筹考虑，这便是著名的“手指规划”的由来。

“手指规划”是规划者们根据哥本哈根及相邻地区未来一段时间人口和社会经济发展趋势的预测判断，由哥本哈根向外放射状形成的铁路网为基础，所提出的一份关于城市未来发展远景的规划建议。第二次世界大战之后欧洲各国经济复苏，开始大规模的城市扩张建设，哥本哈根也面临着城市扩展和大量人口通勤所带来的压力。规划制定者们综合考虑了经济状况、人口规模预测、城市发展模式和地理条件四大因素，认为哥本哈根应该向西侧广阔的内陆发展，以停止老城区的无秩序蔓延，以有组织的新区建设引导城市发展，同时以新区老区间的有机联系，避免卫星城规划中常见的睡城问题。

“手指”空间形态形成的原因主要是规划中未来城市的结构以由中心市区向外放射状布局的铁路为轴线，以沿线分布的车站为中心，形成具有完备商业服务、良好文化教育和有效办公机构体系的新镇。哥本哈根的西侧是广阔的平原地区，相比传统城市扩张的北侧山地地区，生态脆弱性较低，将该区域作为建设区域，能够将城市建设对自然的不利影响降至最低。在各个“手指”状的城市发展轴之间，哥本哈根保留并改善了楔形的绿色开放区域，并尽可能地将自然景观渗透进城市区域。“手指”之间楔形的开放区域包括林地、农田、河流及荒地等多种地貌，其一方面可以阻隔郊区市镇之间的横向扩张，使它们能够在规划的区域内合理发展，起到保护自然环境的目的；另一方面则为居民提供丰富、宜人的休闲空间（图 4-20 ~ 图 4-22）。

此外，城市的发展格局与开发强度及 TOD 相结合，也是哥本哈根生态保护的一大措施。规划中的每一根“手指”都由数个大小不同的城镇组成，不同规模的城镇满足了不同人群对于居住及工作区域的喜好。每一个城镇都围绕着轨道交通站点建设，大多数公共建筑和高密度的居住区位于站点周边，而向外辐射的地区则密度逐渐降低，并严格限制城市发展边界，在满足不同人群需求的同时，提高了土地的利用效率。此

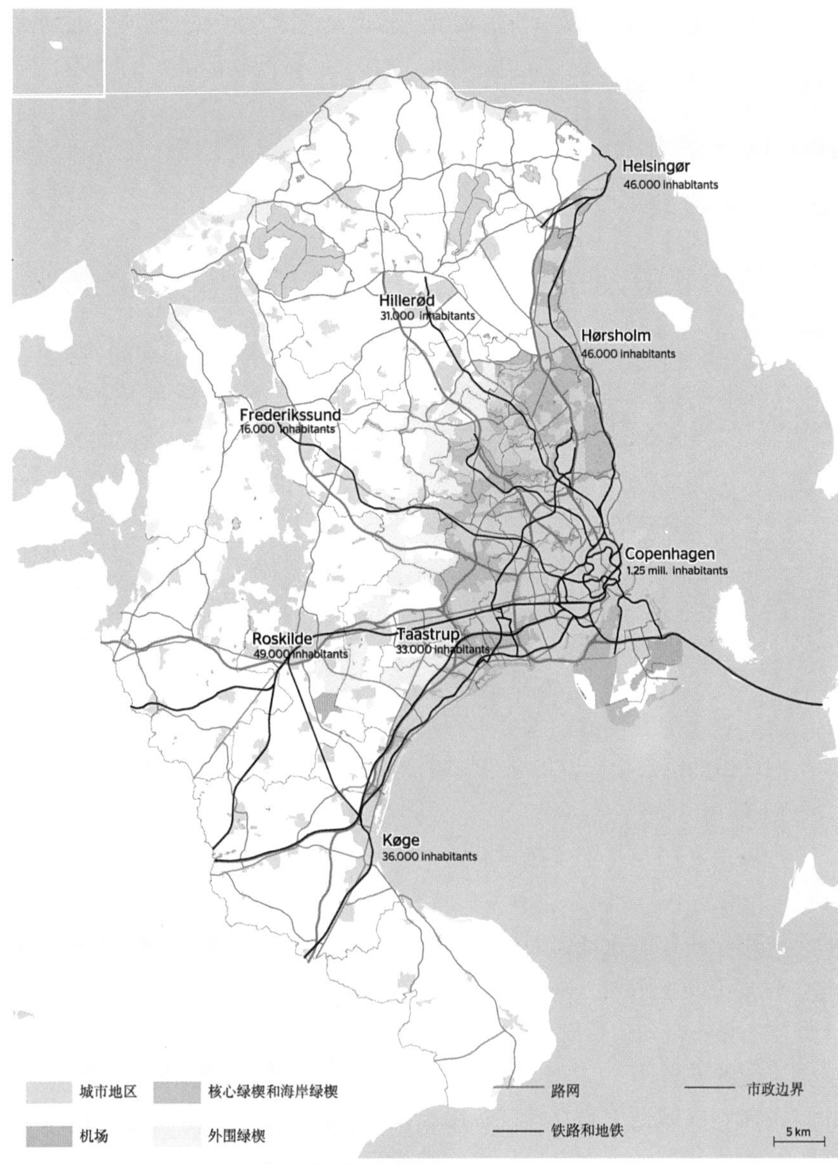

图 4-20　哥本哈根的交通系统与城市发展的关系

图 4-21　哥本哈根的休闲绿廊

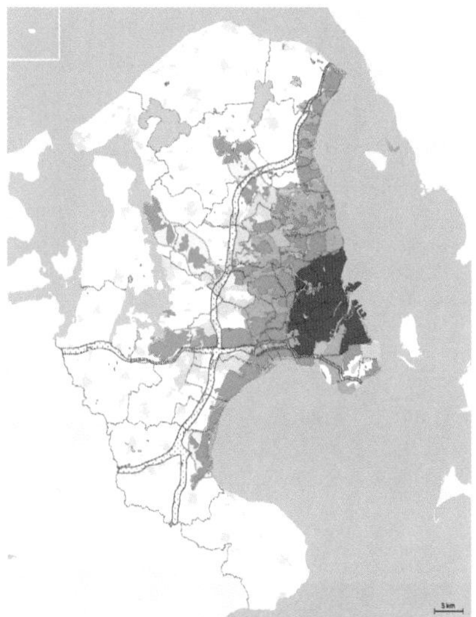

图 4-22　哥本哈根各辖区的建设范围

图 4-23　哥本哈根传统城区

外，哥本哈根大力发展慢行交通，并着力建设小尺度适合步行及骑行的街区，这种轨道交通 + 慢行交通的公共交通模式，使全欧洲人均收入处于较高层次的丹麦，人均私家车拥有量却很低，大大降低了交通能耗（图 4-23）。

3. 要点

1）哥本哈根放弃了传统向北发展的方向，转而将新区建设在西侧生态脆弱性较低的地区，在发展格局上做到了将城市对自然地影响降至最低。

2）“手指”形态的城市发展轴依托轨道交通，在高效处理城市通勤问题的同时，避免了卫星城规划中常见的新—旧城区功能隔离的缺陷，同时结合 TOD 模式，提升了土地利用效率和交通效率，进一步降低城市对自然的干扰。

3）楔形的绿地与手指状的城市带相互渗透，为居民提供了大量亲近自然的休闲区域。

4）轨道交通与慢行交通系统相结合，大大降低了哥本哈根居民的私家车拥有量。

4.2.3 案例5：中国中新天津生态城

1. 背景

中新天津生态城由中国与新加坡两国合作进行规划建设，地处天津滨海新区，距离天津主城区 40km，距离塘沽城区 10km，于 2007 年开始建设，总规划面积 30km^2，于 2018 年基本完成了起步区建设，入驻人口超过 5 万人（图 4–24）。天津生态城以居住功能为主，选址位于原盐碱荒地之上，在土地利用方面参考了新加坡新镇建设的经验，并设定了一系列生态城镇的绩效指标以指导规划建设及运营管理。

2. 解析

盐碱地利用与基于生态承载力的土地开发强度：在中新天津生态城 30km^2 的用地中，荒滩、盐田和水面各占三分之一，土地多为严重盐碱化的无法用于耕作的土地，而使用这些生态价值与经济价值都很低的盐碱地作为城市开发用地，是城市建设在初期就制定的土地保护策略。中新天津生态城在规划伊始就采用了“先底后图”的土地利用策略，根据当地生态系统的完整性，以建设用地的适宜性为标准进行土地利用强度分析，将城市所在区域划定为禁建区、限建区与适建区，并充分考虑蓟运河河道在生态系统中的重要作用，根据当地生态承载能力，最终将新城的人口规模限制在 35 万，人均城市建设用地约 60m^2，大大低于一般城市用地的建设强度指标。此外，生态城以蓟运河故道为核心，建立故道河公园以及污水处理再生水厂，并在城区周边开发了数个以生态保育为目标的大型公园，以及横贯整个起步区的生态谷（图 4–25、图 4–26）。这些措施在满足市民活动的同时，起到了净化水体、增加动植物栖息地的作用，使城市建设不但没有破坏所在地的生态环境，反而在一定程度上提升了所在地的生态价值，提高了生物多样性（图 4–27 ~ 图 4–31）。

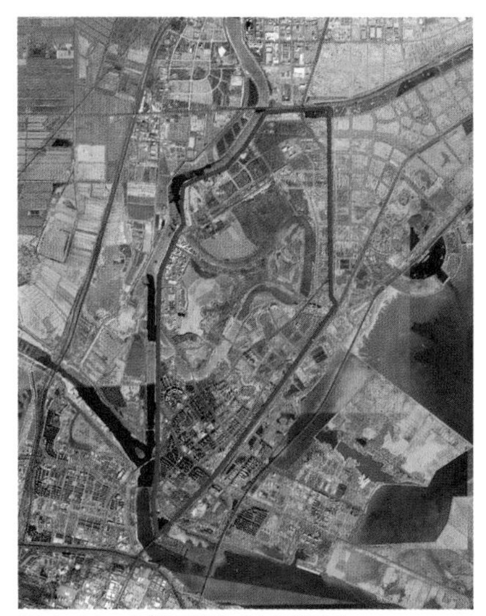
图 4–24 中新天津生态城卫星图

以社区中心为核心的集约化城市布局模式：由于同样是以居住功能为主的城市区域，中新天津生态城的功能布局与城市总体空间形态参考了新加坡新市镇建设的成功经验，采用了以社区中心为核心的土地开发

图 4-25　生态谷鸟瞰

图 4-26　中新天津生态城动漫园内的生态湿地

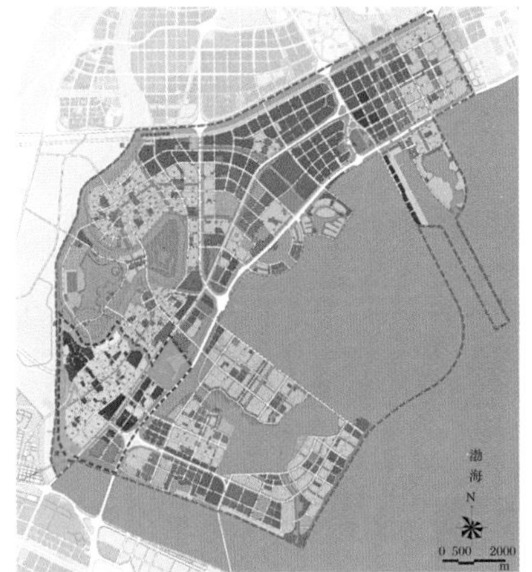

图 4-27　中新天津生态城三区合一规划》

模式。城市总体规划中设定了“片区—社区—细胞”三级公共服务设施体系，其中片区级别的服务设施作为最高一级的社区中心，服务于中新生态城每个片区，辐射范围约 8km^2；社区级别的服务设施作为次一级的社区中心，围绕片区中心布置，每个辐射范围约 1km^2；细胞级服务设施作为最基础的服务设施，零散分布于每一个居住区内，辐射范围约 0.2km^2。三级公共服务设施体系中分布不同业态的商业及社区服务功能，按照市民的出行频率和设施使用频率设置，提升了土地利用效率（图 4-32）。市民的活动集中于社区中心内部及附近公共空间，也在一定程度上提升了城市活力，满足了市民交往的空间需求，提高了商业设施的利用率，避

图 4-28　开发前该地区的盐碱地

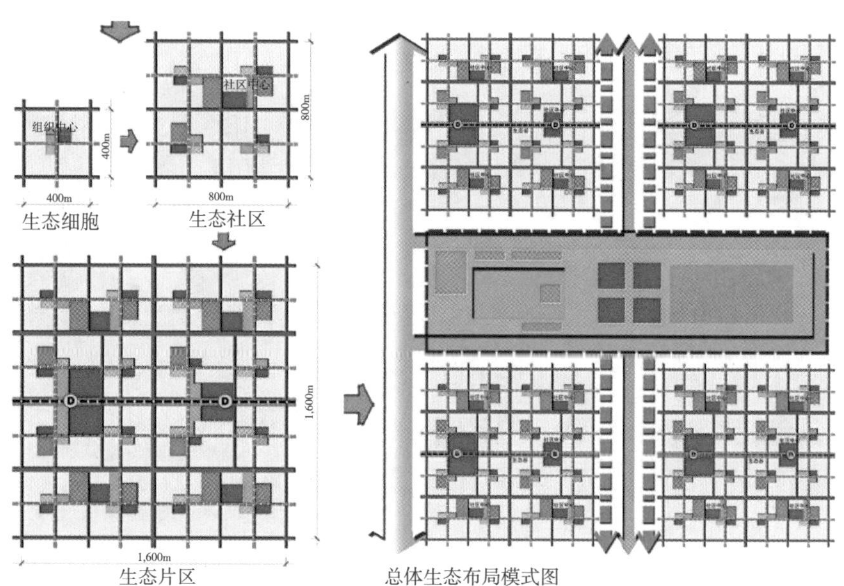

图 4-29 中新天津生态城社区布局模式

图 4-30 中新天津生态城外围的湿地公园

图 4-32 中新天津生态城内的社区服务中心

图 4-31 中新天津生态城永定洲公园

免了单一居住功能为主的城市片区常常面对的无人气的现象。

土地利用的制约：然而，在中新天津生态城的建设过程中，借鉴新加坡土地利用模式的社区中心体系并未很好地完成规划目标。片区级别的社区中心由于轨道交通线路（图 4-33）的变更而迟迟未能建设，细胞级别的服务设施则因为封闭式居住区的原因而难以实现其原本设定的规模，只能以居住区内部的小型零散商业功能替代。究其原因，主要是中

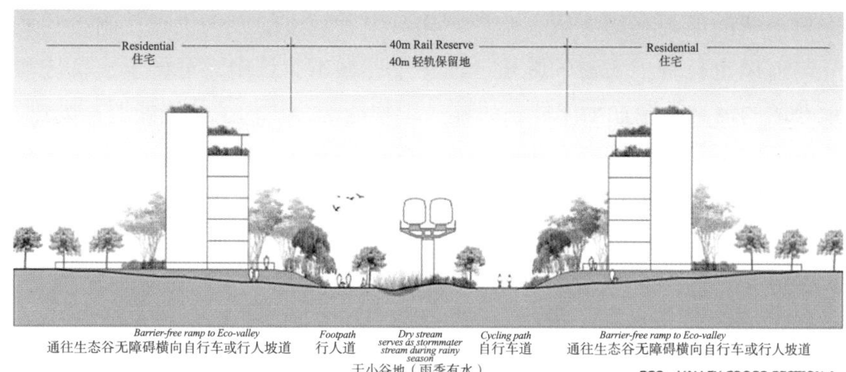

图 4-33　生态谷原始设计剖面

国与新加坡两国规划模式、土地开发模式与居住区开发模式的不同造成的。新加坡的新市镇规划是国家级别的战略规划，所涉及的轨道交通系统、土地开发模式与住宅开发都全部在统一规划中进行，而中新天津生态城作为天津市的下辖区域，其早期相对独立的规划在后期不可避免地受到天津市总体规划的影响，使轨道交通等重大城市基础设施不能够按照原计划规划与建设。而新加坡的新市镇以“组屋”为主，实行开放式街区模式，且由于政策规定，入住率基本达到 100%，中新天津生态城则延续了中国封闭式居住区的模式，使居住区内部的商业开发近乎不可能。由此我们可以总结，借鉴国外先进城市开发经验的同时，需要注意城市规划上的完整性，并充分考虑本国的土地开发模式，才能够保证前期规划的顺利进行。

3. 要点

1）中新天津生态城利用不可作为耕地的盐碱地进行城市开发，避免了对高价值土地的侵占，实现了其生态保护目标。

2）在进行城市开发的同时，注重保护与修复原本并不具备生态价值的土地。

3）中新天津生态城的多级社区中心体系，提升了城市活力，满足了市民交往的空间需求，提高了商业设施的利用率，进而提升了土地利用效率。

4）不同国家具有不同的规划方法与土地开发模式，在借鉴的基础上需要充分考虑本地条件的制约与需求，才能保证规划的落地。

4.3　能源利用

• 传统的城市建设与运行中所使用的能源多来自石油、煤炭等不可再生能源，或来自于水力发电等需要长距离输送，导致在使用过程中造成大量浪费的能源利用方式。此外，建筑中大规模的人工供暖、制冷、采光与通风也耗费了大量的能量。而在生态城市设计中，可再生、易从本地获取的清洁能源如太阳能、风能、生物能部分替代了传统能源；废热、废物、废水与雨水的再利用则降低了碳排放和污染；建筑设计中强调使用被动手段进行自然采光、通风、隔热。这些措施大大降低了人类对能源的索取，进而保护了地球整体的生态系统的稳定，是可持续发展的核心手段之一。

4.3.1 案例6：阿布扎比马斯达尔生态城（Masdar Eco-city）

1. 背景

图 4-34 马斯达尔生态城卫星图

2006 年 4 月，阿拉伯联合酋长国的阿布扎比邦决定建设一座零碳排放的生态新城——马斯达尔。这座占地 640hm^2 的城市的建设代表了其希望通过生态城的建设提升其在世界能源市场变革中强有力的地位的雄心（图 4-34）。“马斯达尔”在阿拉伯语的意思是“源泉”，这个词也体现了该项目的宗旨，即成为能源、知识和创新的源泉，使阿布扎比成为全球再生能源研究、开发和创新的领导者，而这座城市则是这一目标的具象展现（图 4-35）。

2. 解析

马斯达尔生态城由英国的 Foster+Partners 规划设计，其规划目标是建设一个零碳城市，100% 使用可再生能源，施工过程与城市运营都要实现低碳足迹。因此，可再生能源的使用和节能手段成为马斯达尔生态城的核心。这座城市将完全通过可再生能源供电，包括风力、水力、太阳能与氢气发电的并行，并计划在未来进一步提高太阳能发电的比例。

图 4-35 马斯达尔城规划鸟瞰图

图 4-36　马斯达尔的太阳能光伏发电系统

马斯达尔的规划人员努力把沙漠中的最大威胁——同时也是最大资源的阳光善加利用，建成了中东地区最大的太阳能电厂为城市提供电力（图 4-36）。通过这一系列的能源措施，与其他规模类似的城市进行比较，马斯达尔将减少 75% 的化石燃料的消耗量，300% 的用水量，以及 400% 的废弃物排放。此外，马斯达尔在城市管理方面着重加强对“碳”的管理，使用一系列的软性手段严格控制碳排放，通过联合国领导的“清洁发展机制”条款，实现温室大气减排的货币化。同时，马斯达尔不仅仅是能源技术的使用者，也是能源技术的开发者。马斯达尔生态城大力度鼓励再生能源产业领域的投资，希望通过促进新兴产业的发展，使其能够成为可再生能源领域的全球领导者之一。

仅仅通过能源的生产还不能够保证马斯达尔的“零碳”排放目标，这座地处沙漠炎热气候中的城市必须通过节能措施来进一步降低其能耗。与迪拜和阿布扎比核心区的现代化城市空间布局不同，马斯达尔更多地借鉴了当地传统的城市空间来降低其能耗。紧凑的布局和狭窄的街道（建筑密度达到 59.7%）使建筑之间能够相互遮阴来给建筑内部和城市街道降温，这同时也塑造了一种更加紧凑而步行友好的城市空间（图 4-37）。此外，街道两侧的骑楼、建筑立面的遮阳和模仿传统阿拉伯地区建筑的通风塔等传统的降温通风措施都被采用，以进一步降低空调能耗，并利用了沙漠地区丰富的太阳能资源，使用太阳能光伏发电板生产清洁能源（图 4-38）。在交通方面，马斯达尔规划了无人驾驶的电力驱动公共交通——个人捷运，整个城市都不再有一辆小汽车，来访的汽车也必须停

图 4-37　参考传统街区尺度的马斯达尔街道与遮阳设计

图 4-38　马斯达尔建筑的通风塔

图 4-39　马斯达尔无人驾驶电力驱动车

在城市范围以外，然后换乘公共交通系统或步行（图 4-39）。

然而需要指出的是，由于 2008 年的金融危机，马斯达尔由高科技和高初期投入支撑的零碳城市计划不得不放慢脚步，城市的建设完成时间从 2016 年被延迟到了 2030 年，而原计划的个人捷运系统也被放弃。这同样给我们以警示：生态城市的建设的宏大愿景是必要的，但更重要的则是作为一个城市，需要强大的自我造血机能，而不能仅仅作为一个精美的艺术品出现。虽然马斯达尔并没有取得成功，但其“零碳”愿望中的能源生产与节约策略值得其他城市借鉴。

3. 要点

1）可再生能源的利用是马斯达尔规划的核心，可再生能源不仅仅作为一种技术加以利用，同时也被作为一种产业，引导阿布扎比的未来国家能源规划。

2）在积极利用新能源的同时，传统城市中的节能手段也是实现生态城市的重要一环，如紧凑的布局和传统的降温通风措施等。

3）马斯达尔未能如期实现其“零碳”愿望，主要是由于其过于精美的规划难以被现实的各种问题支撑，一个新城的建设不仅需要美好的愿景，同样需要更为落地的实施计划和应变计划作为其基础，以增强其抵御建设过程中的各种不可预料的外力冲击。

4.3.2 案例7：英国贝丁顿零碳社区（BedZED）

1. 背景

英国的生态城镇和生态建筑实践一直处于世界的领先地位。贝丁顿零碳社区位于伦敦西南的萨顿镇，是全世界第一个以“零碳排放”为核心思想规划建设的居住社区，先后获得了多种奖项（图 4-40）。BedZED 是 Beddington Zero Energy Development 的缩写，即零能耗或零排放开发之意。该项目从设计到施工、从开发商到居住者多方位贯穿可持续发展的概念，特别是在推动房地产商进行绿色开发方面取得了成功经验。

2. 解析

BedZED 项目由英国著名的生态建筑师比尔·邓斯特与环保顾问集团 Bioregional 共同设计，被誉为英国最具创新性的住宅项目，其理念是给居民提供环保的生活的同时并不牺牲现代生活的舒适性。设计者们认为，绝大部分新的开发都可以通过设计高效的住宅和工作场所，用再生能源代替化石燃料，将能源的需求减至最小，从而使地球逃脱日益变暖的厄运，贝丁顿零碳社区也就在此主旨思想下应运而生。该工程始于 2000 年 10 月，2002 年 3 月竣工，是一个以居住为主，兼有工作场所的新型社区。整个项目含 82 套居住与工作混合单位，标准户型面积为 79.90m^2。此外还设置了 2 500m^2 工作场所以及运动场、会所、托儿所、商店和咖啡馆等配套设施（图 4-41）。贝丁顿实现“零碳排放”的措施如下：

图 4-40 贝丁顿 BedZED 社区卫星图

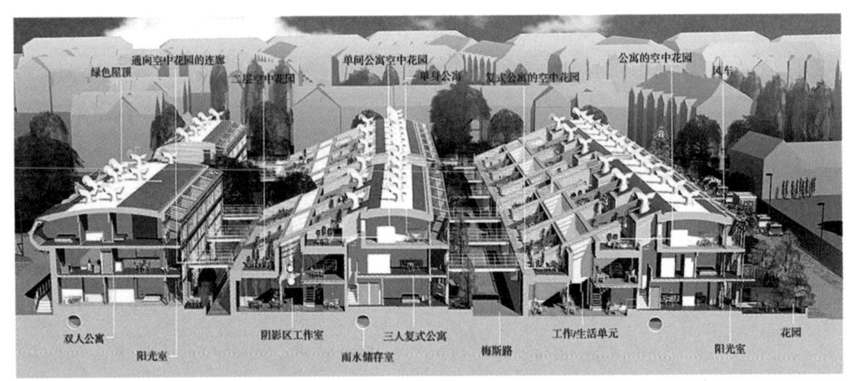

图 4-41　BedZED 社区的低碳住宅模式

1）工作生活一体化：居住与办公场所用地的平衡促进了居民在本地的就业，使其无需使用私家车便可以完成通勤，减少了车辆的能源消耗。物业管理公司为小区内的商店组织当地货源，提供新鲜的环保蔬菜、水果和其他食品，而居民也都被鼓励在自家的花园中种植蔬菜和农作物，减少了食品在运输中的能源消耗。

2）倡导公共交通及慢速交通：BedZED 拥有良好的公交网络，有 2 个火车站、2 条公共汽车线。虽然并未禁止使用汽车，但社区内停车场的数量有所限制。步行者拥有较高的路权，步行道路设置良好的照明系统和无障碍设施，道路的形状使得车速被迫降低到步行速度以保障步行者的安全。设置充足的自行车停车场，与中心区有自行车道相连，每个家庭拥有 2 到 3 辆自行车储存空间以鼓励居民使用环保的出行方式（图 4-43）。

3）建筑节能：BedZED 在建筑节能上的设计目标是与当地普通郊区住宅相比总能耗降低 60%，供暖能耗降低 90%。鉴于英国当地较为寒冷的气候，建筑师选用紧凑的建筑形体，以减少建筑的总散热面积。为了减少表皮热损失，建筑屋面、外墙和窗口都选用了有利于保温的材料与做法。建筑大致采用南北向的布局，退台的建筑形体减少了相互遮挡，以获得最多的太阳热能。每户南向的玻璃温室在冬天吸收大量的太阳辐射热量来提高室内温度；而夏天将其打开则变成开敞阳台组织建筑散热。经特殊设计的“风帽”可随风向的改变而转动，利用风压给建筑内部提供新鲜空气，而无需机械换气（图 4-42）。在建造材料方面，BedZED 制定了“当地获取”的政策以减少交通运输能耗，并选用环保建筑材料以及再生利用的建筑材料。其 52% 的建筑材料在场地 56.3km 范围内获得，15% 为再生回收材料。BedZED 采用了大量被动式的节能设计，以较低的初始投资达成了客观的节能效果（图 4-43 ~ 图 4-45）。

4）热电联产工厂：BedZED 所有的热能和电能均由该社区的热电联产工厂 CHP（Combined Heat and Power）提供。CHP 的燃料为附近地区的树木修

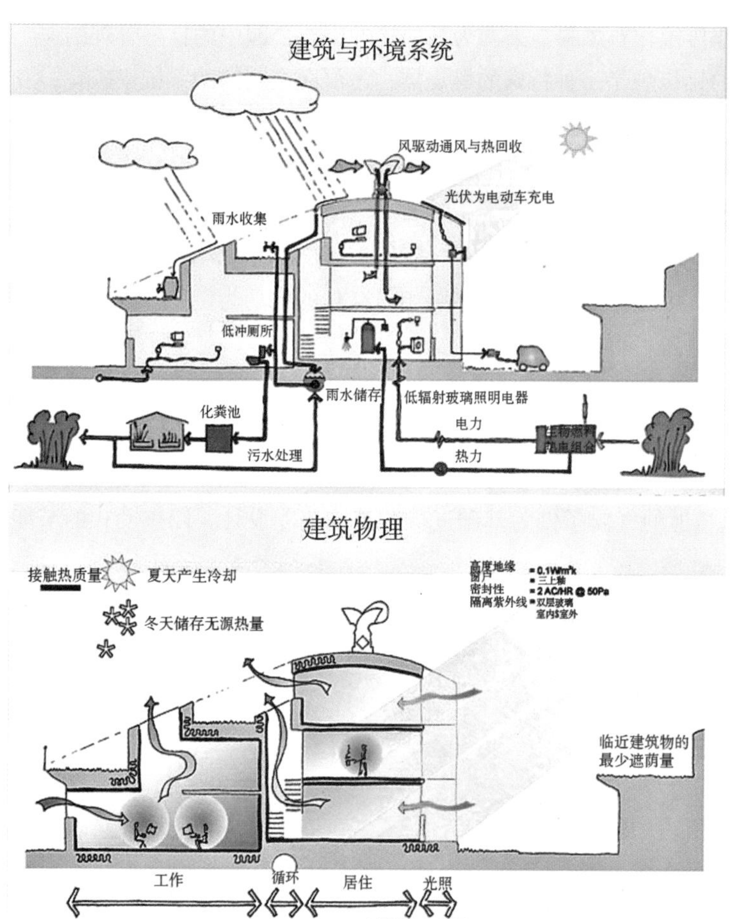

图 4-42　BedZED 绿色建筑示意

图 4-43　居住与工作结合的建筑模式

图 4-44　社区建筑屋顶的通风塔

图 4-45　社区建筑南侧的阳光房

剪废料而非传统化石燃料，来源为其邻接的生态公园中的良好管理的速生林。CHP 的燃烧炉是一种特殊的燃烧器，木屑在全封闭的系统中碳化，发出热量并产生电能。燃烧过程中不产生二氧化碳，其净碳释放为零。

总体来看，BedZED 并没有使用复杂而前沿的技术，而是将已经成熟的各种生态规划理念与建筑设计技术结合。根据入住第一年的监测数据，小区节约了采暖能耗的 88%，热水能耗的 57%，电力需求的 25%，用水的 50% 和普通汽车行驶里程的 65%。BedZED 的成功为生态社区的建设提供了宝贵而具备可行性的经验。

3. 要点

1）BedZED 并没有盲目的使用最新的科技和激进的策略来达成其零碳目标，而是采用了成熟的技术与经过综合考虑的措施。

2）以当地的气候条件为基础进行建筑的节能设计，以被动式的节能设计为主。

3）采用可再生的生物质能源替代传统化石燃料，热电联产机组更能充分利用发电产生的热能，使污染排放降低的同时提高能源利用效率。

4.4 绿色交通

• 交通所占的能耗与其产生的污染是实现生态城市过程中必须面对的主要问题之一。以中国为例，交通能耗占社会总能耗的比重已经超过 20%，而在大城市中机动车排放的污染物贡献了总污染物的 60% 以上。因此，生态城市设计中的交通系统鼓励低能耗、高运载效率的公共交通如地面公交及轨道交通，并主张 TOD 模式，将城市发展与交通系统紧密结合，成为城市交通系统的骨干。同时，慢速交通如步行及自行车则被鼓励成为短途交通的主要方式，与公共交通相结合，共同创造一个高效率、低污染、低排放的城市交通体系。

4.4.1 案例8：巴西库里蒂巴（Curitiba）

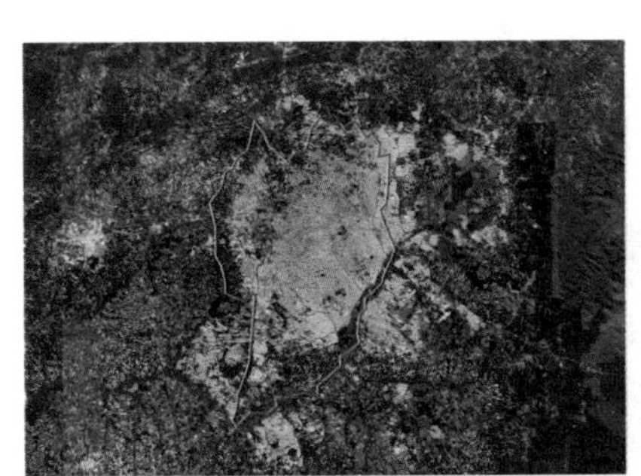
图 4-46 库里蒂巴市卫星图

1. 背景

库里蒂巴是巴西第七大城市，巴拉纳州的首府。从 20 世纪 60 年代开始库里蒂巴的经济进入高速增长期，人口也随之急剧增长，从 20 世纪 50 年代的 30 万增加到 1990 年的 240 万，库里蒂巴的经济也在此期间蓬勃发展，成为巴西较为富庶的地区之一（图 4-46）。当然经济的高速发展也给库里蒂巴带来了发展中国家城市通常所面临的问题，交通拥挤以及城市环境恶化问题凸显。在这样的背景下，从 20 世纪 60 年代开始，库里蒂巴以一种超越时代的观念，探讨从城市总体布局上着手来寻求解决因经济发展和人口增长所带来的城市环境和交通问题的方法。其中最引人注目的就是其公共交通系统的建设，以及将土地利用结合公共交通的城市发展模式。

2. 解析

在 1964 年举行的总体规划设计竞赛中，巴西建筑师霍赫·威廉（Jorge Wilhelm）的方案一举中选。该方案最大的特点是改变传统城市围绕旧城中心呈环形放射状发展的模式，提出了一系列有助于城市社会和商业带状发展的放射型城市结构轴线。它将城市的土地使用、道路以及公共交通综合考虑，以便促进沿轴线形成密度很高但交通便捷的城市区域。在土地使用方面，它以结构轴线为主体形成密度等级系统，最高的居住和商业密度分布在轴线沿线，距离轴线越远密度越低，相对的道路等级也越低。由于公共交通是城市结构轴线的主体，而城市结构轴线又是城市发展的骨架，所以公共交通实际上就成为指导城市增长和贯彻总体规划思想的核心工具（图 4-47、图 4-48）。

快速公交（Bus Rapid Transit，BRT）是库里蒂巴一体化公共交通系统的骨干，往返于城市的主要轴线道路，并拥有专用的车道，其他公交线路为其提供驳运或补充。除了 BRT 之外，库里蒂巴的公共交通系统还包括了大站快线、区际线、区内线、校园巴士、医院巴士、残疾人专用巴士等 10 多种各色公交线路与车辆。充分考虑了不同区域、不同走廊、不同人群等对公交运量、速度、票价等不同服务要求。整个公交系统由 390 条线路构成，每天客运量超过 210 万人次，其中 49 万人次来自大库里蒂巴邻近地区，公共汽车日行驶里程为 38 000km。不同的公共汽车线路通过换乘站连接在一起，乘客可以在不同的线路间进行方便的换乘，单一

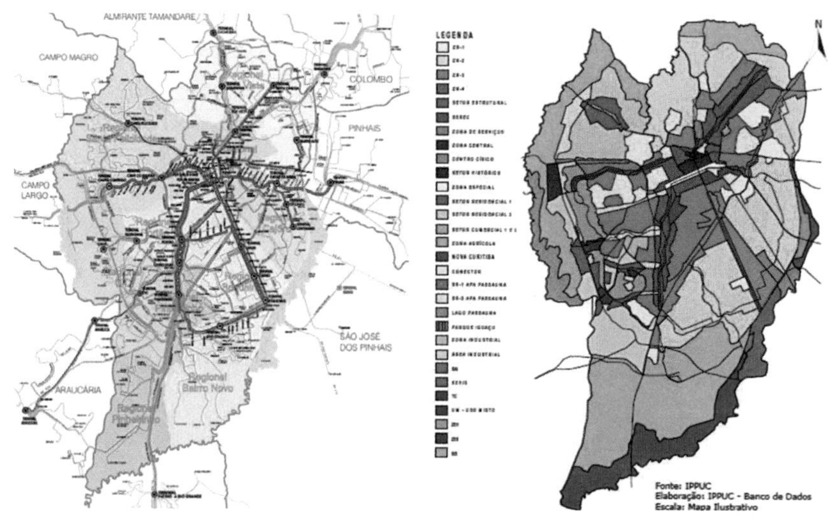

图 4-47　库里蒂巴的快速公交系统与土地利用结构

图 4-48 库里蒂巴沿公交走廊高强度的城市开发

的收费系统允许乘客向各个方向免费换乘，而不论出行距离的长短。正因为这样一个覆盖广泛、接驳方便的公交系统，库里蒂巴工作日 75% 的通勤出行依赖公共交通，平时公交出行比例也高达 47%。库里蒂巴公交站台的设计也颇具特色。整个城市共有圆筒式的公共汽车站超过 350 个，站间距离多为 500 ~ 1 000m。车站参照地铁车站实行封闭式管理，在圆筒式车站内刷卡或购票，可大大加快乘客的上下车速度，减少上车购票和排队登车时间，也使乘客免受气候条件的影响。车站还进行了水平登车设计，并专门安置了电动无障碍升降装置，使年老者和残疾人能够方便使用公共交通系统。通过圆筒式车站可实现 BRT 内部线路间，以及 BRT 线路与其他线路之间进行零距离换乘（图 4-49）。

图 4-49 库里蒂巴 MRT 公交车及站台

总体来看，库里蒂巴的城市空间结构非常清晰，完全是建立在以 BRT 系统为支撑的、公交走廊引导形成的、单中心放射状轴向的带形布局模式。城市土地开发也以 BRT 走廊引导为显著特征，5 条 BRT 走廊沿线呈现高密度、高强度开发，高层公共建筑、多层和高层住宅集中布置在 BRT 走廊两侧，其余地区是低层低密度住宅或公园绿地。可以说，库里蒂巴非常完整而且成功地体现了公交引导（TOD）这一先进规划理念（图 4-50）。

3. 要点

1）土地利用与交通规划结合，实现了 TOD 模式，城市发展轴即为交通轴，土地开发强度与道路等级对应。

2）发达的公共交通系统，以 BRT 为主导，并可以方便换乘覆盖全面

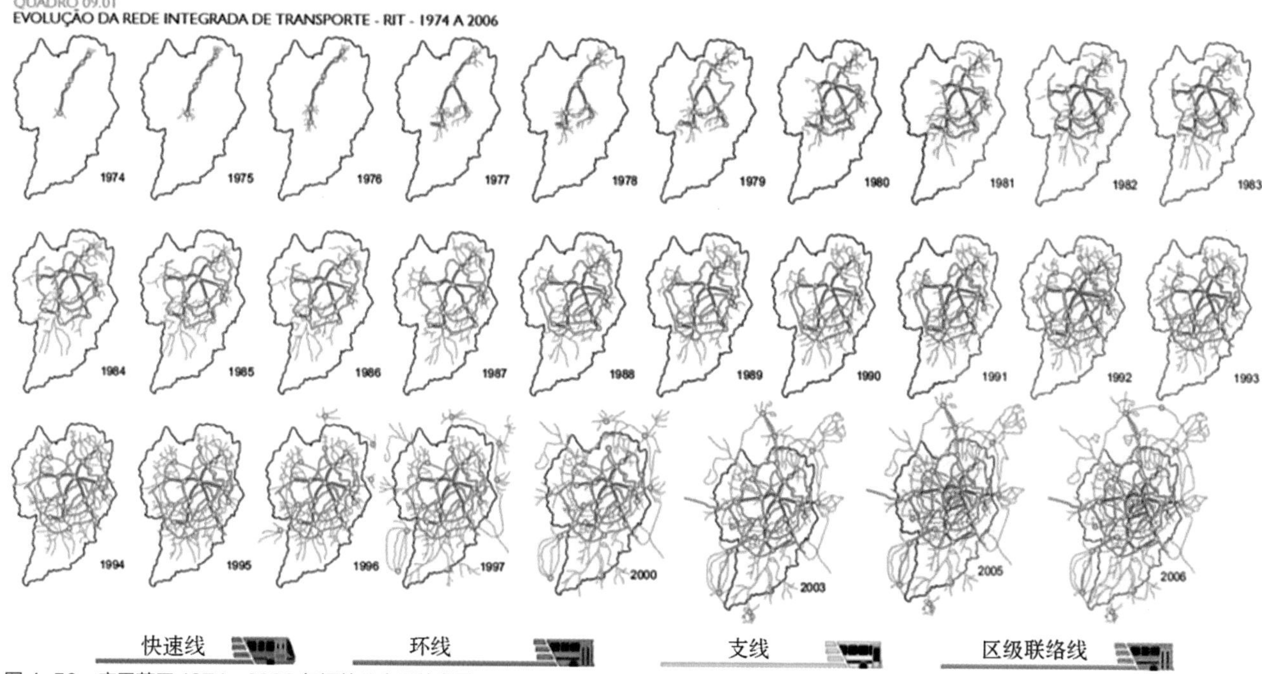

图 4-50　库里蒂巴 1974 ~ 2006 年间的公交系统发展

的各类型公共交通。在开发强度高的地区，配以高运力的大型公交车和 BRT，在开发强度低的地区，则采用更加灵活的低运力公交车。

3）换乘站的设计有利于换乘效率的提升，并且实现了公共交通的无障碍设计。

4.4.2　案例9：新加坡榜鹅新城（Punggol New Town）

1. 背景

自 20 世纪 60 年代开始，迫于人口增加的压力，新加坡开始进行城市新居住区的建设，沿中央水源地陆续规划建设了 26 个新镇。在经过了三代模式近 40 年时间的摸索后，新加坡的第三代新镇规划即“21 世纪模式”成为其新建居住区规划的典型模式，而榜鹅新城则是其中的代表（图 4-51）。新加坡第三代居住区采用了“新镇—街坊”的两级组成模式，其中最有特色的就是其基于两级轨道交通系统和邻里中心的 TOD 规划策略。

2. 解析

新加坡的新市镇即为一个大型的居住社区，每个新市镇约能够承载 14 ~ 25 万市民。榜鹅新城总用地面积 9.6km^2，于 1998 年启动建设，地处新加坡北部，距离市中心区超过 15km，提供 8 万个住宅单位（超过 20 万居民）和配套商业及娱乐休闲设施，新城各地块的容积率达到了 3.0 ~ 3.5，

图 4-51　榜鹅新城卫星图

图 4-52 榜鹅新城的高容积率住宅

是典型的高密度城市开发（图 4-52、图 4-53）。面对由距市中心长距离和人口众多带来的巨大通勤和生活交通需求，榜鹅新城基于 TOD 理念，采用了独特的二级轨道交通系统及两级社区中心的组合规划模式，在交通效率与用地效率上较之前的模式均有提升，一定程度上实现了环境—经济—社会的平衡发展。

两级轨道交通系统的第一级是连接榜鹅新城区域中心与城市核心区的地铁（MRT）干线“东北线”，这条地铁大动脉承担了榜鹅新城 20 万人口与市区的交通连接。而第二级的轨道交通系统则是在 MRT 地铁站的基础上，接驳的两条轻轨（LRT）环线。两条环线共设置了 14 个站点（西环线 7 个：一个尚未建成，东环线 7 个：全部建成），每个站点结合布置社区中心（图 4-54 ~ 图 4-56）。LRT 轻轨的规划中充分考虑了新城人口数量、交通运量和建设成本之间的关系。不同于城市地铁线的地下隧道，社区级的轨道交通均采用成本较低的高架方式建设，列车也采用了相对更小运量的单节或双节车厢，在满足交通需求的同时控制建设成本（图 4-57）。这些 LRT 站点之间的间距为 400 ~ 500m，以保证榜鹅新城的居民能够在 300m 步行范围内到达各个轻轨站。轨道交通的发达使榜鹅新城的居民出行效率大大提升，降低了私人小汽车的使用量，减少了交通能耗，又避免了普通公交车道路拥堵、换乘不便等缺点，实现了生态环境—出行效率的平衡。

此外必须说明的是，榜鹅新城的两级轨道交通系统并非仅出于交通方面的考虑，其与新城的土地利用规划有着密切的联系，其两级交通模式，与新加坡第三代新城的“新镇—街坊”两级结构对应，这也是所有 TOD 规划的必然出发点。MRT 东北线的榜鹅站是整个榜鹅新城的区域中心，换乘

图 4-53 榜鹅新城鸟瞰图

图 4-54　榜鹅新城 MRT-LRT 接驳站及 LRT 东西环线

图 4-55　榜鹅新城 LRT 轨道

图 4-56　从 LRT 列车上看两侧住宅

图 4-57　榜鹅新城 LRT 轻轨列车车厢

站点与一个规模巨大的社区中心（Waterway Point）联合布置，社区中心总面积达 54 000m^2，包含了购物中心、影院、大卖场、景观休闲中心等多种功能，榜鹅新城的居民通过轻轨可以在这里完成各种生活必要的购物、休闲与社区活动（图 4-58 ~ 图 4-60）。而 LRT 轻轨站点则结合次一级的社区中心布置，次级社区中心相对区域社区中心布置一些更加贴近居民日常生活、活动频次较高的功能，如日常餐饮、生活用品购买、小学校、社区日常活动及社区管理办公等。这样，榜鹅新城就在土地利用与城市功能分配层面达到了一种高效运转的模式：次级社区中心布局一些低活动强度但高

图 4-58　榜鹅新城社区中心 waterway point

图 4-59　榜鹅新城社区中心 waterway point 内部

图 4-60　榜鹅新城社区中心附近的滨水景观及生物自净措施（右）

频次的功能，使居民用最短的距离便能够进行日常必须活动；主要社区中心布局一些较高活动强度，但频次稍低的功能，使居民大部分的生活必要性活动地点都能够方便快捷的到达，没有必要进入中心城区增加交通及人口压力；而城市中心区则布局最高活动强度，但频次很低的功能，同时辅助以其他各种配套休闲功能。这样，市民出行的交通距离被大大缩短，效率提升，降低了城市的交通需求，缓解了中心区的压力，在一定程度上实现了生态城市所要求的低能耗、高效率的城市建设要求。

榜鹅新城的这种两级轨道交通—两级社区中心模式的建立，标志着新加坡新一代新城建设的成熟，此后的盛港新城也同样延续了这种规划建设模式。

3. 要点

1）榜鹅新城的两级轨道交通系统，提升了居民出行的效率，合理的步行到达半径降低了小汽车的使用量。

2）轨道交通结合用地规划，交通站点结合社区中心，进一步方便了市民生活。

3）城市中心—区域社区中心—次级社区中心三个等级的中心布局不同活动强度、活动频次的功能，优化了城市土地利用，减少了不必要的交通，提升了居民日常生活的效率，缓解了城市中心区的压力。

4.4.3　案例10：东京二子玉川站综合开发（Futako-Tamagawa Station）

1. 背景

“站城一体开发”是日本 TOD 城市开发的一个重要特点，这种建设方式以轨道交通站点为核心，以极高的开发强度布置各种复合的城市功能，以最大化公共交通的运行效率和土地利用效率，实现能耗的降低以及生态系统的保护。二子玉川地区位于东京以西 15km，其地理条件、自然环境优越，但城市开发相对落后。二子玉川在 20 世纪 70 年代便拥有一座地铁站，在随后的几十年间，该地区以地铁站为核心，逐渐完善周边城市街区，同时整治多摩川河道并重新保育，曾经被工业破坏的自然生态环境，使该地区成为如今东京近郊最受环境的城市区域（图 4–61）。

图 4–61　二子玉川站及周边卫星图

2. 解析

二子玉川地铁站建于 20 世纪 70 年代初，初期只开发了站点西侧地区，功能以商业和居住区为主。在 20 世纪 80 年代之后，在日本逐渐兴起的“站城一体开发”和“广域生活重心”规划理念，使二子玉川站已开发地区和东部待开发地区一同被纳入新的规划建设中（图 4–62）。新的东部

图 4–62　二子玉川站点周边鸟瞰图

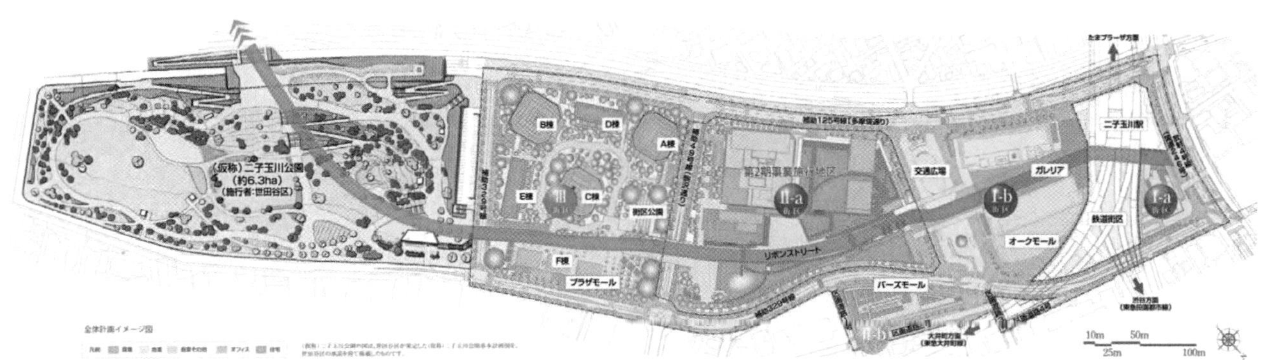

图 4-63　二子玉川站点周边鸟瞰图

图 4-64　小尺度的步行商业街道

区域建设又被称为 RISE 街区，打造了一个集商业、办公、酒店、住宅及休闲设施与一体的紧凑型城市综合街区，占地 11.2hm^2，总建筑面积超过 40 万 m^2，平均容积率接近 4.0，最高的办公及酒店塔楼超过 30 层。区域内所有的公共建筑都拥有直通地铁站的地下通道。地面交通上也采用立体式的组织方式，在部分人流量大的商业建筑中设置二、三层的连接通道。为了方便周边地区地铁—地面公共交通之间的换乘，二子玉川站还在地面建设了一个与地铁站紧密结合的公交换乘总站。正因为以上种种原因，二子玉川站及周边区域成为东京市区与郊区交界处的一个重要交通节点，形成了一个以轨道交通站点为核心的区域次级中心，带动了周边区域的快速发展（图 4-63 ~ 图 4-65）。

图 4-65　二子玉川站的高密度开发

日本站城一体开发除了高质量的规划设计因素外，保证其开发成功的另一大因素则是其土地的所有权及开发模式。不同于中国将轨道交通站点周边土地出售给不同房地产开发商的模式，日本的轨道交通站点周边的土地开发任务均由轨道交通公司完成。轨道交通公司即是地铁的建设运营者，又是站点周边土地的开发与运营商，这就保证了其交通—土地及开发—运营之间的高效协调，轨道交通公司在开发地铁上投入的成本，由其周边不动产升值带来的收益进行补偿，这就迫使轨道交通公司进行一种更加高强度、高品质的开发以确保其收益。在二子玉川站域开发中，东急铁道公司负责协调当地的土地拥有者，与其下属的房地产开发公司协作，共同推进城市建设。其间还积极协调各种民间协会，使开发能够顺利地进行。

图 4-66　高密度城市空间中的自然环境

在城市开发之外，二子玉川区域开发也非常注重对自然环境的保护与恢复。二子玉川优良的自然环境主要依靠临近的河流多摩川以及河道周边的湿地。在日本 20 世纪 50 ~ 60 年代的粗放式经济发展中，多摩川被工业污染，而在之后的几十年中，对生态环境的修复一直没有停止。在二子玉川站域综合开发中，规划保留了多摩川原有的河流漫滩生境，仅在河道周边做了最简单的栈道，在为游览者提供观光功能的同时，最大限度地保护了脆弱的生态系统（图 4–66、图 4–67）。由于在城市生态系统中对绿色自然及生物的保护，二子玉川地区获得了生物多样性“JHEP 认证”最高等级（AAA）的评定。此外，在二子玉川站域开发的范围内，设置了各种公园、溪谷以及景观步道，让自然环境与这个高强度的交通站点开发融于一体，为居民提供了可达性极高的公共绿色休闲空间。

图 4-67　多摩川沿岸的自然岸线

3. 要点

1）二子玉川的站城一体开发模式，集住宅、商业、办公、休闲与交通枢纽于一体，大大提升了当地的土地价值，使该区域成为市郊新的区域中心，在提升土地价值的同时，带动周边经济发展。

2）高强度的土地开发与混合的城市功能，结合地铁与地面交通站点，减少了城市对小汽车的依赖，提升了交通效率与土地利用效率，降低了交通能耗，也保护了生态环境。

3）日本以轨道交通运营商作为站域空间土地开发商的策略，保证了TOD开发中各方利益的高效协调，是其站城一体开发成功的基础。

4）在进行高强度城市开发的同时，二子玉川站域开发同样注重对周边生态环境，特别是河道的保护，同时将自然环境引入城市空间。

4.5　公共空间开发

• 一个可持续的城市开发不仅仅应该重视环境层面的可持续性，同样也应该重视社会与经济层面的可持续发展。城市公共空间作为城市生活的载体，是城市中最具有吸引力的空间，是城市灵魂的所在。在生态城市设计中，公共空间的开发往往与环境的改善相结合，在为市民提供平等而多样化的开放空间的同时，注重于对公共空间中自然生境的改善、局部气候的调节与城市绿色景观的创造。除此之外，一个高品质的城市公共空间同样能够提升周边的土地价值，吸引更多的投资与商业的进入，这也成为城市经济上可持续发展的重要力量。

4.5.1　案例11：韩国首尔清溪川恢复（Cheonggyecheon）

1. 背景

清溪川原名开川，是600多年前朝鲜王朝时期在首尔市区内挖掘的一条疏水内河，其历史上的地位使清溪川自古以来就是首尔的文化象征之一（图4-68）。然而从19世纪末开始，大量的农村人口涌入首尔成为城市贫民并定居在清溪川两岸，使河道两岸的城市环境越来越差，垃圾、污水与贫民窟使清溪川一度成为首尔贫穷的象征。20世纪后半叶，政府采取了粗暴的手段进行清溪川周边环境治理，河道被完全覆盖而成为一条地下排水道。20世纪70年代后，在韩国经济发展的需求下，首尔政府为了解决交通问题，提高城市中心区的道路通行能力，在被覆盖的清溪川上修建了高架桥。然而，巨大的高架桥割裂了城市环境的连续性，也带来了严重的噪声和空气污染，加之在经过几十年的经济发展与转型后，首尔的主导产业已经从工业升级为服务业，盲目追求经济的粗放式发展而

图4-68　清溪川区位卫星图

图 4-69　改造前后的清溪川对比

忽视人居环境的时代已经过去。因此在 2003 年，市政府决定拆除高架桥，恢复清溪川河道，为市民提供一处滨水的公共空间（图 4-69）。

2. 解析

整个清溪川复兴改造工程历时两年多的时间，拆除了 5.8km 的高速路和覆盖在其上的高架桥，修建了滨水生态景观及休闲游憩空间，耗资 3 800 亿韩元（折合约 3.6 亿美元）。工程于 2005 年 10 月竣工后，有清洁流水的清溪川作为内河重新出现在首尔市民的生活中。重建的清溪川的泄洪能力设计为可抵御 200 年一遇的洪水。整体河道整治分为三段：西部上游河段河道两岸采用花岗岩石板铺砌成亲水平台，河段断面较窄，一般不超过 25m，坡度略陡。中部河段为过渡段，河道南岸以块石和植草的护坡方式为主，北岸修建连续的亲水平台，设有喷泉。相对于西部和中部河道设计的人工化，东部河段设计上以体现自然生态的特点为主，采用了近自然的建造方法。河道整体宽度为 40m 左右，坡度较缓，设有亲水平台和过河石级，两岸多采用自然化的生态植被，选择本地植物物种。河道整体设计为复式断面，分为 2 ~ 3 个台阶，人行道贴近水面，达到亲水的目的，其高程也是河道设计最高水位，中间台阶一般为河岸，最上面一个台阶为机动车道及人行道。此外，河道整治注重营造生物栖息空间，增加生物的多样性（图 4-70、图 4-71）。如建设湿地，确保鱼类、两栖类、鸟类的栖息空间，建设生态岸线为鸟类提供食物源及休息场所，建造鱼道用作鱼类避难及产卵场所等。

清溪川的复兴改造极大地降低了原来首尔市中心由于高架桥所带来的噪声和空气污染，而且还减弱了热岛效应，清溪川进行通水试验时，其平均气温要比首尔低 3.6℃。而在复原前，清溪川高架桥一带的气温比首尔的平均气温高 5℃以上。而且，随着清溪川的开通，过去曾是高架道路或地面公路的地方，现已形成了冷空气移动的水边风路，平均风速

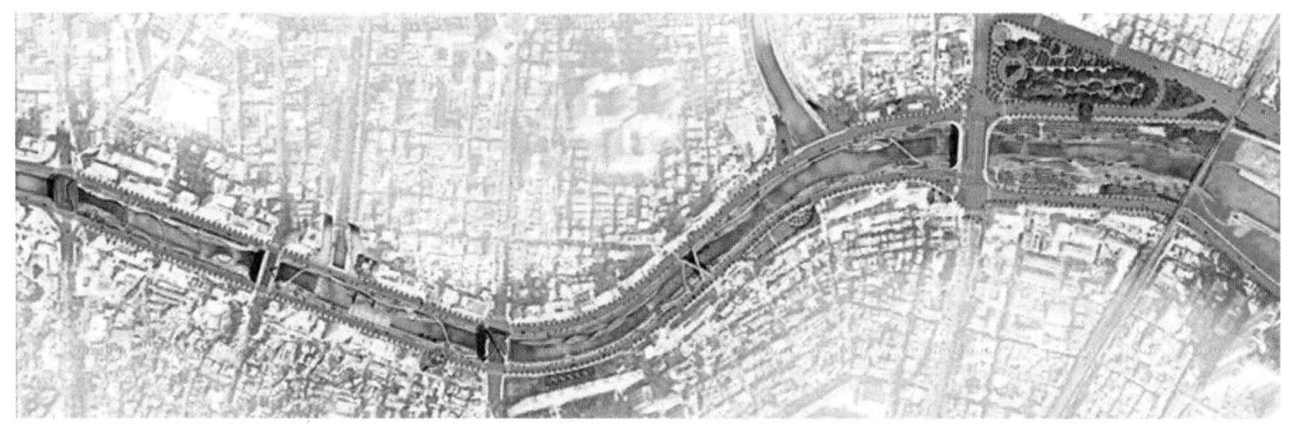

图 4-70 清溪川改造局部设计总平面图

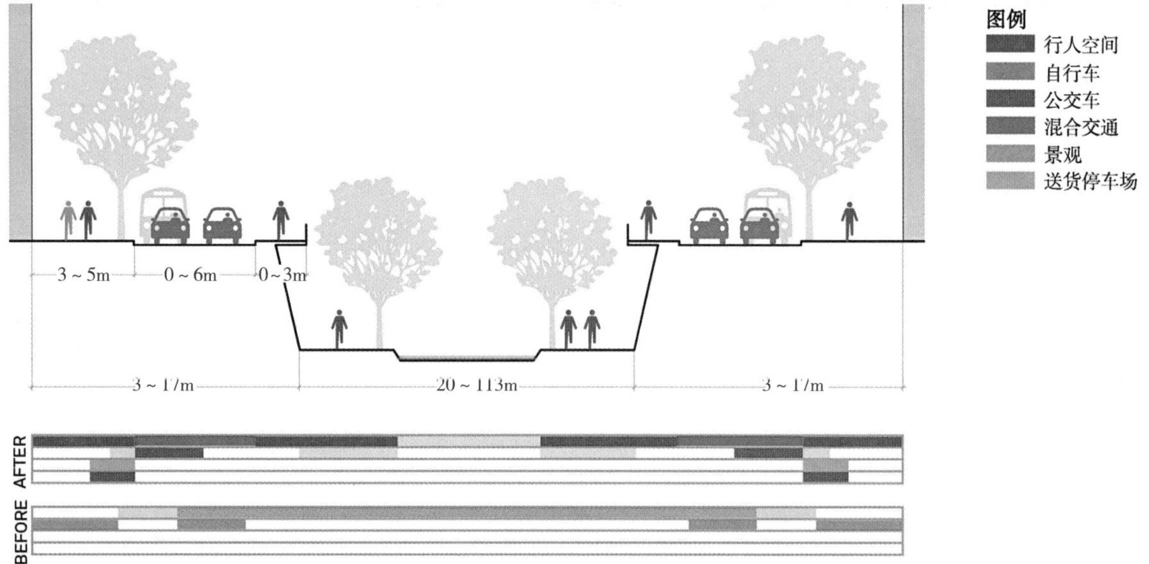

图 4-71 清溪川部分河道断面

有不同程度地增加，空气质量得到了明显的改善。此外，清溪川的河床是由南瓜石、河卵石、大粒沙构成，能很快恢复为河川，自净能力也非常强。由雨水、地下水和抽取的汉江水形成的清溪川水系统则有利于鱼类的生存。复兴改造工程注重营造生物栖息空间，建设沼泽地、鸟类和鱼类栖息地、浅水滩和池塘等，增加了生物的多样性，重新营造的清溪川自然生态系统中已经有了包括鱼类在内的多种水生物及鸟类栖息。随着河岸环境的改善，清溪川如今已成为首尔的著名景点及市民休闲场所，嘈杂的车流被行人的活力取代（图 4–72、图 4–73）。

清溪川的改造不仅仅是对河流的生态恢复，同样也是当地城市更新的一部分。首尔市政府以清溪川生态恢复为契机，增加了 4 条与河道相联通的城市公共空间轴线，将原先分散在清溪川两侧的文化节点串联在一

图 4-72　今天的清溪川吸引了市民和游客来此活动

图 4-73　清溪川的亲水岸线

起，结合滨河公共空间，使得河川文化的复兴与周边的历史古迹和博物馆、美术馆等文化场所相结合，形成首尔的文化中心。其中最重要的就是设立了四条以清溪川为核心节点的城市走廊，包括“历史走廊”“数字媒体走廊”“绿色走廊”和“创意走廊”，使清溪川周边形成了以文化创意产业为核心的混合功能高品质城市空间，重新激发出该地区的活力。

图 4-74 高线公园卫星图

图 4-75 20 世纪 30 年代的高架铁路

图 4-76 废弃后的高架铁路线

3. 要点

1）首尔政府将高架公路拆除，恢复原本的水系，代表着首尔在经济发展、居民宜居、生态恢复三个层面取得了平衡。

2）首尔以河流作为城市公共空间，不仅为居民提供了活动的场所，也为城市局部的微气候和生物多样性做出了贡献。

3）河道的设计在考虑抵御洪水的前提下，也要考虑如何通过设计塑造亲水空间，以及生物栖息地的恢复，在非市中心的地带，需要更多地考虑恢复河流湿地和滩涂。

4）清溪川恢复结合河流生态空间而塑造多条城市公共空间廊道和产业聚集廊道，重新激发了城市活力，达到了环境—社会—经济的平衡可持续发展。

4.5.2 案例12：美国纽约高线公园（Highline Park）

1. 背景

著名的纽约高线公园（Highline Park）是城市公共空间开发的经典案例，将城市公园、公共空间与历史遗产完美的结合（图 4-74）。高线公园的前身是一条高架铁路，在 1934 年被建造用于城市肉类食品运输线，以提升城市工业区的运行效率（图 4-75）。然而在建成仅仅 30 年后，由于纽约市城市的发展，工业区迁出了城市，高架铁路被荒废，其用地也衰败成为一个危险而肮脏的地带。直到 20 世纪 90 年代，由于该区域再次转变成为艺术家所热衷的区域，其他城市功能也开始重新逐渐进驻，使得城市活力得到提升，而在当时并无用处的高架铁路也面临着被拆除的命运（图 4-76）。2002 年，在经过了市民组织、政府部门和开发商多年的谈判和沟通后，高架铁路被决定保存下来，并在 2006 年作为新的城市公共空间被修整再开发。

2. 解析

2003 年，高线公园开始面向世界征集重建方案，最终 Field Operations 景观事务所和 Diller Scofidio+Renfro 建筑事务所的方案获胜。其理念是对高线进行包括园艺、工程、安全、维修、公共艺术等全方位改造，将这条高架铁路改造成“一块漂浮在曼哈顿空中的绿毯”（图 4-77）。高线公园的建设共分为三期，分别于 2009 年、2011 年、2014 年对公众开放，整个公园南北横跨了纽约市切尔西区的 20 余个街区，总长度超过 2km，为了方便游人以及强化公园和城市的关系，在沿线设立了众多出入口方便市民进入（图 4-78）。高线公园的景观设计以生态为出发点，在高架铁路上种植了 200 多种适合本地生长的植物，除了原先就生长在废弃铁路周边的 100 种植物外，其余的植物也都来自于高线公园 100m 范围内的乡土物

图 4-77　高线公园的景观设计

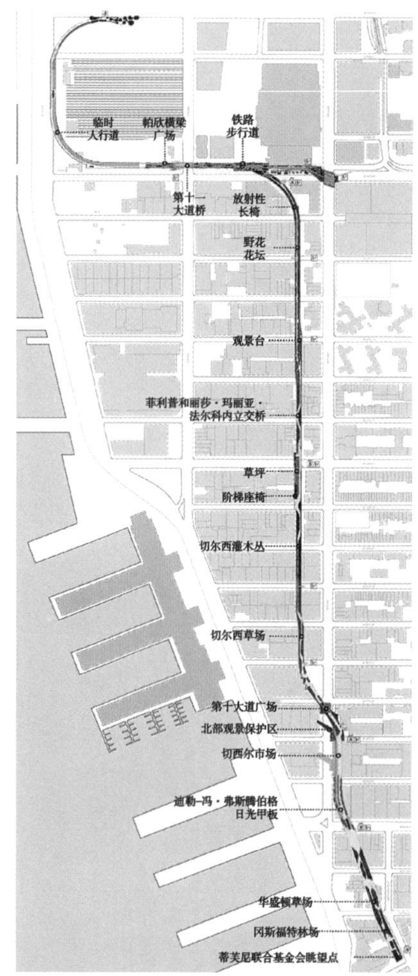

图 4-78　高线公园总平面图

种。而由于高线公园的高架混凝土结构的限制，这些筛选出来的植物绝大多数都是耐旱的浅根性物种，最大限度地节约了养护的成本和对水资源的需求。此外，高线公园的设计还强调景观的可用性，随处可见的长椅、太阳椅、阶梯椅，还有木制甲板、草地，可以供市民随时来这里休憩，在太阳底下边看书边喝咖啡，感觉相当惬意（图 4-79、图 4-80）。

高线公园突破了传统的城市公共空间与城市公园的概念，在拥挤的纽约市中，高线公园将其历史遗存的特点——高高架起的铁路线——变成了其独有的优势，市民们在这里不用担心繁忙的地面交通带来的安全威胁，并且能够体验一种独特的从高处俯瞰街道的感觉，为繁忙的都市

图 4-79　高线公园成为市民的休闲胜地

图 4-80　高密度城市中的公共空间

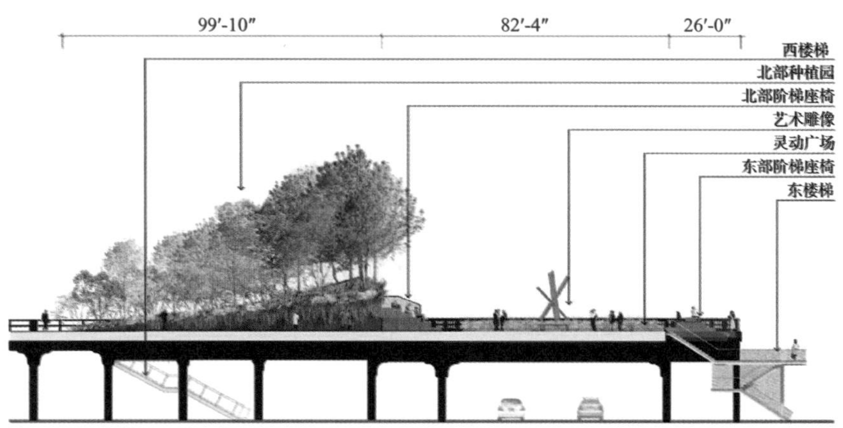

图 4-81　高线公园剖面分析图

生活提供了一个可以喘息的空间（图 4-81）。

高线公园因其为市民提供了独特的开放空间而使附近的城市品质和活力得以提升，逐步成为曼哈顿地区的城市标志，进一步带动了当地的房地产开发投资，并在鼓励开发的同时保留已建成的社区、已有的艺术画廊和高架铁路。大规模的产业投资和高品质公共空间的组合使这里成为纽约市增长最快、最有活力的社区，从 2000 年到 2010 年人口增长了 60%。那么为何高线公园能够如此顺利地完成这些任务呢？其背后的原因是纽约对附近土地和建筑的重新区划，只有在城市规划的保障下，高线公园才得以成为以城市公共空间塑造带动城市区域复兴的最佳案例。

重新进行区划的范围从西 30 街到西 10 街之间，第 10 大道到第 11 大道之间，目标是为了鼓励引导西切尔西地区居住区的多功能混合土地利用，并鼓励文化艺术行业的发展。区划将 5.9 英亩（约 2.39hm^2）的高线公园所在地块转化为公共空间，并确保其可达性，通过规划手段推动第 10 大道东侧办公街区的复兴。重新设定的区划对高线公园采用了美国城市开发中经常使用的“开发权转移”策略，将高线公园地块土地拥有者的开发权益转移到附近的其他合适地块中。这样一来，土地拥有者手中待开发的土地属性变由“制造业功能”转化为“商业与居住混合功能”，使地块的价值大大提升，同时给予转化地块一定的额外容积率奖励。这就使高线铁路的土地拥有者得到了切实的利益，愿意以保护高线铁路为代价进行城市更新。

此外，高架铁路地区的重新区划也利用完备的城市设计导则，在空间形态上保证了高线公园的良好使用。为保证太阳光和新鲜空气能够抵达高线公园，周边的新建建筑和改造建筑的高度、形体和立面被严格控制。同时区划法还对高线公园所在区域的周边开放空间提出了管控要求，包括高线公园东侧需要预留一定比例的公共空间，且这些公共空间必须和高线公园相连，并且设置直接到达高线公园的入口，而开发商则必须提供电梯和楼梯，保证公园的可达性。

3. 要点

1）高线公园对历史遗存的再利用，在保护了当地文脉的同时，节约了建造成本。

2）高架铁路的线性公共空间，为市民在拥挤的城市环境创造了一个独特体验的休闲场所，同时节约了大城市宝贵的土地资源。

3）植物配置以本地物种为主，并根据实际情况采用耐旱、浅根性植被，节省养护成本和水资源消耗。

4）艺术创意产业与公共空间的组合提升了城市品质，进而带动投资，形成良性的产业循环，带动城市区域发展。

5）政府利用开发权转移和容积率奖励政策，使开发商对保护高线公园、提升周边空间品质的积极性提高，重新设定的区划法则确保高线公园的采光、视野及可达性。

4.5.3 案例13：美国波士顿公园体系（Emerald Necklace Boston）

1. 背景

19 世纪的美国经历了快速的工业化与城市化，与此相伴产生了日益恶化的居住环境，混乱拥堵的交通状况等城市问题。美国各个大城市的市民对回归自然的渴望越发强烈，希望能在城市之中找到一片可以呼吸新鲜空气、尽情放松娱乐的地方。在这样的社会趋势下，美国于 19 世纪末展开了环境美化运动，其最重大的成就即是在各个城市中建设了一大

图 4-82 波士顿公园体系卫星图

批面积广大的公园与开放空间，而波士顿公园体系则是其中的佼佼者。其运用了湿地生态理论，大面积的连续河滨湿地既使河道水质得到净化，又为拥挤的城市提供了接近自然的开放空间（图 4-82）。

2. 解析

这个一百多年前规划并建造的公园体系由著名景观设计师弗勒德里克·奥姆斯特德设计，全长 16km，被公认为是世界上第一条真正意义的绿道，被当地居民亲切地称为“翡翠项链”。公园系统的建设始于 1878 年，在 17 年的建设过程中，将波士顿公地（Boston Common）、公共花园（Public Garden）、马省林荫道（Common Wealth Avenue Mall）、后湾沼泽地（Back Bay Fens）、河道景区（The River Way）、奥姆斯特德公园（Olmsted Park，又称浑河改造工程）、牙买加池塘（Jamaica Pond）、富兰克林公园（Franklin Park）和阿诺德植物园（Arnold Arboretum）这 9 大波士顿的城市公园和其他绿地系统有序地联系起来（图 4-83）。值得一提的是，奥姆斯特德公园、后湾沼泽地和牙买加池塘这三处公园，在进行景观建设的同时，还将原有的城市水系进行了有效地综合治理，解决了部分城市防洪和水质污染问题，在距今一百多年前是一个创新而伟大的成就。除此之外，各个公园的景观设计风格都有所不同，如规模最大的富兰克林公园强调在城市中还原自然的野趣，景观设计粗犷而质朴，公共花园的设计则更强调秩序感，人工修饰的痕迹较强（图 4-84 ~ 图 4-86）。无论如何，这一规划是波士顿改善 19 世纪末混乱、肮脏而拥挤的城市环境的重要举措，有效地缓解和改善了工业化早期城市急剧膨胀带来的环境污染、交通混乱等弊端，为市民开辟了一片享受自然乐趣、呼吸新鲜空气的净土。不仅如此，公园更为野生动物提供了栖息地和迁徙廊道，使当地生态系统的多样性得到提升。

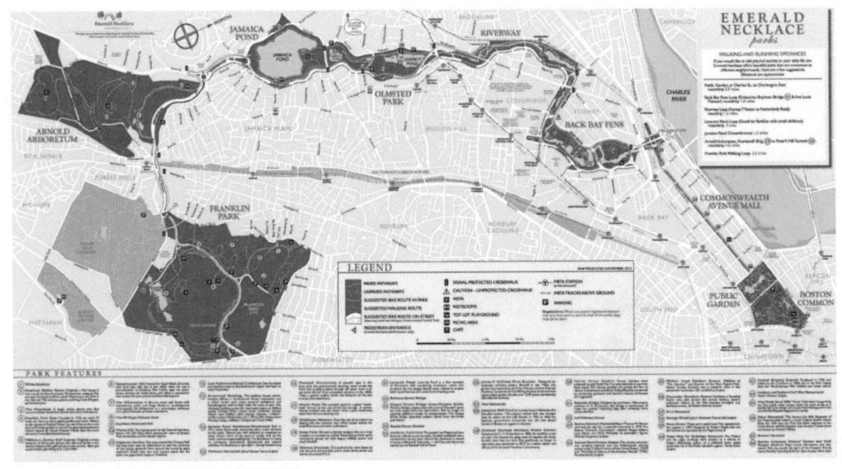

图 4-83 波士顿公园体系平面图

图 4–84　奥姆斯特德公园平面图及实景图

图 4–85　后湾沼泽地平面图及实景图

图 4–86　牙买加池塘平面图及实景图

“翡翠项链”工程不仅创造了显著的生态效益也为当地带来了可观的文化效益乃至经济效益。波士顿拥有丰富的历史文化资源，如遗址、纪念地等，这条公园绿道通过巧妙地规划，将这些历史文化资源利用公共空间连接起来，方便游客沿着绿道游览各个著名景点。而由于当时的城市中极度缺乏这样的开敞空间，公园一经建成，其周边的土地价格就得到了显著地提升，为当地的经济发展做出了重大贡献。波士顿大都市公园体系是如此的成功，以至于对城市来说它已经不只是一个公园系统，而成为城市潜在的结构基础，一个可以应对城市扩张的稳定的区域框架和内城的绿芯（图 4–87、图 4–88）。

图 4–87　波士顿公园体系实景图

图 4-88 波士顿公园体系局部鸟瞰图

3. 要点

1）波士顿公园体系并非全盘新建，而是将多个已有的公园连为一体，提供了一个更加完整的城市开放空间系统，相比单独的公园，对于人类游憩与生态系统都更为有利。

2）景观设计中考虑了对被污染河道的整治，一定程度上解决了防洪问题。

3）连续的大面积绿地为野生动物提供了栖息地和迁徙廊道。

4）公园体系结合城市历史文化资源综合规划，不仅带来了生态价值，也带了社会价值与经济价值。

4.6 生态基础设施

• 所谓生态基础设施，是人类在认识到城市中各类过度人工化的基础设施建设对自然的有害影响之后，运用生态化的手段对原有服务于农业、工业及城市建设的各类基础设施以对自然环境干扰更小的方法进行改造或建设。生态基础设施主要致力于对生物多样性的恢复，如湿地的恢复与河流的生态化改造等；其次是雨洪的应对和利用，如对城市硬质下垫面的软化改造，对地表水系统的重新利用；而更广义的生态基础设施则包括了对农业等基础产业的生态化建设。不仅如此，生态基础设施同样也关注于对城市中生态绿色空间的创造。

4.6.1　案例14：荷兰阿尔梅勒新区（Almere）

1. 背景

阿尔梅勒新区位于荷兰首府阿姆斯特丹东侧 20km 处，是阿姆斯特丹的重要卫星城镇（图 4–89）。阿尔梅勒自 20 世纪 70 年代开始建设，承担着缓解阿姆斯特丹都市区住房短缺问题的任务，在 2008 年人口超过 18 万。阿尔梅勒新区大部分土地由填海造地形成，共分为 6 个地区，总面积 248km^2，其中水域面积达到 118km^2，是一个名副其实的滨水城市，人工湖、运河、池塘等水体在城市中随处可见（图 4–90）。除了起到景观作用外，阿尔梅勒中的地表水体同样起到了平衡水位、城市排水及接纳雨洪的重要生态作用，成为名副其实的生态基础设施。

2. 解析

阿尔梅勒秉承了荷兰的滨水城市建设传统，城市地表水系密布，承担多种功能，同时水系统被严格管理，在创造城市空间与景观特点的同时，解决了城市所面临的诸多与水相关的问题。阿尔梅勒地区拥有三个主要湖泊：位于阿尔梅勒的北部的 Noorderplassen 湖（面积约 2km^2），中部的 Weerwater 湖（面积约 1.5km^2），以及上述两湖之间的 Leeghwaterplas 湖（面积约 0.3km^2）。同时，阿尔梅勒地区还有两条主要的人工运河：Hoge Vaart 运河和 Loge Vaart 运河，运河宽 40 ~ 50m。运河的水面标高均高于两侧的城市地面，这种河高城低的布局是荷兰地表水系的一大特点，可以通过人为管理调节城市地表水系的水量和水质，对于水路交通和生态保护具有重要的意义（图 4–91）。除了这些主要的湖泊和运河水系，阿

图 4–89　阿尔梅勒市卫星图

图 4–90　滨水城市阿尔梅勒

图 4–91　沂水而建的阿尔梅勒

图 4-92 阿尔梅勒城市中的毛细河网

尔梅勒还具备密集且相互交织的毛细河道网络，宽度一般在 10 ~ 20m，与城市公共空间和居住空间紧密地联系在一起，但毛细河道的标高则低于城市地表，起到了景观和交通作用。此外，城市地区还密布着大量宽度不超过 3m 的沟渠。

由于城市中密集分布的毛细水网，在城市遭遇暴雨时，周边地区的雨水可以直接排入沟渠及河道之中。地表水系对于雨洪的分流作用折减了城市的综合径流系数，大大缓解了暴雨对城市排水管道的压力，相对于常规的地下管道排水系统，地表排水承洪量更大，也更易于维护。地表水系在承担雨洪管理任务的同时，也是对城市景观的提升，还在一定程度上增强了城市微气候的稳定性，缓解夏季高温。

除了河湖水系网络系统本身，阿尔梅勒的滨水空间地表类型也在雨洪管理上做出了相对应的考量。与我们常规思维中的邻近河道应该布置绿地系统的方法不同，阿尔梅勒地区在滨水 100m 范围内的建筑覆盖率并不低（约 16%），甚至高于距离河道 300m 以上区域的建筑覆盖率（图 4-92）。这是由于，建筑覆盖及其周边硬质铺装的地表径流系数是最高的，由于地处河边的区域可以将地表径流直接排放到沟渠河道中，这部分的地表径流最容易被河道消化。同时由于城市总体的建筑覆盖率是一定的，这种做法就能够有效地控制距离河道较远地区的地表径流系数。可以证明这一点的是，在阿尔梅勒距离河道 300m 以上的地区，其地面的绿地覆盖率接近 50%，布置了大量的人工水景和人工湿地，说明在难以通过地表水系统缓解雨洪的区域，阿尔梅勒才会使用绿地作为替代措施（图 4-93 ~ 图 4-95）。这种从削减城市整体径流系数出发的低影响开发做法，值得借鉴。

3. 要点

1）阿尔梅勒地区的三大主要湖泊和两大主要运河，其水面标高高于城市地面，起到了总体控制水面标高及水质的作用。

2）城市中密布的沟渠及毛细河网系统，在起到了交通及景观作用的同时，更起到了显著的排水作用，相对地下排水管网，易于维护、承洪量大。

3）城市总体的地表类型与河网结构息息相关，在邻近河道的区域布置了较多的建筑及硬质地面，而在距离河道较远的区域大量布置绿地，是因为考虑了城市的总体排水需求。

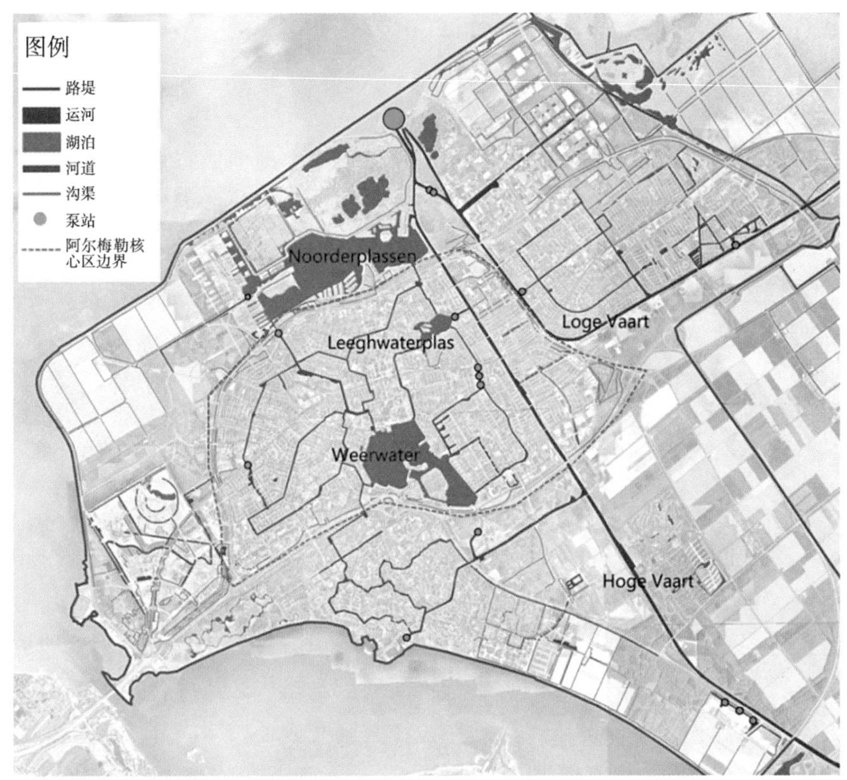

图 4-93　阿尔梅勒的人工湖与运河系统

图 4-94　阿尔梅勒距离河道不同距离的下垫面占比

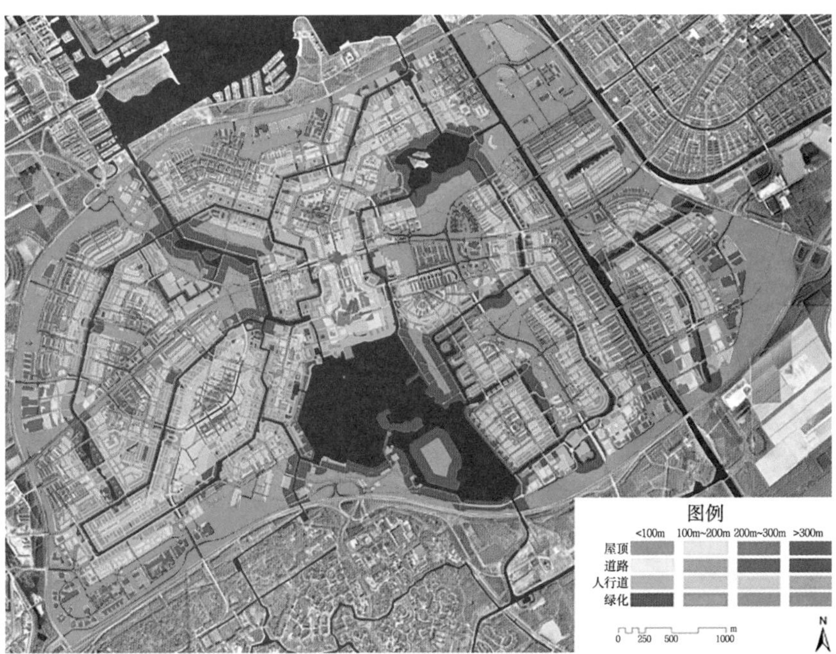

图 4-95　阿尔梅勒下垫面类型分布图

图 4-96 天津大学北洋园校区卫星图

4.6.2 案例15：天津大学北洋园校区

1. 背景

城市建设严重破坏了土地下垫面，使不透水地面面积持续增加，用地原有水文条件被改变，严重削减了城市的雨洪调控能力，造成很多城市面临严重的内涝和水资源匮乏等问题。海绵城市是一种生态城市雨洪管理措施，来源于美国 20 世纪 80 年代以来逐渐完善的低影响开发理念，是指城市在应对雨洪灾害等方面具有良好的弹性，下雨时吸水、蓄水、渗水、净水，需要时将蓄存的水资源加以利用。低影响开发是多种雨洪处理手段的综合应用，越来越多的城市区域开始实践这种理念，天津大学北洋园校区便是一个例子（图 4-96）。

2. 解析

北洋园校区于 2015 年 9 月竣工，规划总占地面积 $250hm^2$。校区内部有卫津河、先锋河两条河流及其他毛细河网贯穿，为区域提供了良好的自然环境（图 4-97）。北洋园校区在设计时采用了生态多层级雨水处理系统，校园雨洪系统设计为两大层级：河湖蓄水排水区及综合集水区。各个层级分区采用不同的雨水处理系统，共同完成了校园内部的雨水处理工作，构建出一个生态雨洪管理系统。

河湖蓄水排水区是北洋园校区雨洪管理的基础。其由内外环河道及湖泊共同组成，在进行校区规划时，原有水系并没有被填平，而是被整合成为连接校区与城市外部的排洪系统。内环河由中心湖与中心河共同构成，内环河作为一级屏障，既具有防洪调蓄的功能，又充分接收利用两侧区域雨水径流，并通过生态湿地、植物缓坡对雨水进行生态化过滤，过滤后的雨水用来补充校园景观用水，营造校园水景观。外环河与城市

图 4-97 北洋园校区内环河及中心岛鸟瞰

其他河道相连，是新校区溢流系统的终端环节，通过植物缓坡收集雨水，将雨水经过层层生物方法过滤后储蓄、排出（图 4–98）。在暴雨季节，同时接收校区通过雨水管道、雨水泵站运输来的超过内环河容量的雨水，高速有效地进行雨水安全排放。

图 4–98 下沉式绿地

综合集水区主要涵盖了教学楼和学生宿舍的区域。内环河、外环河与园区主环路把新校区划分为中心岛、中环区和外环区三大分区，采用不同程度的低影响开发措施。中心岛地处内环河内部，总面积约 26hm^2，全岛规划为慢行交通，场地污染程度低，利用绿化屋顶、透水铺装、下凹绿地、植草沟、下沉广场等生态集雨手段加大雨水下渗力度，从源头上削减暴雨径流量。其透水铺装覆盖率可达 85.8%，成为一个完全“海绵体”，贯彻源头削减、分散处理、收集、净化、利用雨洪的生态理念（图 4–99 ~ 图 4–101）。中环区为内环河与园区主环路之间的区域，面积约 138hm^2。该区域集中了教学、宿舍与办公区，建设强度大，地面硬质化率高，因此采用了传统雨水管道收集与生态雨水收集相结合的雨洪措施。雨水管道收集的雨水经由泵站处理后作为灌溉与景观补水使用，或用于促进园区水体循环，废弃部分则排入卫津河。同时建设人工湿地、透水铺装和下凹绿地，鼓励生态雨水收集、净化与利用。外环区为园区外围主环路与外环河之间区域，总面积 43hm^2。该区以排水安全为重点，根据道路与外环河场地竖向条件，雨水首先通过透水铺装及绿地直接下渗涵养地下水，未下渗雨水依靠自然径流排入外环河。沿外环河绿化带

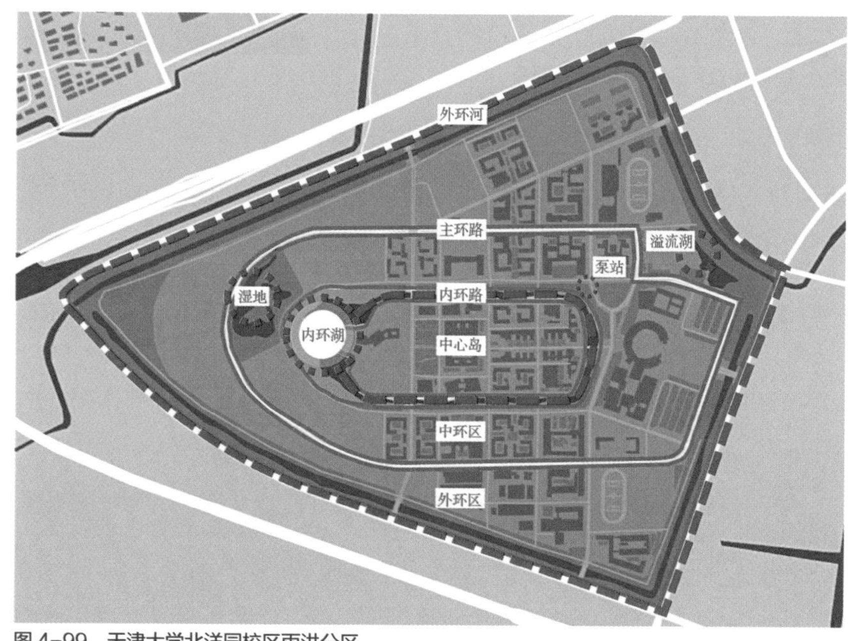

图 4–99 天津大学北洋园校区雨洪分区

图 4-100 北洋园校区内环河及周边的雨洪处理设施

图 4-101 车行道与人行道的透水铺装

由树林及绿化缓坡构成，对雨水起到滞、渗作用，同时过滤雨水中的污染物，减少入河污染物总量，并补充外环河基流。

3. 要点

1）北洋园校区利用透水铺装、植草沟、下沉绿地、绿化屋顶及地表水体等措施，全面贯彻低影响开发的雨洪管理系统。

2）整个校区根据功能的不同划分为多个区域，有针对性的采用不同的雨洪处理措施，将生态基础设施与传统排水系统相结合。

3）校区建设时没有填平原有水系而是将其改造利用，成为校园低影响开发的核心手段。

4.7　城市更新

• 当代城市的建设主要有两种方式：新区开发与旧城更新。相对于新城区的开发，旧城更新面对的问题更加复杂，而将老旧的城市区域进行生态化的改造则难度更高，而一旦项目开发不善，对于城市的损害也更大。因此，成功的城市更新项目除了使用各种较为成熟的生态设计手段外，有效的管理机制、原有各方利益的协调，以及对已有遗产的创造性利用，也是其中不可或缺的组成部分。除此以外，对于城市老旧工业区域的开发，其一大重点在于对已经被破坏的自然土壤及生态系统的恢复。而对于居住区域的城市更新，则应该更加注重当地公众参与机制的建立，使居民成为开发商、政府及管理机构之外的另一重要力量。

4.7.1　案例16：瑞典哈马碧生态城（Hammerby in Stockholm）

1. 背景

Hammarby 在瑞典语中的意思是“临海而建的城市”，其位于瑞典首都斯德哥尔摩城区东南部，整个小城环抱哈马碧海（图 4–102、图 4–103）。哈马碧地区过去曾是一处非法运行的小型工业港口，有许多临时搭建的建筑，垃圾遍地、污水横流、土壤遭受严重工业废弃物的污染。哈马碧的城市更新以瑞典申办 2004 年奥运会为契机，成为欧洲最大的旧工业区改造项目，规划面积 200hm^2，规划人口 25 000 ~ 30 000 人，区域内将提供约 11 000 套公寓以及 5 000 个工作场所。

2. 解析

哈马碧的城市更新采用了一种综合型的生态城市建设方法，为该地区注入人口、活力与生态空间，最终达到城市更新的目的。

图 4–102　哈马碧卫星图

图 4–103　哈马碧生态城鸟瞰图

土地利用层面：哈马碧地区原来是一片污染严重的工业区，在开发前对所有污染土地都做了无害处理，使其适用于土地开发条件。在建设过程中，采用了集约紧凑的开发模式，土地利用与交通组织相结合，通过控制土地使用来形成紧凑的窄道路—密路网空间形态，每个街区的尺度仅为 50 ~ 100m，以利于步行，并且考虑了区域的职住平衡，用地功能高度混合，减少居民的日常通勤距离（图 4–104）。此外，区域整体规划展示了一种以水为中心布局城市空间的独特可能性，中央水域构成一个景观集中的公园，成为新城的景观核心。沿运河建有船坞和游艇码头，并于 2005 年启用了滨水新城体育馆。船坞码头配建有图书馆，以及修建新的剧院等其他文化场所。滨水地区还设置了新城学校、中小学和幼儿园，以及运河边的敬老院。哈马碧新城大手笔投入建设绿地、步行道、众多大公园和一个带木桥的芦苇塘等。一条新的交通干线南环线按照滨水新城环境要求被重建并将其沉入地下，在其上面建有两个通往哈马碧山坡和那嘎自然保护区的生态式天桥，使两侧的公园连为一体保证生态廊道的连续性。哈马碧新城人均绿地面积高达 15m^2，整体绿地率则高达 19%，同时保留了大量的生态用地（图 4–105）。

交通层面：哈马碧新的城市规划采用 TOD 模式，靠近公交场站的地块容积率高于周边其他地区，并集中布局办公、影剧院、图书馆等公共建筑。哈马碧交通规划的目标是到 2010 年，居民和工作者 80% 的交通由公共交通、步行或自行车解决。为了达到这个目标，哈马碧花费了巨大的资金用于公共交通网络的建设。首先，斯德哥尔摩轻轨系统穿越哈马碧中心区，区域内巴士路线也与哈马碧轻轨站相通，使得居民可以通过公共交通快速

图 4–105 哈马碧海的生态绿地及水岸

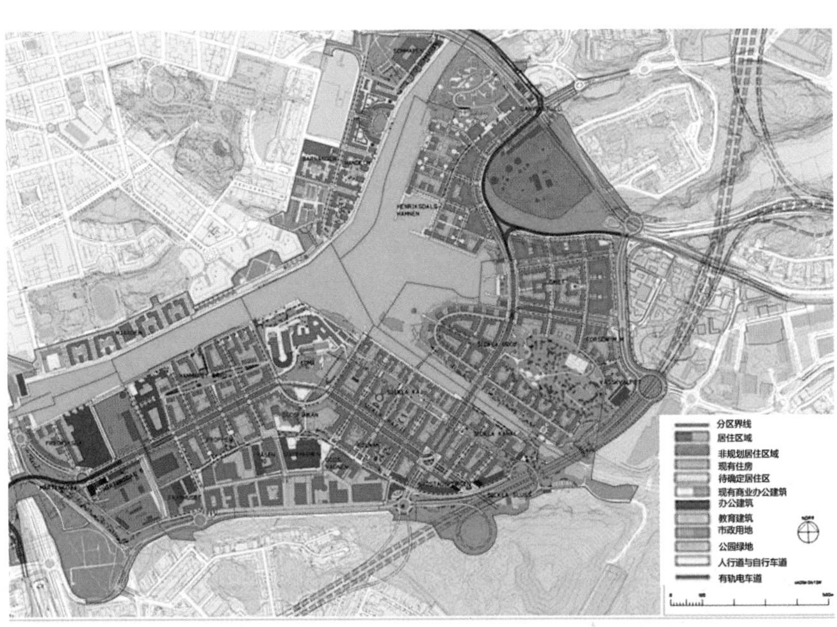

图 4–104 哈马碧城市建筑功能分布图

到达各个城市中心。其次，新城内拥有数个共享新能源汽车俱乐部，为上千人提供了共享汽车的使用，并在主要公共建筑附近设立了免费充电装置，保证共享汽车的快速充电。另外，滨河区的渡轮码头承担一部分客运功能。最后，在街区尺度则是通过修建自行车专用道，营造以自行车、步行为主的绿色慢行系统，在大大减少了温室气体的排放的同时，使居民更加贴近自然，形成了健康的通行环境及高效的通行效率。

资源与能源管理：新城建成后，当地居民将自己解决生产其所需能源燃料的 50%。一方面，哈马碧将可燃垃圾、生物质燃料转化成为可用的电力与供暖能源，以及用于巴士运行的生物质电池。其次，在给水排水方面，哈马碧建设了一个自己的实验性净水厂，在净水的同时，将沉淀物提取为生物燃气，腐烂的生物则用于积肥，净化污水产生的热量转变为制冷或制热所需的能量。地表的透水铺装或生态绿地将雨水导入排水设施中，再进入哈马碧海，用于生态补水（图 4–106）。另一方面，哈马碧设计了一个可以处理各种废物的垃圾抽吸系统，分类后的垃圾通过铺设在地下的真空管道被输送至中央处理站，经处理后转化为生物沉淀用于堆肥或热电厂的燃料。哈马碧滨水新城因此创立了自己的能源循环链，即哈马碧模式，提出了一套垃圾、能源和给水排水的环境保护解决方案（图 4–107）。

图 4–106　哈马碧市“运河公园”中的雨洪管理设施

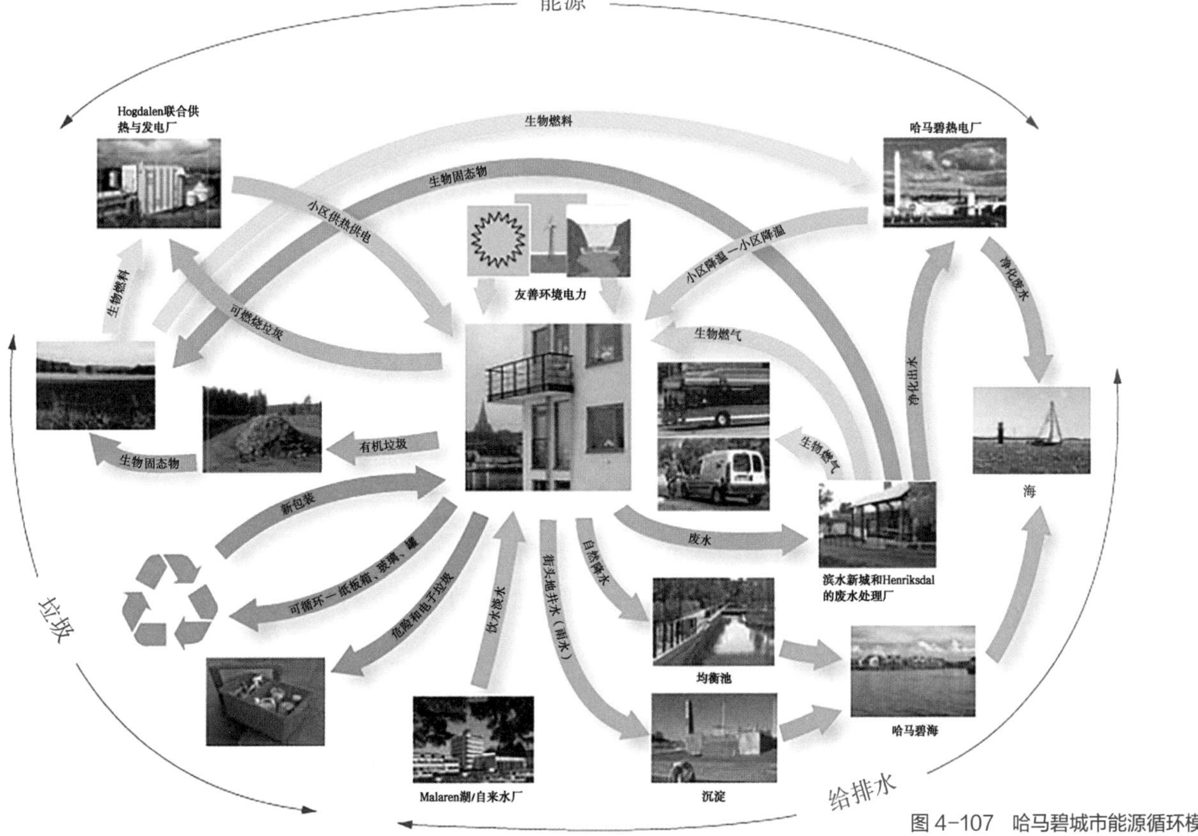

图 4–107　哈马碧城市能源循环模式

3. 要点

1）在城市空间结构上，哈马碧以水体为中心布局城市空间，沿水体设置各类公共服务设施（图 4–115）。

2）在土地利用上，哈马碧生态城保持自然环境的连续性与较高的绿化层次，采用窄路密网的紧凑式布局。

3）在交通层面，哈马碧生态城采用 TOD 模式，将联通主城区的轨道交通与当地公共交通衔接，并用各种方式鼓励慢速交通，鼓励汽车分享与新能源汽车。

4）哈马碧生态城以多种方式保证能源的自给自足，将污水净化和垃圾处理产生的能源与废物回收循环利用。

4.7.2 案例17：汉堡港口新城（Hamburg Hafencity）

1. 背景

图 4–108 港口新城卫星图

汉堡位于德国北部，是德国重要的工业城市和交通枢纽，其发展随着港口而兴盛。然而从20世纪60年代开始，随着德国整体的制造业转型，汉堡也逐渐衰落。为了重新振兴城市，汉堡自 20 世纪 80 年代开始进行了一系列城市更新，以激发各个地区的经济与社会活力，紧邻易北河和阿尔斯特湖的港口区域便是其中之一。改造后的港口滨水区被称为港口新城，是欧洲最大的城市更新项目，其成功地将一个衰败的旧工业区改造成为一个富有吸引力的城市核心区，是可持续城市更新和生态城市设计的杰出案例。港口新城在 2000 年制定的总体规划中便以充分利用滨水空间、遵循可持续发展和生态保护为目标进行城市更新（图 4–108）。

2. 解析

新城首先遵循的可持续规划原则便是职住平衡。港口新城规划面积 157hm^2，从 21 世纪初开始建设，计划到 2025 年修建供 14 000 人居住的 7 000 余套住宅，并提供超过 45 000 个工作岗位。在新城的 11 个分区之中，有 8 个分区包含了居住与办公功能，使当地在白天和夜间、工作日与假日都能够充满活力，目前有超过 18% 的家庭拥有子女并在此长期定居，这一比例远高于部分汉堡的内城区，证明了港口新城的吸引力。除此之外，港口新城在土地利用上的另一原则就是紧凑型开发。该城市更新项目充分利用了原有工业区遗留下来的被污染的废弃棕地，通过对土壤的治理使得土地的生态价值大幅度提升，同时使用较高的容积率进行建设，部分地区的容积率达到了 3.7 ~ 5.6。在如此之高的建筑密度之下，由于实行了对道路系统的优化设计，港口新城的道路占地面积仅为 24%，也因此留出了高达总用地面积 38% 的城市开放空间，以及长达 3.1km 的滨水活动空间（图 4–109、图 4–110）。

图 4–109　港口新城鸟瞰及总体分区

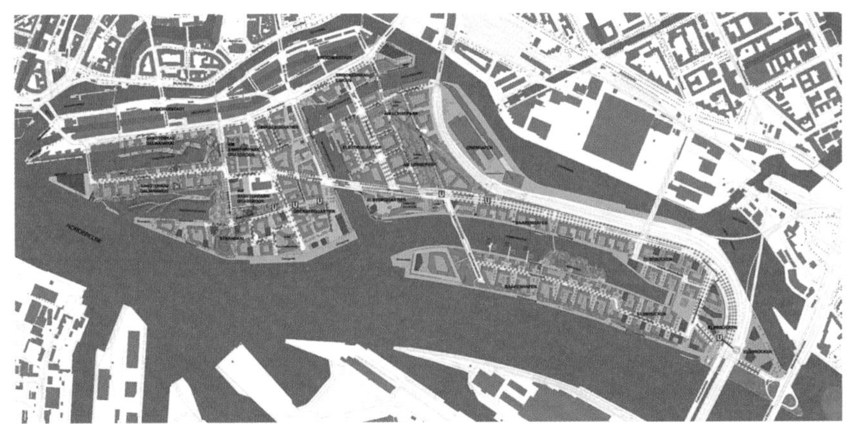
图 4–110　港口新城总平面布局

由于其混合的土地功能与高密度的开发强度，港口新城塑造了一种有利于慢行交通的出行方式。相对于其 13km 长的机动车道，专门的人行及自行车慢行道路则长达 35km（图 4–111）。利用步行及自行车出行仅用数分钟便可以在附近找到几乎所有的必要城市功能。这使得港口新城内部的居民对于私家车依赖程度很低，进而减少了机动车排放，在降低污染的同时减少了能源的无意义消耗。而新通车的地铁 4 号线则为港口新城和汉堡主城区之间建立了公共交通联系，每天有超过 35 000 人通过地铁来往于港口新城。此外，港口新城的土地开发商们需要遵循鼓励电动汽车的措施：给 30% 的地下停车位设置充电装置，并参与到共享汽车项目的实施中。汉堡市要求每个居住单元 0.6 个停车位的设计规范在这里并未实行，取而代之的是一种结合出行需求设置停车位数量的更加精细化的规划方式。

图 4–111　港口新城水岸错落的建筑形态与步行专用的道路

图 4–112 港口新城高于水体标高的岸线

港口新城还采用了可持续的供暖措施。在港口新城西部，所有的建筑物都连接到以热电联产（CHP）设备为基础的集中供暖网络，该网络通过使用高效的能源利用技术，结合了太阳热和地热设施，实现了 175g/kWh 的二氧化碳排放量，相对德国其他的建筑降低了约 30%。此外，港口新城还在部分地区使用了从农业肥料沼气中提取的生物甲烷进行天然气和电能的生产，使不可再生能源的使用进一步得到了控制。

港口新城的滨水区开发也充分的遵循了可持续发展及韧性城市的原则。由于地处洪泛区，新城的街道设计均至少高出水体标高 4.6m，而一些能够承担泄洪功能的开放绿地及较大面积的广场则有目的性地降低标高（图 4–112）。这保证了城区在面临较大的洪涝灾害时，会主动地牺牲部分空间用于泄洪，从而确保了核心城区的功能完好。部分泄洪空间在平时成为地下或半地下的停车场，使空间利用效率提高。滨水区的建筑则尽可能地增加开放度及表面积，利用水体产生的凉爽空气降温，缓解城市热岛效应（图 4–113、图 4–114）。此外，港口新城还针对可持续性建筑设计推出了自己的一套评价体系，对满足其规定的绿色设计标准的建筑给予开发商各种经济上的激励措施，在使建筑能耗大幅下降的同时，提高了开发商的执行热情。

3. 要点

1）港口新城采用混合的土地利用及高强度的开发，保证了职住平衡与生活的便利性，同时促进了慢行交通和公共交通的使用。

2）热电联产机组结合新能源利用，使港口新城的供暖能耗大幅度降低。

3）滨水区采用了韧性城市的规划原则，针对当地气候条件采取了防洪泄洪措施，提升了城区对灾害的应对能力。

图 4–113 港口新城中的绿色开放空间

图 4-114　港口新城的滨水开放空间

4.8　可持续社区

• 社区是城市居民日常生活的最基层城市组织，除了最常见的居住社区之外，某些团体如学校或商业街区等城市功能也可以在广义上称为社区。可持续社区的建设往往包含多个复合的层面。除了生态技术的使用之外，社区还需要在交通系统、土地利用、生态系统保护和社区管理层面实现可持续性，才能够真正的被称为可持续社区。此外，社区与更大尺度的城市区域的联系，如就业与交通，决定了其能否成为城市的一个有机组成部分，因此一个社区的发展良好与否，对城市区域的发展起到了关键作用。

4.8.1　案例18：德国弗莱堡沃邦社区（Freiburg Vauban Community）

1. 背景

沃邦社区包含了德国弗莱堡市中心南部的几个街区，距离市中心约 3km。1992 年弗莱堡市政府以 204.5 万欧元的价格买下了这块面积为 38hm^2 的地皮，把它作为城市居民区来发展（图 4-115）。弗莱堡市在对沃邦社区进行生态改造过程中，分别从城市交通、能源与资源利用、绿地系统、社区管理等方面进行合理规划，通过城市规划、公共交通建设、太阳能利用等手段将一个废弃的旧军营建设成为居住环境优越的生活区。此外，沃邦社区通过有计划地以低碳或可持续的概念来改变民众的行为模式，降低能源的消耗和减少二氧化碳的排放，充分利用可再生能源、

图 4-115　沃邦社区卫星图

优化社区内部结构、减少外部效应，成为可持续发展社区的典范和标杆。

2. 解析

城市交通：沃邦社区积极推行尽量减少私家小汽车使用的交通理念，以达到减少碳排放的目的。为了实现这一目标，沃邦社区践行了 TOD 的规划理念，将公共交通站点与住区紧密结合，沃邦社区有一条有轨电车线路与三条公交线路与弗莱堡城区相连，基本能够保证居民在 15min 内到达市中心与火车站（图 4–116）。有轨电车的轨道铺设在草地之上，并下垫减震材料，有效地减少了轨道交通带来的噪声（图 4–117）。其次，沃邦社区建立了一套慢行优先的道路系统，较窄而密集的路网适合步行与自行车通行，限制了汽车的车速，道路上为自行车设置了连续的专用车道和停车棚（图 4–118、图 4–119）。居住组团内部均为无机动车区域，

图 4–116 沃邦社区的轨道交通路线

图 4–117 下垫绿地的轨道交通线及有轨电车

图 4–118 沃邦社区的慢行交通系统示意

机动车仅能停放在居住组团边缘的集中停车场或暂时停留在干道边的临时车位中，这使住宅区街道成为居民休闲和儿童放心玩耍的场所。此外，沃邦社区推行了共享汽车，有超过 400 户的家庭加入了“无私车居住协会”。由于政府的提倡和居民的支持，沃邦社区的居民上下班大多是骑自行车或坐公交车，每千人汽车拥有量仅为 172 辆，社区的居民无论大人还是小孩，则人人都拥有自行车（图 4–120）。

图 4–119　沃邦社区的非机动车专用道路

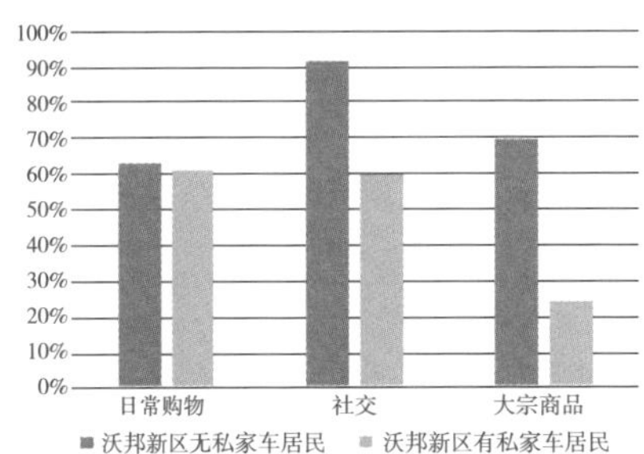

图 4–120　沃邦新区居民出行方式研究

建筑节能：沃邦社区在建筑的设计与建造中体现出了其低碳生态理念。社区内很多建筑都采用了屋顶绿化、建筑立面遮阳等被动措施降低建筑能耗。而所有沃邦社区的业主都必须履行弗赖堡市的低能耗建筑方式建造房屋（65kw/ 年・m^2），部分建筑被建造成为环保住房，其年能耗仅为 15kw/m^2（图 4–121）。任何在屋顶上加装太阳能光电板的居民，除了可获得 10 年或 20 年不等的 3% 到 4% 低息贷款补助设备与施工成本，更可获得 20 年保证收购太阳光电的优惠电价措施。此外，沃邦社区内另有 50 栋负能耗建筑，这些建筑所产出的能量甚至比消耗的能量还要多，而这些多余的电量会由能源公司收购（图 4–122）。

图 4–121　沃邦社区内部的住房

资源与能源利用：沃邦社区的雨水通过户外铺设的水渠被引入位于区中心位置的两条主水渠，经生态渗透处理后补充入地下水，社区内的所有排水渠都按照低冲击开发的理念建造，与自然景观融合，使大部分降水并不会给排水渠造成压力，有助于保护下游及增加“现有的”地下水量。此外，许多业主收集屋顶的降水并用于浇灌等其他的用途。沃邦社区内建设了一座热电联产站，发电站以高能木屑、天然气等可再生能源为燃料，能够为社区内超过 700 户居民供电并提供集中供暖（图 4–123）。建筑屋顶的光伏发电板也可以提供额外的清洁能源。另外社区将使分类回收后的垃圾部分进行发酵后用于发电，使接近 70% 的垃圾实现回收再利用。

图 4–122　沃邦社区内的太阳能光伏发电站

绿地系统：沃邦社区内的建筑密度较高，但由于对自然生态系统的保护得当和对室外空间的充分利用，区内建筑与绿地的占地比例达到了 1∶6。社区内设置了三条主要绿轴及五块连接绿轴的较大面积绿地，加之居民自己精心维护的宅旁绿地，使沃邦社区拥有大量用于休闲放松和改善环境质量的绿色空间（图 4–124）。社区内绿地共分为以下几个层次：沿街绿地、组团绿地、植草沟、屋顶绿化、原有保留绿地以及自然开放空间，这些生态绿地不仅保证了开放空间的充足，也使用了低影响开发技术管理雨洪及利用雨水资源（图 4–125、图 4–126）。

图 4–123　热电联产工厂

社区管理：沃邦社区在建设生态基础设施的同时，也积极建设社会性、文化性的基础设施，特别是在社区管理方面，采用居民高度参与的自主管理方式。社区没有物业公司，而是由社区工作站直接管理，社区工作站的管理人员绝大多数来自沃邦社区协会（由业主组成，而非政府雇员），只保留一名全职工作人员（在编人员，由市政府发工资）。社区工作站的主要工作内容是协调社区不同利益团体间、市民与市政府管理部门间的问题，并组织讨论活动、进行调解，如协同制定社区规划；筹划组建社区民主参政体制，如组织召开居民会议，进行街区对话、进行民意调查、组织有关研讨会。而社区工作站在社区的空间规划方面也做出了自己的贡献，该区得以保留一处军营用作居民活动中心，便是社区工

图 4-124 沃邦社区住宅间的绿地

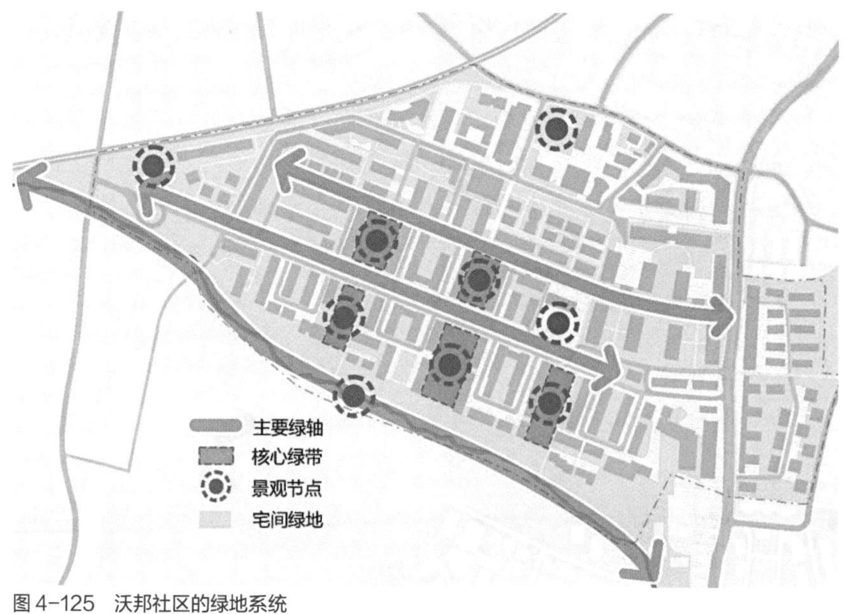

图 4-125 沃邦社区的绿地系统

图 4-126　沃邦社区绿地系统中的透水地面、植草沟及生物滞留池等雨洪处理设施

作站的努力成果之一，这在弗莱堡市历史上尚属首例。因此，沃邦社区的居民自主参与社区管理的意愿与能力都相当强，这进一步提升了居民的归属感和社区的凝聚力，为社区未来的健康发展奠定了基础。

总体来看，弗莱堡沃邦社区在由废弃的旧军营区转变为现代化城市住区的过程中，采用了全面的城市更新手段，系统地进行规划、建设与管理。不同于以上案例的是，沃邦社区并非资本主导或政府工程，而是将一系列的建设与管理工作交由当地居民组织负责，并产生了意想不到的正面效果。这也向人们揭示了一个社区的长久活力与归属感，通常都建立在居民对于社区事务的参与之上。此外，沃邦社区采用了大量现代化的生态手段和先进的规划理念进行建设，在生态与社会发展两个层面达到了平衡。

3. 要点

1）沃邦社区采用已经被证明的成熟而有效的手段进行生态城市更新，包括 TOD 交通策略、单体建筑节能策略、雨水处理策略和垃圾回收利用策略等。

2）生态技术与开发、管理相结合，沃邦社区在早期开发阶段便要求居民的住宅达到节能标准，同时承诺一系列优惠措施鼓励节能措施。

3）提倡居民高度参与的社区管理方式，加强本地的归属感和居民对社区的责任感。

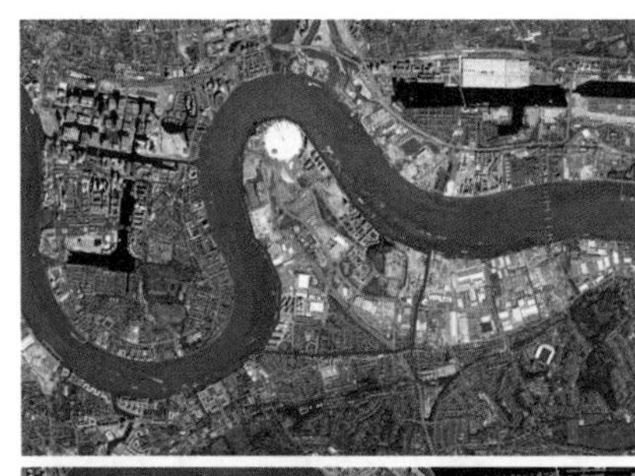

图 4–127 格林尼治半岛（上）集千禧村（下）卫星图

4.8.2 案例19：伦敦格林尼治半岛及千禧村（Greenwich Peninsula and Millennium Village）

1. 背景

格林尼治半岛位于伦敦格林尼治区北部，占地 121hm²，曾经是伦敦的老港区及工业区（图 4–127）。20 世纪 80 年代开始，重工业迁出伦敦，此地也逐渐被废弃为工业垃圾堆场，严重影响城市环境。20 世纪 90 年代伦敦政府开始对此地进行重建，整体规划由著名建筑师理查德·罗杰斯完成，而千禧村作为格林尼治半岛重建主要的居住功能用地，成为英国生态社区建设的模范项目，其目的是创建可持续发展的高质量创新社区，其核心理念在于高密度住宅、绿色公共空间、高效率的交通及便利可达的配套功能。

2. 解析

格林尼治半岛的总体规划遵循了其上位规划“格林尼治水边地域开发战略”，这是一项综合性的城市设计策略，包括以下 9 项原则：①新开发项目必须遵循环境保护原则；②新项目的设计需要具有滨水特色；③提倡街道景观的多样化、街道的活力以及对市民的开放性；④保护向泰晤士河眺望的景观通廊；⑤鼓励高水准的建筑设计；⑥对历史建筑的保护与创新性的再利用；⑦公共空间关键节点的重点设计；⑧改善通向水边及水岸的慢行系统，使其具备可达性；⑨保证残疾人的无障碍使用。在这九大原则的指导下，格林尼治半岛再生计划在其中心设置了相当于规划总面积 1/6 的绿色开放空间，以及 2.5km 长的滨河步道。住宅区围绕着这些开放空间布置，可容纳 10 000 户家庭。规划中的中央商务区遵循 TOD 原则，集中设置在地铁站及交通枢纽周边，朱比利地铁线将半岛与城市核心区串联，整个地区的交通系统围绕着公共交通与慢行交通展开。半岛的最北端则是著名的千年穹，作为整个规划的触媒，千年穹集体育赛事、大型活动、剧院、电影院功能于一身，带动了整个地区的快速发展，使目前半岛已经能够提供超过 24 000 个就业岗位（图 4–128）。

千禧村社区则承担着格林尼治半岛的大部分居住功能，其占地 29hm²，囊括了高层公寓、多层住宅及独立式住宅等多种居住形式，使入驻居民的阶层相对混合，减少了社会隔离，实现了更深层次的社会交流（图 4–129）。社区中心是一个大面积的生态湿地公园，连续的绿地及人工湖将社区分为几个空间上相对独立的小型社区。千禧村社区相对于欧洲的新镇建设，拥有较高的土地开发强度，其已建城区的平均住宅密度为 55 户/hm²，远期规划密度高达 100 户/hm²，远高于格林尼治地区 21 户/hm² 的平均值。较高的开发强度保证了建设用地的面积降至较低的程度，减少

图 4–128　格林尼治半岛鸟瞰

图 4–129　千禧村的绿地系统分析

图 4–130　模仿欧洲传统街道—广场空间形态的千禧村社区

图 4–131　高密度但尺度宜人的街区环境

了城市对自然的侵占，因而其具有较多的绿化空间，同时也保证了社区的活力。在空间形态层面上，千禧村社区借鉴了传统街区的街道—广场形态，试图创造一种具有活力且对所有市民开放的街区环境，建筑大多不超过 10 层，具有良好的人行尺度（图 4–130、图 4–131）。在功能的分布上，千禧村社区避免了欧洲城市边缘区的单一住宅功能，引入了超过 4 500m^2 的各类商业配套功能，分布于社区核心位置，保证居民可达性的

图 4-133 社区内部景观中的儿童活动设施

图 4-134 千禧村的中央绿色开放空间

图 4-132 中央绿色开放空间内的生态湿地

平等，同时还在步行可达的距离内设置了小学、医院与大型超市等公共服务设施。千禧村鼓励慢行交通及公共交通，社区内的公交站在 400m 半径内覆盖所有的住宅，直接连接格林尼治地铁站及附近的火车站，地铁站点距离社区也仅有 15min 步行距离，而小汽车则由于稀缺的停车位而被限制使用。千禧村的生态景观系统包括了中央生态湿地公园、南部公园和街区庭院。位于中心位置的生态湿地公园包括了两个相连的湖泊，并与格林尼治半岛的中央公园连接在一起，较大的面积和丰富的生境种类提升了生物多样性（图 4-132）。而街区庭院则由于其半私密性，成为居民的日常交流和休息的主要场地（图 4-133、图 4-134）。

3. 要点

1）格林尼治半岛的总体规划遵循上位的可持续总体城市设计策略，在较高层次上实现了其可持续性的基础。

2）千禧村的可持续社区建设手段包括：较高的开发强度、混合的住宅形式、尺度宜人的建筑及街道空间、丰富的混合功能配套设施、对慢行交通与公共交通的鼓励，以及大量的生态绿地。

4.8.3 案例20：墨尔本大学帕克维尔校区（Unimelb Parkville Campus）

1. 背景

澳大利亚墨尔本大学是一所拥有超过 160 年历史的名校，其共有 7 个校区，其中大学的主校区帕克维尔（Parkville）占地 22.5hm^2，共有 58 000 名学生及教职员，是澳大利亚第一个也是目前唯一获得 6 星级绿色社区认证的校园，同时也是全澳洲第一个关注氮足迹的大学，代表了未来绿色校园设计的发展方向（图 4–135）。

图 4–135 墨尔本大学帕克维尔校区卫星图

2. 解析

帕克维尔校区的绿色校园理念体现在以下几个方面。首先是对建筑的能耗控制和能源的高效利用。建筑的建造及运营能够直接影响自然资源的消耗、温室气体的排放和碳足迹，使建筑能耗在校园的总能耗中占据大半。对此，墨尔本大学规定所有的新建校园建筑均需满足 5 星级绿色建筑标准，同时对既有建筑和校园基础设施进行生态化改造，在能耗节约、水资源再利用、加强自然通风采光方面采取了一系列的控制措施（图 4–136、图 4–137）。此外，对能源的高效利用也是建筑及基础设施生态化的重点。校园内采用了热电联产机组，其发电产生的余热用于建筑所需生活热水的生产，夜间净化和热回收系统的使用也起到了降低能耗的作用。学生公寓安装了太阳能电热板代替传统能源，部分教学楼则使用了冷却梁技术作为空调的替代方案，能够比普通空调节能 80%。校园内新建设的太阳能光伏发电项目安装了约 7 000 块太阳能光伏（PV）面板，可提供墨尔本大学总能耗 2.5% 的电量（图 4–138、图 4–139）。新建筑设计及既有建筑改造中，特别注重自然采光与自然通风，尽可能地减少人工采光及机械式通风的使用，并使用 LED 节能光源替代传统光源。学校对能源消耗的管理也十分先进，其能够提供每栋建筑的用电量报告，使各个部门及时了解自身的用电情况，以便制定更有效的节能策略。

图 4–137 帕克维尔校区内的五星级绿色建筑 – 墨尔本大脑中心

图 4–136 帕克维尔校区内的五星级绿色建筑，彼得 · 多尔蒂研究所（左）与商业与经济学院大楼（右）

图 4-139 采用集中式太阳能热系统来加热泳池

图 4-138 体育馆屋顶太阳光伏发电板

在水资源节约及回收利用层面，各个建筑均安装了自身的中水回用系统，根据建筑用水量配有不同规格的雨水箱和中水箱，并安装低流量水龙头。一部分灰水通过被动式灰水生物过滤系统进行处理后储存于屋顶的中水箱中供冲厕使用，同时利用地下室中的雨水箱作为补充。商业和经济学院则安装了黑水处理厂，每日可处理 3 万升污水，可节水 83%。

除了校区内部在技术上实行的一系列措施外，墨尔本大学还采取了寻求校外合作的方法，进一步提升校园绿色运营的能力。2015 年，墨尔本大学与清洁能源金融公司（CEFC）合作，在校园内开展了可再生能源发电和提高能源效率项目，包括太阳能光伏发电、电压优化和高效冰柜升级，预计该项目将使校园的碳排放量每年减少 9 000 多吨。此外，墨尔本大学还参与了墨尔本的可再生能源项目（MREP），该项目预计将使其碳排放量每年减少 10 000 吨。

在对建筑、基础设施进行生态化的建设与改造以降低能耗、提升资源及能源利用率的同时，帕克维尔校区还在维持生物多样性方面做出了努力。校园拥有丰富的动植物群落、自然景观和人工景观，是维多利亚州管理最好、具有高度生物多样性的景观场所。为了保持生物多样性，墨尔本大学为所有校区制定了生物多样性管理计划（BMP），重点阐述了大学如何将校园生物多样性融入运营、科研和教学等方面，并将研究成果积极地与周边社区和其他大学分享（图 4-140）。校区内的所有树木信

图 4-140　在帕克维尔校区内参观植物园学习的师生与市民

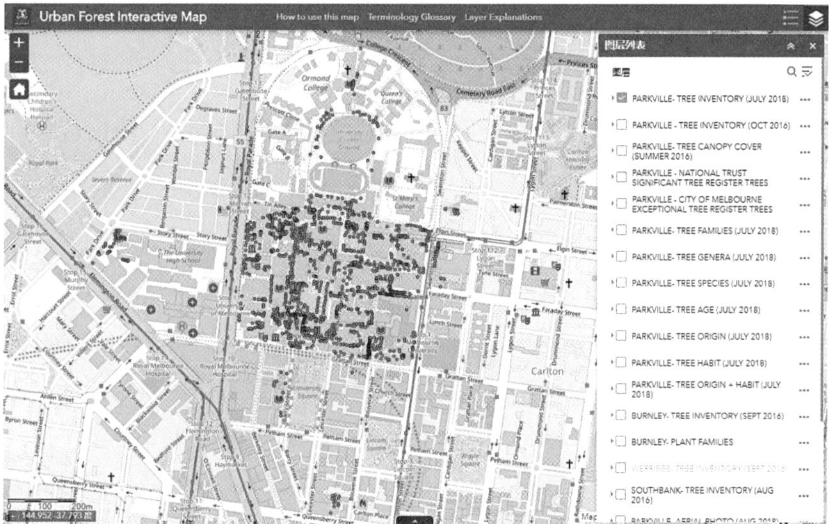

图 4-141　校园内植被信息电子地图

息都被统计并制成电子地图，校园内的一个花园则作为生物科普基地免费向市民开放，并不定期的举办各种关于生物多样性的讲座及免费活动，让师生及社会公众更加了解生物多样性的重要性（图 4-141）。

3. 要点

1）帕克维尔校区使用了一系列的建筑及基础设施生态化建设及改造技术，并积极探索新能源利用，为其节能减排及能源高效利用奠定了基础。

2）除了学校自身的建设与管理之外，墨尔本大学寻求校外合作，与多家金融、技术公司及政府合作，帮助其更好地践行绿色校园理念。

3）在维持生物多样性方面，学校不仅仅采取技术和管理手段，还将科普及教育作为一个重要方面，将校园的生物多样性教育对师生及广大市民开放。

4.9 绿色建筑

• 建筑是城市开发中的终端环节，建筑在其全周期内（建设、运行、拆除）所消耗的能源占到城市整体能耗的30%～40%，而建筑覆盖的土地则占据城市的25%～30%。如果不能够在建筑的建设与运行上实现低能耗，那么生态城市就无从谈起。绿色建筑主要体现在三个层面上，首先是建筑能耗的降低，这可以通过主动式的节能与被动式的节能手段实现。其次是对可再生能源的利用，例如使用太阳能、风能和生物质能等清洁能源，能够大人降低对不可再生资源的索取，从而保护生态系统。最后是对生物多样性的保护以及生态景观的考量，通过将建筑与植物相结合，能够在创造更加丰富的城市景观和创造绿色公共空间的同时，改善微气候、增加生物多样性。

4.9.1 案例21：米兰“垂直森林”高层公寓（Bosco Verticale）

1. 背景

“垂直森林”是一个高层公寓建筑项目，项目正式名称为Bosco Verticale，位于意大利米兰市中心的伊索拉区（图4-142），由米兰理工大学教授斯蒂法诺·博埃里（Stefano Boeri）设计，2014年10月正式剪彩落成，当年获得世界高层建筑大奖（IHP）。米兰是欧洲污染最严重的城市之一，“垂直森林”项目试图通过崭新的设计改善居住空间，建造一座自然、人类、建筑、城市和谐共生的生态化高层建筑，改变高层建筑在人们心中钢筋混凝土森林的负面形象。

图4-142 米兰垂直森林项目卫星图

2. 解析

垂直森林公寓是建筑垂直绿化应用的代表作。该项目由两座高度为110m和80m的塔楼组成，相互错落的混凝土阳台从底层延伸至顶层，阳台上种满了各种类搭配的树木，整个建筑种植了480株高大乔木、250株小乔木、5 000棵灌木和11 000棵地被植物，植被总量几乎相当于1hm^{2}森林（图4-143、图4-144）。建筑上的植被使用回收再利用的中水进行灌溉，采用太阳能为灌溉装置供电，更加实践了生态建筑理念。每种植物都在种类和适应条件上经过了精心筛选，每年会有专门的养护团队对其进行养护。

建筑垂直绿化具备很多生态价值。①缓解局部热岛效应：位于建筑表皮外部的植物通过物理屏障与光合作用对太阳辐射进行遮挡和吸收转换，从而降低建筑外墙的温度，同时减少了外墙向周围建筑辐射的热量；②改善空气质量：大多数植物表面布有绒毛，对灰尘具有很强的吸附能力，起到滞尘效应，同时能够吸收二氧化碳；③降低噪声：植物的宏观多孔构造能够在一定程度上作为吸声材料；④调节室内微气候：在夏季，植物的蒸腾作用与遮阳作用共同起到了降低室内温度的作用，冬季则能

图 4-143　米兰垂直森林远景

图 4-144　各户阳台上的丰富植被

够部分阻挡室外的寒风。通过以上几项具有生态价值的功能，室外垂直绿化进一步起到了降低空调及采暖能耗的经济效应（图 4-145）。

在设计层面上，“垂直森林”的立体绿化让城市高层建筑摆脱了冰冷玻璃幕墙的固有印象，换上了绿油油的植物外衣，实现了植物景观空间与建筑的完美结合，提供了全新的高层建筑设计思路。建筑外部的悬挑混凝土阳台成为每套公寓私有的一处空中花园，阳台依据公寓套型需要和日照条件等因素进行布置，与相邻楼层的阳台位置不同，错落有致（图 4-146、图 4-147）。这样的设计一方面考虑所有套型都能在享受花园私密空间的同时享有更多的阳光，在满足室内采光的同时，同样满足树木所需的光照和生长空间。

超前的设计理念使项目团队在技术层面面临着巨大的挑战。强风是高层建筑面对的主要问题之一，为了保证乔木不被强风吹倒，植物学家根据当地气候、阳台树池高度、朝向等因素综合选择合适的树种，并进行风洞试验，确保每个树种在不同高度都具有良好的抗风能力（图 4-148）。此外树干被钢索固定并与上方的阳台连接，使树木和阳台固定在一起，更好地加强了树木的抗风能力，保证强风条件下树木不会折断跌落，确保了行人的安全性。为了防止树木根系侵蚀建筑，同时又能使树木根系很好地生长，研究团队配置了自重很轻、能使根系稳定、透气性也很好的土壤，将植物固定在 1m 厚的土层中，并使用中央系统控制的全自动灌溉系统和排水系统来解决植被的给水与排水问题。

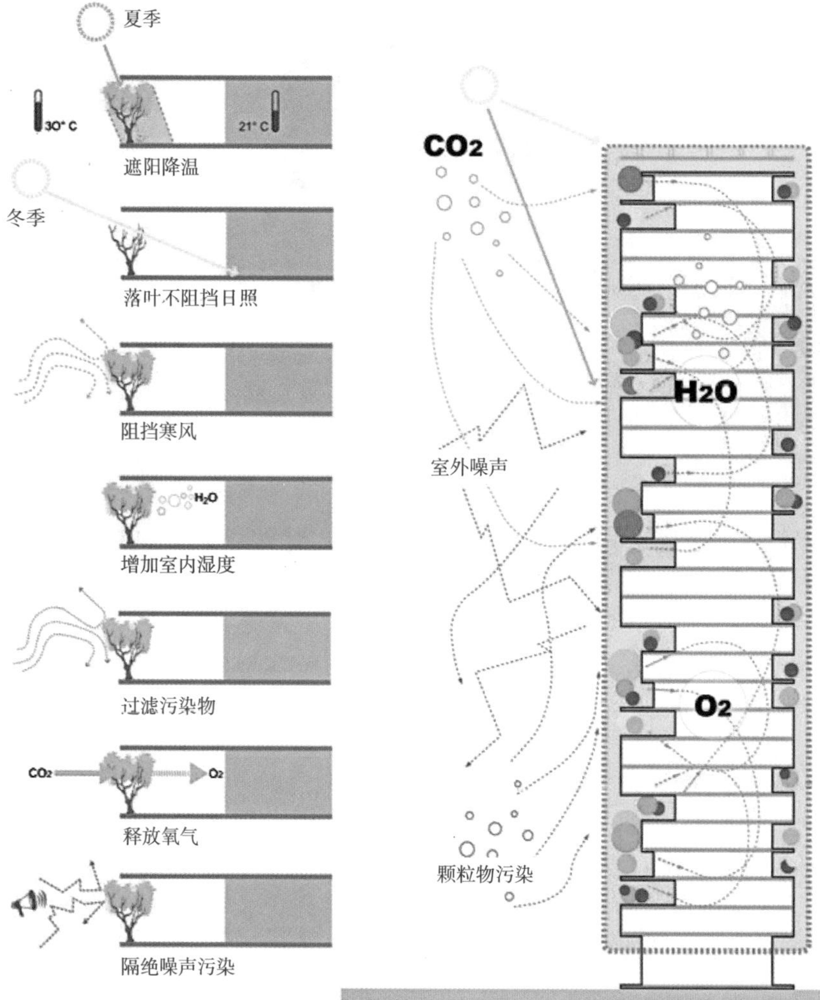

图 4-145 植被带来的微气候改善效应示意

图 4-146 植被与室内的空间关系

图 4-147　植被与室内的剖面关系

图 4-148　施工中复杂的种植层结构

3. 要点

1）建筑的垂直绿化具备多项生态功能，包括：改善室内微气候，缓解局部热岛效应，降低噪音及改善空气质量等。

2）垂直森林利用悬挑阳台种植植被，使每套公寓都拥有一个空中花园，改善了高层建筑的居住环境，丰富了城市景观。

3）垂直绿化，特别是种植高大乔木的绿化，需要综合景观、生态与技术措施，综合考虑实用性、生态价值与安全性。

4.9.2 案例22：新加坡国立大学设计与环境学院教学楼（NUS SDE）

1. 背景

图 4-149 设计与环境学院教学楼卫星图

新加坡国立大学设计与环境学院教学楼是原有校舍的扩建，其设计目标是实现建筑运营阶段的“零能耗”，即可以自给自足其所消耗的所有能源（主要是用于制冷以及照明的电能，图 4-149）。为了达到这一目标，教学楼针对当地气候条件，采用了多项主动式与被动式的节能与产能措施，同时考虑了雨水处理收集及再利用。

2. 解析

设计与环境学院教学楼的外观并没有使用引人注目的设计，相对于很多新加坡当代建筑显得十分低调，仿佛是包豪斯严谨工业设计的理念在现代的诠释。建筑内部设有总面积达到 8 000m^2 的各类设计工作室、专业教室、图书馆、办公室以及其他设备用房，同时在各类用房之间穿插了一个 500m^2 的开放式广场以及各式各样的公共空间及休闲功能。

建筑采用的被动式节能措施是实现“零能耗”目标的基础。新加坡地处赤道附近，终年炎热且太阳辐射极强，为此需要大量的高能耗制冷设备以维持室内的舒适。设计与环境学院针对这样的气候条件，设置了大量的遮阳措施，以阻止直射阳光进入建筑内部空间。这些这样措施包括南侧屋顶挑出的巨大雨棚，雨棚通过几根钢结构的柱子支撑，如同巨大的遮阳伞一般将整个建筑包裹起来（图 4-150）。此外，建筑在每一层的教室外部都设置了外走廊，外走廊在起到交通和公共空间作用的同时，也为下一层的空间提供了第二层遮阳（图 4-151）。除了挑板的横向遮阳外，建筑在东侧及西侧外立面设置了穿孔遮阳板，进一步阻止了炎热光线穿透到建筑内部（图 4-152）。另外一项被动式的节能措施是建筑内部设置的大量架空层和南北通透的半室外空间（图 4-153）。这些架空的且没有外墙阻挡的空间使建筑物的自然通风效率大大提升，通过微风带走了建筑内部的热量，使室外空间不需要制冷措施，也能够保持较高的人体舒适度。通过遮阳及通风这两项被动式节能设计，教学楼在根本上减

图 4-150　设计与环境学院总体外观

图 4-151　教室外侧的外走廊及遮阳

图 4-152　穿孔板遮阳（左）及水平遮阳（右）

少了辐射到建筑内部的热量，并带走了积蓄在建筑内部的热量，是整体建筑实现“零能耗”的基础。

尽管如此，面对当地炎热的气候，人工制冷在室内仍然必不可少。为了尽可能地降低室内制冷能耗，教学楼没有采用常规的空调机组，而是采用了 Transsolar Klim Engineering 设计的创新混合制冷系统，为房间提供 100% 新鲜的预冷空气。在使用空调设备的同时，每一个教室内部还设置了数个吊扇与空调共同工作（图 4–154）。由于人体感知到的热舒适度是由温度、湿度与风速共同决定，因此通过吊扇增加空气流动（空气流动速率在 0.7 ~ 1.2m/s），使室内具有一定的风速，同时带走湿气，使空调可以设定在一个相对较高的温度，降低了制冷能耗。室内较为浑浊的空气通过空调送风与窗口的百叶窗排风共同完成。与此同时，为了利用新加坡丰富的日照资源，教学楼在其屋顶上共设置了 1 225 个太阳能光伏发电板，其产生的电能通过精心设计的电路系统直接用于建筑供电，在假期等建筑用电负荷较低的时段，甚至可以接入学校电网，成为一个小型发电站（图 4–155）。通过主动式与被动式手段，教学楼在非用电高峰期基本可以做到电能的自给自足，实现了其“零能耗”的设计目标（图 4–156）。教学楼还在室外设置了一个雨水收集、过滤及再利用场地。建筑屋顶及场地内收集的雨水通过一个多级雨水溢流池得到净化，在暴雨时通过雨水花园及生物过滤池蓄积雨水，暴雨结束后这些被生物净化过的雨水则可以成为中水在多个方面得到回用。使用这种就地雨水收集产生的水量，足够满足教学楼非饮用水的水需求量（图 4–157）。

图 4–153　建筑架空的半室外空间

图 4–154　教室内的空调与吊扇联合制冷系统

图 4–155　教学楼屋顶的太阳能光伏发电板

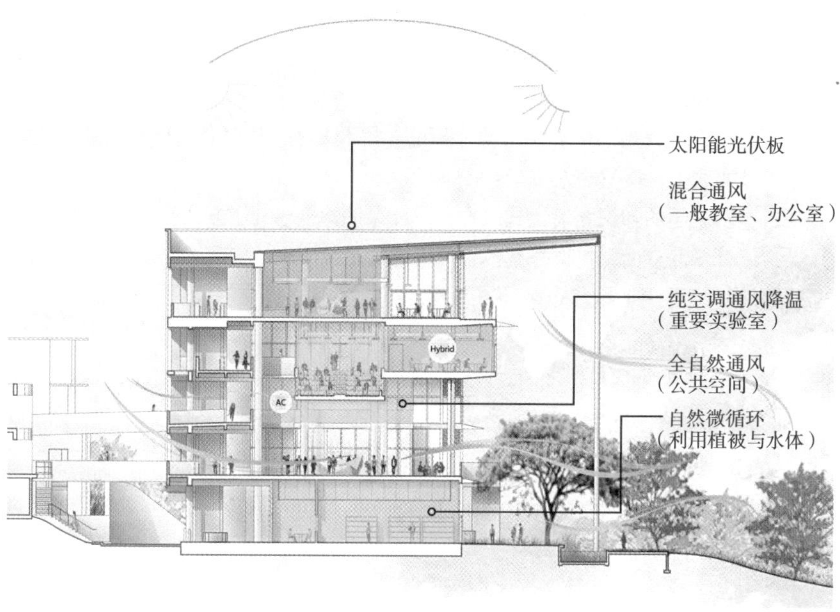

图 4-156 教学楼中各种不同的节能手段

图 4-157 建筑外部的多级雨水溢流池

3. 要点

1）被动式措施是教学楼节能的基础，包括多层次的遮阳体系以及增强自然通风的措施，这些措施都是基于对当地气候的考虑。

2）主动式节能措施包括空调—电扇联合运行的制冷系统、屋顶设置的太阳能光伏发电板以及对雨水进行再利用的多级雨水溢流池。

3）人体舒适度是温度、湿度与风速的综合感受，因此通过适当的提高风速，降低湿度，即使空气温度较高，仍然能够获得较好的人体舒适度。

思考题

1. 基于不同国家或地区的发展背景，生态城市设计实践的目标、侧重点、尺度存在哪些异同？
2. 联系前几章所提到的生态城市设计理论与技术方法，说明是如何运用到生态城市设计实践中，请举例说明。
3. 通过本章所学的知识，请尝试从生态系统保护、土地利用方式、公共空间开发、可持续社区等方面，再选择其他有价值的生态城市设计实践案例进行深入探索，并总结其特征。

延伸阅读推荐

[1] Mohsen Mostafavi, Gareth Doherty, Harvard University. Ecological Urbanism[M]. Zurich: Lars Müller, 2016.

[2] Farr D. Sustainable Urbanism: Urban Design with Nature[M]. New York: John Wiley & Sons, 2011.

[3] 杨滨章．哥本哈根“手指规划”产生的背景与内容[J]．城市规划，2009，33（8）：52-58+102.

[4] Jesper Dahl，李华东，王晓京．城市空间与交通——哥本哈根的策略与实践[J]．建筑学报，2011（1）：5-12.

[5] 黄肇义，杨东援．国外生态城市建设实例[J]．国外城市规划，2001（3）：35-38+1.

参考文献

[1] 张嫱，臧鑫宇，陈天．墨尔本大学六星级绿色校园建设经验及其对我国的启示[J]．中国勘察设计，2018（9）：90-93.

[2] 克里斯托弗·李，庞凌波．新设计与环境学院四教，新加坡国立大学，新加坡[J]．世界建筑，2019（3）：30-37+128.

[3] 魏薇，刘彦．东西方城市公园绿地系统比较——以波士顿和杭州为例[J]．华中建筑，2011，29（1）：101-104.

[4] 张洋．景观对城市形态的影响——以波士顿的城市发展为例[J]．建筑与文化，2015（3）：140-141.

[5] 韩林飞，韩俊艳．韩国清溪川：城市环境更新中的创意产业升级[J]．北京规划建设，2016（4）：61-65.

[6] 王晓俊，钱筠．城市“撤回”计划与开放空间恢复——《生态城市伯克利》的启示[J]．南方建筑，2014（3）：56-59.

[7] 冷红，袁青．韩国首尔清溪川复兴改造[J]．国际城市规划，2007（4）：43-47.

[8] 王焱，曹磊，沈悦．海绵城市建设背景下的景观设计探索——记天津大学新校区景观设计[J]．中国园林，2019，35（4）：112-116.

[9] 夏欢，杨耀森．香港生态空间用途管制经验及启示[J]．中国国土资源经济，2018，31（7）：62-65.

[10] 汪耀．走向新时代的生态零排放社区——英国BedZED零能耗发展项目探究[J]．中外企业家，2013（35）：165-166.

第 5 章　生态城市未来展望

“人类的生活质量在很大程度上取决于我们建设城市的方式、城市人口密度和多样性。城市人口密度和多样性越高、对机械化的交通系统依赖越小，对自然资源消耗越少，那么对自然界的负面影响就越小。”

——美国建筑、景观、城市设计专家和生态活动家理查德·瑞吉斯特

土地平旷，屋舍俨然，有良田、美池、桑竹之属。阡陌交通，鸡犬相闻。其中往来种作，男女衣着，悉如外人。黄发垂髫，并怡然自乐。

——桃花源记

学习目标：

- 了解影响生态城市发展的全球变化趋势，理解全球变化与生态城市建设的关系以及对生态城市设计的影响机制。
- 理解国土空间规划的内涵、特征等基本知识，掌握新时期我国规划体系基本框架。
- 建立多维度思考生态城市建设的思维方式，思考生态城市未来发展的可能性，思考生态城市设计与其他学科的跨学科合作方式。

内容概述：

- 科学研判生态城市建设与生态城市设计的未来发展方向是保障生态建设理论与方法先进性与有效性的关键，而其未来发展方向离不开全球与区域大环境的影响。本章提出影响生态城市未来发展的三个全球及区域发展背景，包括全球气候变化、经济全球化、新技术革命三大全球性变化，以及我国基于国土空间规划的新时期规划变革，分别对其内涵与特征进行概述，并提出对生态城市建设的影响，以引发对生态城市未来发展愿景的思考，最终提出走向人—社会—环境共生的未来城市的理想城市愿景。

本章术语：

- 全球气候变化、经济全球化、新技术革命、信息化、新规划变革、国土空间规划体系、生态未来主义、理想城市愿景。

学习建议：

- 基于本章各部分的学习要点，进行自主拓展学习，对于更好地理解全球与区域大环境对生态城市未来发展可能产生的影响具有重要作用。
- 前四节的全域与区域背景部分，都包含了“概述”与“影响”两个部分，学习者可以通过两部分相结合的方式，培养研究的逻辑思维能力。
- 本章是对生态城市未来发展的展望，学习者应在此基础上通过自主思考提出具有自我见解的多种发展可能。
- 通过本章的学习应建立对全球与区域发展变化的专业敏感性，为未来的研究打好基础。

5.1　全球气候变化

5.1.1　全球气候变化的概念与成因

全球变化（Global Change）是指由自然和人文因素引起的地球系统功能的全球尺度的变化，包括大气与海洋环流、水循环、生物地球化学循环以及资源、土地利用、城市化和经济发展等的变化。其科学基础是地球系统科学，涉及数十年到百年，或更长的时间尺度的变化[①]。气候变化（Climate Change）是指气候平均值和气候离差值出现统计意义上的显著变化或者持续较长一段时间的气候变动（典型的为 30 年或更长），通常用不同时期的温度和降水等气候要素的统计量的差异来反映[②③]。

全球气候变暖是在自然因素变化的背景下，受人类活动的影响而出现的变化，如今已成为全球气候变化的重要表现之一（图 5–1）。造成全球气候变暖的原因大致被归纳为两类：自然原因和人为原因。自然原因

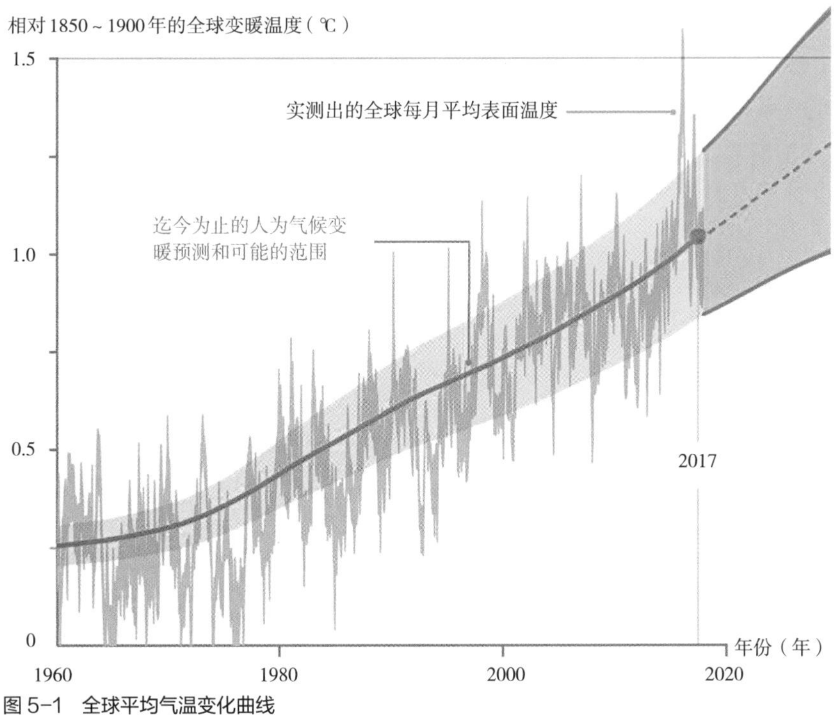

图 5–1　全球平均气温变化曲线

---

① 徐冠华，葛全胜，宫鹏，等．全球变化和人类可持续发展：挑战与对策 [J]．科学通报．2013（21）：2100–2106.

② 联合国气候变化大会在哥本哈根开幕 [J]．制冷技术．2009（4）：63.

③ 邬建国，何春阳，张庆云，等．全球变化与区域可持续发展耦合模型及调控对策 [J]．地球科学进展．2014（12）：1315–1324.

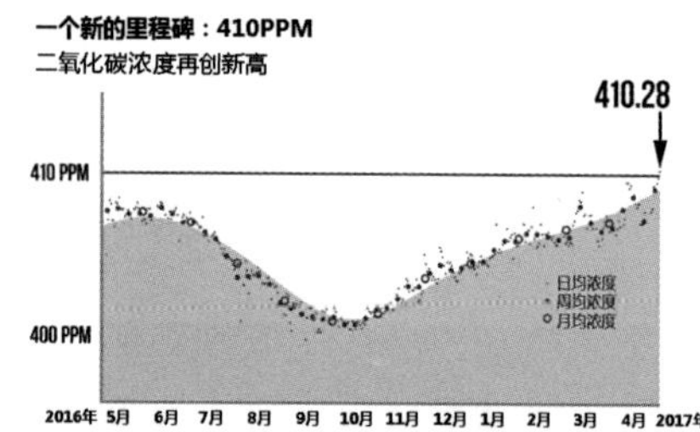

图 5-2 当代全球二氧化碳浓度变化图

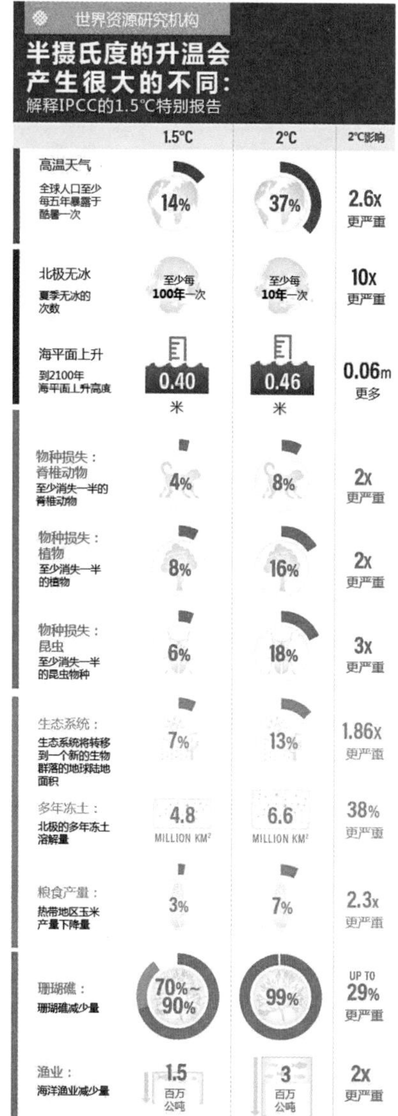

图 5-3 全球升温 1.5℃与 2℃差异影响图

可包括以下 16 种：①太阳辐射的变化；②宇宙沙尘浓度的变化；③地球轨道的变化；④大陆漂移；⑤山地隆升对大气环流和环境的影响；⑥洋流的改变；⑦海冰的变化；⑧大气温室气体的变化；⑨大气气溶胶浓度的变化；⑩极地同温层云量的变化；⑪ 极地植被的变化；⑫ 同大陆沙尘气溶胶相联系的“铁假说”；⑬ 大陆 C3 植物向 C4 植物的转化；⑭ 天体撞击；⑮ 火山爆发；⑯ 地核环流作用等；人为原因主要被归结为人类活动过度排放二氧化碳及其他温室气体造成全球气候变暖[①]。

在过去的数万年中，地球经历了无数次气候冷暖变化，人类在这个过程中经受考验并适应生存，人类社会也由此历经了繁荣和衰退的周期。在过去的几千年中，其变温幅度多次接近或超过了 0.4～0.8℃。在近一百年中，全球气候持续变暖，2016 年平均温度比 1900～1961 年的平均温度高出 0.83℃，比工业化前时期平均温度高出约 1.1℃。全球大气中的二氧化碳平均浓度已超过 400ppm 的警戒线[②]（图 5-2）。在此背景下，由全球气候变暖带来的灾害性气候事件频发，冰川积雪融化加速、水质受到破坏、水资源分布失衡、生物多样性受到威胁，对经济社会发展和人类健康产生了巨大的负面影响[③]。2018 年 10 月，IPCC 发布《IPCC 全球升温 1.5℃特别报告》，该报告提出将全球变暖限制在 1.5℃而非 2℃，可以避免一系列气候变化影响（图 5-3）。例如，到 2100 年，将全球变暖限制在 1.5℃而非 2℃，全球海平面上升将减少 10cm；与全球升温 2℃导致夏季北冰洋没有海冰的可能性为至少每 10 年一次相比，全球升温 1.5℃则为每世纪一次。将全球变暖限制在 1.5℃需要在土地、能源、工业、建筑、交通和城市方面进行“快速而深远的”转型。

5.1.2 全球气候变化中的碳问题

1992 年《联合国气候变化框架公约》明确指出，历史上和目前全球温室气体排放的最大部分源自发达国家，发展中国家的人均排放仍相对较低。其第 4 条正式提出，各缔约方应根据它们共同但有区别的责任和各自的能力保护气候系统，发达国家缔约方应率先采取行动应对气候变化及其不利影响。1997 年《京都议定书》第 10 条确认了这一原则，并以法

① 张强，韩永翔，宋连春．全球气候变化及其影响因素研究进展综述 [J]．地球科学进展．2005（9）：990-998.

② 王伟光，等．应对气候变化报告 -2017，2017- 坚定推动落实《巴黎协定》，Firmly Promoting the Implementation of the Paris Agreement[M]．北京：社会科学文献出版社，2017：399.

③ 高杨，李滨，冯振，等．全球气候变化与地质灾害响应分析 [J]．地质力学学报．2017（1）：65-77.

律形式予以明确、细化[①]，这是人类历史上首次以法规的形式限制温室气体排放，也使得碳排放问题和新的碳排放秩序建立突显为全球气候变化的重要问题。其中提到的“共同”责任就是各国都要根据各自的能力保护全球气候，“区别”责任，即要求发达国家实行强制减排，发展中国家采取自主减排。同时，发达国家向发展中国家提供技术和资金支持，目标是到 21 世纪末全球地表温度升高控制在工业化前 2℃以内的水平。

尽管各国在共同应对全球气候变化问题上都做出了巨大努力，但是在发展模式的问题上、减排责任与义务不平等的问题上、国家之间的相对收益问题上仍存在诸多争议。这使得隐藏在规定责任内容与明确责任主体背后的“综合碳实力”问题得以浮现，综合性碳实力 = 碳排放量 + 减排能力 + 减排意愿。碳排放量与减排能力都能体现一国的国家实力和经济规模，前者是一种正向的实力，是一国发展的物质容量，后者则是一种负向的实力，体现了一国的环保能力。而减排意愿是国家依据本国实际情况与国际道义等所作出的统筹性考虑，直接决定着碳责任的分配[②]。

2019 年 3 月，国际能源署（IEA）发布《2018 全球能源和二氧化碳状况报告》，报告指出，2018 年全球碳排放量增长率为 1.7%，其中 28.6%的排放量来自中国，14.7%来自美国，18.9%来自印度和欧盟国家（图 5-4、图 5-5）。目前，欧洲已进入后工业时代，人均碳排放量较低，拥有较强的减排能力和减排意愿。美国具有较大的碳排放量和产业升级的科技创新能力，但由于国内利益集团的掣肘，使之减排意愿较欧洲低。而发展中国家由于受到减排技术和经济发展的双重制约，使之减排意愿

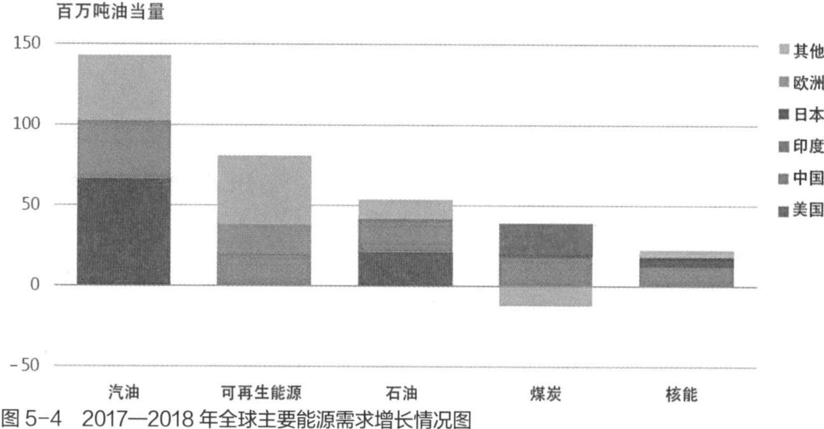

图 5-4　2017—2018 年全球主要能源需求增长情况图

① 何建坤，等. 应对气候变化研究模型与方法学 [M]. 北京：科学出版社，2015：10+418.

② 肖洋. 碳责任与碳实力：后哥本哈根时代的国际秩序与中国碳外交 [J]. 国际论坛. 2011（1）：40-44.

	CO_2排放总量（吨）	增长率（%）
	2018年	2017–2018年
美国	4 888	3.1%
中国	9 481	2.5%
印度	2 299	4.8%
欧洲	3 956	–1.3%
世界其他国家	11 249	1.1%
全球	33 143	1.7%

图 5–5　燃料燃烧产生二氧化碳的地区分布图

难以实现[①]。这使得在各国工业技术水平、能源使用效率等一系列差异存在的情况下，博弈成为全球气候谈判的主旋律。

因此，如何破除经济发展过程中对能源与排放的依赖，实现生态文明下经济社会的低碳化发展已成为了全球解决能源与应对气候变化问题的核心。

5.1.3　全球区域气候变化趋势

在全球气候变化越加剧烈的同时，区域气候的差异化特征也越来越明显。相较于全球气候模式而言，区域气候由于其纬度、海拔、海陆分布、下垫面性质等的差异，气候变化在全球呈现不同变化特征和强度。

从亚洲区域来看，高纬度地区增温幅度将大于中低纬度地区，呈现由低纬向高纬递增的趋势，增温极值将出现在青藏高原等地[②]。在 RCP8.5（温室气体浓度）情景下，亚洲大部分地区 21 世纪中期相对 20 世纪末增温超过 2℃，南亚和东南亚增温超过 3℃（IPCC，2013）。在 21 世纪末，日本增温将超过 2℃，中亚地区将普遍增温 3 ~ 7℃。从欧洲区域来看，将经历持续增温的过程，其中欧洲南部夏季和欧洲北部冬季增温幅度最大（IPCC，2013），21 世纪中期欧洲中部和东部将增温 1 ~ 3℃，末期将增温超过 5℃。从美洲区域来看，21 世纪中期和末期北美洲气温都将有所增加，未来增温极值将出现在南美洲中部一带，在 RCP8.5 情景下，21 世纪中期绝大多数国家增温超过 2℃，末期增温将超过 4℃（IPCC，2013）。从非洲区域来看，21 世纪末增温将达到最大，南部和北部增温普遍高于中部地区，在 RCP8.5 情景下，到 21 世纪中期非洲大陆增温将超过 2℃，21 世纪末增温幅度将超过 4℃。特别是西非，增温预计将比全球平均水平提前 10 ~ 20 年（IPCC，2013）。从其他区域来看，澳洲增温幅度明显高于北极和南极。到 21 世纪末，除格陵兰岛大部分外，北极地区普遍增温将超过 4℃，其中北冰洋区域增温将超过 6℃，巴伦支海北部增温甚至超

① 崔大鹏．国际气候合作的政治经济学分析 [M]．北京：商务印书馆，2003：220–244.

② 张冬峰，高学杰，赵宗慈，等．RegCM3 区域气候模式对中国气候的模拟 [J]．气候变化研究进展．2005（3）：119–121.

过 10℃[①]。

以上数据表明，虽然全球各区域的气候变化不尽相同，但未来全球仍将经历一个持续增温的过程（图 5-6）。如何应对全球气候变化、规避气候风险、提升环境适应气候变化的能力已迅速提升为亟待解决的重要问题。

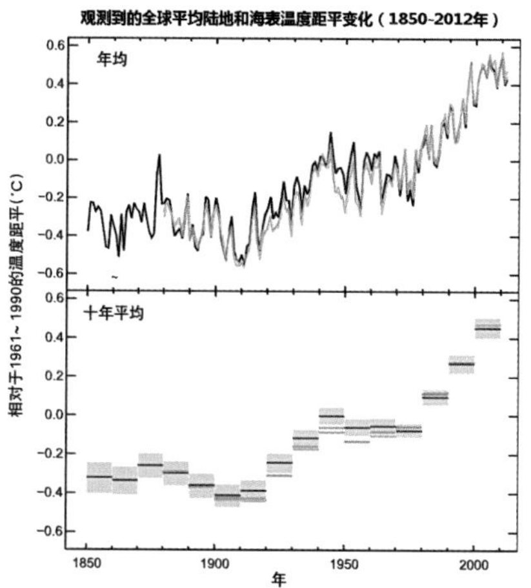

图 5-6　1850—2012 年全球陆地和海表温度变化图

5.1.4　全球气候变化对生态城市设计的影响

自 20 世纪 70 年代提出气候变化以及对人类社会所可能产生的影响起，国际科学界和各国政府（特别是发达国家和那些近期内将受到威胁的海岛和沿海国家）就开始讨论人类社会如何响应全球变化并采取相应的对策。具体研究方向也从 20 世纪 70 年代一开始提出的"预防和阻止"（Prevention）到 20 世纪 80 年代的"减缓"（Mitigation），直至目前所普遍认同的"适应"（Adaptation）。适应性已成为全球变化科学的核心概念之一[②]。全球变化的 4 大科学计划——世界气候研究计划（WCRP）、国际全球环境变化人文因素计划（IHDP）、国际地圈生物圈计划（IGBP）和国际生物多变性计划（DIVERSITAS）都将科学地适应未来环境变化作为人类社会保持可持续发展的重要准则。政府间气候变化专门委员会（IPCC）的历次评估报告也将"适应"作为人类应对全球气候变化的核心概念和途径[③]。

在全球气候变化的背景下，城市设计领域立足于不同气候区、从不同视角展开了一系列气候适应性理论研究与实践。在理论研究层面，Golany 教授于 1996 年将城市气候学的研究成果作为城市设计工具加以应用，提出了处于不同气候区的城市存在不同的微气候问题，并由此形成了不同的城市肌理形态，建立了有关城市形态的气候适应性设计的基本框架，揭示了城市形态与微气候之间紧密的内在联系[④]。2005 年，艾曼努尔（Emmanuel MR）结合理论与实践探讨了热带具有气候适应性的城市设计的策略与方法。2011 年，建筑气候学领军人物巴鲁克·吉沃尼（Baruch Givoni）在对建筑气候学和城市气候学相关内容分析阐释的基础上，将人体舒适度的相关研究运用到建筑气候学、空间规划对城市气候和室内气候的影响等方面，并提出不同地区的设计导则。埃维特·埃雷尔等认为

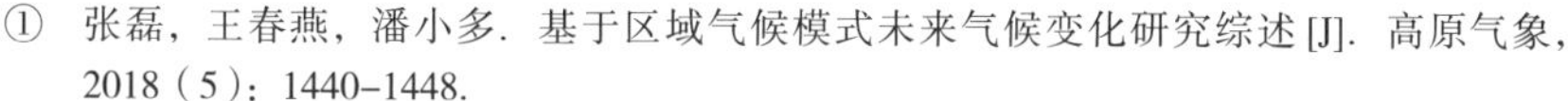

① 张磊，王春燕，潘小多. 基于区域气候模式未来气候变化研究综述 [J]. 高原气象，2018（5）：1440-1448.

② 陈宜瑜. 对开展全球变化区域适应研究的几点看法 [J]. 地球科学进展，2004（4）：495-499.

③ 崔胜辉，李旋旗，李扬，等. 全球变化背景下的适应性研究综述 [J]. 地理科学进展，2011，30（9）：1088-1098.

④ Lin T. Thermal perception, adaptation and attendance in a public square in hot and humid regions[J]. Building and Environment. 2009, 44（10）: 2017-2026.

反应气候条件的城市设计对城市的可持续发展具有根本性的意义，他们将城市气候学研究与城市设计实践联系起来，全面理解建筑和建筑周边开放空间之间的相互作用，分析了小气候与每一种城市景观元素之间的关系①。

在实践层面，全球气候变化促使国家间发展合作，《联合国气候变化框架公约》要求发达国家与发展中国家共同协商面对、制定应对气候变化的国家方案。德国 MPI 研究所根据德国以往气候数据推测出的气候变化区域模型 REMO（图 5-7）是当前德国进行空间气候适应性规划的依据，模型中三项因素包括：因素一为年均气温增长、高温天气增加及夏季降雨减少；因素二为强降雨增多及冬季降水增加；因素三为冰冻天气减少。三个因素强弱相互叠加形成气候变化模型，基于该模型可识别不同区域面临的气候变化挑战，从而制定出适应性的规划策略②。2003 年美国交通部联邦公路局（FHWA）启动了“地面交通环境与规划协作研究计划”，该计划以墨西哥湾沿岸各州为研究对象，并分为三个阶段：评估气候变化对交通系统的影响、交通系统的风险评估、适应性策略的制定和评估③。

经过若干年的研究与实践，应对气候变化和极端天气事件的适应性规划框架在国外已经基本形成。其基本框架为：研究未来气候的变化趋势，对目标年份的气候变化情况进行预测；根据预测结果评估气候变化对人类社会的影响并进行脆弱性分析和风险评估，明确受气候变化影响脆弱的地区；制定适应策略，使人类社会更好地适应气候变化的影响；计算适应策略的成本效益；根据适应策略的经济分析和其他评价指标对

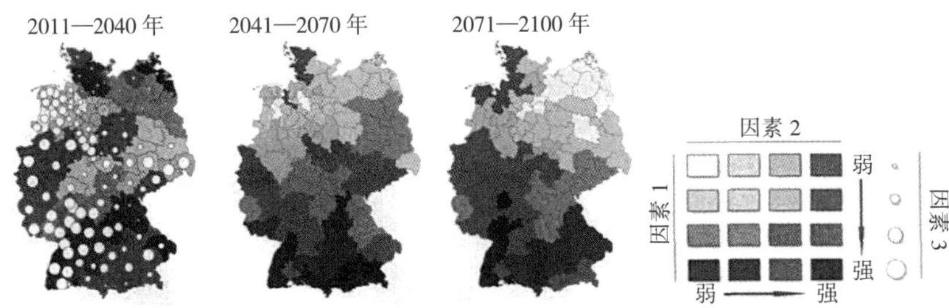

图 5-7 德国气候变化区域模型 REMO

① Fahmy M, Sharples S. On the development of an urban passive thermal comfort system in Cairo, Egypt[J]. Building&Environment, 2009, 44（9）: 1907-1916.

② 魏薇，秦洛峰. 德国适应气候变化与保护气候的城市规划发展实践 [J]. 规划师，2012, 28（11）：123-127.

③ Federal Highway Administration Surface Transportation Environment and Planning Cooperative Research Program. Federal Highway Administration[EB/OL]. [2010-03-20]. http://www.fhwa.dot.gov/hep/success_gcs.htm.

适应策略进行优选；对优选下来的适应策略加以实施；最后对实施后的策略进行检测并评估其有效性。由于气候变化的不确定性，该过程需要根据气候变化的预测及趋势对适应方案进行不断地调整，使气候变化的适应性研究成为一个循环的过程[①]。

我国关于城市气候的研究起步略晚。气候适应性的相关理论研究始于 20 世纪 90 年代，1997 年林其标先生提出将气候因素与建筑设计相关联，使建筑气候适应方面的研究与建筑学结合更加紧密。随后，学界纷纷从各视角展开对气候与设计问题的研究，相关研究数量基本呈递增趋势。2000 年江亿院士等人对城市住区微气候环境从规划建筑室内外物理环境和环境控制系统进行整体研究，提出绿色住区的设计理念和方法。2005 年，徐小东基于生物气候条件探究绿色城市设计生态策略。2012 年，任超、吴恩融全面介绍了城市环境气候图的研究发展历程，深入剖析具有代表性的城市环境气候图研究案例，为局部地区气候环境评估和城市规划方面提供了指导工具。

在实践方面，2006 年香港从湿热气候特征和城市形态出发，编制了城市气候分析图（图 5-8），并结合中尺度 MM5 数值模拟，综合考虑影响热负荷、风流通潜力与人体热舒适度等 6 个主要地理和影响参数，分析香港各地区的风环境情况，并针对不同地区的气候改善提出了规划建议。

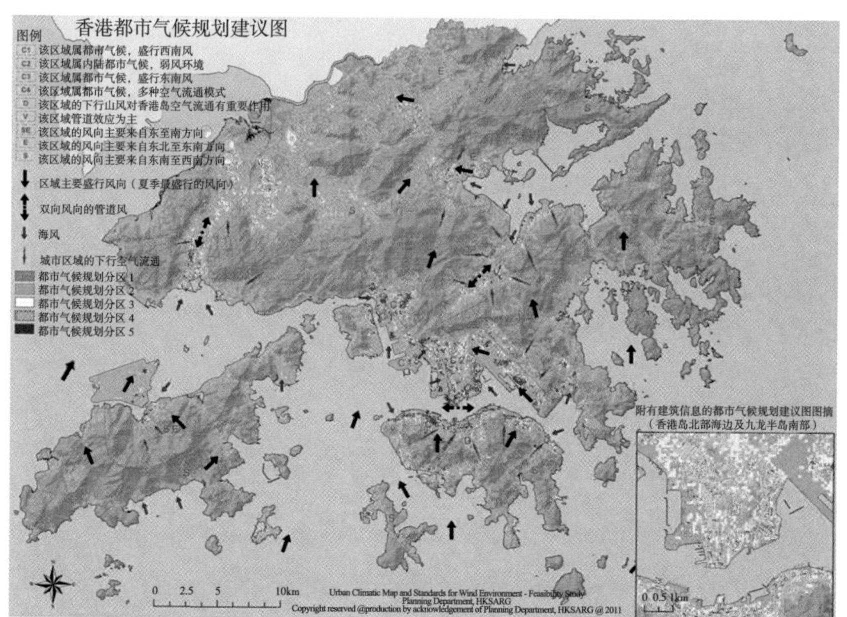

图 5-8　香港都市气候规划建议图

① 彭仲仁，路庆昌. 应对气候变化和极端天气事件的适应性规划 [J]. 现代城市研究，2012，27（1）：7-12.

除香港外，我国其他城市建设鲜有考虑气候变化因素，这使得我国城市在气候变化的影响下变得尤为脆弱。

气候适应性研究在未来一定时期内仍然将是应对全球气候变化的研究核心，未来的生态城市也必将是可以更好地适应全球气候变化的城市（图 5–9）。在城市建设中，以生态城市理论为指导，通过有效的生态城市设计策略，提高能源的利用效率，大力发展可再生能源，有效减少碳排放，实现延缓和适应全球气候变化的目标是未来生态城市设计的重点。主要手段包括：在城市空间规划方面采取集约发展模式，合理利用土地资源，大力发展绿色交通模式，充分开发利用水资源，发展绿色循环经济，整合性利用可再生能源及建设资源节约型绿色生态街区；在绿色生态环境方面注重节能减排、雨洪管理、生态保护与修复和景观营造；在建筑物理环境方面注重风能、太阳能的开发利用，营造舒适的热工环境，减少建筑对非自然资源的依赖。在综合防灾减灾方面注重构建系统的防灾减灾体系，分析极端气候变化和生态灾害为城市发展带来的新问题，在常态下以韧性城市理念为指导，从城市、街区及建筑层面加强建筑环境的韧性，使其面对气候变化所带来的灾害时具备抵抗力，并在灾害发生后具备恢复力。

1 | 2
3

图 5–9 气候适应性生态城市设计案例
1– 日本六本木新城；
2– 通州区台湖镇概念性总体城市设计；
3– 意大利米兰 Porta Nuova 片区

在应对全球气候变化的生态城市设计中开展多学科合作，推广新技术的运用是今后的发展趋势。首先，应对全球气候变化需要综合多学科的知识，其中包括生态学、环境学、城市生态学、城市形态学、建筑学、建筑技术、城乡规划、城市设计、风景园林、景观生态学、计算机辅助设计等，促进多学科、多领域之间的交叉融合。其次，随着科学技术的发展，新技术在城市空间可持续发展、绿色生态环境、建筑及建筑物理环境可持续发展及综合防灾减灾研究中将得到更广泛的应用。如 3S 技术、智能化技术、大数据技术、新材料、新能源技术、CIM 技术、VR 及 BIM 等新技术（图 5-10、图 5-11）。

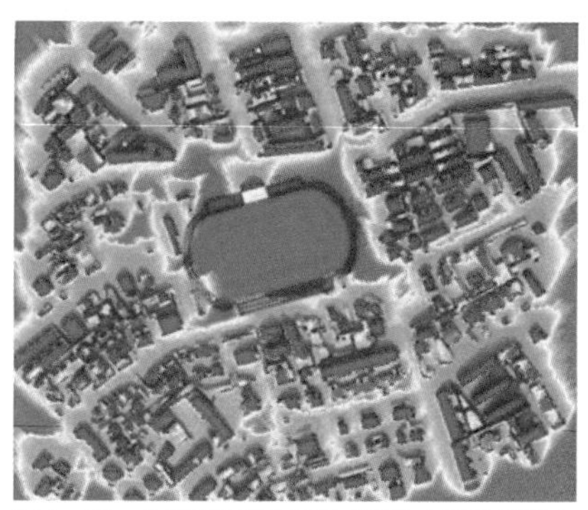

图 5-10　天津市民园夏季日照量（热岛分析）

图 5-11　天津市中心城区西北向建筑迎风面指数三维图

此外，在气候适应性研究的基础上，国际社会应继续探索适应全球气候变化的先进理论，并不断完善生态城市设计理论体系与技术方法，以应对未来可能出现的新的气候变化以及更为复杂多元的城市形态，响应全球气候变化的生态城市设计任重而道远。

5.2　经济全球化

5.2.1　经济全球化的概念与成因

全球化（Globalization）最早由美国经济学家提奥多尔・拉维特（Theodre Levitt）提出，用此形容前 20 年间国际经济的巨大变化，即商品、服务、资本和技术在世界生产、消费和投资领域中的扩散。经济全球化（Economic Globalization）最早由特・莱维（T.Levi）提出，至今尚未有一个权威性的界定，可大致分为以下几类定义：一是要素优化配置论和相互依赖关系论。例如，认为经济全球化主要包括世界统一大市场的形成和扩大、跨国公司投资的增加、全球金融市场的一体化、信息交流日趋快捷和方便、生产活动的全球化和生产要素的全球配置，等等。国际货币基金组织概括为：通过贸易、资金流动、技术创新、信息网络和文化交流，使各国经济在世界范围高度融合，各国经济通过不断增长的各类商品和劳务的广泛输送，通过国际资金的流动，通过技术更快、更广泛的传播，形成相互依赖关系①。二是资本主义化和美国化。美国学者埃伦・伍德（Ellen Maiksins Wood）认为，目前人们之所以如此关注全球化这个问题，其原因就在于资本主义正在成为真正的全球性制度，全球化的本质是全球范围的资本主义化。三是无国界论和国家管理取消论。持这种观点的人认为，全球化意味着公司将不再以国别区分，而只有成功与否之别，经济全球

① 路爱国．全球化与资本主义世界经济：经济全球化研究综述 [J]．世界经济．2000（5）：64-74.

化就是取消国家对经济的管理权。四是概念混淆论和概念质疑论。认为经济全球化与世界经济一体化本质上都是一回事，经济全球化也就是全球经济一体化，不是一体化比全球化的层次高，而是全球化是一体化发展的较高阶段。

总的来说，经济全球化本质是由于生产力的迅猛发展，使国际分工达到前所未有的新阶段，人类经济活动开始大规模地突破国家、民族界限，各国经济逐渐融为一体的历史过程。这个历史过程发端于地理大发现，加速于产业革命以后，战后科技革命和跨国公司的大发展使生产要素在世界范围内得到更大范围的流动，各国之间的经济贸易技术交流更为密切。而 20 世纪 90 年代以后微电子技术和通信技术的革命，社会主义国家由计划经济体制转为市场经济体制，实行对外开放，使经济全球化进入了一个全新的阶段[①]。

5.2.2 经济全球化的利弊

目前“经济全球化”已成为了仁者见仁、智者见智的议题。许多经济学家认为经济全球化是一把双刃剑，除了带来了一系列的正面作用外，还带来了一系列的消极后果，如经济危机爆发的风险不断增大，环境恶化的问题日益加剧，给社会的稳定、健康发展带来了严重影响。

就经济全球化的正面作用而言可概括为以下两个方面[②]：一方面，信息技术的快速发展使空间距离极大缩短，天然的地理距离逐渐失去意义，各国积极参与到世界范围的竞争，商品、服务、资金、思想的流通更加自由，从而使得一些国家拥有更强的竞争力和生产力，创造力和创新精神。另一方面，在经济全球化的进程中，由于世界范围的国际分工，为世界各地的人开辟出了前所未有的机遇和就业机会。正如马来西亚副总理阿卜杜拉・艾哈迈德・巴达维所说的，“从 80 年代中期开始，外国直接投资大量涌入，开放的国际贸易环境使我们的出口得以增长，结果是东亚国家迅速实现工业化和现代化，这是前所未有的”。

尽管经济全球化意味着社会总财富的增加、机会的增多，但是引发的负面影响不容小觑。在经济与政治方面，20 世纪 90 年代中期，美国 26.1% 的财富集中在 10% 的人手中，而 10% 的贫穷者却只占有 1.7% 的财富。现在全球最富有的 1% 的人口拥有的财富量超过其余 99% 人口财富的总和（图 5-12），这种收入分配的两极分化引发了国家内部和国家之间的社会、经济的不平衡，主要表现为权力集中在少数经济单位的手里，国家

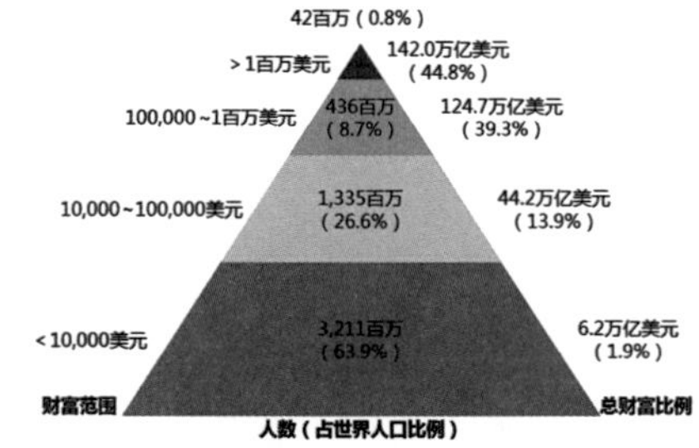

图 5-12 2018 年全球财富金字塔

① 邱嘉锋. 经济全球化与相关概念辨析 [J]. 世界经济与政治论坛. 2001（3）：12-16.

② 胡代光. 经济全球化的利弊及其对策 [J]. 福建论坛（经济社会版）. 2000（11）：11-14.

主权受到冲击，国家经济安全与政治稳定受到挑战；发展中国家的民族经济面临越来越大的压力和冲击，对发达国家的依附性增大[①]；在生态方面，进入 20 世纪 70 年代后，发达国家通过全球化贸易体系成功地实现了产业的转型升级，第三产业越来越发达，而低端的产业逐步转移到了发展中国家或不发达国家，从而实现了污染向发展中国家的梯度转移，发达国家的生态危机通过全球化过程转嫁给了发展中国家[②]。在这种背景下，随着经济的发展，人类对自然资源的消耗、对生态环境的破坏并未消减，加之发展中国家及不发达国家的生态意识普遍较为薄弱、生态技术普遍较为落后，因此虽然发达国家生态治理成效"显著"，但地球整体的生态环境却日益严峻，这就是全球生态治理过程中"局部有效、整体失效"的局面。可见，当前的经济全球化对全球生态环境产生了更多的负面影响。

5.2.3　经济全球化对生态城市设计的影响

随着经济全球化不断向纵深发展，其带来的经济、政治、生态等多种全局性矛盾不断凸显。全球治理是经济全球化发展的客观需求和必然结果，全球治理主体的多元化决定了全球治理过程中必定存在着不同治理主体之间的价值互动与整合[③]，如何实现公平有效的全球治理是经济全球化背景下各个领域均需要应对的核心议题。

"构建人类命运共同体"是当代中国对促进世界和平发展和全球治理提供的"中国方案"。2012 年 11 月十八大报告强调，人类只有一个地球，各国共处一个世界，要倡导"人类命运共同体"意识，要以"命运共同体"的新视角，寻求人类共同利益和共同价值的新内涵。当前国际形势基本特点是世界多极化、经济全球化、文化多样化和社会信息化。粮食安全、资源短缺、气候变化、网络攻击、人口爆炸、环境污染、疾病流行、跨国犯罪等全球非传统安全问题层出不穷，对国际秩序和人类生存都构成了严峻挑战。不论人们身处何国、信仰何如、是否愿意，实际上已经处在一个命运共同体中。与此同时，一种以应对人类共同挑战为目的的全球价值观已开始形成，并逐步获得国际共识。这一全球价值观包含相互依存的国际权力观、共同利益观、可持续发展观和全球治理观[④]。可见，"人类命运共同体"既体现了人与自然共生共存的关系，又体现了一种具有整体性视域的世界观，是应对经济全球化这把双刃剑的重要指

---

① 胡代光. 经济全球化的利弊及其对策 [J]. 福建论坛（经济社会版），2000（11）：11-14.

② 张劲松. 全球化体系下全球生态治理的非生态性 [J]. 江汉论坛，2016（2）：39-45.

③ 乔玉强. 从资本到人类命运共同体：对全球治理的反思、批判与超越 [J]. 河南大学学报（社会科学版），2019，59（5）：7-15.

④ 曲星. 人类命运共同体的价值观基础 [J]. 求是，2013（4）：53-55.

导思想。

经济全球化是不可逆转的全球发展趋势，对于生态城市建设来说，经济全球化带来了“局部有效、整体失效”的生态局面，从世界范围来看是一种不可持续的发展过程。因此，如何构建人类命运共同体、建立全球生态治理意识与体系，建立经济增长与环境污染的空间联系，在发展中国家与不发达国家普及生态城市设计的技术与方法，实现生态公平将是未来真正实现生态化发展的重要议题。对于生态城市设计来说，探索生态与经济及产业同步发展、协同共生的生态城市设计方法将是重要的发展方向。

5.3 新技术革命

5.3.1 技术革命的发展与演变

“科学技术是生产力”是马克思主义的一个基本观点，自第一次工业革命开始，科学技术不断变革，不断推动国际社会实现新的发展。目前国内外学者对技术革命的阶段划分尚未统一。中国学者贾根良（2012）认为，从经济史的角度看，人类社会经历了五次技术革命浪潮和三次工业革命，并对第六次技术革命提出了预测（表 5-1）。其中每次工业革命大约都历经百年，基本涵盖两次技术革命。第一次工业革命（1771 ~ 1875 年）以机械生产方式的革命和轻工业体系变革为主，包含了 1771 年英国以纺织工业为支柱部门的产业技术革命浪潮和 1829 年以铁路和蒸汽机为支柱扩散到欧洲和美国的蒸汽机铁路技术革命浪潮。接着的第二次工业革命（1875 ~ 1971 年）以大批量生产方式和重化工业体系变革为主，包含 1875 年的以重型机械、化工、电气设备为支持产业的钢铁、电力和重化工业技术革命浪潮，以及 1908 年以汽车、石油化工、合成材料、内燃机、家用电器为支柱产业，由美国扩散到欧洲的石油、汽车和大批量生产的技术革命浪潮。而第三次工业革命（1971 年以来）以人工智能、信息技术以及环保的生产方式为主（图 5-13、图 5-14），包含了以计算机、软件、远程通信、个人电子产品为支柱产业的信息和远程技术革命浪潮，以及以机器人、新能源汽车、高速交通运输体系、太阳能产业、3D 打印机和绿色智能装备制造业为先进部门的智能环保技术革命浪潮[①]。

---

① 张鹰．技术进步与经济发展创新理论探索——基于新技术经济时代视角 [J]．经济问题，2015（2）：19-24.

表 5-1　三次工业革命与六次技术革命浪潮

技术革命开始年份	该时期的流行名称	核心国家	诱发技术革命的重大技术突破	工业革命及其区间
第一次技术革命（1771 年）	产业革命	英国	阿克莱特在英国克隆福德设厂	第一次工业革命（1771—1875 年）
第二次技术革命（1829 年）	蒸汽和铁路时代	英国（扩散到欧洲大陆和美国）	蒸汽动力机车“火箭号”在英国利物浦到曼彻斯特的铁路上试验成功	
第三次技术革命（1875 年）	钢铁、电力、重化工业时代	美国和德国追赶并超越英国	卡内基酸性转炉钢厂在美国宾夕法尼亚州的匹兹堡开工	第二次工业革命（1875—1971 年）
第四次技术革命（1908 年）	石油、汽车和大规模生产的时代	美国（起初与德国竞争世界领导地位），后扩散到欧洲	第一辆 T 型车从美国密歇根州底特律的福特工厂出产	
第五次技术革命（1971 年）	信息和远程通信时代（包括机器人）	美国（扩散到欧洲和亚洲）	在美国加利福尼亚州的圣克拉拉，英特尔的微处理器宣告问世	第三次工业革命（1971 年—21 世纪 70 年代）
第六次技术革命（2020 年~21 世纪 30 年代?）	新能源、3D 打印机、纳米、新材料、生物技术和生物电子	美国、日本和欧盟		

图 5-13　计算机模拟技术

图 5-14　雄安新区无人驾驶巴士

近几十年来，以信息技术革命为中心的当代技术革命蓬勃兴起，标志着人类从工业经济向知识经济、从工业社会向信息社会历史性的跨越。为从国家层面推动技术变革对区域发展影响的战略研究，美国在 1996 年从国家层面先后启动了两期《技术变革与城市发展》战略研究项目，英国在 2013 年依托国家技术战略委员会成立了“未来城市”研究机构，专项负责组织推动相关领域的战略研究，欧盟、日本也先后启动了类似的战略研究①。我国自 2011 年起大力推动智慧城市建设，以信息技术推动城市发展，智慧城市多次被写入住房和城乡建设部、国家测绘地理信息局、工业和信息化部的相关政策法规②。2012 年“国家信息中心智慧城市发展研究中心”成立，在智慧城市以及数字经济、大数据、互联网+、电子商务、信息安全、信息惠民等领域开展了大量研究。新一代技术革命为当代国际社会发展带来了新机遇。

① 张建明．经济全球化环境下城市规划的转变 [J]．中外建筑，2017（9）：83-85.

② 徐静，陈秀万．我国智慧城市发展现状与问题分析 [J]．科技管理研究，2014，34（7）：23-26.

5.3.2 新城市科学对生态城市设计的影响

随着以信息技术为主的新技术的迅速发展与普及，学术界以深入量化分析与数据计算等研究模式为依托，在城市复杂性研究方面开始取得相当多的成果。巴蒂（2007）指出：城市是一个以自下而上发展为主的复杂系统，其规模和形态遵循因空间争夺而导致的扩展规律；认识城市不仅仅是理解城市空间，还需要理解流动和网络如何塑造城市[①]。巴蒂在复杂科学的基础上对城市科学中的区域科学及城市经济学内涵加以系统整理，提出了“新城市科学”（New Science of Cities）这一“新”概念。巴蒂（2013）等学者所称谓的“城市科学”之“新”，不仅仅是因其使用了诸多的新技术和新工具，还因其所依据的学科思想。巴蒂认为：新城市科学，是利用了过去 20~25 年内发展出来的新技术、新工具和新方法，具有演进性和复杂性科学特征，以及更强烈的离散性和自下而上的学科思想，致力于解读和认识城市的新变化并面向可期待的未来创造[②]。美国学者安东尼·汤森德（2015）认为，新城市科学应该具备三个基本特征：两种传统研究方法的对抗（即探索城市个性化的描述性研究方法与揭示影响城市结构和动态的共同过程的演绎研究方法）、多学科理论方法的支撑，以及数字技术的研究与应用[③]。新加坡—苏黎世联邦理工学院中心未来城市实验室（Future Cities Laboratory，Singapore-ETH Center）的前负责人彼得·爱德华（2016）提出“新城市科学的目标是使城市更加可持续、更具韧性、更加宜居”[④]。

国内的研究者也敏锐地开始把握这一动向：王建国院士（2018）认为城市设计所依托的理论和技术方法经历了三代范型：第一代为传统城市设计，第二代为现代主义城市设计，第三代为绿色城市设计，而当前在信息化、数字化、网络化的时代背景下，出现了第四代范型——基于人机互动的数字化城市设计。在数字技术的推动下，数字化城市设计为满足城市这一复杂系统的整体需求，从单一空间层面扩展为复杂多元层面，从静态城市空间扩展至动态城市空间，并以全尺度的设计对象、数字化的设计方法、人机互动的设计过程整体性构建数字化城市设计，并最终走向智慧型生态城市设计[⑤]。

---

① Batty M. Cities and Complexity[M]. Cambridge: The MIT Press, 2007.

② Batty M. The New Science of Cities[M]. Cambridge: The MIT Press, 2013.

③ TOWNSEND A. Cities of Data: Examining the New Urban Science[J]. Public Culture, 2015, 27（2）: 201-212.

④ Edwards P. What Is the New Urban Science? Retrieved from [EB/OL]. https://www.weforum.org/agenda/2016/01/what-is-the-new-urban-science.

⑤ 王建国. 从理性规划的视角看城市设计发展的四代范型 [J]. 城市规划，2018，42（1）：9-19+73.

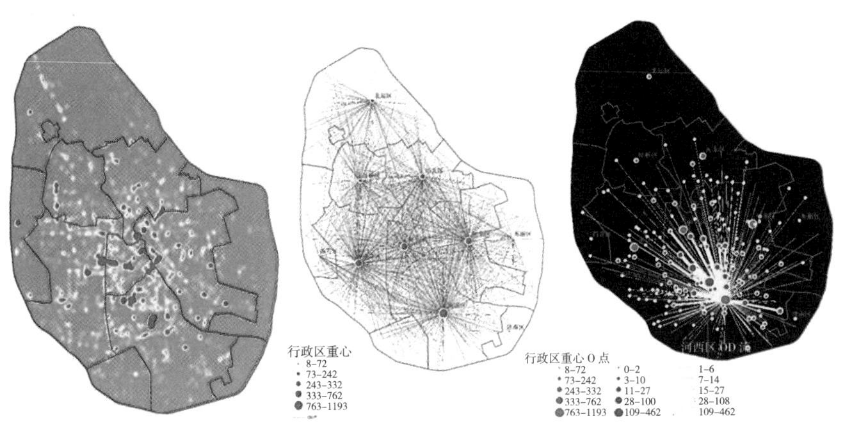

工作日早高峰上车点核密度图（300m）　工作日早高峰 OD 流　　　工作日河西区早高峰 OD 流

图 5-15　数字化城市设计分析方法

以 20 世纪 90 年代电脑逐渐普及时所提出的数字城市，到 2000 年前后互联网兴起时所提出的信息化城市，再到现在智慧城市之间清晰的演化逻辑为思考基点，新城市科学正是依托智慧城市所带来的海量数据与分析技术（图 5-15），以深入量化分析与数据计算途径来研究城市的发展规律，在融合了城市规划、人工智能、互联网、公众健康等诸多领域基础上，一个全新的学科领域正在形成，同时它也必将引领生态城市设计走向一个崭新的领域。

5.3.3　人工智能对生态城市设计的影响

2017 年 7 月，国务院印发了《新一代人工智能发展规划》，在城市建设领域指出，要以人工智能“推进城市规划、建设、管理、运营全生命周期智能化……”等各方面。《麻省理工科技评论》将“感知城市（Sensing City）”与面向大众的人工智能（AI for Everybody）并列为 2018 年全球十大突破性技术之一，世界各大科技公司争相开始做智能城市规划，这说明城市规划开始步入智能化这一新的黄金时期。人工智能在世界范围内兴起，尤其在中国，得到了全球规划学界少有的与规划实践结合的最佳机会。由于中国拥有全球范围内最大的城市化的机遇与挑战，所以国内人工智能技术的运用历史虽然短暂，但从应用的广度和深度方面看，却是世界的领跑者。

潘云鹤院士（2013）有预见性地指出：应该在智能推演规划建设的道路上，在长久积累的城市大数据库基础上，坚定走智能化城市规划设计创新道路，要在大数据的城市规划设计成果上导入人工智能。吴志强院士（2017）率先提出“大智移云”技术（即大数据、人工智能、移动网络、云计算技术的简称）会极大地推动人工智能辅助城市规划方法技术的发展和进步，吴院士及其团队研发了城市智能模拟平台（CIM）进行城市形态的智能设计，在北京副中心的设计中（图 5–16），应用此系统在覆盖 155km^2 内可快速读取出任一区域内的天气、人口成分、人流汇聚规模和速度、建筑高度、建成材料并进行个体化的精准计算，从而高效完成设施的最佳配置量和配置地点等的布局[①]。

目前，人工智能界对以单机的机器学习（Machine Learning）和深度学习（Deep Learning）为标志的第一代 AI 技术的超越正在进行中，而技术突破将在可见的未来出现。迄今为止，人工智能技术在城市规划方面的应用，主要集中于城市生长规划和城市空间规律的机器学习（ML）和深度学习（DL），主要运用于对城市数据的大规模挖掘。基于人工智能、大数据的智能型生态城市设计的规划愿景不是一蹴而就的，会经历四个阶段：人工智能协助型、增强型、自动型和自主型。只有当城市被作为独立生命体而被尊重时，生态城市设计才能尊重城市复杂的生命规律与生态理性。随着人工智能自身的快速发展和提升，并不断被导入城市规律学习和规划决策的过程中，生态城市设计才会变得更加强大。

“生态城市”“绿色城市”“低碳城市”“智慧城市”“数字城市”……这些热潮在我国兴起，试点示范数百个，远超国外的规模和热度，单独的设计仅是城市发展的中层设计，顶层设计需要整合性思维指导下的科学性、人文性、艺术性相结合的综合研究。中国的生态城市设计站在新时代新起点，基于城乡空间本质，尊重规划科学规律，以生态文明的建构为目标导向，以创新理念的引领为基本动力，以复杂科学的发展为技术支撑，才能走向未来的智慧型生态城市的良性发展之路。

图 5–16　北京副中心 CIM 支持系统平台

① 吴志强. 人工智能辅助城市规划 [J]. 时代建筑，2018（1）：6–11.

5.4 新规划变革

5.4.1 国土空间规划体系的产生背景与发展过程

构建国土空间规划体系，将主体功能区规划、土地利用规划、城乡规划等空间规划融合为统一的国土空间规划，实现“多规合一”，强化国土空间规划对各专项规划的指导约束作用，是党中央、国务院做出的重大决策部署，是我国规划体系的一次重大变革（图 5–17）。

此次规划变革是在提升国家现代化治理能力、落实生态文明建设理念的背景下产生的。一方面，在国土空间规划体系建立之前，我国规划体系繁杂，其中涉及“空间”的相关规划包括主体功能区划、城乡规划、土地利用总体规划、区域规划、环境保护规划、流域综合规划、海洋功能区划、交通规划和林业规划等[①]。各规划分属不同行政部门，存在体系交叉重复、体制事权冲突等问题，同时不同规划的规划依据、规划年限、用地权属性质、空间边界、技术标准、技术工具等都存在差异，致使各类规划各自为政、难以协调，严重削弱了国家对国土空间的管控能力。另一方面，21 世纪是我国城镇化高速发展阶段，快速、粗放的国土空间开发建设带来了一系列生态环境问题，在此背景下，党的十九大提出生态文明建设理念，标志着我国城市建设从初期的以生产要素和投资驱动为特征的外延式、资源过度消耗型模式逐步转变为以创新和财富驱动为特征的，经济、社会、环境协调发展的内涵式、技术提升型模式[②]。此次空间规划体系改革正是落实生态文明观的重要举措。在此背景下，国土空间规划体系应运而生。

2013 年，空间规划体系首次提出，《中共中央关于全面深化改革若干重大问题的决定》“加快生态文明制度建设”篇章中提出“建立空间规划体系，划定生产、生活、生态空间开发管制界限，落实用途管制。”2015 年《生态文明体制改革总体方案》中明确了“编制空间规划，整合目前各部门分头编制的各类空间性规划，编制统一的空间规划，实现规划全覆盖”。2017 年《省级空间规划试点方案》印发，进一步探索空间规划编制思路和方法。2018 年，自然资源部正式组建，以单一权威机构自然资源部统领空间规划管理相关职能，提高了国家对国土空间的管控能力，并强化了自然资源的主体地位。2019 年，《中共中央国务院关于建立国土空间规划体系并监督实施的若干意见》正式印发，标志着我国国土空间规划体系构建工作正式全面展开（表 5–2）。

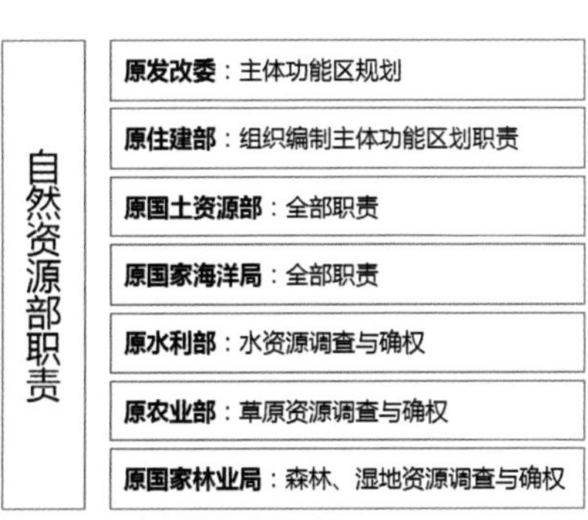

图 5–17 自然资源部职责

① 罗彦，蒋国翔，邱凯付．机构改革背景下我国空间规划的改革趋势与行业应对 [J]．规划师，2019，35（1）：11–18.

② 杨保军，董珂．生态城市规划的理念与实践——以中新天津生态城总体规划为例 [J]．城市规划，2008（8）：10–14+97.

表 5-2 我国国土空间规划体系的提出过程和相应内容

时间	政策	内容
2013 年	《中共中央关于全面深化改革若干重大问题的决定》	建立空间规划体系，划定生产、生活、生态开发边界，落实用途管制；划定生态保护红线
2015 年	《生态文明体制改革总体方案》	编制空间规划；整合目前各部门分头编制的各类空间性规划，编制统一的空间规划，实现规划全覆盖；空间规划是国家空间发展的指南、可持续发展的空间蓝图，是各类开发建设活动的基本依据；空间规划分为国家、省、市县（设区的市空间规划范围为市辖区）三级；研究建立统一规范的空间规划编制机制；鼓励开展省级空间规划试点
	《中共中央关于制定国民经济和社会发展第十三个五年规划的建议》	建立由空间规划、用途管制、领导干部自然资源资产离任审计、差异化绩效考核等构成的空间治理体系
2017 年	《省级空间规划试点方案》	以主体功能区规划为基础，全面摸清并分析国土空间本底条件，划定城镇、农业、生态空间以及生态保护红线、永久基本农田、城镇开发边界，注重开发强度管控和主要控制线落地，统筹各类空间规划，编制统一的省级空间规划
	《全国国土规划纲要（2016—2030）》	国土空间开发保护制度全面建立，生态文明建设更加坚实。到 2020 年，空间规划体系不断完善，最严格的土地管理制度、水资源管理制度和环保制度得到落实，生态红线全面划定
	《中国共产党第十九次全国代表大会报告》	完成生态保护红线、永久基本农田、城镇开发边界三条控制线的划定工作；构建国土空间开发保护制度，完善主体功能区配套职责，建立以国家公园为主体的自然保护地体系
2018 年	《深化党和国家机构改革方案》	组建自然资源部，统一行使全民所有自然资源资产所有者职责，统一行使所有国土空间用途管制和生态保护修复职责，着力解决自然资源所有者不到位、空间规划重叠等问题
	《中共中央关于深化党和国家机构改革的决定》	设立国有自然资源资产管理和自然生态监管机构，完善生态环境管理制度，统一行使全民所有自然资源资产所有者职责，统一行使所有国土空间用途管制和生态保护修复职责，统一行使监管城乡各类污染排放和行政执法职责
	《关于统一规划体系更好发挥国家发展规划战略导向作用的意见》	国家级空间规划以空间治理和空间结构优化为主要内容，是实施国土空间用途管制和生态保护修复的重要依据
2019 年	《中共中央国务院关于建立国土空间规划体系并监督实施的若干意见》	分级分类建立国土空间规划；明确各级国土空间总体规划编制重点；强化对专项规划的指导约束作用；在市县及以下编制详细规划

5.4.2 国土空间规划体系的内涵与特征

《中共中央国务院关于建立国土空间规划体系并监督实施的若干意见》指出：国土空间规划是国家空间发展的指南、可持续发展的空间蓝图，是各类开发保护建设活动的基本依据，是对一定区域国土空间开发保护在空间和时间上作出的安排。国土空间规划的编制审批和监督实施要分级分类进行，即包括“五级三类”。五级指与我国行政管理层级相对应的国家、省、市、县、乡镇，不同层级的规划体现不同空间尺度和管理深度要求。三类指总体规划、详细规划和相关专项规划，总体规划与详细规划、相关专项规划之间体现“总—分关系”。国土空间总体规划是详细规划的依据、相关专项规划的基础；详细规划要依据批准的国土空间总体规划进行编制和修改；相关专项规划要遵循国土空间总体规划，不得违背总体规划强制性内容，其主要内容要纳入详细规划。

新时代国土空间规划的创新性特征主要包括三个方面：

第一，以生态文明建设理念为引领。建立空间规划体系是中央结合生态文明建设作出的重大战略部署，是推进自然资源监管体制改革，推动人与自然和谐共生，加快形成绿色生产、绿色生活、绿色发展方式的重要抓手[①]。新的国土空间规划体系以促进绿色发展、安全发展、可持续发展为目标；坚持保护优先、节约集约，严控增量、盘活存量，加快形成绿色生产方式和生活方式；强化底线约束，划定生态保护红线、永久基本农田、城镇开发边界等空间管控边界以及各类海域保护线；注重风险防范，积极应对未来发展不确定性，提高规划韧性。

第二，以规划协调统筹为重点。新的国土空间规划体系是“多规合一”的规划体系，有利于解决原有空间规划存在的冲突问题。新的国土空间规划体系对主体功能区规划、土地利用规划、城乡规划等空间规划进行了优势互补和继承发展，从规划编审内容、管理机构、体制机制、技术规范、人员队伍等各方面在原有基础上进行了整合和优化，强调“一级政府一级事权”，强调总体规划和详细规划、专项规划之间的指导约束和衔接协调，强调部门之间形成合力，着力解决过去规划“打架”、约束和引领作用不突出、行政效能不高等问题。

第三，以提高空间治理水平为目标。新的国土空间规划体系是国家治理体系现代化的重要组成部分，注重能用、管用、好用。能用，是指要适应我国国情和新时代发展要求；管用，是指能够有效解决问题，强调因地制宜，适用各地具体情况；好用，是指新的体系要能够有效运行、降低成本、方便实操。具体将按照明晰事权、权责对等原则，结合“放管服”改革要求，理顺各层级政府及其自然资源主管部门职责划分，明确各级各类国土空间规划编制和管理的要点；规划编制要充分考虑地方特色，实事求是，避免工业化思维下编制“标准化”，但不好用的规划；编制规

① 林坚，吴宇翔，吴佳雨，刘诗毅. 论空间规划体系的构建——兼析空间规划、国土空间用途管制与自然资源监管的关系 [J]. 城市规划，2018，42（5）：9–17.

划的同时，要搭建国土空间基础信息平台，逐步实现全国国土空间规划“一张图”，推进数据共享和信息交互；同时，统筹规划、建设、管理三大环节，优化行政审批许可管理流程，提高空间治理体系和能力的现代化水平。

5.4.3 国土空间规划体系对生态城市设计的影响

自 2013 年空间规划体系正式提出以来，国土空间规划的相关理论研究逐渐成为业内研究热点。既有理论研究主要包括空间规划的国际经验研究、国内省市多规合一建设经验研究、国土空间规划体系编制研究、国土空间规划体系下各专项规划体系的编制研究四个方面，其中国土空间规划体系编制研究是当前理论研究的核心内容，形成了涉及规划层级、生态红线、评估体系、实施监督机制等在内的大量研究成果，对我国国土空间规划体系的构建具有重要指导与借鉴意义。在规划实践层面，广州市作为全国首个市级国土空间规划先行先试城市，已完成《广州市国土空间总体规划（2018—2035 年）》规划草案编制工作，重点从底数底图、战略目标、空间格局、资源统筹、要素配置、实施保障等方面积极探索、大胆实践，取得了有益的经验，形成了初步成果（图 5-18 ~ 图 5-20）。

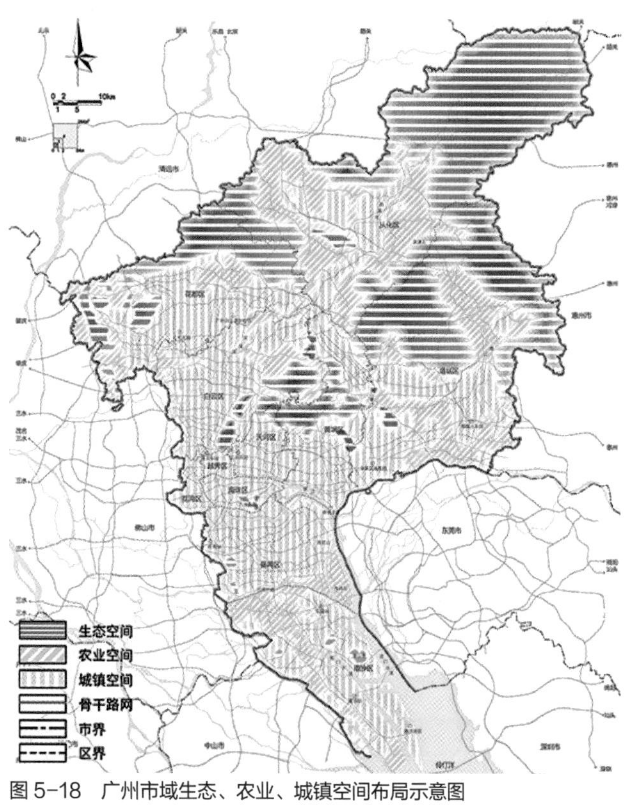

图 5-18 广州市域生态、农业、城镇空间布局示意图

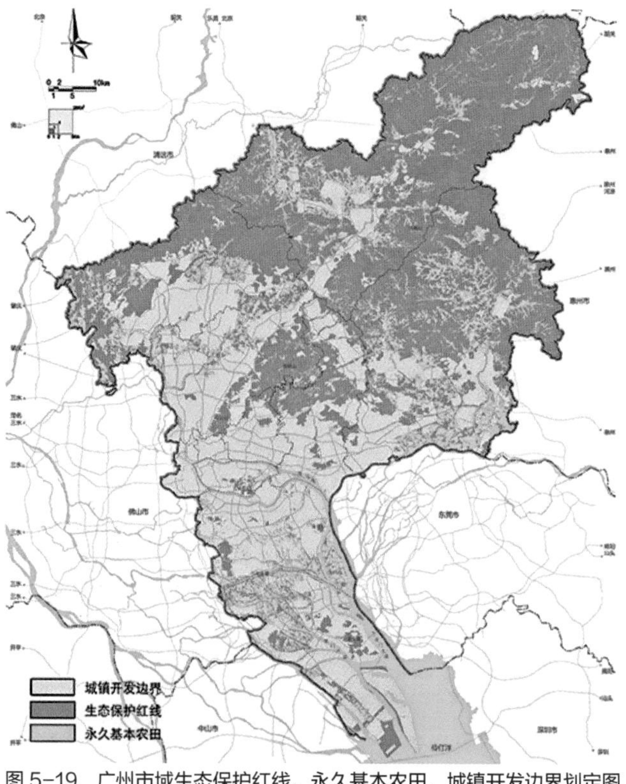

图 5-19 广州市域生态保护红线、永久基本农田、城镇开发边界划定图

图 5-20　广州市域生态空间网络结构图

2019 年 4 月，自然资源部国土空间规划局选取了浙江、江西等 4 个省和北京、上海、青岛等 10 个城市开展规划实施评估先行先试工作，逐步推动国土空间规划的编制与实施。

当前我国的国土空间规划体系在理论与实践层面均处于蓬勃发展期，作为以生态文明建设理念为引领的新时代规划体系，必将对未来生态城市的建设提供新的发展机遇，也将极大地推动我国生态城市设计的发展。另一方面，国土空间规划的“一张底图”将为生态城市设计提供良好的研究与规划设计基础，进一步提升规划与设计的科学性与可实施性。此外，未来的生态城市设计还应积极探索与既有国土空间规划体系的衔接与融合策略，以更好地落实生态城市设计理念，提升生态城市建设与管理水平。

5.5 理想城市愿景

5.5.1 生态未来主义

未来主义（Futurism）是20世纪60年代末在西方发达资本主义国家出现的一种对社会发展的未来前景进行研究和预测的社会思潮，其理论核心是社会发展理论，可分为社会历史和生态学两个流派。从20世纪70年代中期至今，未来主义已经掀起了一股对世界前景综合预测的“全球模式”的未来研究热潮。从20世纪80年代中后期，未来主义思潮大规模传入我国，对于我们了解新技术革命造成的社会变化，认识生态环境、资源和人口等问题，以及了解社会发展的重要性等方面都起到了一定的积极作用[①]。

生态学（Ecology）一词最早是由德国学者海克尔（Haeckel）于1866年提出的，是关于有机体与其环境关系的科学。随着全球性问题的日益严重，生态学从20世纪开始获得了全新的发展，人类社会和自然生态系统的关系同有机体和环境的关系一样，都存在着物质变换，通过物质变换，它们构成了一个整体——生态系统。生态未来主义（Ecological Futurism）对全球性环发问题的研究便是以生态学为科学背景和根据展开的，是对未来社会发展和城市建设进行探索研究的理论思潮。在生态未来主义引领下，相关生态研究与生态城市发展愿景将更具前瞻性，将有利于提高生态城市应对全球变化的适应性与韧性。

5.5.2 理想城市愿景

图5-21 乌托邦岛

城市是人类栖居的重要家园。自城市产生之日起，人类对理想城市的探索就从未停歇。然而，每一个时代都有其对理想社会和城市的想象。从柏拉图（Plato）的理想国到埃比尼泽·霍华德（Ebenezer Howard）的田园城市，从老子的寡国小民到陶渊明的世外桃源，理想城市或乌托邦的存在，其意义或正是给城市以想象力，促进社会的整体进步[②]。

西方文化中最早的理想城市形象，可追溯到柏拉图在《理想国》中对理想城市的想象，其对秩序和平衡的阐述成为西方乌托邦城市构想的思想之源[③]。之后，在承袭托马斯·莫尔（Thomas More）《乌托邦》一书中理想城市的形态想象的基础上（图5-21），霍华德（Ebenezer Howard）以田园城市理论为切入，将对理想城市的追求落实到对城市形态的追求上（图5-22），

---

① 赵汇．未来主义思潮[J]．前线．1997（3）：59-60.

② 刘琰．中国现代理想城市的构建与探索[J]．城市发展研究．2013（11）：41-48.

③ 梁鹤年．旧概念与新环境（一）：柏拉图的“恒”[J]．城市规划，2012，36（6）：74-83.

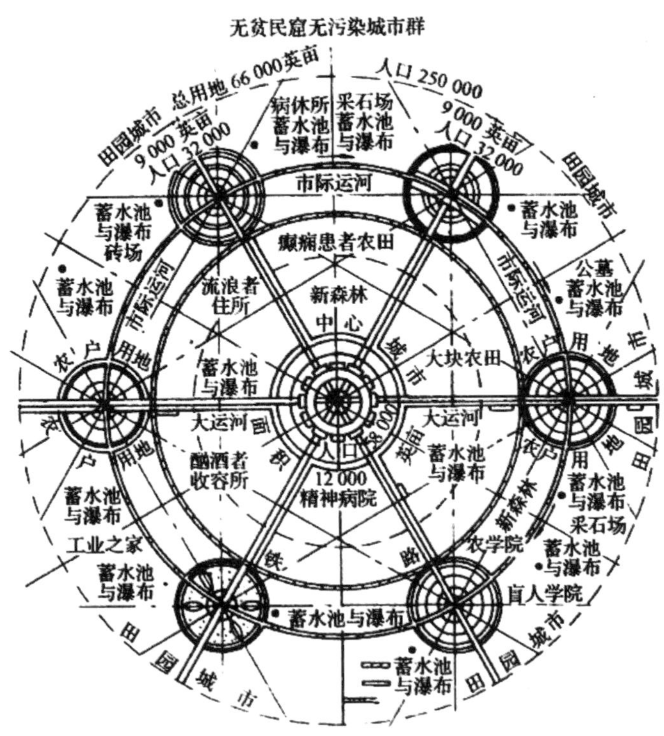

图 5-22　田园城市

虽然带有显著的乌托邦色彩，但却打开了现代城市规划的思想先河①。第二次世界大战以后，紧凑城市、新城市主义、精明增长等成为西方现代理想城市模式的主要方向，推动着应对全球气候变化、建设低碳城市的浪潮。

在中国，较早的理想城市方案可追溯到《周礼·考工记》所记载的王城营建制度——匠人营国，方九里，旁三门（图 5-23）。国中九经九纬，经涂九轨，左祖右社，面朝后市，市朝一夫。进入现代社会以来，随着我国经济的发展，众多理想城市模式被陆续提出，如：山水城市、绿色城市、健康城市、宜居城市、生态城市、低碳城市和智慧城市等。其中，生态城市因从系统生态学角度提出了一种综合解决城市问题的集成化发展模式，从而得到了社会的积极响应，并在全国范围内不断涌现出各具特色的实践探索②。

在过去的几十年里，生态城市建设经历了 20 世纪 70 年代早期开始的自下而上的社区实践，20 世纪 90 年代可持续发展理念引发的生态城热潮和全球化大规模生态城市运动，逐渐使人们理清了生态城市、可持续

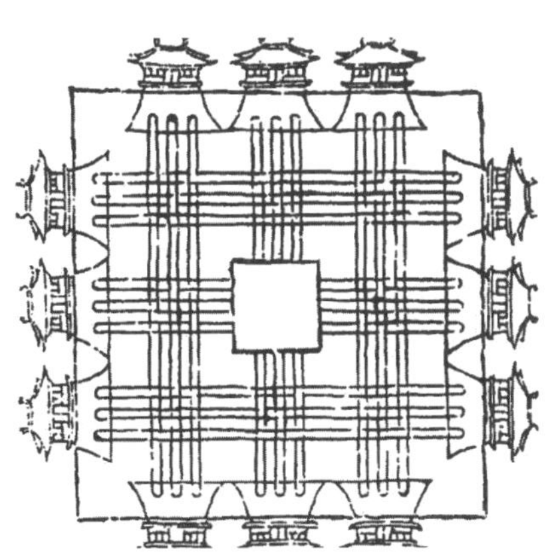

图 5-23　周王城图

① 杨振之，蔡寅春，谢辉基．特色小镇：思想流变及本质特征 [J]．四川大学学报（哲学社会科学版），2018（6）：141-150.

② 刘琰．中国现代理想城市的构建与探索 [J]．城市发展研究，2013（11）：41-48.

发展、生态现代化的联系，在组织模式、适用范围、生态与经济的内在矛盾方面有了更多地思考和实际经验。这些研究表明，无论是自下而上还是自上而下的社区模式上，还是在环境保护与资本经济的内在矛盾上，现代生态城市已经在其核心的愿景和抱负中超越生态约束的“传统观念”，转而需要在人与社会、环境和资本之间寻找到微妙的平衡，走向人—社会—环境共生的未来新理想城市[①]。

5.5.3 走向人—社会—环境共生的未来城市

理查德·瑞吉斯特（Richard Register）曾提出我们必须用新的理念把生态和社会张力重新整合在一起，用未来主义范式、人与自然相平衡的原则来进行生态城市的建设[②]。认为生态城市追求人类和自然的健康与活力，即生态健全的城市，是紧凑、充满活力、节能并与自然和谐共存的聚居地，需同时满足生命、美、公平三大标准，并提出未来生态城市的形态是三维而非平面的，强调城市的混合性与多样性，这对于我国生态城市的建设产生了重要的参考价值[③]。

建设人—社会—环境共生的未来城市，主要体现在以下几个方面：

土地的高密度必须与使用功能的混合相结合。设立土地混合使用功能的区划制度，使开发集中而非分散[④]（图 5-24）。为城市预留生态廊道，与周边自然斑块相连通，为野生动物提供安全、自由的生活、迁徙通道网络（图 5-25），恢复和保持城市的生态系统的多样性，实现城市建设的可持续发展。

发展绿色交通，大力发展公共交通和非机动交通，增强区域交通可达性和内部交通便捷性，构建慢行交通与公共交通的多元运输体系。对于选择步行的出行者尽力给予最大的帮助，提供安全舒适的步行空间，如美国纽约高线公园设计（图 5-26）。此外，基于新技术的步行系统设计也已经在城市设计领域逐步开展，如针对步行系统，日本开发的线性加速（Accel-Liner）系统和澳大利亚工程师发明的“Loderway”快送系统，这是目前较为成熟的自动步行道系统，这些系统的移动速度可达到步行速度的 4 倍，较长距离的移动中可保持 2 倍的正常步行速度，可有效提升步行的快捷度，对于慢行出行具有促进作用。除此之外，对机动车小汽车要采取有力的抑制行动，提供高效的公共交通，如巴西库里蒂巴市的

① 杞人. 生态城市：未来城市的发展方向 [J]. 生态经济，2010（9）：8-13.

② （美）理查德·瑞吉斯特，等. 生态城市：建设与自然平衡的人居环境 [M]. 北京：社会科学文献出版社，2002.

③④ （美）理查德·瑞吉斯特. 生态城市伯克利：为一个健康的未来建设城市 [M]. 沈清基，等，译. 北京：中国建筑工业出版社，2005.

图 5-24　北京市通州区垂直城市设计

图 5-25　加拿大班芙生态廊道设计

图 5-26　美国纽约高线公园

图 5-27　香港东涌地铁站

快速公交系统，在高强度交通走廊上拥有行运量达 1.5 万人 / 小时的 BRT 快速公交，可与低密度街区的小型公共系统车进行衔接①②，以及中国香港高效接驳的公共交通系统等（图 5-27）。

强调发展绿色产业，降低能源消耗，实现产业结构节能和环境保护（图 5-28）。建设宜居城市，提高居民归属感和幸福感。如：纽约、巴黎、东京等发达国家中心城市发展均通过绿色低碳的手段，提升改善了城市人居环境，促进了城市发展转型升级。如纽约市在 2030 年的规划中提出投资建设新的休闲设施及开放公园，为每个社区增加新绿化带和公共广

① 周伟丹. 健康城市的路网体系研究 [D]. 南京：南京林业大学，2008.

② 徐璐，王耀武. 健康城市与未来的城市交通 [J]. 城市建筑. 2010（10）：125-126.

图 5-28 渭南市渭河滨河公园规划

图 5-29 美国纽约城市公园

场，在 2030 年实现步行 10 分钟可到达公园（图 5-29）。《2030 年首尔城市基本规划》明确了“充满生机与活力的放心城市”的目标，提出了改善和优化城市生活环境质量，建立低碳能源生产与消费体系等 11 项策略。东京市政府制定的《东京 2020 年》规划提出了建设低碳、高效节能、能源自立型的城市[①]。

目前，科学技术大力发展，物联网、互联网、大数据、区块链、人工智能等已经成为城市发展的核心驱动力，随着技术的进步，生态意识的加

① 俞滨洋．新时代绿色城市高质量发展建设的战略思考 [J]．人类居住．2018（4）：28-33.

图 5-30　未来生态城市设计展望

强，未来城市将实现人—社会—环境的智慧生态、交融共生[①]（图 5-30）。

思考题

1. 当前人类应对全球气候变化的核心概念和途径是什么？
2. 经济全球化给生态城市设计带来的挑战有哪些？
3. 技术革命经历了哪几个阶段？当前以信息技术为核心的新技术革命为生态城市设计提供了哪些机遇？
4. 国土空间规划的“五级三类”是指什么？我国生态城市设计应在哪些方面积极探索与国土空间规划的联系？
5. 建设人—社会—环境共生的未来城市主要体现在哪些方面？

① 张宗兰，高维峰．科技人文融合与绿色共生：新型生态城市视域下的雄安生态文化创新理路[J]．生态经济．2019，35（6）：219-223.

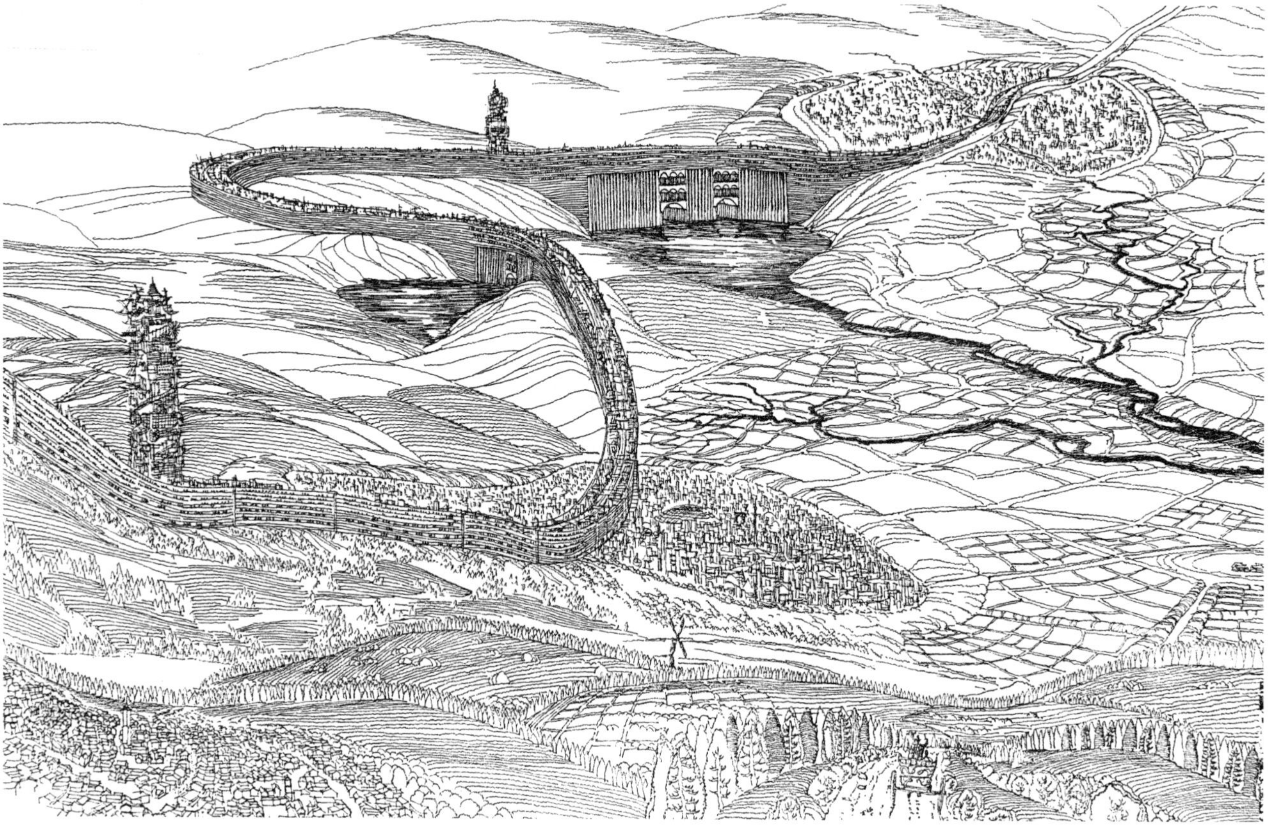

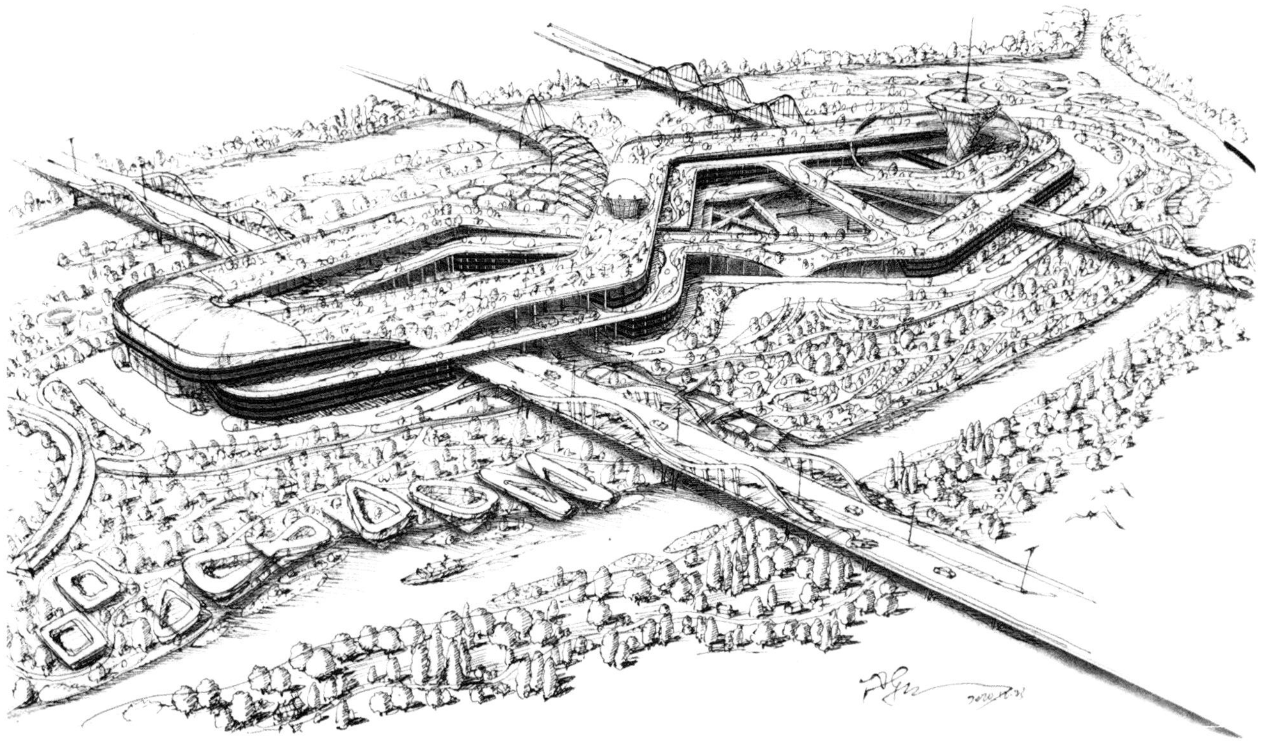

图表来源

第1章

图 1-1　https//en.unesco.org/mab.

图 1-2　张冠增. 西方城市建设史纲 [M]. 北京：中国建筑工业出版社，2011.

图 1-3　王其亨，张慧.《尚书》、《周礼》——中国古代城市规划与风水理论的坟典 [J]. 天津大学学报（社会科学版），2010（3）：225-331.

图 1-4　（英）埃比尼泽·霍华德. 明日的田园城市 [M]. 金经元，译. 北京：商务印书馆，2009.

图 1-5、图 1-6　（美）德内拉·梅多斯，乔根·兰德斯，丹尼斯·梅多斯. 增长的极限 [M]. 李涛，王智勇，翻译. 北京：机械工业出版社，2013.

图 1-7　（美）理查德·瑞吉斯特. 生态城市伯克利：为一个健康的未来建设城市 [M]. 沈清基，沈贻，译北京：中国建筑工业出版社，2005.

图 1-8、图 1-9　（美）理查德·瑞吉斯特. 生态城市：重建与自然平衡的城市 [M]. 王松如，于占杰，译. 北京：社会科学文献出版社，2010.

图 1-10 ~ 图 1-12　Paul F. Downton. Ecopolis：Architecture and Cities for a Changing Climate[M]. Berlin：Springer，2009.

图 1-13　陈宏，刘沛林. 风水的空间模式对中国传统城市规划的影响 [J]. 城市规划，1995（4）：18-21+64.

图 1-14　钱学森. 社会主义中国应该建山水城市 [J]. 建筑学报，1993（6）：2-3.

图 1-15　黄光宇，林锦玲. 山地资源型城市的生态环境空间控制初探——以攀枝花市攀密片区为例 [J]. 规划师，2006（4）：11-14.

图 1-16《中新天津生态城总体规划（2008—2020 年）》

图 1-17《深圳光明新区规划（2007—2020 年）》

图 1-18　苑景华. 低碳发展的保定模式 [J]. 城市住宅，2009（4）：91-92.

图 1-19、图 1-21　同图 1-4.

图 1-20　David Thomas. LONDON'S GREEN BELT：THE EVOLUTION OF AN IDEA[J]. The Geographical Journal，1963：14-24.

图 1-22　叶齐茂. 广亩城市（上）[J]. 国际城市规划，2016，31（6）：39+119.

图 1-23　季洁. 阳光的影子——从建外 SOHO 中解读和反思柯布西耶“光明城市”理论 [J]. 华中建筑，2010，28（11）：143-145.

图 1-24 ~ 图 1-26　同图 1-2.

图 1-27　丹尼尔·H. 伯纳姆，爱德华·本内特. 芝加哥规划 [M]. 王红扬，译. 江苏：译林出版社，2017.

图 1-28　Park R.E，Burgess E.W. Introduction to the science of sociology Chicago[M]. Chicago：University of Chicago Press，1921.

图 1-29　Olgyay V. Design with climate：Bioclimatic approach to architectural regionalism-new and expanded edition[M]. Princeton：Princeton University Press，2015.

图 1-30　奥莱格·亚尼茨基，夏凌. 走向生态城：知识与实践相结合的问题 [J]. 国际社会科学杂志（中文版），1984（4）：103-114.

图 1-31　大师系列丛书编辑部. 托马斯·赫尔佐格的作品与思想 [M]. 北京：中国电力出版社，2006.

图 1–32　赵坚，赵云毅 ."站城一体"使轨道交通与土地开发价值最大化 [J]．北京交通大学学报（社会科学版），2018，17（4）：38–53.

图 1–33　City of Portland. Portland Pedestrian Design Guide[Z]. Oregon：Office of Transportation, 1998.

图 1–34　大师系列丛书编辑部．菲利普・考克斯的作品与思想 [M]．北京：中国电力出版社 , 2006.

图 1–35 ~ 图 1–37　Paolo Soleri. Arcology：The City in the Image Af Man[M]. Cambrige：MIT Press，1969.

图 1–38 ~ 图 1–39　同图 1–10.

图 1–40　凯蒂・威廉姆斯，迈克・詹克斯，伊丽莎白・伯顿．紧缩城市——一种可持续发展的城市形态 [M]．周玉鹏，译．北京：中国建筑工业出版社，2004.

图 1–41　洪平亮．城市设计历程 [M]．北京：中国建筑工业出版社，2002：52–63.

图 1–42、图 1–43　陈天拍摄 .

图 1–44　（美）伊恩・伦诺克斯・麦克哈格．设计结合自然 [M]．天津：天津大学出版社，2006.

图 1–45　陈天拍摄于贝丁顿生态社区 .

图 1–46　（美）弗兰德克斯纳．生命的景观——景观规的生态学途径 [M]．周年兴，译．北京：中国建筑出版社，2004：10.

图 1–47　（美）卡尔・斯坦尼兹．迈向 21 世纪的景观设计 [J]．景观设计学，2010，13（5）：24.

图 1–48　杨经文．马来西亚 Sasana Putrajaya 综合大楼 [J]．建筑技艺，2017（6）：78–83.

图 1–49　Yeang K. Eco Master Planning[M]. Chichester：John Wiley&Sons LTD，2009：15–37.

图 1–50　Hough M. Cities and natural process[M]. London：Routledge，2004.

图 1–51　Lyle J.T. Design for Human Ecosystems[J]. New York：Van Nostrand Reinhold，1985.

图 1–52　严巍．兰州近现代城市形态变迁研究 [D]．南京：东南大学，2016.

图 1–53　宋敏．从"扇叶城市"到"紧凑城市"[D]．南京：东南大学，2017.

图 1–54　薛春莹．北京近代城市规划研究 [D]．武汉：武汉理工大学，2003.

图 1–55　齐康．齐康的红色建筑 [J]．建筑与文化，2010（7）：38–57.

图 1–56　成都市规划管理局．成都市公园规划设计导则（试行稿）.2018–05.

图 1–57　陈天拍摄 .

图 1–58　《中新天津生态城总体规划（2008—2020 年）》

图 1–59　长沙梅溪湖国际新城二期概念规划 [J]．城市建筑，2018（24）：68–73.

图 1–60　陈天拍摄 .

图 1–61 ~ 图 1–62　王波．低碳生态城规划实现途径与创新实践研究——以无锡中瑞低碳生态城示范区的规划和建设为例 [C]// 中国城市科学研究会，天津市滨海新区人民政府 . 2014（第九届）城市发展与规划大会论文集—S02 生态城市规划与实践的创新发展．中国城市科学研究会、天津市滨海新区人民政府：中国城市科学研究会，2014：93–99.

表 1–1~ 表 1–3　臧鑫宇．绿色街区城市设计策略与方法研究 [D]．天津：天津大学，2014.

表 1–4　（美）罗杰斯．小小地球上的城市 [M]．北京：中国建筑工业出版社，2004.

表 1–5　孙宇．当代西方生态城市设计理论的演变与启示研究 [D]．哈尔滨：哈尔滨工业大学，2012.

表 1–6　（美）伊恩・伦诺克斯・麦克哈格．设计结合自然 [M]．天津：天津大学出版社，2006.

表 1–7　（加）哈夫．城市与自然过程——迈向可持续的基础 [M]．刘海尤，贾丽奇，等，译．北京：中国建筑工业出版社，2012.

表 1–8　王刚，王勇．长沙梅溪湖新城生态城市低碳策略研究 [J]．建筑学报，2013（6）：113–115.

第 2 章

图 2–1 ~ 图 2–4　Paul D. Spreiregen. Urban Design: The Architecture of Towns and Cities[M]. New York: McGraw–Hill, 1965.

图 2-5 ~ 图 2-7　作者团队改绘自 Paul D. Spreiregen. Urban Design: The Architecture of Towns and Cities[M]. McGraw-Hill，1965.

图 2-8、图 2-9　陈天拍摄 .

图 2-10　同图 2-1.

图 2-11　陈天拍摄 .

图 2-12 ~ 图 2-14　（马来西亚）杨经文. 生态设计手册 [M]. 黄献明，吴正旺，栗德祥. 北京：中国建筑工业出版社，2014.

图 2-15　陈天拍摄 .

图 2-16　作者团队改绘自　张昌娟，金广君. 论紧凑城市概念下城市设计的作为 [J]. 国际城市规划，2009，24（6）：108-117.

图 2-17　陈天拍摄 .

图 2-18　Matthew Carmona，Tim Heath，Taner Oc，et al. 城市设计的维度 [M]. 冯江，袁粤，万谦，等，译. 南京：江苏科学技术出版社，2005.

图 2-19　孙钊. 生态城市设计研究 [D]. 武汉：华中科技大学，2012.

图 2-20 ~ 图 2-26　陈天拍摄 .

图 2-27　作者团队改绘自　胡道生，宗跃光，许文雯. 城市新区景观生态安全格局构建——基于生态网络分析的研究 [J]. 城市发展研究，2011（6）：37-64.

图 2-28　魏绪英，蔡军火，叶英聪，周洋，刘纯青. 基于 GIS 的南昌市公园绿地景观格局分析与优化设计 [J]. 应用生态学报，2018，29（9）：2852-2860.

图 2-29　作者团队绘制 .

图 2-30、图 2-31　陈天拍摄 .

图 2-32　同图 2-12.

图 2-33：作者团队改绘自　姚静，顾朝林，张晓祥，李满春. 试析利用地理信息技术辅助城市设计 [J]. 城市规划，2004（8）：75-78.

图 2-34　http：//www.openstreetmap.org.

图 2-35　由天津市城市规划设计研究院数字规划技术研究中心提供

图 2-36　韩善锐，韦胜，周文，张明娟，陶婷婷，邱廉，刘茂松，徐驰. 基于用户兴趣点数据与 Landsat 遥感影像的城市热场空间格局研究 [J]. 生态学报，2017，37（16）：5305-5312.

图 2-37　杨蒙. 基于智慧数据的共享单车聚集特征与街区空间优化研究——以天津市和平区为例 [D]. 天津：天津大学，2018.

图 2-38　Arshad Ashraf，Zulfiqar Ahmad. Integration of Groundwater Flow Modeling and GIS[M]//Purna Nayak. Resources Mangement and Modeling 10.5772/34257.

图 2-39　作者团队改绘自 邬伦等. 地理信息系统——原理、方法和应用 [M]. 北京：科学出版社，2002.

图 2-40　作者团队改绘自 艾丽双. 三维可视化 GIS 在城市规划中的应用研究 [D]. 北京：清华大学，2004.

图 2-41　作者团队改绘自 贺志军 . GIS 在生态城市设计中的应用框架研究 [D]. 哈尔滨：哈尔滨工业大学，2012.

图 2-42　杜津 . GIS 分析在城市生态规划中的应用研究 [D]. 天津：天津大学，2017.

图 2-43　作者团队改绘自　赵宏宇，解文龙，赵建军，等. 生态城市规划方法启示下的海绵城市规划工具建立——基于敏感性和适宜度分析的海绵型场地选址模型 [J]. 上海城市规划，2018，1（3）：17-24.

图 2-44　作者团队改绘自 S. Bosch，J. Rathmann. Deployment of Renewable Energies in Germany：Spatial Principles and Their Practical Implications Based on a GIS-Tool[J]. Advances in Geosciences，2018,115（45）：115-123.

图 2-45　陈天，臧鑫宇，李阳力，周龙. 基于生态安全理念的雄安新区城市空间发展与规划策略探讨 [J]. 城市建筑，2017

（15）：15–19.

图 2–46　作者团队绘制 .

图 2–47　刘纪远，匡文慧，张增祥，徐新良，秦元伟，宁佳，周万村，张树文，李仁东，颜长珍，吴世新，史学正，江南，于东升，潘贤章，迟文峰 . 20 世纪 80 年代末以来中国土地利用变化的基本特征与空间格局 [J]. 地理学报，2014，69（1）：3–14.

图 2–48　同图 2–35.

图 2–49　同图 2–37.

图 2–50　NASA Earth Observatory.

图 2–51　https://insights.sustainability.google/places/ChIJcWGw3Ytzj1QR7Ui7HnTz6Dg.

图 2–52、图 2–53　作者团队改绘自 https://climatechange.environment.nsw.gov.au/Impacts-of-climate-change/Heat/Urban-heat.

图 2–54　https://www.landcareresearch.co.nz/publications/researchpubs/Science_Rep_LIUDD_optimised.pdf.

图 2–55 ~ 图 2–58　作者团队绘制 .

表 2–1~ 表 2–3　作者根据地理国情监测云平台绘制 .

表 2–4　侯路瑶，姜允芳，石铁矛，桂钦昌. 基于气候变化的城市规划研究进展与展望 [J]. 城市规划，2019，43（3）：121–132.

表 2–5　作者团队改绘自 仝贺，王建龙，车伍，李俊奇，聂爱华. 基于海绵城市理念的城市规划方法探讨 [J]. 南方建筑，2015（4）：108–114.

第3章

图 3–1　Hu M–C，Wu C–Y，T. Shih. Creating a new socio–technical Regime in China：Evidence from the Sino–Singapore Tianjin Eco–City[J]. Futures，2015（70）：1–12.

图 3–2　Paul F. Downton. Ecopolis：Architecture and Cities for a Changing Climate[M]. Berlin：Springer，2009.

图 3–3　NE Siskiyou. Green Street Project Report[EB/OL]. Portland，2005.https://www.portlandoregon.gov/bes/article/78299.

图 3–4　City Council. West Chelsea Zoning Proposal[EB/OL]. 2009. https://www1.nyc.gov/assets/planning/download/pdf/plans/west-chelsea/westchelsea.pdf.

图 3–5　IPCC. Climate Change 2013：The Physical Science Basis [EB/OL]. 2013. https://www.ipcc.ch/report/ar5/wg1/.

图 3–6　CBS. RIVM Emissions Register[EB/OL]. 2019. https://www.cbs.nl/en-gb/news/2019/37/greenhouse-gas-emissions-down.

图 3–7　www.seattle.gov.

图 3–8　Sustainable Seattle. Indicators of Sustainable Community[EB/OL]. 1998. https://communityindicators.net/wp-content/uploads/2018/01/33732840.pdf.

图 3–9　Oregon Progress Board. Oregon benchmarks[EB/OL]. 1991. https://digital.osl.state.or.us/islandora/object/osl%3A33259.

图 3–10　Pembina Institute. The Alberta Genuine Progress Indicator（GPI）Accounts[EB/OL]. 2000. https://msu.edu/course/zol/446/Period%202/GPI.pdf.

图 3–11　The World Economic Forum. 2001 Environmental Sustainability Index[EB/OL]. 2001. https://sedac.ciesin.columbia.edu/es/esi/ESI_01a.pdf.

图 3–12　https://www.breeam.com.

图 3–13　https://www.buildinggreen.com.

图 3–14　https://www.dgnb-system.de/en.

图 3–15、图 3–16　https: //www.ibec.or.jp/CASBEE/english/.

图 3–17　https://www.bca.gov.sg/green_mark/.

表 3–1 Hu M–C，Wu C–Y，T. Shih. Creating a new socio–technical Regime in China：Evidence from the Sino–Singapore Tianjin Eco–City[J]. Futures，2015（70）：1–12.

表 3–2 根据《1961 New York City Zoning Resolution》绘制 .

表 3–3 黄光宇，陈勇. 生态城市理论与规划设计方法 [M]. 北京：科学出版社，2002：65–70.

表 3–4 张坤民. 生态城市评估与指标体系 [M]. 北京：化学工业出版社，2003.

表 3–5 根据《Environment and Sustainable Development Indicatos for Canada》绘制 .

表 3–6 根据《The President's Council on Sustainable Development》绘制 . https://clintonwhitehouse2.archives.gov/.

表 3–7 张坤民. 生态城市评估与指标体系 [M]. 北京：化学工业出版社，2003.

表 3–8 周心怡. 世界主要绿色建筑评价标准解析及比较研究 [D]. 北京：北京工业大学，2017. 作根据相关内容绘制 .

表 3–9 建设部建城〔2000〕106 号文. 关于印发《创建国家园林城市实施方案》、《国家园林城市标准》的通知 .

表 3–10 根据《国家园林城市标准》绘制 .

表 3–11 根据《国家环保模范城市考核指标（试行）》绘制 .

表 3–12 根据《绿色生态城区评价标准》GB/T 51255—2017 绘制 .

表 3–13 根据《海绵城市建设评价标准》GB/T 51345—2018 绘制 .

表 3–14 根据《绿色校园评价标准》GB/T 51356—2019 绘制 .

表 3–15 根据《中新天津生态城指标体系》DB/T 29—129—2016 绘制 .

表 3–16 根据《绿色建筑评价标准》GB/T 50378—2019 绘制 .

表 3–17 根据《中新天津生态城绿色建筑评价标准》DB/T 29—192—2016 绘制 .

第 4 章

图 4–1 谷歌地图，2019–08–16.

图 4–2 ChristineSarkis 拍摄 [EB/OL].[2019–08–16].www.smartertravel.com/things–to–doin–berkeley/.

图 4–3 （美）理查德・瑞吉斯特. 生态城市伯克利：为一个健康的未来建设城市 [M]. 沈清基，沈贻，译. 北京：中国建筑工业出版社，2005.

图 4–4 同 4–2.

图 4–5、图 4–6 同 4–3.

图 4–7 ~ 图 4–9 谷歌地图，2019–08–16.

图 4–10 由中国城市规划设计研究院深圳分院提供 .

图 4–11 三金纪实摄影拍摄，2019–08–26.

图 4–12 同 4–10.

图 4–13 谷歌地图，2019–08–13.

图 4–14 胡依然，张凯莉，周曦. 城市制度影响下的香港中区高架步行系统研究 [J]. 国际城市规划，2018，33（1）：128–135.

图 4–15、图 4–16 陈天拍摄 .

图 4–17 谷歌地图，2019–08–19.

图 4–18 ~ 图 4–22 The Danish Nature Agency–The Finger Plan[EB/OL]. 2015. https://eng.naturstyrelsen.dk/media/137776/fp–eng–31–13052015.polf.

图 4–23 陈天拍摄 .

图 4–24 同 4–17.

图 4–25、图 4–26 陈天拍摄 .

图 4–27 《中新天津生态城总体规划（2008—2020 年）》.

图 4–28、图 4–29 中新生态城 [EB/OL].[2019–07–05].https://www.eco–city.gov.cn/yxstc/.

图 4–30 ~ 图 4–32 陈天拍摄 .

图 4–33 同图 4–27.

图 4–34 谷歌地图，2019–08–01.

图 4–35 ~ 图 4–39 Susan Lee 拍摄 [EB/OL].[2019–08–01].https://edition.cnn.com/style/article/conversation–masdar–city–lee/index.html.

图 4–40 谷歌地图，2019–08–08.

图 4–41、图 4–42 Chris Twinn. BedZED[J]. ARUP Journal，2003，38（1）：10–16.

图 4–43 ~ 图 4–45 陈天拍摄 .

图 4–46 谷歌地图，2019–08–21.

图 4–47 《以公共交通为主导的生态城市—库里蒂巴》.

图 4–48、图 4–49 同图 4–46.

图 4–50 同图 4–47.

图 4–51 谷歌地图，2019–06–20.

图 4–52 陈天拍摄 .

图 4–53 同图 4–51.

图 4–54 根据谷歌地图加工 .

图 4–55 ~ 图 4–60 陈天拍摄 .

图 4–61 谷歌地图 .

图 4–62、图 4–63 承晨. 水绿光生：从都市回归自然的二子玉川再开发 [J]. 人类居住，2018（1）：34–37.

图 4–64 ~ 图 4–67 陈天拍摄 .

图 4–68 谷歌地图，2019–06–25.

图 4–69 [2019–06–25].https://globaldesigningcities.org/publication/global–street–design–guide/streets/special–conditions/elevated–structure–removal/case–study–cheonggyecheon–seoul–korea/.

图 4–70 [2019–06–25].https://www.landscapeperformance.org/case–study–briefs/cheonggyecheon–stream–restoration.

图 4–71 https://globaldesigningcities.org/publication/global–street–design–guide/streets/special–conditio 图 4–72 ns/elevated–structure–removal/case–study–cheonggyecheon–seoul–korea/.

图 4–72、图 4–73 陈天拍摄 .

图 4–74 谷歌地图，2019–06–30.

图 4–75、图 4–76 HIGH LINE[EB/OL]. [2019–06–30]. https://www.the highline.org/photos/historical/.

图 4–77 陈天拍摄 .

图 4–78 根据网站图片重绘 [EB/OL]. [2019–06–30]. https：//www.landscape performance.org/case–study–briefs/high–line.

图 4–79 同图 4–74.

图 4–80 陈天拍摄 .

图 4–81 同图 4–78.

图 4–82 谷歌地图，2019–07–04.

图 4–83 ~ 图 4–86 [2019–07–04]. https://www.emeraldnecklace.org/park–overview/emerald–necklace–map.

图 4–87 陈天拍摄 .

图 4–88 同图 4–82.

图 4–89 ~ 图 4–92 谷歌地图，2019–08–29.

图 4–93 ~ 图 4–95 根据论文插图重绘 Z. Zhou，L. Qu，T. Zou. Quantitative Analysis of Urban Pluvial Flood Alleviation by Open Surface Water Systems in New Towns：Comparing Almere and Tianjin Eco–City[J]. Sustainability，2015，7（10）：13378–13398.

图 4–96 谷歌地图，2019–09–03.

图 4–97、图 4–98 陈天拍摄 .

图 4–99 根据文献插图重绘 王焱，曹磊，沈悦．海绵城市建设背景下的景观设计探索——记天津大学新校区景观设计 [J]. 中国园林，2019，35（4）：112–116.

图 4–100、图 4–101 陈天拍摄 .

图 4–102、图 4–103 谷歌地图，2019–09–04.

图 4–104 根据网站插图重绘 . https://www.urban green bluegrids.com/projects/hammarby–sjostad–stockholm–sweden/.

图 4–105 同图 4–102

图 4–106 Lina Suleiman 拍摄 .

图 4–107 根据网站插图重绘 [2019–09–04]. https://www.urbangreenbluegrids.com/projects/hammarby–sjostad–stockholm–sweden/.

图 4–108 谷歌地图 .

图 4–109、图 4–110 晁阳．汉堡港口新城——城市更新的绿色样本 [J]．建筑与文化，2017（2）：41–51.

图 4–111 ~ 图 4–114 陈天拍摄 .

图 4–115 谷歌地图，2019–09–08.

图 4–116 根据谷歌地图自绘 .

图 4–117 陈天拍摄 .

图 4–118 同图 4–116.

图 4–119 陈天拍摄 .

图 4–120 根据文献数据自绘 .

图 4–121 ~ 图 4–124 陈天拍摄 .

图 4–125 作者自绘 .

图 4–126 陈天拍摄 .

图 4–127、图 4–128 同图 4–115.

图 4–129 作者自绘 .

图 4–130 同图 4–115.

图 4–131 ~ 图 4–134 陈天拍摄 .

图 4–135 同图 4–115.

图 4–136~ 同 4–141 [2019–09–08].https://sustainablecampus.unimelb.edu.au/buildings.

图 4–142 谷歌地图，2019–09–10.

图 4–143 Paolo Rosselli 拍摄 [2019–09–10].https://www.stefanoboeriarchitetti.net/en/project/vertical–forest/.

图 4–144 陈天拍摄 .

图 4–145 [2019–09–10].https://www.archdaily.com/777498/bosco–verticale–stefano–boeri–architetti?ad_source=search&ad_medium=search_result_all.

图 4–146 Iwan Baan 拍摄 [2019–09–10].https://www.stefanoboeriarchitetti.net/en/project/vertical–forest/.

图 4–147 同图 4–145.

图 4–148 Michael Hierner 拍摄 [2019–09–10].https://www.stefanoboeriarchitetti.net/en/project/vertical–forest/.

图 4–149 谷歌地图，2019–09–12.

图 4–150 Rory Gardiner 拍摄 新加坡国立大学提供 .

图 4–151~ 同 4–154 陈天拍摄 .

图 4–155、图 4–156 新加坡国立大学提供 .

图 4–157 陈天拍摄 .

第 5 章

图 5–1 IPCC（联合国政府间气候变化专门委员会）. Global Warming of 1.5℃（全球升温 1.5℃）[EB/OL]. https://www.ipcc.ch/sr15/，2018.

图 5–2 http://www.cma.gov.cn/2011xzt/kjdsj/20170609/2016080301/201706/t20170609_421466.html.

图 5–3 同图 5–1.

图 5–4、图 5–5 IEA（国际能源署）. Global Energy & CO_2 Status Report（2018 全球能源和二氧化碳状况报告）[EB/OL]. https://webstore.iea.org/global–energy–co₂–status–report–2018，2018.

图 5–6 IPCC（联合国政府间气候变化专门委员会）. Climate Change 2013：The Physical Science Basis [EB/OL]. https://www.ipcc.ch/report/ar5/wg1/，2013.

图 5–7 林坚，吴宇翔，吴佳雨，等. 论空间规划体系的构建——兼析空间规划、国土空间用途管制与自然资源监管的关系 [J]. 城市规划，2018，42（5）：9–17.

图 5–8 香港规划署及香港中文大学 . Urban Climatic Map and Standards for Wind Environment –Feasibility Study（都市气候图集风环境评估标注——可行性研究）[EB/OL]. https：//www.pland.gov.hk/pland_en/p_study/prog_s/ucmapweb/ucmap_project/content/reports/final_report.pdf，2012.

图 5–9 1– 谷歌地图；2– 由天津大学城市规划设计研究院 CTS 工作室提供；3– 谷歌地图 .

图 5–10、图 5–11 由天津市城市规划设计研究院数字规划技术研究中心. 提供

图 5–12 Credit Suisse（瑞士信贷）. Global Wealth Report 2018（2018 全球财富报告）[EB/OL]. https://www.credit–suisse.com/about–us/en/reports–research/global–wealth–report.html，2018.

图 5–13 由天津大学城市规划设计研究院 CTS 工作室提供 .

图 5–14 陈天拍摄 .

图 5–15 同图 5–10.

图 5–16 吴志强. 论新时代城市规划及其生态理性内核 [J]. 城市规划学刊，2018（3）：19–23.

图 5–17 同图 5–13.

图 5–18 ~ 图 5–20 广州市人民政府.《广州市国土空间总体规划（2018—2035 年）》草案 [EB/OL]. http://www.gz.gov.cn/sofpro/gzyyqt/2018myzj/myzj_zjz.jsp?opinion_seq=13967，2019.

图 5–21 （英）托马斯 · 莫尔. 乌托邦 [M]. 戴镏龄，译. 北京：商务印书馆，2018.

图 5–22 （英）埃比尼泽 · 霍华德. 明日的田园城市 [M]. 金经元，译. 北京：商务印书馆，2009.

图 5–23 《周礼 · 考工记 · 匠人》

图 5–24 ~ 图 5–30 陈天拍摄 .

表 5–1 贾根良. 第三次工业革命与新型工业化道路的新思维——来自演化经济学和经济史的视角 [J]. 中国人民大学学报，2013，27（2）：43–52.

表 5–2 黄凯迪，许旺土. 新国土空间规划体系下交通规划的适应性变革——以厦门为例 [J]. 城市规划，2019，43（7）：21–33.